高职高专“十二五”规划教材

机电一体化系统应用技术

主　编　杨普国
副主编　曾谢华　陈　俊
主　审　孙余一

北　京
冶金工业出版社
2020

内容提要

本书以项目式案例教学为指导，突破了以往教材编写结构，保持了传统教材的严谨性和知识体系的完整性，结合生产中实际内容，采用理实一体化的教学模式，对各章知识在教学中进行综合实训。

本书共分8章，主要内容包括：绪论、机电一体化系统的机械设计、机电一体化检测系统、机电一体化计算机控制及接口技术、机电一体化伺服控制系统、机电一体化抗干扰技术、机电一体化自动化制造系统、机电一体化项目案例教学。

本书为高职高专院校机电一体化技术、数控技术及相关专业的教学用书，是机电一体化技术专业的“双证课程”教材，也可供从事机电一体化、数控专业的工程技术人员参考。

图书在版编目(CIP)数据

机电一体化系统应用技术/杨普国主编．—北京：冶金工业出版社，2011.4（2020.2 重印）

高职高专“十二五”规划教材

ISBN 978-7-5024-5488-3

Ⅰ.①机…　Ⅱ.①杨…　Ⅲ.①机电一体化—高等职业教育—教材　Ⅳ.①TH-39

中国版本图书馆 CIP 数据核字(2011)第 049870 号

出 版 人　陈玉千

地　　址　北京市东城区嵩祝院北巷 39 号　邮编　100009　电话　(010)64027926

网　　址　www.cnmip.com.cn　电子信箱　yjcbs@cnmip.com.cn

责任编辑　高　娜　王雪涛　美术编辑　李　新　版式设计　葛新霞

责任校对　卿文春　责任印制　李玉山

ISBN 978-7-5024-5488-3

冶金工业出版社出版发行；各地新华书店经销；三河市双峰印刷装订有限公司印刷

2011 年 4 月第 1 版，2020 年 2 月第 4 次印刷

787mm×1092mm　1/16；17.5 印张；423 千字；268 页

36.00 元

冶金工业出版社　投稿电话　(010)64027932　投稿信箱　tougao@cnmip.com.cn

冶金工业出版社营销中心　电话　(010)64044283　传真　(010)64027893

冶金工业出版社天猫旗舰店　yjgycbs.tmall.com

（本书如有印装质量问题，本社营销中心负责退换）

前　言

机电一体化系统应用技术是机械与电子的一体化技术，是机械与电子的融合。它以特有的技术带动性、融入性和广泛适用性，逐渐成为高新技术产业中的主导技术和制造业的发展方向，并成为新世纪经济发展的重要支柱。

机电一体化技术与系统的任务是：采用微电子技术完成特定任务，武装传统的机械电气产品。

本书是按照高职高专教育的培养目标要求，在总结自己并吸取了兄弟院校教师多年教学经验和成果的基础上，由多年从事高职高专教学工作，具有丰富教学经验的教师编写的。在编写过程中，本着实用性强，着重突出实际应用和动手能力的培养。笔者通过教学内容、教学方法、考核方式等方面对机电一体化系统应用技术课程进行了探索与实践，提出了以任务驱动教学、以项目学习实现实践操作与评价，通过自我测验加深知识理解与巩固的教学模式，很好地体现了“工学结合”的思想。书中所选项目都是目前各高职院校能够实施的，每个项目学习的过程都是以完成项目的六个步骤的要求进行的，体现了以工作过程为导向的教育理念。此外，本书各章既有联系，又保持内容上的相对独立性和系统性，以适应不同专业教学的需求。

本书共分8章，昆明冶金高等专科学校杨普国编写第2章，并担任全书主编和统稿及定稿；李扬编写第1章，曾谢华编写第4章，王杨高级实验师编写第6章，杨艳编写第3章，董志忠编写第5章，陈俊编写第7章，刘小波编写第8章；由昆明冶金高等专科学校孙余一教授任主审。

在编写过程中，参考了大量的文献，在此对其作者一并表示感谢。

由于编者水平所限，书中难免存在不足之处，恳请读者和专家批评指正。

编　者

2010年12月

目 录

1 绪　论

1.1 机电一体化系统的基本概念

1.1.1 机电一体化的定义

现代高新技术(如微电子技术、生物技术、新材料技术、新能源技术、空间技术、海洋开发技术、光纤通信技术及现代医学等)的发展需要具有智能化、自动化和柔性化的机械设备,机电一体化正是在这种巨大的需求推动下产生的新兴技术。"机电一体化技术"这一概念最早由日本企业界在1970年提出,取名为"Mechatronics"。它是取Mechanics(机械学)的前半部分和Electronics(电子学)的后半部分拼合而成的,寓意机械技术和电子技术应用结合为一体。

机电一体化技术是从系统工程的观点出发,根据系统功能目标和优化组织结构目标,以智能、动力、结构、运动和感知等组成要素为基础,对各组成要素及相互之间的信息处理、接口耦合、运动传递、物质运动、能量变换机理进行研究,使得整个系统有机结合与综合集成,并在系统程序和微电子电路的有序信息流控制下,形成物质和能量的有规则运动,在高质量、高精度、高可靠性、低能耗意义上实现多种技术功能复合的最佳功能价值的系统工程技术。机电一体化技术主要包括技术原理和使机电一体化产品(或系统)得以实现、使用和发展的技术。机电一体化技术是一个技术群(族)的总称,包括检测传感技术、信息处理技术、伺服驱动技术、自动控制技术、机械技术、电力电子技术、接口技术及系统总体技术等。随着机电一体化技术的发展,以计算机技术、通信技术和控制技术为特征的信息技术"渗透"到机械技术中,丰富了机电一体化的含义。现代的机电一体化不仅仅指机械、电子与信息技术的结合,还包括光(光学)机电一体化、机电气(气压)一体化、机电液(液压)一体化、机电仪(仪器仪表)一体化等。机电一体化表达了技术之间相互结合的学术思想,强调各种技术在机电产品中的相互协调,以达到系统总体最优。换句话说,机电一体化是多种技术学科有机结合的产物,其应用范围愈来愈广。

1.1.2 机电一体化产品

机电一体化产品是由机械系统(或部件)与电子系统(或部件)及信息处理单元(硬件和软件)有机结合,并赋予了新功能和新性能的高科技产品。微电子技术、微型计算机使信息与智能和机械装置与动力设备有机结合,使产品结构和生产系统发生了质的飞跃。机电一体化产品的功能,除了具有高精度、高可靠性、快速响应外,还将逐步实现自适应、自控制、自组织、自管理等功能。

机电一体化产品应用很广,在生产上用的机电产品有数控机床、机器人、自动生产设备、自动组合生产单元、柔性制造系统(FMS)、无人化工厂、计算机集成制造系统(CIMS)等;运输、包装及工程用的机电产品有微机控制汽车、机车等交通运输工具,数控包装机械与系统、数控运输机械及工程机械设备等;储存、销售用的机电产品有自动仓库、自动空调与制冷系统及设备、自动称量、分选、销售及现金处理系统等;社会服务性用的机电产品有自动化办公设备、动力、医疗、环保及公共服务自动化设备、文教、体育、娱乐用机电一体化产品等;家庭用的机电产品有微机或数控型耐用消费品,炊事自动化机械,家庭用信息、服务设备等;科研及过程控制用的机电产品有测试设备、控制设备、信息处理系统等。机电产品在农、林、牧、渔及其他民用设施中应用也很广,在航空、航天、国防用武器装备等领域更是大显身手。

1.1.3 机电一体化技术特点

机电一体化技术的本质是将电子技术引入机械控制中,也就是"利用传感器检测机械运动,将检测信息输入计算机,经计算得到能够实现预期运动的控制信号,由此来控制执行装置",其中最关键的是"经计算得到能够实现预期运动的控制信号"。这项工作就是开发计算机软件。软件开发是指研究计算机程序的内容,并通过键盘将程序输入计算机,不需要用螺栓和螺母来重新组装机械,只用电烙铁焊接电子线路或者修改程序就可灵活地改变机械的运动。在计算机上,利用适当的软件进行控制,无论如何复杂的运动都可以实现。近年来,机电一体化技术得到了迅速的发展,下面列举机电一体化技术的一些特点。

1.1.3.1 体积小、重量轻

随着半导体与集成电路技术的提高和液晶技术的发展,控制装置和测量装置向轻型化和小型化迅速发展,重量和体积减小到原来的几分之一甚至几十分之一。

1.1.3.2 速度快、精度高

随着半导体和集成电路的飞速发展,出现了大规模集成电路和超大规模集成电路。在电路集成度提高的同时,处理速度和响应速度也迅速提高,使机电一体化装置总的处理速度能够充分满足实际应用的需要。同时,机电一体化技术的应用,推动了超精密加工技术的进步,使其与高精度加工和精密运动控制相适应。

1.1.3.3 可靠性高

由于激光和电磁应用技术的发展,传感器和驱动控制器等装置已采用非接触式代替接触式,避免了原来机械接触式存在的注油、磨损、断裂等问题,可靠性得到大幅度提高。

1.1.3.4 柔性好

从 NC 机床和机器人的例子可以知道,通过计算机软件就可以任意确定动作。例如,只要改变程序就可以实现最佳运动;同样也可以很容易地增加新的运动,具有很强的可扩展性。因为不需要变更硬件就可以调整运动,所以能够很容易地适应多样化的新用途,在应用上非常方便。

机电一体化技术的上述特点,使其产品具有节能、高质、低成本的共性。

1.1.4 机电一体化系统的基本组成要素

传统的机械产品一般由动力源、传动机构、工作机构等组成。机电一体化系统是在传统

机械产品的基础上发展起来的，是机械与电子、信息技术结合的产物，它除了包含传统机械产品的组成部分外，还包含与电子技术和信息技术相关的组成要素。一个典型的机电一体化系统应包含以下几个基本要素：机械本体、动力与驱动部分、执行机构、传感测试部分、控制及信息处理部分。我们将这些部分归纳为：结构组成要素、动力组成要素、运动组成要素、感知组成要素、智能组成要素。这些组成要素内部及其之间，形成通过接口耦合来实现运动传递、信息控制、能量转换等有机融合的一个完整系统。机电一体化系统的组成要素关系如图1-1所示。

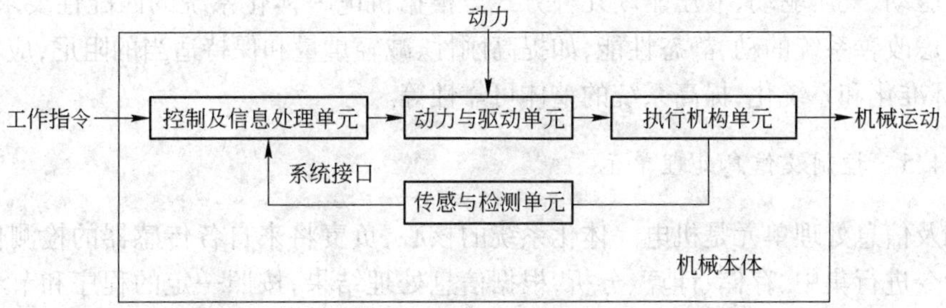

图1-1　机电一体化系统的组成要素关系

1.1.4.1　机械本体

机电一体化系统的机械本体包括机架、机械连接、机械传动等。所有的机电一体化系统都含有机械部分，它是机电一体化系统的基础，起着支撑系统中其他功能单元，传递运动和动力的作用。由于机电一体化产品的技术性能、水平和功能的提高，机械本体要在机械结构、材料、加工工艺以及几何尺寸等方面适应产品高效率、多功能、高可靠性和节能、小型、轻量、美观等要求。

1.1.4.2　动力与驱动

动力部分是机电一体化产品能量供应部分，其功能是按照系统控制要求，向机器系统提供能量和动力使系统正常运行。提供能量的方式包括电能、气能和液压能，以电能为主。除了要求可靠性好以外，机电一体化产品还要求动力部分的效率高，即用尽可能小的动力输入获得尽可能大的功能输出，这是机电一体化产品的显著特征之一。

驱动部分的功能是在控制信息作用下提供动力，驱动各执行机构完成各种动作和功能。机电一体化系统一方面要求驱动部分效率高、响应速度快；另一方面要求对水、油、温度、尘埃等外部环境的适应性好、可靠性高。由于几何尺寸的限制，动作范围狭窄，还需考虑维修和实行标准化。随着电力电子技术的高度发展，高性能的步进驱动、直流和交流伺服驱动电机已大量应用于机电一体化系统。

1.1.4.3　传感测试部分

在机电一体化系统中，检测传感部分包括各种传感器及其信号检测电路，其功能是监测机电一体化系统工作过程中本身和外界环境有关参量的变化，并将信息生成相应的可识别信号传递给信息处理单元；信息处理单元根据检测到的信息向驱动部分发出相应的控制指令。机电一体化系统要求传感器的精度、灵敏度、响应速度和信噪比高；漂移小、稳定性高；可靠性好；不易受被测对象特征（如电阻、磁导率等）的影响；对抗恶劣环境条件（如油污、高温、泥浆等）的能力强；体积小、重量轻、对整机的适应性好；不受高频干扰和强磁场等外部环境的影响；操作性好，现场维修处理简单；价格低廉。

1.1.4.4 执行机构

执行机构的功能是根据控制信息和指令，完成要求的动作。执行机构是运动部件，一般采用电力驱动、气压驱动、液压驱动几种方式。根据机电一体化系统的匹配性要求，执行机构需要考虑改善系统的动、静态性能，如提高刚性、减轻重量和保持适当的阻尼，应尽量考虑组件化、标准化和系统化，提高系统的整体可靠性等。

1.1.4.5 控制及信息处理单元

控制及信息处理单元是机电一体化系统的核心，负责将来自各传感器的检测信息和外部输入命令进行集中、存储、计算、分析，根据信息处理结果，按照一定的程序和节奏发出相应的指令，控制整个系统有目的地运行。控制及信息处理单元由硬件和软件组成，系统硬件一般由计算机、可编程逻辑控制器（PLC）、数控装置以及逻辑电路、A/D 与 D/A 转换、I/O（输入/输出）接口和计算机外部设备等组成；系统软件为固化在计算机存储器内的信息处理和控制程序，根据系统正常工作的要求编写。机电一体化系统对控制和信息处理单元的基本要求是提高信息处理速度和可靠性，增强抗干扰能力以及完善系统自诊断功能，实现信息处理智能化和小型、轻量、标准化等。

以上这五部分我们通常称为机电一体化的五大组成要素。这五大组成要素之间并非彼此无关或简单拼凑、叠加在一起，工作中它们各司其职，互相补充、互相协调，共同完成所规定的功能，即在机械本体的支持下，由传感器检测产品的运行状态及环境变化，将信息反馈给控制和信息处理单元；控制和信息处理单元对各种信息进行处理，并按要求控制执行结构的运动，执行机构的能源则由动力和驱动部分提供。在结构上，各组成要素通过各种接口及相关软件有机地结合在一起，构成一个内部合理匹配、外部效能最佳的完整产品。

1.1.5 机电一体化系统的技术组成

机电一体化系统是多学科技术的综合应用，是技术密集型的系统工程。其技术组成包括机械技术、检测技术、伺服传动技术、计算机与信息处理技术、自动控制技术和系统总体技术等。现代的机电一体化产品甚至还包含了光、声、化学、生物等技术的应用。

1.1.5.1 机械技术

机械技术是机电一体化的基础。随着高新技术引入机械行业，机械技术面临着挑战和变革。在机电一体化产品中，机械技术不再是单一地完成系统间的连接，而是要优化设计系统的结构、重量、体积、刚性和寿命等参数对机电一体化系统的综合影响。机械技术的着眼点在于如何与机电一体化的技术相适应，利用其他高新技术来更新概念，实现结构上、材料上、性能上以及功能上的变更，以满足减轻重量、减小体积、提高精度、提高刚度、改善性能和增加功能的要求。

在制造过程的机电一体化系统中,经典的机械理论与工艺应借助于计算机辅助技术,同时采用人工智能与专家系统等,形成新一代的机械制造技术。这里原有的机械技术以知识和技能的形式存在,是任何其他技术代替不了的。计算机辅助工艺规程编制(CAPP)是目前CAD/CAM系统研究的“瓶颈”,其关键问题在于如何将各行业、企业、技术人员中的标准、习惯和经验进行表达和陈述,从而实现计算机的自动工艺设计与管理。

1.1.5.2 计算机与信息处理技术

信息处理技术包括信息的交换、存取、运算、判断和决策等,实现信息处理的工具是计算机,因此计算机技术与信息处理技术是密切相关的。计算机技术包括计算机的软件技术和硬件技术、网络与通信技术、数据技术等。

在机电一体化系统中,计算机信息处理部分指挥整个产品的运行。信息处理是否正确、及时,直接影响到产品工作的质量和效率。计算机应用及信息处理技术已成为促进机电一体化技术发展和变革的最活跃的因素。

人工智能技术、专家系统技术、神经网络技术等都属于计算机信息处理技术。

1.1.5.3 自动控制技术

自动控制技术范围很广,包括自动控制理论、控制系统设计、系统仿真、现场调试、可靠运行等从理论到实践的整个过程。机电一体化的系统设计在基本控制理论指导下,对具体控制装置或控制系统进行设计;对设计后的系统进行仿真和现场调试;最后使研制的系统可靠地投入运行。由于被控对象种类繁多,所以控制技术的内容极为丰富,包括高精度定位控制、速度控制、自适应控制、自诊断、校正、补偿、示教再现、检索等控制技术,自动控制技术的难点在于自动控制理论的工程化与实用化,这是由于现实世界中的被控对象往往与理论上的控制模型之间存在较大差距,使得从控制设计到控制实施往往要经过多次反复调试与修改,才能获得比较满意的结果。

随着微型计算机的广泛应用,自动控制技术越来越多地与计算机控制技术联系在一起,成为机电一体化中十分重要的关键技术。

1.1.5.4 传感与检测技术

传感与检测指与传感器及其信号检测装置相关的技术。在机电一体化产品中,传感器是系统的感受器官,它与信息系统的输入端相连并将检测到的信息通过相应的信号检测装置感知并输送到信息处理部分。传感与检测是实现自动控制、自动调节的关键环节,它的功能越强,系统的自动化程度就越高。

现代工程技术要求传感器能快速、精确地获取信息,并能经受各种严酷环境的考验。与计算机技术相比,传感器的发展显得缓慢,难以满足技术发展的要求。不少机电一体化装置不能达到满意的效果或无法实现设计的关键原因在于没有合适的传感器。因此大力开展传感器的研究对于机电一体化技术的发展具有十分重要的意义。

1.1.5.5 伺服传动技术

伺服传动技术的主要研究对象是执行机构及其驱动装置。执行机构包括电动、气动、液压等各种类型。机电一体化产品中多采用电动式执行机构,其驱动装置主要是指各种电动机的驱动电源电路,目前多采用电力电子器件及集成化的功能电路构成。执行元件一方面通过电气接口向上与微型机连接,以接受微型计算机的控制指令;另一方面又通过机械接口向下与机械传动和执行机构相连,以实现规定的动作。伺服传动技术是直接执行操作的技术,伺服系统是实现电信号到机械动作的转换装置或部件,对系统的动态性能、控制质量和功能具有决定性的影响。常见的伺服驱动有电液马达、脉冲油缸、步进电机、直流伺服电机和交流伺服电机等。由于变频技术的发展,交流伺服驱动技术取得突破性进展,为机电一体化系统提供了高质量的伺服驱动单元,极大地促进了机电一体化技术的发展。

1.1.5.6 系统总体技术

系统总体技术是一种从整体目标出发,用系统的观点和方法,将总体分解成相互有机联系的若干功能单元,并以功能单元为子系统继续分解,找出能完成各个功能的技术方案,再把功能和技术方案组合进行分析、评价和优选的综合应用技术。系统总体技术解决的是系统的性能优化问题和组成要素之间的有机联系问题,即使各个组成要素的性能和可靠性很好,但如果整个系统不能很好协调,系统也很难正常运行。

接口技术是系统总体技术的关键环节,主要有电气接口、机械接口、人－机接口。电气接口实现系统间的信号联系;机械接口则完成机械与机械部件、机械与电气装置的连接;人－机接口提供人与系统间的交互界面。系统总体技术是最能体现机电一体化设计特点的技术,其原理和方法还在不断地发展和完善之中。

综上所述,机电一体化是在传统技术的基础上由多种技术学科相互交叉、渗透而形成的一门综合性边缘性技术学科,所涉及的技术领域非常广泛。要深入进行机电一体化研究及产品开发,就必须了解并掌握这些技术。

1.1.6 机电一体化技术与其他技术的区别

机电一体化技术有着自身的显著特点和技术范畴,为了正确理解和恰当运用机电一体化技术,我们必须认识机电一体化技术与其他技术之间的区别。

1.1.6.1 机电一体化技术与传统机电技术的区别

传统机电技术的操作控制主要通过具有电磁特性的各种电器来实现,如继电器、接触器等,在设计中不考虑或很少考虑彼此间的内在联系;机械本体和电气驱动界限分明,整个装置是刚性的,不涉及软件和计算机控制。机电一体化技术以计算机为控制中心,在设计过程中强调机械部件和电器部件间的相互作用和影响,整个装置在计算机控制下具有一定的智能。

1.1.6.2 机电一体化技术与并行工程的区别

机电一体化技术将机械技术、微电子技术、计算机技术、控制技术和检测技术在设计和制造阶段就有机地结合在一起,十分注意机械和其他部件之间的相互作用。而并行工程将上述各种技术尽量在各自范围内齐头并进,只在不同技术内部进行设计制造,最后通过简单叠加完成整体装置。

1.1.6.3 机电一体化技术与自动控制技术的区别

自动控制技术的侧重点是讨论控制原理、控制规律、分析方法和自动系统的构造等。机电一体化技术将自动控制原理及方法作为重要支撑技术,将自控部件作为重要控制部件应用自控原理和方法,对机电一体化装置进行系统分析和性能测算。

1.1.6.4 机电一体化技术与计算机应用技术的区别

机电一体化技术只是将计算机作为核心部件应用,目的是提高和改善系统性能。计算机在机电一体化系统中的应用仅仅是计算机应用技术中的一部分,它还可以在办公、管理及图像处理等方面得到广泛应用。机电一体化技术研究的是机电一体化系统,而不是计算机应用本身。

1.2 机电一体化系统的设计

机电一体化技术是一门跨学科的综合性技术,其产品或系统是多层次、多类型的,涉及的技术内容十分丰富。因此,要求设计人员必须具有广博的机械知识和电子知识,并掌握现代设计方法,根据产品的性能和使用要求,综合运用机械技术和电子技术,相互协调,相互补充,充分体现机电一体化的优越性。

1.2.1 机电一体化系统的设计思想

无论是开发一个机电一体化系统,还是设计单台机电一体化产品,都应面向经济建设,面向社会和市场。以先进技术为选择标准,以能否明显改进产品性能、有效提高经济效益为依据,使产品设计与用户愿望相吻合,同时还要注意如何降低产品成本。在此设计思想指导下,应合理确定系统或产品内部功能的基本设计原则,即:在主功能上,系统误差要小,抗干扰能力要强,变换效率要高;在动力功能上,输入功率要小,动力源应内置;在控制功能上,控制 I/O 数要少,手动操作要少;在结构功能上,几何尺寸和重量要小,强度要高;除以上内容外,还应考虑安全可靠、维修方便、造型美观等方面。

在机电一体化系统(或产品)的设计过程中,一定要坚持贯彻机电一体化技术的系统思维方法,要从系统整体的角度出发分析和研究各个组成要素间的有机联系,确定系统各环节的设计方法,并用自动控制理论的相关手段,进行系统的静态特性和动态特性分析,从而实现机电一体化系统的优化设计。

机电一体化系统的设计思想反映在以下几个方面:

(1)集成化概念。

传统的机电产品设计往往是由机械工程师和电气工程师协作进行,各司其职,专业范围泾渭分明;产品是机械和电气的硬性连接,在机械的内在结构中,机械和电气部分相对独立。而机电一体化则将机械和电子、电气部分纳入一个系统内,作为整体考虑,综合机械本体、执行机构、驱动部件、信息系统和控制系统等主要部分,统一规划,协调进行。其技术密集性高、覆盖面广,包含着丰富而复杂的内容。在该类产品的设计过程中,要考虑各运动部件间的力耦合;各运动轴伺服系统的干扰和影响;驱动控制与执行机构之间响应速度匹配;操作手末端的位置精度等问题。

就集成化的概念进行设计，还体现在综合考虑机械和电子的分工与协调，尽可能地以电子的功能替代机械的功能，以减少或简化庞大笨重的机械系统。

(2)自动化概念。

机电一体化技术特别强调其产品的自动化程度。所谓自动化是指机器和装置在无人干预的情况下，按照预先规定的程序自动进行操作的过程；是利用各种控制装置和计算机进行信息处理和自动控制的过程。

自动化的核心是控制问题，其控制系统越先进，自动化程度就越高。自动控制系统的种类很多，如机械、液压、气动和电动等控制系统。机电一体化研究的是电子或计算机控制系统，该类控制装置在自动控制中具有愈来愈重要的地位。目前国内外部分机电设备虽然在一定程度上采用了新技术，但对闭环控制技术的应用仍不普遍。因此计算机的作用往往局限于状态监视而不是自动控制和反馈修正。

近代机械制造业中的工艺装备是典型的机电一体化产品。机电一体化系统的设计思想在该类设备过程控制中体现为：传统的机电工艺设备的工艺过程由继电器逻辑控制，即顺序控制占优势，驱动装置广泛采用简单的电动、气动装置(两个行程位置的缸体)，由有限的开关控制，这就决定了它的加工手段是高度非柔性的。而机电一体化工艺装备则广泛采用结合各种速度和位置反馈的无级驱动器，并采用基于微处理器的可编程逻辑控制，这样就能借助软件设置多种系统功能，在某些情况下，还提供程序库，以备用户调用，具有很好的柔性。对于复杂的较大规模的机电一体化系统，各子系统相对独立，其中机械装置、电子装置以及电器接口都集成在一起。由于各种加工工序的控制和设备状态的监测独立完成，系统具有极大的灵活性。为了使各子系统间互连以及能与监控器连接，各组合件之间接口显得非常重要。连接时，应有相同的通信协议、连接器件、引线分配和逻辑信号电平，同时机械接口也应该是标准的。

(3)信息处理概念。

一台典型的机电一体化设备，实质上是一个完整的信息系统，即是在特定目的下，进行信息的收集、加工处理和传递的系统。信息处理是否正确、及时，直接影响机电一体化产品的质量和效率，因而成为机电一体化的关键技术之一。信息处理技术涉及计算机硬件、软件以及信息理论诸多方面的问题。硬件方面应注意配置合适的计算机或微处理器及数显装备；对于分布式控制系统，还应考虑多个微处理器之间的数字通信接口问题。软件方面的考虑涉及信息处理速度、可靠性、容错性、自诊断能力以及数据通信的标准化问题等。在开发实时多任务执行程序时，应解决诸如任务排序、任务间通信、同步计时和存储管理等问题。

1.2.2 机电一体化系统的现代设计方法

机电一体化系统设计是一门综合性的技术，是一项多学科、多单元组成的系统工程。研究系统的最基本原则之一是整体性原则，如果能将系统内的各单元有机地组合，各单元的功能不仅能相互叠加，而且能相互辅助、相互促进与提高，使系统的整体功能大于各单元的简单组合。因此机电一体化系统设计必须运用系统工程的概念和方法，在设计系统时把握好整体性原则，这对设计的成功与否具有关键的意义。

所谓的系统设计，就是用系统思维综合运用各有关学科的知识、技术和经验，在系统分析的基础上，通过总体研究和详细设计，实现满足设计目标的产品研发过程。系统设计的基本原则是使设计工作获得最优化效果,在保证目的功能要求与适当使用寿命的前提下不断降低成本。

系统设计的过程就是“目标—功能—结构—效果”的多次分析与综合的过程。综合可理解为各种解决问题要素的拼合的模型化过程,这是一种高度的创造行为。分析是综合的反行为,也是提高综合水平的必要手段。分析就是分解与剖析,对综合后的解决方案提出质疑、论证和改革。通过分析,排除不合适的方案或方案中不合适的部分,为改善、提高和评价作准备。综合与分析是相互作用的。当一种基本设想(方案)产生后,接着就要分析它,找出改进方向。这个过程一直持续进行,直到一个方案继续进行或被否定为止。

随着工业技术的高度发展和人民生活水平的提高,人们迫切要求大幅度提高机电一体化系统设计工作的质量和速度,因此在机电一体化系统设计中推广和运用现代设计方法,提高设计水平,是机电一体化系统设计发展的必然趋势。现代设计方法与以经验公式、图表和手册为设计依据的传统方法不同,它是以计算机为主要工具和手段,其设计步骤通常如下:

设计预测—信号分析—科学类比—系统分析设计—创造设计—选择各种具体的现代设计方法(如相似设计法、模拟设计法、有限元法、可靠性设计法、动态分析法、优化设计法、模糊设计法等)—机电一体化系统设计质量的综合评价。

下面列举几个常用的设计方法。

1.2.2.1 结构化设计

本方法是采用结构化的设计思想,基本思路是将整个待设计系统分成一系列模块,模块间组成自上而下的有序的结构。一个机电一体化系统可分成如下几个模块来设计:

(1)工作环境模块。本模块涉及温度范围、载荷因素等外部参数。在总体设计中,它们构成一系列参数边界,系统必须在此区域内存在和运行。因此,本模块应包括技术指标、规范和标准等细则。

(2)系统(机械)本体模块。本模块描述系统的机械和结构元素的物理实现,主要涉及结构、形状、材质和部件间的连接等。由于关系到系统的物理外观,因此还需考虑造型上的美观因素。

(3)动力驱动模块。本模块描述系统的动力源与传动方式。输入条件根据处理器模块的输出而设置。它的输出由执行模块所需要的运动所定义。驱动模块结合工作环境模块提出的条件,提供运动的组合,输入到执行模块。

(4)执行模块,实现系统的输出。本模块输出状态信息,传送到测量模块。

(5)测量模块。本模块负责系统状态的信号采集,系统本体模块的物理特性为其输入参数,而输出参数则涉及所传递信息的性质。

(6)通信模块。本模块涉及系统中各模块间信息的传递及传递方式。

(7)处理器模块。本模块对各种信息进行处理,其输入参数包括测量获得的参数和设置的参数。从处理器模块输出的信息决定驱动模块的操作,并提供信息给接口模块。

(8)接口模块。本模块涉及系统各级间信息的传递与实现,并且在最高级为用户传递信息提供人机接口。

(9)软件模块。本模块包含操作指令和定义算法,并控制处理器模块工作。

1.2.2.2　数字化设计

仿真是近代工程设计中广为应用的先进方法。一般的仿真过程首先是建立产品或系统的数学模型,如机械本体的几何模型、运动学模型和动力学模型等。几何模型是产品外观设计以及工程分析的基础,而运动学和动力学模型则是建立控制算法的基础。然后,利用计算机仿真技术对系统的性能进行预测和试验,以确定系统在受激或加载时的反应,从而作出分析和评估,进行修改和优化,最终设计出符合要求的产品。显然,仿真的方法可以缩短产品从设计到试生产的周期,减少样机研制的费用。目前,仿真技术的发展主要集中在建模理论、方法和仿真工具方面。

就控制角度而言,模型是描述系统输出参数与输入参数之间关系的数学表达。机电工程上的实际控制问题往往比较复杂,呈非线性,通常以基于时域的模型表示,即过程的输入与输出变量之间表示为时间的函数关系。为了简化设计阶段中的建模工作,国外已推出多种提供模型化环境的软件,有的已经商品化,如已列为电路建模工业标准的 Spice,它对同一模型兼具频域和时域的仿真功能。很多公司开发 Spice 的自用版本,如用于 IBM - PC 机的 Pspice(Microsim 公司)和 Turbospice(Deutch Research 公司)。

若缺少可利用的建模软件工具,则需自行开发。一般该程序由以下三部分组成:模型本体、微分方程求解器和模型控制器。模型本体由一族描述系统的微分方程组成;微分方程求解器可引用任何数值计算方法;模型控制器包括初始化、模型运行控制和数据显示等功能。

1.2.2.3　计算机辅助设计(CAD)技术用于机电一体化产品的设计与分析

运用 CAD 的交互图形技术,可建立设计对象的图形信息模型,即几何模型,这是进行各种工程分析计算的基础。例如利用有限元方法对设计对象进行强度、刚度、振动和稳定性分析;扩展到非结构领域,如温度场、电磁场分析等。CAD 的动态图形功能可以仿真机电设备活动部件的运动情况、自动检测零部件之间的动态关系,如碰撞、干涉现象,以及活动关节因弹性变形及发热膨胀而引起的间隙变化情况,这对机械故障的预防具有重要意义。

所有的现代设计方法几乎都离不开计算机的帮助。计算机辅助设计是设计者以计算机为工具,对产品进行规划、分析、综合、模拟、评价、绘图、编辑文件等设计活动的总称。设计者的想像力、创新能力、知识、经验与计算机高速运算、图形显示和处理能力有机结合,综合多学科的相关技术,进行产品描述与设计,大大提高了工作效率。近年来,不仅产品更新换代周期不断缩短,而且要求生产模式由单一品种、大批量转向多品种、小批量。市场竞争推动了计算机硬件本身及其外围设备和图形软件与现代设计理论和方法相结合的各种应用软件的迅猛发展,使 CAD 得到日益普遍的应用。目前,市场要求快速开发新机械产品,使 CAD 与计算机辅助制造(CAM)连接,形成 CAD/CAM 集成系统。目前的计算机集成制造(CIM)是成组技术(GT)、CAD/CAM、计算机辅助工程(CAE)、计算机辅助工艺设计(CAPP)、计算机辅助检测(CAT)、计算机数控(CNC)、群控(DNC)、柔性制造系统(FMS)、物料资源规划(MRP)、企业资源规划(ERP)、管理信息系统(MIS)、自动化工厂(AF)等技术在更高水平上的集成。计算机集成制造系统(CIMS)则是以 CAD/CAM 为核心的、在 CIM 概念指导下建立的制造系统。随着因特网作为一种平台的兴起和以网络应用为基础的软件的飞速发展,CAD 的发展将步入新阶段。

1.2.2.4 虚拟设计

虚拟设计是指用计算机来虚拟完成产品的整个开发过程。在计算机上建立产品数值模型代表事物原型,模拟进行如静态和动态性能等各种分析,再对原设计进行改进。它使新产品的形象、结构、各种工作性能、经济性、制造性、装配性、维护性、运行适应性以及销售性等都能及时展现在人们面前,并能同时相互配合地进行改进。它可有效地缩短产品开发周期,减少开发费用。

1.2.2.5 反求工程设计

反求工程设计是以先进的产品设备的实物、软件(图样、程序、技术文件等)或影像(图片、照片等)作为研究对象,利用现代理论与方法和有关的专业知识进行深入地分析研究,掌握其功能原理、结构、参数、尺寸、材料以及关键技术等,进而开发出同类的先进产品。

1.2.2.6 优化设计

优化设计的目的就是寻找所求解问题的最优答案。实际设计中,需要求解的问题往往包含许多限制性因素,优化过程就是利用最优化理论与方法,通过计算机的迭代计算,寻找在限制性因素下的最优参数值。它可应用在系统、子系统以及零部件的各个设计过程中。

1.2.2.7 相似性设计

相似方法是把个别现象的研究结果推广到所有相似现象上去的方法。具体来讲,它是依据相似理论,利用对模型的设计和研究的结果,推求出相似原型的参数、尺寸及其性能的一种设计和研究方法。通过对模型的理论和试验研究,可取得未来原型产品的合理参数,设计出高性能的产品。

1.2.2.8 科学类比

科学类比是指以在不同类的事物中找出相似点为根据,由一类事物的已知属性推知另一类事物也同样具有这种属性。它的意义就在于可依据早先获得的关于某一系统的知识,推测另一类似系统的信息。

1.2.2.9 创造(新)设计

机电一体化系统(产品)的设计不仅在技术上要求创新、功能上要求突破,还要求制造过程简化、使用方便以及经济上高效益。因此,机电一体化系统设计的特点,就是通过创新,充分发挥创造力,构思创造新的方案。

创新设计的本质,也是设计活动的最终目标。创新设计是产品适应新的市场形势的最好途径。创新产品能够满足甚至创造出新的需求,因而必然有较强的市场竞争力。一般把技术创新分为两种:一种是无重要新技术,但在形式上翻新,因而能获得相应竞争力;另一种是含有(开发出)重要新技术,使产品竞争力有重大提高,或形成新的竞争力制高点。

激发创造性思维的一些法则有:激发创造激情;增强信息获取方式;促进知识融合。在技术性的创新设计中,常用的有如下几种思维形式:分析与综合思维;收敛与发散式思维;对应与联想式思维;离散与组合式思维;换元与移植式思维;正向、迂回与反向思维。

每种设计方法都有自身的特点和适用范围,在具体设计工作中,应根据设计对象的特点和要求来选择合适的方法或几种方法的组合。

现代设计方法还在不断发展,它必将为机电一体化系统设计提供更新颖、更广阔的思路与视野。

1.3 机电一体化的发展

1.3.1 机电一体化技术的发展历程

与其他科学技术一样,机电一体化技术的发展也经历了一个较长期的过程。有学者将这一过程划分为萌芽阶段、蓬勃发展阶段和智能化阶段,这种划分方法真实客观地反映了机电一体化技术的发展历程。

(1)萌芽阶段。20 世纪 70 年代以前的时期为萌芽阶段。在这一时期,尽管机电一体化的概念没有正式提出来,但人们在机械产品的设计与制造过程中总是自觉或不自觉地应用电子技术的初步成果来改善机械产品的性能,特别是在第二次世界大战期间,战争刺激了机械产品与电子技术的结合,出现了许多性能优良的军事用途的机电产品。这些机电结合的军用技术在战后转为民用,对战后经济恢复和技术进步起到了积极的促进作用。

(2)蓬勃发展阶段。20 世纪 70 ~80 年代为蓬勃发展阶段。在这一时期,人们自觉地、主动地利用 3C 技术的成果创造新的机电一体化产品。这一阶段,日本在推动机电一体化技术的发展方面起了主导作用。日本政府于 1971 年 3 月颁布了《特定电子工业和特定机械工业振兴临时措施法》,要求企业界“应特别注意促进为机械配备电子计算机和其他电子设备,从而实现控制的自动化和机械产品的其他功能”。经过几年努力,取得了巨大的成就,推动了日本经济的快速发展。其他西方发达国家对机电一体化技术的发展也给予了极大的重视,纷纷制定了有关的发展战略、政策和法规。我国机电一体化技术的发展也始于这一阶段,从 20 世纪 80 年代开始,原国家科委和原机械电子工业部分别组织专家根据我国国情对发展机电一体化的原则、目标、层次、途径等进行了深入而广泛的研究,制定了一系列有利于机电一体化发展的政策法规,确定了数控机床、工业自动化控制仪表、工业机器人、汽车电子化等 15 个优先发展领域及 6 项共性关键技术的研究方向和课题,并明确提出要在 2000 年使我国的机电一体化产品产值比率(即机电一体化产品总产值占当年机械工业总产值的比值)达到 15% ~20% 的发展目标。

(3)智能化阶段。从 20 世纪 90 年代开始为智能化阶段。在这一阶段,机电一体化技术向智能化方向迈进,进入了深入发展时期,其主要标志是模糊逻辑、人工神经网络、光纤通信等领域的研究成果应用到机电一体化技术中。模糊逻辑与人的思维过程类似,用模糊逻辑工具编写的模糊控制软件与微处理器构成的模糊控制器,广泛地应用于机电一体化产品中,进一步提高了产品的性能。例如,采用模糊逻辑的自动变速箱控制器,可使汽车性能与司机的感觉相适应,用发动机的噪声、道路的坡度、速度和加速度等作为输入量,控制器可以根据这些输入数据找出汽车行驶的最佳方案。除了模糊逻辑理论外,人工神经网络(artifical neural network, ANN)也开始应用于机电一体化系统中。ANN 是生物神经网络(biological neural network, BNN)研究的结果,是对人脑的部分抽象、简化和模拟,反映了人脑学习和思维的一些特点。同时,ANN 是一种信息处理系统,它可以完成一些计算机难以完成的工作,如模式识别、人工智能、优化等;也可以用于各种工程技术,特别适用于过程控制、诊断、监控、生产管理、质量管理等方面。可以说,智能化将是21世纪机电一体化技术发展的方向。光纤通信是光纤传送信号的一种通信手段。光纤通信的特点是通过容量大,是电通信容量的千万倍,在两根光纤上可以传递万路电话,或千路电视;保密性能好,抗干扰性很强。光纤通信已广泛用于邮电、传媒等部门,它还用于工业生产现场监视和调度、交通监视控制指挥和其他方面如在飞机内、飞船内、舰艇内、矿井下、电力部门、军事及有腐蚀、有辐射等地方使用。我国从20世纪80年代初才开始在这方面进行研究和应用,国务院成立了机电一体化领导小组,并将该技术列为"863"计划,在制定"九五"规划和2010年发展纲要时,充分考虑了国际上关于机电一体化技术的发展动向和由此可能带来的影响。许多大专院校、研究机构及一些大中型企业对这一技术的发展及应用做了大量的工作,取得了一定成果,但与日本等先进国家相比仍有相当大的差距。

1.3.2 机电一体化的发展趋势

随着科技的发展和社会经济的进步,人们对机电一体化技术提出了许多新的和更高的要求,制造业中的机电一体化应用就是典型的事例。毫无疑问,机械制造自动化中的计算机数控、柔性制造、计算机集成制造及机器人等技术的发展代表了机电一体化技术的发展水平。

机电一体化是集机械、电子、光学、控制、计算机、信息等多学科为一体的交叉综合学科,它的发展有赖于相关技术的进步和发展,同时也促进了相关技术的进步和发展。机电一体化的主要发展趋势如下。

1.3.2.1 智能化

智能化是21世纪机电一体化技术发展的一个重要方向。人工智能在机电一体化系统中的研究日益得到重视,机器人与数控机床的智能化就是其重要的应用。这里所说的"智能化"是对机器行为的描述,是在控制理论的基础上,吸收人工智能运筹学、计算机科学、模糊数学、心理学、生理学和混沌动力学等新思想、新方法,模拟人类智能,使它具有判断推理、逻辑思维、自主决策等能力,以求得到更高的控制目标。诚然,使机电一体化产品具有与人完全相同的智能,是不可能的,也是不必要的。但是,高性能、高速的微处理器使机电一体化产品具有低级智能或人的部分智能,则是完全可能而又有必要的。

1.3.2.2 模块化

模块是具有一定功能和特定结合要素的零件、组件和部件。模块化产品是由一组特定模块在一定范围内组成不同的功能或功能相同而性能不同的产品。设计模块和模块化产品,可以满足日益增长的多品种、多规格的要求。模块系统的特点是便于发展变型产品,更新换代,缩短设计和供货周期,提高性能价格比,便于维修,但对结合部位和形体设计有特殊要求。

模块化是一项重要而艰巨的工程。由于机电一体化产品种类和生产厂家繁多,研制和开发具有标准机械接口、电气接口、动力接口、信息接口的机电一体化产品单元是一项十分复杂但又非常重要的事,如研制集减速、智能调速、电机于一体的动力单元;具有视觉、图像处理、识别和测绘等功能的控制单元;以及各种能完成典型操作的机械装置。这样,可利用标准单元迅速开发出新产品,同时也可以扩大生产规模,这需要制定各项标准,以便各部件、单元的匹配和接口。由于利益冲突,目前很难制定这方面的国际或国家标准,但可以通过在一些大企业试行推广,发展成熟后逐渐形成。显然,从电气产品的标准化、系列化带来的好处可以肯定,无论是对生产标准机电一体化单元的企业,还是对生产机电一体化产品的企业,模块化将给机电一体化企业带来美好的前程。

1.3.2.3　网络化

20 世纪 90 年代,计算机技术发展的突出成就是网络技术。网络技术的兴起和飞速发展给科学技术、工业生产、政治、军事、教育和人们日常生活都带来了巨大的变化。各种网络将全球经济、生产连成一片,企业间的竞争也将全球化。机电一体化新产品一旦研制出来,只要其功能独到,质量可靠,很快就会畅销全球。由于网络的普及,基于网络的各种远程控制和监视技术方兴未艾,而远程控制的终端设备本身就是机电一体化产品。现场总线和局域网技术使家用电器网络化已成大势,利用家庭网络(homenet)将各种家用电器连接成以计算机为中心的计算机集成家电系统(computer integrated appliance system,CIAS),使人们可以在家里分享各种高新技术带来的便利与快乐。因此,机电一体化产品必须朝着网络化方向发展。

1.3.2.4　微型化

微型化兴起于 20 世纪 80 年代末,指的是机电一体化向微型机器和微观领域发展的趋势,国外称其为微电子机械系统(MEMS),泛指几何尺寸不超过 $1cm^3$ 的机电一体化产品,并向微米、纳米级方向发展。微机电一体化产品体积小、耗能少、运动灵活,在生物医疗、军事、信息等方面具有不可比拟的优势。微机电一体化发展的“瓶颈”在于微机械技术。微机电一体化产品的加工采用精细加工技术,即超精密技术,包括光刻技术和蚀刻技术。

1.3.2.5　绿色化

工业的不断发展给人们的生活带来了巨大变化。一方面,物质丰富,生活舒适;另一方面,资源减少,生态环境受到严重污染。于是,人们呼吁保护环境资源,回归自然。绿色产品概念在这种呼吁声中应运而生。绿色化是时代的趋势,绿色产品在其设计、制造、使用和销毁的生命过程中,符合特定的环境保护和人类健康的要求,对生态环境无害或危害极少,资源利用率极高。设计绿色的机电一体化产品,具有无限的发展前途。机电一体化产品的绿色化主要是指使用时不污染生态环境,报废后能回收利用。

1.3.2.6　系统化

系统化的表现特征之一就是系统体系结构进一步采用开放式的模式化的总线结构。系统可以灵活组织,进行任意剪裁和组合,同时寻求实现多子系统协调控制和综合管理。表现特征之二是通信功能大大加强,一般除 RS232 外,还有 RS485、DCS 人格化。未来的机电一体化更加注重产品与人的关系,机电一体化的人格化有两层含义:一层是机电一体化产品的最终使用对象是人，如何将人的智能、情感、人性赋予机电一体化产品显得越来越重要，特别是家用机器人，其高层境界就是人机一体化；另一层是模仿生物机理，研制各种机电一体化产品，事实上，许多机电一体化产品都是受动物的启发研制出来的。

例如，人们利用蛙跳的原理设计了蛤蟆夯；模仿警犬的高灵敏嗅觉制成了用于侦缉的"电子警犬"；根据水生动物尾鳍摆动式推进系统的生物力学原理，设计出一种摆动板推进系统，它不仅可以使船只十分灵活地转弯和避开障碍，还可以顺利地通过浅水域或沙洲而不致搁浅。

1.3.2.7 高性能化

高性能化一般包含高速化、高精度、高效率和高可靠性。现代数控设备就是以此"四高"为基础，为满足生产急需而诞生的。它采用32位多CPU结构，以多总线连接，以32位数据宽度进行高速数据传递。因而，在相当高的分辨率(0.1μm)情况下，系统仍有高速度(100m/min)，可控及联动坐标达16轴，并且有丰富的图形功能和自动程序设计功能。为获取高效率，减少辅助时间，必须在主轴转速进给率、刀具交换、托板交换等各关键部分实现高速化；为提高速度，一般采用实时多任务操作系统，进行并行处理，使运算能力进一步加强，通过设置多重缓冲器，保证连续微小加工段的高速加工。对于复杂轮廓，采用快速插补运算将加工形状用微小线段来逼近是一种通用的方法。在高性能数控系统中，除了具有直线、圆弧、螺旋线插补等一般功能外，还配置特殊函数插补运算，如样条函数插补等。微位置段命令用样条函数来逼近，保证了位置、速度、加速度都具有良好的性能，并设置专门函数发生器、坐标运算器进行并行插补运算。超高速通信技术、全数字伺服控制技术是高速化的一个重要方面。

高速化和高精度是机电一体化的重要指标。高分辨率、高速响应的绝对位置传感器是实现高精度的检测部件。采用这种传感器并通过专用微处理器的细分处理，可达极高的分辨率。采用交流数字伺服驱动系统，其位置、速度及电流环都实现了数字化，实现了几乎不受机械载荷变动影响的高速响应伺服系统和主轴控制装置。与此同时，还出现了所谓高速响应内装式主轴电机，它把电机作为一体装入主轴中，实现了机电融合一体，这样就使得系统的高速性、高精度性极佳。

对于系统的可靠性，一般采用冗余，故障诊断，自动检错，系统自动恢复以及软、硬件可靠性等技术，使得机电一体化产品具有高性能。对于普及经济型以及升级换代提高型的机电一体化产品，因组成它们的命令发生器、控制器、驱动器、执行器以及检测传感器等各个部分都在不断采用高速、高精度、高分辨率、高速响应、高可靠的零部件，所以产品性能在不断提高。

思考与练习

A 判断题

1－1 在机电一体化系统设计中，机电产品必须完成相互协调的若干机械运动，每个机械运动可由单独的控制电机、传动件和执行机构组成的若干系统来完成，由计算机来协调与控制。 ( )

1－2 从概念的外延来看，机电一体化包括机电一体化技术和机电一体化产品两个方面。 ( )

1－3　机电一体化就是信息处理。　(　　)

1－4　机电一体化系统是一个自动控制系统。　(　　)

B　填空题

1－5　机电一体化是指________和________的有机结合。

1－6　机电一体化主要的相关技术可以归纳成________技术、________技术、________技术、________技术、________技术、________技术、伺服驱动技术和________技术。

1－7　机电一体化系统由四部分构成：________、________、________和________。

1－8　机电一体化系统的指挥中心是________。

C　问答题

1－9　什么是机电一体化？

1－10　机电一体化的发展经历了哪几个阶段，各阶段有何特点？

1－11　机电一体化系统结合的机械和电子系统有哪些优点？

1－12　要使机械具有自适应性，机电一体化系统的五个要素中的各个要素须具有何种功能？

2 机电一体化系统的机械设计

2.1 概述

机电一体化系统中的机械系统是由计算机协调与控制,用于完成一系列机械运动的机械和机电部件相互联系的系统。其核心是由计算机控制的,包括机械、电力、电子、液压、光学等技术的伺服系统。它的主要功能是完成一系列机械运动,每一个机械运动可单独由控制电动机、传动机构和执行机构组成的子系统来完成,而这些子系统要由计算机协调和控制,以完成整个系统的功能要求。机电一体化机械设计要从系统的角度进行合理化和最优化设计。与一般的机械系统相比,机电一体化机械系统除要求具有较高的定位精度外,还应具有良好的动态响应特性。

机电一体化机械系统的机构主要包括执行机构、传动机构和支承部件。在机械系统设计时,除考虑一般机械设计要求外,还必须考虑机械机构因素与整个伺服系统的性能参数及电气参数的匹配,以获得良好的伺服性能。在设计中常提出无间隙、低摩擦、低惯量、高刚度、高谐振频率、适当的阻尼比要求。

2.2 机电一体化对机械系统的基本要求

(1)高精度。精度直接影响产品的质量,特别是机电一体化产品,其技术性能、工艺水平和功能比普通的机械产品都有很大的提高,因此机电一体化机械系统的高精度是其首要要求。如果机械系统的精度不能满足要求,则无论机电一体化产品其他的系统工作再精确,也无法完成其预定的机械操作。

(2)快速响应。机电一体化机械系统的快速响应就是要求机械系统从接到指令到开始执行指令所经过的时间间隔短,这样系统才能精确完成预定任务,控制系统根据机械系统的运行情况和获得的信息,下达指令,使其准确地完成任务。

(3)稳定性。机械传动系统不但要求稳态误差小,并且要求能够稳定工作,这与振动、热以及其他许多环境因素有关。要提高传动系统的抗振性,就必须提高传动系统的固有频率。一般不应低于50~100Hz,并需提高系统的阻尼能力。

在实际设计中,还应根据不同的实际情况有所侧重和增加必要的设计指标。

2.2.1 机械系统的组成

机电一体化机械系统主要包括三大机构。

2.2.1.1 传动机构

机电一体化机械系统中的传动机构不仅是转速和转矩的变换器,还是伺服系统的一部分,伺服系统是指以机械运动量作为控制对象的自动控制系统。它要根据伺服控制的要求进行选择设计,以满足整个机械系统良好的伺服性能。因此,传动机构除了要满足传动精度的要求外,还要满足小型、轻量、高速、低噪声和高可靠性的要求。

2.2.1.2　导向机构

导向机构的作用是支承和导向,它为机械系统中各运动装置能安全、准确地完成其特定方向的运动提供保障,一般指导轨、轴承等。

2.2.1.3　执行机构

执行机构是用来完成操作任务的直接装置。执行机构根据操作指令的要求在动力源的带动下完成预定的操作。一般要求它具有较高的灵敏度、精确度以及良好的重复性和可靠性。由于计算机的功能越来越强大,使作为传统动力源的电动机发展为具有动力、变速与执行等多重功能的伺服电动机,从而大大简化了传动和执行机构。

除以上三部分外,机电一体化系统的机械部分通常还包括机座、支架、壳体和联轴器等。

2.2.2　机械系统的设计思想

机电一体化机械系统设计主要包括两个环节:静态设计和动态设计。

2.2.2.1　静态设计

静态设计是指依据系统的功能要求,通过调研、研究制定出机械系统的初步设计方案。该方案只是一个初步的轮廓,包括系统主要零、部件的种类,各部件之间的连接方式,系统的控制方式,所需能源方式等。

有了初步设计方案后,就可以开始按技术要求设计系统的各组成部件的结构、运动关系及参数,确定零件的材料、结构及制造精度;验算执行元件(如电机)的参数、功率及过载能力,选择相关元件、部件;配置系统的阻尼等,以上称为稳定设计。稳定设计保证了系统的静态特性要求。

2.2.2.2　动态设计

动态设计是指研究系统在频率域的特性,借助静态设计的系统结构,通过建立系统各组成环节的数学模型,推导出系统整体的传递函数,并利用自动控制理论的方法求得该系统的频率特性(幅频特性和相频特性)。系统的频率特性体现了系统对不同频率信号的反应,决定了系统的稳定性、最大工作频率和抗干扰能力。

静态设计是在忽略了系统自身的运动因素和干扰因素的状态下进行的产品设计。对于伺服精度和响应速度要求不高的机电一体化系统,静态设计就能够满足设计要求了。对于精密和高速智能化的机电一体化系统,环境干扰和系统自身的结构及运动因素对系统产生的影响会很大,因此必须通过调节各个环节的相关参数和改变系统的动态特性来保证系统的功能要求。动态设计与设计过程往往会改变前期的部分设计方案,有时甚至会推翻整个方案,重新进行静态设计。

2.3　机电一体化系统中的机械传动

机电一体化系统的设计中,机电产品必须完成相互协调的若干机械运动,每个机械运动可由单独的控制电动机、传动件和执行机构组成的若干系统来完成，由计算机来协调与控制。

影响机电一体化系统传动链的性能因素一般有以下几个方面：

(1)负载的变化。负载包括工作负载、摩擦负载等。要合理选择驱动电动机和传动链，使之与负载变化相匹配。

(2)传动链惯性。惯性不但影响电动机的启停特性，也影响控制的快速性和速度偏差的大小。

(3)传动链固有频率。固有频率影响系统谐振和传动精度。

(4)间隙、摩擦、润滑和温升。这些将影响传动精度和运动平稳性。

传动机构应能满足以下几个方面的基本要求：

(1)在不影响系统刚度的条件下，传动机构的质量和转动惯量要小；如转动惯量大会对系统造成机械负载增大($T_{电} = T_{负} + J_{\varepsilon}$)；系统响应速度变慢，灵敏度降低；系统固有频率下降，产生谐振；使电气部分的谐振频率变低。

(2)刚度越大，伺服系统动力损失越小；刚度越大，机器的固有频率越高，不易振动($\omega_n = \sqrt{\dfrac{K}{J}}$)；刚度越大，闭环系统的稳定性越高。

(3)机械系统产生共振时，系统中阻尼越大，最大振幅就越小，且衰减越快，但阻尼大会使系统损失动量，增大稳态误差，降低精度，故应选合适阻尼。

(4)静摩擦力、动摩擦力要小，避免出现爬行现象。

2.4 伺服机械传动系统的传动特性

机电一体化系统中机械传动系统的良好伺服特性，要求机械传动部件满足转动惯量小、传动刚度大、传动系统固有频率高、振动特性好、摩擦损失小、阻尼合理、间隙小等，还要求机械部分的动态特性与电动机速度环的动态特性相匹配，由此才能满足伺服传动系统中传动精度高、响应速度快、稳定性好的基本要求。

2.4.1 转动惯量

转动惯量是物体转动时惯性的度量，转动惯量越大，物体的转动状态就越不容易改变(变速)。利用能量守恒定理可以实现各种运动形式的物体转动惯量的转换，将传动系统的各个运动部件的转动惯量折算到特定轴(一般是伺服电动机轴)上，然后将这些折算转动惯量(包括特定轴自身的转动惯量)求和，获得整个传动系统对特定轴的等效转动惯量。

传动系统折算到电动机轴上的转动惯量过大所产生的影响有：使电动机的机械负载增大；使机械传动系统的响应变慢；使系统的阻尼比减小，从而使系统的振荡增强，稳定性下降；使机械传动系统的固有频率下降，容易产生谐振，因而限制了伺服带宽，影响了伺服精度和响应速度。但转动惯量的适当增大对改善低速爬行是有利的。

由于在进行伺服系统设计时离不开转动惯量的计算和折算到特定轴上等效转动惯量的计算，下面就给出这方面的常用公式，以便于分析计算。

(1)圆柱体转动惯量 J($\mathrm{kg \cdot m^2}$)：

$$J = \frac{1}{2}mR^2$$

式中 m——质量,kg,长为 L 的圆柱体的质量为 $m = \pi LR^2\rho$;

R——圆柱体半径,m;

ρ——密度,kg/m^3,钢材的密度 ρ 为 7.8×10^3kg/m^3。

齿轮、联轴器、丝杠和轴等接近于圆柱体的零部件可用上式计算(或估算)其转动惯量。

(2)丝杠轴折算到电动机轴的转动惯量(引申到后轴折算到前轴)。

$$J = \frac{J_s}{i^2}$$

式中 i——电动机轴到丝杠轴的总传动比;

J_s——丝杠的转动惯量,kg · m^2。

(3)直线移动工作台折算到丝杠上的转动惯量,图 2-1 所示为由导程为 L 的丝杠驱动质量为 m(含工件质量)的工作台往复移动,折算到丝杠上的转动惯量为:

$$J = m\left(\frac{L}{2\pi}\right)^2$$

式中 L——丝杠导程,m;

m——工作台及工件的质量,kg。

(4)丝杠传动时,传动系统折算到电动机轴上的总转动惯量,如图 2-2 所示。

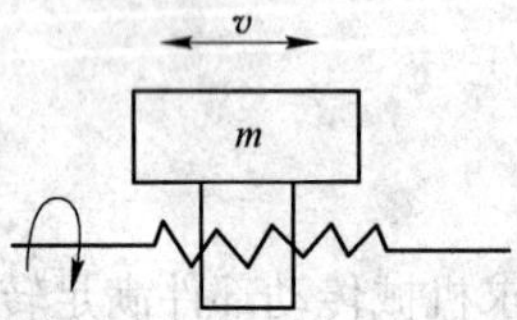

图 2-1 丝杠回转推动工作台

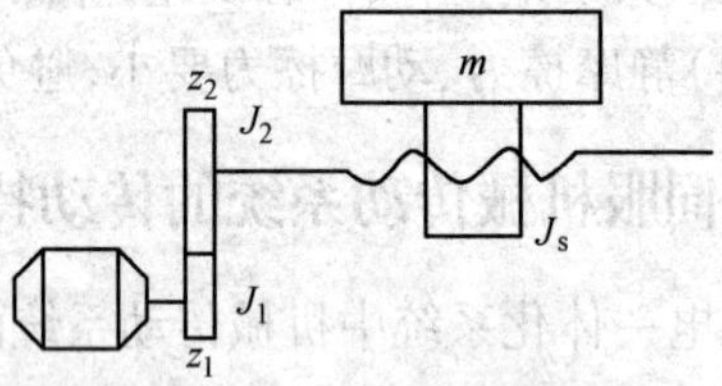

图 2-2 丝杠传动的机械传动系统

$$J = J_1 + \frac{1}{i^2}\left[J_2 + J_s + m\left(\frac{L}{2\pi}\right)^2\right]$$

式中 J_1——小齿轮轴及电动机轴的转动惯量,kg · m^2;

J_2——大齿轮的转动惯量,kg · m^2;

J_s——丝杠的转动惯量,kg · m^2;

L——丝杠的螺距,m;

m——工作台及工件的质量,kg。

(5)齿轮齿条传动时工作台折算到小齿轮轴上的转动惯量,如图 2-3 所示。

$$J = m\cdot R^2$$

式中 R——齿轮分度圆半径,m;

m——工作台及工件的质量,kg。

(6)齿轮齿条传动时传动系统折算到电动机轴上的总转动惯量,如图 2-4 所示。

$$J = J_1 + \frac{1}{i^2}(J_2 + m\cdot R^2)$$

式中　J_1, J_2——分别为轴Ⅰ和轴Ⅱ及其上面齿轮的转动惯量，$kg \cdot m^2$；

　　i——传动比；

　　m——工作台及工件的质量，kg；

　　R——齿轮 Z 的分度圆半径，m。

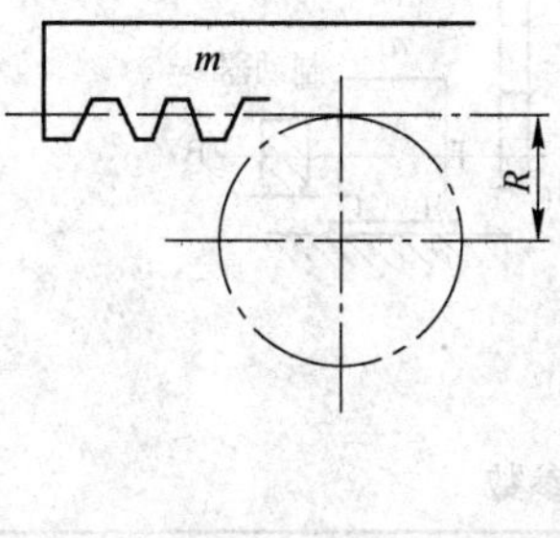

图2-3　齿轮齿条机构推动工作台

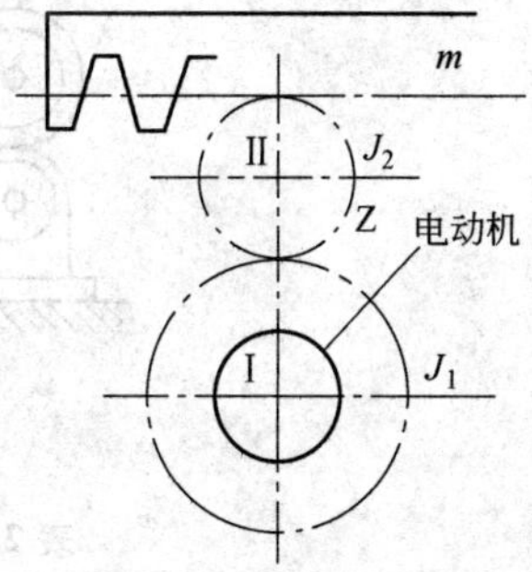

图2-4　采用齿轮齿条的传动系统

(7)工作台折算到传动驱动轴上的转动惯量，如图2-5所示。

$$J = m \cdot \left(\frac{u}{\omega}\right)^2$$

式中　m——工作台及工件的质量，kg；

　　ω——驱动轴的角速度，s^{-1}；

　　u——工作台移动速度，m/s。

[**例2-1**]　两对齿轮传动，如图2-6所示，求折算到电动机轴上的总等效转动惯量。

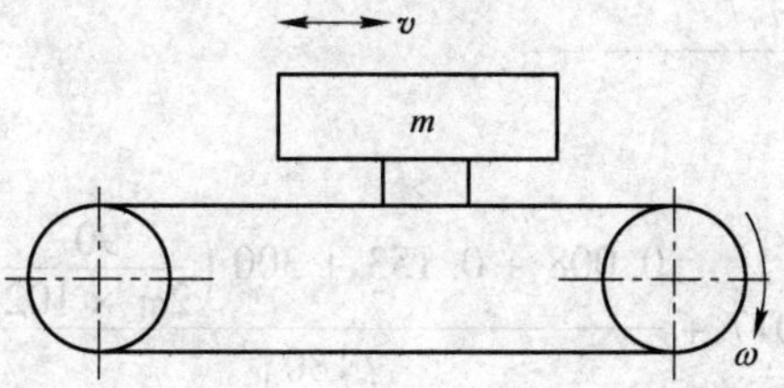

图2-5　传动带动工作台

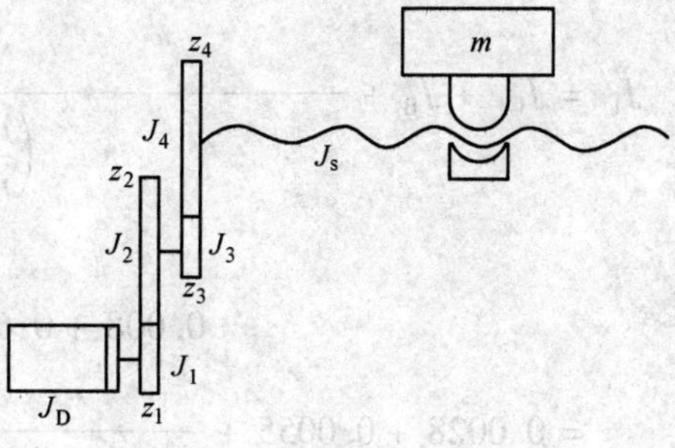

图2-6　两对齿轮减速器

解：$$J_\Sigma = J_D + J_1 + \frac{J_2 + J_3 + \dfrac{J_4 + J_s + \left(\dfrac{L}{2\pi}\right)^2 m}{\left(\dfrac{z_4}{z_3}\right)^2}}{\left(\dfrac{z_2}{z_1}\right)^2}$$

式中　J_D——电动机轴的转动惯量，$kg \cdot m^2$。

[**例2-2**]　图2-7所示为一进给工作台，直流伺服电动机 M，制动器 B，工作台 A，齿轮 $G_1 \sim G_4$ 以及轴1、2的数据如表2-1所示，工作台质量（包括工件在内）$m_A = 300kg$，试求

该装置换算至电动机轴的总等效转动惯量 J_Σ，并判断是否满足惯量匹配原则。

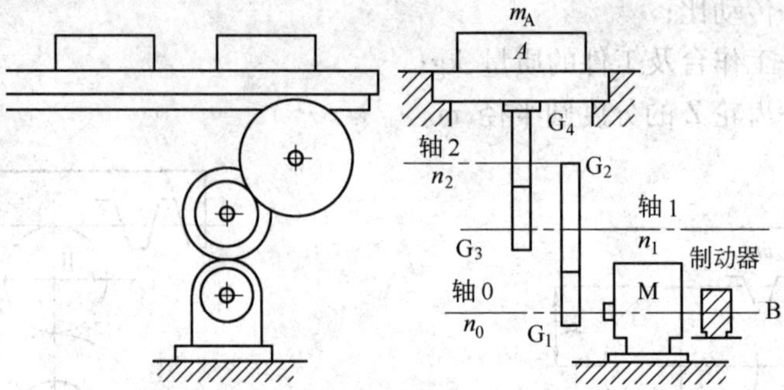

图 2-7　进给工作台

表 2-1　进给工作台的工作参数

项　目	齿　轮				轴		工作台	电动机	制动器
转速(速度)	G_1	G_2	G_3	G_4	1	2	A	M	B
$n/\mathrm{r\cdot min^{-1}}$	720	180	180	102	180	102	90m/min	720	
转动惯量	J_{G1}	J_{G2}	J_{G3}	J_{G4}	J_{s1}	J_{s2}	J_A	J_M	J_B
$J/\mathrm{kg\cdot m^2}$	0.0028	0.606	0.017	0.153	0.008	0.008		0.0403	0.0055

解：(1)所有负载折算到电动机轴上的等效转动惯量 J_L（不包括电动机本身转动惯量）：

$$J_L = J_{G1} + J_B + \frac{J_{s1} + J_{G2} + J_{G3} + \dfrac{J_{s2} + J_{G4} + m_A\left(\dfrac{v}{2\pi n_2}\right)^2}{\left(\dfrac{n_1}{n_2}\right)^2}}{\left(\dfrac{n_0}{n_1}\right)^2}$$

$$= 0.0028 + 0.0055 + \frac{0.008 + 0.606 + 0.017 + \dfrac{0.008 + 0.153 + 300\left(\dfrac{90}{2\pi \times 102}\right)^2}{\left(\dfrac{180}{102}\right)^2}}{\left(\dfrac{720}{180}\right)^2}$$

$$= 0.1691\mathrm{kg \cdot m^2}$$

(2)折算到电动机轴上的总等效转动惯量 J_Σ（包括电动机本身转动惯量）：

$$J_\Sigma = J_L + J_M = 0.169 + 0.0403 = 0.2094\mathrm{kg \cdot m^2}$$

(3)判断是否满足惯量匹配原则：

$$\frac{J_L}{J_M} = \frac{0.1691}{0.0403} = 4.1960$$

不符合小惯量 $1 \leqslant J_L/J_M \leqslant 3$ 的条件，故不匹配。

关于惯量匹配原则应注意以下情况。实践与理论分析表明，J_L/J_M 比值大小对伺服系统的性能有很大的影响，且与直流伺服电动机的种类及应用场合有关，通常分两种情况。

1)对于采用惯量较小的直流伺服电动机的伺服系统,其比值通常推荐为:

$$1 \leqslant \frac{J_L}{J_M} \leqslant 3$$

当 $J_L/J_M > 3$ 时,对电动机的灵敏度与响应时间有很大的影响,甚至会使伺服放大器不能在正常调节范围内工作。

小惯量直流伺服电动机的惯量达 $J_M \approx 5 \times 10^{-3} kg \cdot m^2$,其特点是转矩/惯量比大,机械时间常数小,加减速能力强,所以其动态性能好、响应快。但是,使用小惯量电动机时容易发生对电源频率的响应共振,当存在间隙、死区时,容易造成振荡或蠕动,这才提出了“惯量匹配原则”,并在数控机床伺服进给系统采用大惯量电动机。

2)对于采用大惯量直流伺服电动机的伺服系统,其比值通常推荐为:

$$0.25 \leqslant \frac{J_L}{J_M} \leqslant 1$$

所谓大惯量是相对小惯量而言,其数值 $J_M \approx 0.1 \sim 0.6 kg \cdot m^2$ 。大惯量宽调速直流伺服电动机的特点是惯量大、转矩大,且能在低速下提供额定转矩,常常不需要传动装置而与滚珠丝杠直接相连,而且受惯性负载的影响小,调速范围大;热时间常数有的长达 100min,比小惯量电动机的热时间常数 2 ~ 3min 长得多,并允许长时间的过载,即过载能力强。另外,转矩/惯量比值高于普通电动机而低于小惯量电动机,其快速性在使用上已经足够。因此,采用这种电动机获得优良的调速范围及刚度和动态性能,因而在现代数控机床中应用较广。

2.4.2 摩擦

当两物体有相对运动趋势或已产生相对运动时,其接触面间会产生摩擦力。摩擦力可分为静摩擦力、库仑摩擦力和黏性摩擦力(动摩擦力 = 库仑摩擦力 + 黏性摩擦力)三种。

负载处于静止状态时,摩擦力为静摩擦力,随着外力的增加而增加,最大值发生在运动前的瞬间。运动一开始,静摩擦力消失,静摩擦力立即下降为库仑摩擦力,大小为 $F = umg$ 。随着运动速度的增加,摩擦力成线性增加,此时的摩擦力为黏性摩擦力(与速度成正比的阻尼称为黏性阻尼)。由此可见,仅黏性摩擦是线性的,静摩擦力和库仑摩擦力都是非线性的。

摩擦对机电一体化伺服系统的主要影响是:降低系统的响应速度;引起系统的动态滞后和产生系统误差;在接近非线性区,即低速时产生爬行。

机电一体化伺服传动系统中的摩擦力主要产生于导轨副,其摩擦特性随材料和表面形状的不同而有很大的差别。金属滑动摩擦导轨易产生爬行现象,低速稳定性差。滚动导轨与贴塑导轨特性接近,滚动导轨、贴塑导轨和静压导轨不产生爬行。在使用中应尽可能减小静摩擦力与动摩擦力的差值,并使动摩擦力尽可能小,且以较小的正斜率变化,即尽量减小黏性摩擦力。适当地增加系统的惯量 J 和黏性摩擦因数 f ,有利于改善低速爬行现象,但惯性增加会引起伺服系统响应性能降低;增加黏性摩擦因数 f 也会增加系统的稳态误差,设计时应优化处理。

根据经验,克服摩擦力所需的电动机转矩 T_f 与电动机额定转矩 T_K 的关系为:

$$0.2T_K < T_f < 0.3T_K$$

所以要最大限度地消除摩擦力,节省电动机转矩,用于驱动负载。

图 2 -8 所示反映了三种摩擦力与物体运动速度之间的关系,如把图下部分上翻,且考虑非理想情况,就得到如图 2 -9 所示的摩擦特性。机械系统的摩擦特性随材料和表面状态的不同有很大差异,例如在质量为 3200kg 重物的作用下,不同导轨表现出不同的摩擦特性,如图 2 -9 所示。

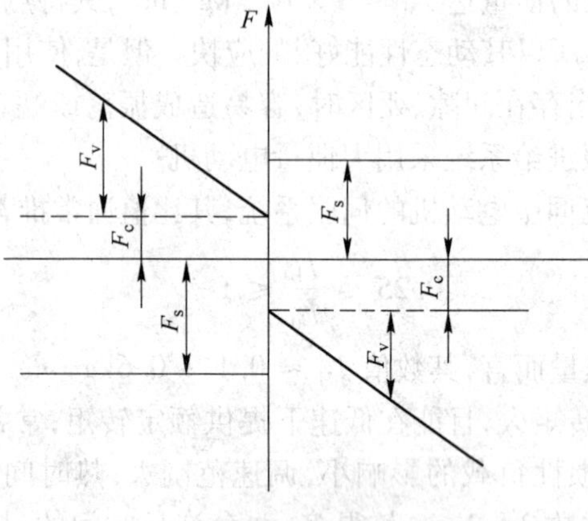

图 2 -8　理想摩擦力与速度的特性关系

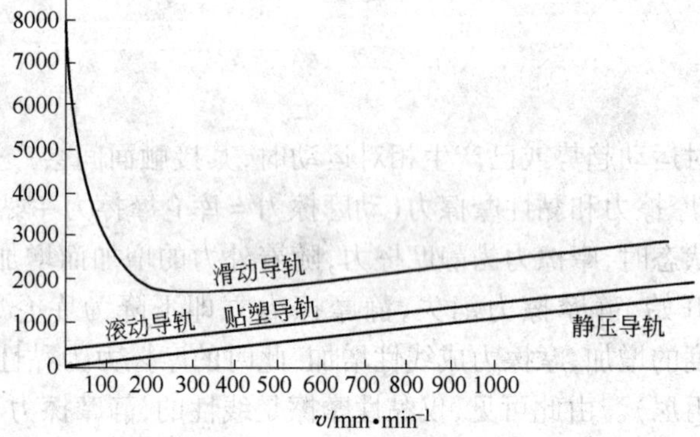

图 2 -9　不同导轨的摩擦特性

滑动摩擦导轨摩擦特性出现较大非线性区,易产生爬行现象,低速运动稳定性差;滚动摩擦导轨和静压摩擦导轨不产生爬行;贴塑导轨的特性接近滚动导轨,但是各种高分子塑料与金属的摩擦特性有较大的差别。另外,摩擦力与机械传动部件的弹性变形产生位置误差,运动反向时,位置误差形成回程误差。

2.4.3　爬行

从以上分析可知,产生爬行的区域就是动、静摩擦转变的非线性区,非线性区越宽,爬行现象就越严重。下面从爬行机理来分析爬行现象。

图 2 -10 所示是典型机械进给传动系统模型,当丝杠 1 做极低的匀速运动时,工作台 2 可能会出现一快一慢或跳跃式的运动,这种现象称为爬行。

(1)产生爬行的原因和过程。图2-11所示为爬行现象模拟图。匀速运动的主动件1,通过压缩弹簧推动静止的运动件2,当运动件2受到逐渐增大的弹簧力小于静摩擦力F时,2不动,直到弹簧力刚刚大于F时,2才开始运动,动摩擦力随着动摩擦因数的降低而变小,2的速度相应增大,同时弹簧相应伸长,作用在2上的弹簧力逐渐减小,2产生负加速度,速度降低,动摩擦力相应增大,速度逐渐下降,直到2停止运动,这时主动件1再重新压缩弹簧,爬行现象进入下一个周期。

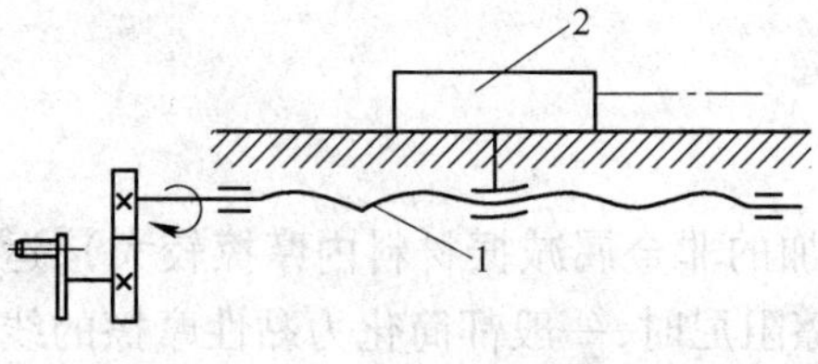

图2-10　机械进给传动系统模型

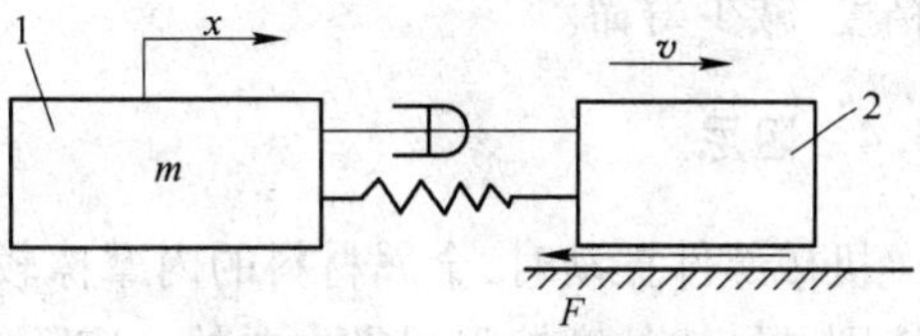

图2-11　爬行现象模拟图

由上述分析可知,低速进给爬行现象的产生主要取决于下列因素:

1)静摩擦力与动摩擦力之差,这个差值越大,越容易产生爬行。

2)进给传动系统的刚度越小,越容易产生爬行。

3)运动速度太低。

(2)不发生爬行的临界速度。此临界速度可按下式进行估算:

$$v_K = \frac{\Delta F}{\sqrt{4\pi\xi Km}}$$

式中　ΔF——静、动摩擦力之差,N;

K——传动系统的刚度,N/m;

ξ——阻尼比;

m——从动件的质量,kg。

以下两种观点有利于降低临界速度,通过降低临界速度增大进给速度范围:

适当地增加系统的惯量J和黏性摩擦因数f,有利于改善低速爬行现象,但惯量增加会引起伺服系统响应性能降低;增加黏性摩擦因数也会增加系统稳态误差,设计时应优化处理。

(3)实际工作中消除爬行现象的途径。

1)提高传动系统的刚度。

①在条件允许的情况下,适当提高各传动件或组件的刚度,减小各传动轴的跨度,合理布置轴上零件的位置,如适当的加粗传动丝杠的直径,缩短传动丝杠的长度,减小和消除各传动副之间的间隙。

②尽量缩短传动链,减小传动件数和弹性变形量。

③合理分配传动比,使多数传动件受力较小,变形也小。

④对于丝杠螺母机构,应采用整体螺母机构,以提高丝杠螺母的接触刚度和传动刚度。

2)减小摩擦力的变化。

①用滚动摩擦、流体摩擦代替滑动摩擦,如采用滚珠丝杠、静压螺母、滚动导轨和静压导轨等。从根本上改变摩擦面的摩擦性质,基本上可以消除爬行。

②选择适当的摩擦副材料，降低摩擦因数。

③降低作用在导轨面的正压力，如减轻运动部件的重量，采用各种卸荷装置，以减少摩擦阻力。

④提高导轨的制造与装配质量，采用导轨油等都可以减小摩擦力的变化。

综上所述，机电一体化系统对机械传动部件的摩擦特性要求为：静摩擦力尽可能小；静、动摩擦力的差值尽可能小；动摩擦力应为尽可能小的正斜率，因为负斜率易产生爬行，会降低精度，减少寿命。

2.4.4　阻尼

机械部件振动时，金属材料的内摩擦较小（附加的非金属减振材料内摩擦较大），运动副特别是导轨的摩擦阻尼是主要的。实际应用摩擦阻尼时，一般都简化为黏性摩擦的线性阻尼。

伺服机械传动系统，总可以用二阶线性常微分方程来描述（大多数机械系统均可简化为二阶系统），这样的环节称为二阶系统。从力学意义上讲，二阶系统是一个振荡环节。当机械传动系统产生振荡时，系统中阻尼比越大，最大振幅就越小，且衰减得越快，系统中的阻尼比为：

$$\xi = \frac{B}{2\sqrt{mK}}$$

式中　B——黏性阻尼系数；

m——系统的质量，kg；

K——系统的刚度，N/m。

阻尼比大小对传动系统的振动性有不同的影响：

(1) $\xi = 0$ 时，系统处于等幅持续振荡状态，因此系统不能没有阻尼，任何机电系统都具有一定的阻尼。

(2) $\xi > 0$ 称为过阻尼系统；$\xi = 1$ 称为临界阻尼系统，在这两种情况下工作不振荡，但响应速度慢。

(3) $0 < \xi < 1$ 称为欠阻尼系统。在 ξ 值为 0.5～0.8 时（即在 0.707 附近）系统响应不但比临界阻尼或过阻尼系统快，而且还能更快地达到稳定值。但在 $\xi < 0.5$ 时，系统虽然响应更快，但振荡衰减很慢。

在系统设计时，考虑综合性能指标，一般取 $\xi = 0.5 \sim 0.8$。

2.4.5　刚度

刚度是使弹性物体产生单位变形所需要的作用力，对于机械传动系统来说，刚度包括零件产生各种弹性变形的刚度和两个零件接触面的接触刚度。静态力与变形之比为静刚度；动态力（交变力、冲击力）与变形之比为动刚度。

当伺服电动机带动机械负载运动时，机械传动系统的所有元件都会受力而产生不同程度的弹性变形。弹性变形的程度可用刚度 K 表示，它将影响系统的固有频率，随着机电一体化技术的发展，机械系统弹性变形与谐振分析成为机械传动与结构设计中的一个重要问题。

根据自动控制理论,避免系统谐振须使激励频率远离系统的固有频率,在不失真条件下应使 $\omega < 0.3\omega_n$,通常可在提高系统刚度、调整机械构件质量和自激频率方面提高防谐振能力。采用弹性模量高的材料,合理选择零件的截面形状和尺寸,对齿轮、丝杠、轴承施加预紧力等方法提高系统的刚度。在不改变系统固有频率的情况下,通过增大阻尼比也能有效抑制谐振,因为谐振频率:

$$\omega_r = \omega_n\sqrt{1 - 2\xi^2}$$

式中 ω_r ——弹性系统的谐振频率;

ω_n ——弹性系统的固有频率。

只有在近似情况下,才认为谐振频率等于固有频率。

对于伺服机械传动系统,增大系统的传动刚度有以下好处:

(1)可以减小系统的死区误差(失动量),有利于提高传动精度。

(2)可以提高系统的固有频率,有利于系统的抗振性。

(3)可以增加闭环控制系统的稳定性。

2.4.6 谐振频率

当输入信号的激励频率等于系统的谐振频率时,即:

$$\omega_r = \omega_n\sqrt{1 - 2\xi^2}\ ,A(\omega) = \frac{1}{2\xi\sqrt{1 - \xi^2}}$$

系统会产生共振不能正常工作。实际应用中在不产生误解的情况下常用固有频率近似谐振频率(随着阻尼比 ξ 的增大,固有频率与谐振频率的差距越来越大),此时

$$\omega = \omega_n, A(\omega) = \frac{1}{2\xi}$$

对于质量为 m、拉压刚度系数为 K 的单自由度直线运动弹性系统,其固有频率为:

$$\omega_n = \sqrt{\frac{K}{m}}$$

对于转动惯量为 J、扭转刚度系数为 K 的单自由度旋转运动弹性系统,其固有频率为:

$$\omega_n = \sqrt{\frac{K}{J}}$$

固有频率的大小不同将影响闭环系统的稳定性和开环系统中死区误差的值。

对于闭环系统,要求机械传动系统中的最低固有频率(最低共振频率)必须大于电气驱动部件的固有频率。表 2-2 为进给驱动系统中各固有频率的相互关系。

表 2-2 进给驱动系统各固有频率的相互关系

位置调节环的固有频率 ω_{OP}	40 ~ 120rad/s
电气驱动(速度环)的固有频率 ω_{OA}	(2 ~ 3) ω_{OP}
机械传动系统中的固有频率 ω_{OI}	(2 ~ 3) ω_{OA}
其他机械部件的固有频率 ω_{Oi}	(2 ~ 3) ω_{OI}

对于机械传动系统,它的固有频率取决于系统各环节的刚度及惯量,因此在机械传动系统的结构设计中,应尽量降低惯量,提高刚度,达到提高传动系统固有频率的目的。

对于开环伺服系统,虽然稳定性不是主要问题,但是若传动系统的固有频率太低的话,

也容易引起振动而影响系统的工作效果。一般要求机械传动系统最低固有频率 $\omega_{0I} \geqslant 300\mathrm{rad/s}$,其他机械系统 $\omega_{0i} \geqslant 600\mathrm{rad/s}$。

2.4.7 间隙

机械传动装置一般都存在传动间隙,例如齿轮传动的齿侧间隙、丝杠螺母传动间隙、轴承的间隙及联轴器的传动间隙等,这些间隙是造成死区误差(也称为不灵敏区)的原因之一。对于伺服机械传动系统,由于传动精度是重要指标,故应尽量减少和消除间隙,以保证系统的精度和稳定性。

系统闭环以外的间隙,对系统稳定性无影响,但会影响到伺服精度。由于齿隙、丝杠螺母间隙的存在,传动装置在逆运行时会出现回程误差,使得输出与输入间出现非线性关系,输出滞后于输入,影响系统精度。

对于系统闭环内的间隙,在控制系统有效控制范围内对系统精度、稳定性影响较小,但反馈通道上的间隙要比前向通道上的间隙对系统影响大。

2.5 齿轮传动副的设计

齿轮传动是机电一体化机械传动系统中应用最广泛的一种机械传动,通常用齿轮装置传递转矩、转速和位移,在机电一体化系统中,伺服电动机的伺服变速功能在很大范围内代替了传统机械传动中的变速机构,只有当伺服电动机的转速范围满足不了系统要求时,才通过传动装置变速。由于机电一体化系统对快速响应指标要求很高,因此机电一体化系统中的机械传动装置不仅仅是用来解决伺服电动机与负载间的力矩匹配问题,更重要的是为了提高系统的伺服性能。为了提高机械系统的伺服性能,要求机械传动部件的转动惯量小、摩擦小、阻尼合理、刚度大、抗振性好、间隙小,并满足小型、轻量、高速、低噪声和高可靠性等要求。

例如,数控机床的伺服电动机或步进电动机通常要通过齿轮传动装置配合滚珠丝杠副传递转矩和转速,并使电动机和螺旋传动机构及负载(即工作台)之间的转矩与转速得到匹配,因此,齿轮传动装置(齿轮减速箱)的设计是整个数控机床机械传动系统设计的一个重要组成部分。由于数控机床的电动机转速较高,而机械系统驱动的工作台的移动速度有时不能太高,变速范围也不能太大,故往往用齿轮装置将电动机输出轴的高转速、小转矩换算成为负载轴所要求的低转速、大转矩。

对机电一体化机械传动系统总的要求是:精度高、稳定性好、响应快。而齿轮传动装置相当于系统中的一个一阶惯性环节或二阶振荡环节,对上述性能影响很大,因此,在设计齿轮传动装置时,应注意以下三点:

(1)传动精度。传动精度是由传动件的制造误差、装配误差、传动间隙和弹性变形等引起的。对于开环控制来说,传动误差直接影响整个系统的精度。

(2)稳定性。对于闭环控制来说,齿轮传动装置完全在伺服回路内,其性能参数将直接影响整个系统的稳定性,因此,应考虑提高传动系统的固有频率,提高系统的阻尼能力,以便增加传动系统的抗振性能,满足稳定性要求。

(3)响应速度。无论开环还是闭环控制,齿轮传动装置都将影响整个系统的响应速度。从这个角度考虑,齿轮传动装置的角加速度是关键因素,可以采取使传动装置减小摩擦、减小转动惯量、提高传动效率等措施加以控制。

2.5.1 齿轮传动装置的设计内容

齿轮传动装置的设计内容包括：

(1)载荷估算。

(2)选择总传动比。

(3)选择传动机构类型。

(4)确定传动级数及传动比分配。

(5)配置传动链。

(6)估算传动精度。

(7)刚度、强度、固有频率的计算。

有些内容已经在机械设计基础等相关课程中讲过，本书仅讨论上述(2)、(4)部分。

2.5.1.1 最佳总传动比的确定

根据以上所述，机电一体化系统的传动装置在满足伺服电动机与力矩匹配的同时，应具有较高的响应速度，即启动与制动速度。齿轮传动装置的总传动比设计原则是以系统动作的稳、准、快等因素作为设计准则，在具体确定系统总传动比时，可按工作时折算到电动机轴上的峰值转矩最小、等效均方根力矩最小、电动机驱动负载加速度最大的三种计算方法，如图2-12所示。本书重点讲解采用负载角加速度最大原则来选择总传动比，以提高伺服系统的响应速度。

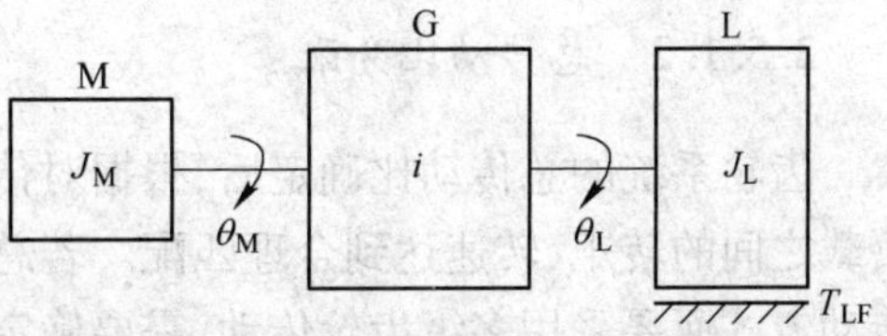

图2-12 电动机、传动装置和负载的传动模型

设电动机的输出转矩为 T_M、摩擦阻抗转矩为 T_{LF}、电动机的转动惯量为 J_M、电动机的角位移为 θ_M、负载L的转动惯量为 J_L、齿轮系G的总传动比为 i，根据牛顿定律可知

$$T_M - \frac{T_{LF}}{i} = \left(J_M + \frac{J_L}{i^2}\right)\theta''_M = \left(J_M + \frac{J_L}{i^2}\right)i\theta''_L$$

则

$$\varepsilon = \theta''_L = \frac{T_M i - T_{LF}}{J_M i^2 + J_L}$$

令 $\frac{d\varepsilon}{di} = 0$，则有负载角加速度最大的最佳总传动比为：

$$i = \frac{T_{LF}}{T_M} + \sqrt{\left(\frac{T_{LF}}{T_M}\right)^2 + \frac{J_L}{J_M}}$$

若不计摩擦阻抗转矩，即 $T_{LF}=0$，则：

$$i = \sqrt{\frac{J_L}{J_M}} \quad 或 \quad \frac{J_L}{i^2} = J_M$$

上式表明：齿轮系总传动比 i 的最佳值就是 J_L 换算到电动机轴上的转动惯量正好等于电动机转子的转动惯量时的总传动比。此时，电动机的输出转矩一半用于加速负载，一半用于加速电动机转子，达到了惯性负载和转矩的最佳匹配。

当然，上述分析是忽略了传动装置的惯量、摩擦阻抗转矩影响而得出的结论，实际的总传动比要依据传动装置的惯量估算适当选择大一点。在传动装置设计完以后,在动态设计时,通常将传动装置的转动惯量归算为负载并折算到电动机轴上,并与实际负载一同考虑进行电动机响应速度验算。所以和前面介绍的惯量匹配原则 $0.25 \leqslant J_L/J_M \leqslant 1$ 并不矛盾。

总传动比对系统性能的影响如下:

(1)系统的稳定性。总传动比 i 偏大使得系统折算到电动机轴上的等效转动惯量变小,从二阶系统传递函数可得 $\xi = B/2\sqrt{JK}$,选择大的 i 可使 ξ 增大,系统的稳定性取决于阻尼系数 ξ。阻尼系数 ξ 增大,振荡得到抑制,稳定性提高,但 $\xi > 1$ 时影响系统的快速响应,应尽量避免。

(2)系统的响应特性。总传动比 i 偏小时,加速度下降;总传动比 i 偏大,则使加速度增大为一定值,因此,i 偏大使响应特性提高。

(3)系统的低速稳定性。伺服电动机在运行时,由于电枢反应、电刷摩擦和低速不稳定性,可能产生爬行。i 值偏大可避免爬行。

(4)系统的结构。总传动比 i 偏大,使得传动级数增多,结构不紧凑,传动精度、效率、刚度与系统固有频率降低。

由此可见,总传动比的选择要综合考虑。

2.5.1.2　总传动比分配

齿轮系统的总传动比确定后,根据对传动链的技术要求,选择传动方案,使驱动部件和负载之间的转矩、转速达到合理匹配。若总传动比较大,又不准备采用谐波、少齿差等同轴传动方式而要采用多级齿轮传动,需要确定传动级数,并在各级之间分配传动比。单级传动比增大使传动系统简化,但大齿轮的尺寸增大会使整个传动系统的轮廓尺寸变大。可按下述三种原则适当分级,并在各级之间分配传动比。

A　最小等效转动惯量原则

a　小功率传动

以如图 2-13 所示电动机驱动的两级齿轮传动系统为例,假设传动效率为 100%;各主动小齿轮具有相同的转动惯量 J_1;轴与轴承的转动惯量不计;各齿轮均为同宽度 b、同材料的实心圆柱体。该齿轮系中各转动惯量换算到电动机轴上的等效转动惯量 J_L 为:

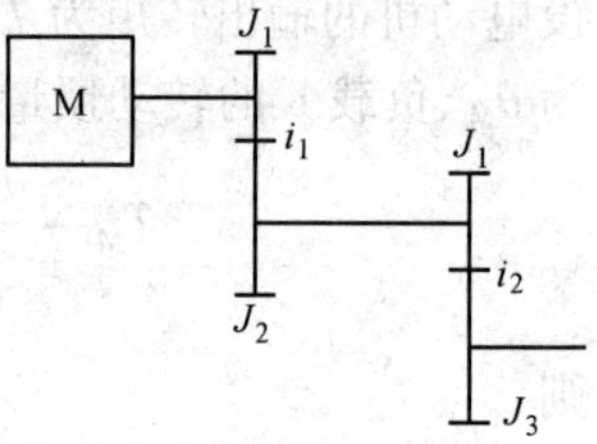

图 2-13　电动机驱动的两级齿轮传动系统

$$J_L = J_1 + \frac{J_1 + J_2}{i_1^2} + \frac{J_3}{i_1^2 i_2^2}$$

已知:$i = i_1 i_2$,$J_2 = J_1 i_1^4$,$J_3 = J_1 i_2^4$,得:

$$J_L = J_1\left(1 + i_1^2 + \frac{1}{i_1^2} + \frac{i^2}{i_1^4}\right)$$

令 $\frac{dJ_L}{di_1} = 0$,得:
$$i_2 = \sqrt{\frac{i_1^4 - 1}{2}}$$

当 i_1^4 远大于 1 时:
$$i_2 \approx \frac{i_1^2}{\sqrt{2}}$$

$$i_1 \approx (\sqrt{2}i_2)^{\frac{1}{2}} \approx (\sqrt{2}i)^{\frac{1}{3}}$$

对于 n 级齿轮系同理分析可得：

$$i_1 = 2^{\frac{2^n-n-1}{2(2^n-1)}} \cdot i^{\frac{1}{2^n-1}}$$

$$i_k = \sqrt{2}\left(\frac{i}{2^{\frac{n}{2}}}\right)^{\frac{2^{(k-1)}}{2^n-1}} \quad (k = 2 \sim n)$$

[例 2－3] 有 $i = 80$、$n = 4$ 的小功率传动系统，试按最小等效转动惯量原则分配传动比。

解：由上述公式可得：

$$i_1 = 2^{\frac{2^n-n-1}{2(2^n-1)}} \cdot i^{\frac{1}{2^n-1}} = 2^{\frac{2^4-4-1}{2(2^4-1)}} \times 80^{\frac{1}{2^4-1}} = 1.7268$$

$$i_2 = \sqrt{2}\left(\frac{80}{2^{\frac{4}{2}}}\right)^{\frac{2^{(2-1)}}{2^2-1}} = 2.1085$$

$$i_3 = \sqrt{2}\left(\frac{80}{2^{\frac{4}{2}}}\right)^{\frac{2^{(3-1)}}{2^4-1}} = 3.1428$$

$$i_4 = \sqrt{2}\left(\frac{80}{2^{\frac{4}{2}}}\right)^{\frac{2^{(4-1)}}{2^4-1}} = 6.9887$$

验算：$i = i_1 i_2 i_3 i_4 = 79.996 \approx 80$

各级传动比的分配按“前小后大”次序，结构较紧凑。

小功率传动的级数可按图 2－14 所示曲线选择。图中所示曲线为以传动级数 n 作参变量，齿轮系中折算到电动机轴上的等效转动惯量 J_L 与第一级主动齿轮的转动惯量 J_1 之比 J_L/J_1 为纵坐标，总传动比 i 为横坐标的关系曲线。由图可知，为减少齿轮系的转动惯量，过多增加传动级数 n 是没有意义的，反而会增大转动误差，并使结构复杂化。

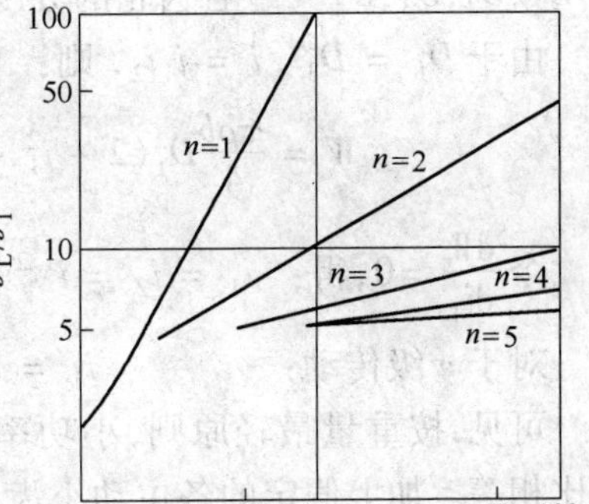

图 2－14 确定小功率传动级数的曲线

b 大功率传动

大功率传动的转矩较大，小功率传动中的各项简化假设大多不合适，按公式计算较困难，故多采用图解法。可用图 2－15 所示的曲线确定传动级数，可用图 2－16 所示的曲线确定第一级传动比 i_1，用图 2－17 所示的曲线确定随后各级传动比 i_k（$k = 2 \sim n$）。

例如：设 $i = 256$，查图 2－15 得：$n = 3$，$J_L/J_1 = 70$；$n = 4$，$J_L/J_1 = 35$；$n = 5$，$J_L/J_1 = 26$。为兼顾 J_L/J_1 与结构的紧凑性，选 $n = 4$，然后查图 2－16，得 $i_1 = 3.3$。在图 2－17 中 i_{k-1} 坐标轴上 3.3 处做垂线与 A 线交于第一点，在 i_k 坐标轴上查得 $i_2 = 3.7$。从 A 线上第一交点做水平线，与 B 线相交得到第二交点值 $i_3 = 4.24$。由第二交点做垂线与 A 线相交得到第三个交点 $i_4 = 4.95$。最后，验算得：

$$i = i_1 i_2 i_3 i_4 = 256.26$$

大功率传动比的分配次序仍为“前小后大”。

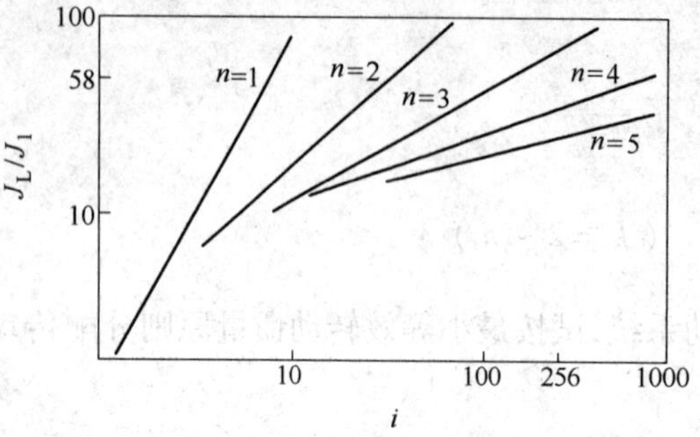

图 2－15　确定大功率传动级数的曲线

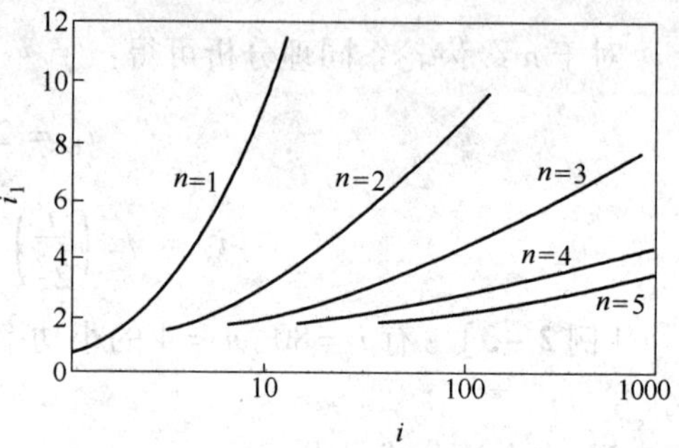

图 2－16　确定大功率传动第一级传动比的曲线

B　重量最轻原则

a　小功率传动

仍以如图 2－13 所示电动机驱动的两级齿轮系为例，简化假设同前，则各齿轮的重量之和 W 为：

$$W = \pi\rho b\left[\left(\frac{D_1}{2}\right)^2 + \left(\frac{D_2}{2}\right)^2 + \left(\frac{D_3}{2}\right)^2 + \left(\frac{D_4}{2}\right)^2\right]$$

式中　　　　ρ——材料密度，kg/m^3；

D_1, D_2, D_3, D_4——各齿轮的分度圆直径，m。

由于 $D_1 = D_3$，$i = i_1 i_2$，则：

$$W = \frac{\pi\rho b}{4}D_1^2\left(2 + i_1^2 + \frac{i^2}{i_1^2}\right)$$

令 $\frac{\mathrm{d}W}{\mathrm{d}i_1} = 0$，得：$i_1 = i_2 = i^{1/2}$

对于 n 级传动：　　　$i_1 = i_2 = i_3 = \cdots = i_n = i^{1/n}$

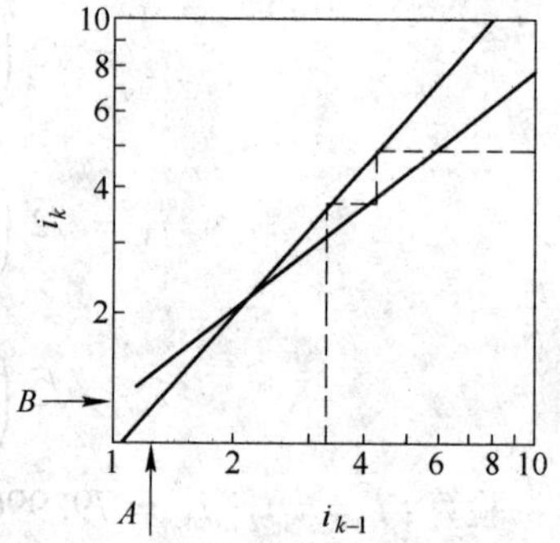

图 2－17　确定大功率传动第一级以后各级传动比的曲线

可见，按重量最轻原则，小功率传动的各级传动比相等。加上假定的各主动小齿轮的模数、齿数均相同，可设计成如图 2－18 所示的曲回式齿轮传动链。

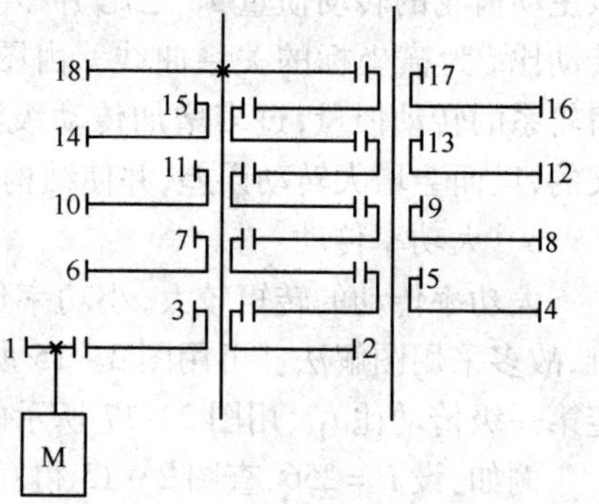

图 2－18　曲回式齿轮传动链

b　大功率传动

仍以如图 2－13 所示两级传动为例。假设所有主动小齿轮的模数 m 与所在轴上转矩 T 的三次方根成正比，其分度圆直径 D、齿宽 b 也与转矩的三次方根成正比，即：

$$m_3 = m_1 = D_3/D_1 = b_3/b_1 = \sqrt[3]{\frac{T_3}{T_1}} = \sqrt[3]{i_1}$$

由 $b_1 = b_2$，$b_3 = b_4$，得：

$$W = \frac{\pi\rho b_1}{4}D_1^2\left[1 + i_1^2 + i_1\left(1 + \frac{i^2}{i_1^2}\right)\right]$$

令 $\frac{dW}{di_1}=0$,得：

$$i = i_1\sqrt{2i_1+1}$$

$$i_2 = \sqrt{2i_1+1}$$

同理,对于三级齿轮传动,假设 $b_1=b_2,b_3=b_4,b_5=b_6$,可得：

$$i_2 = \sqrt{2i_1+1}$$

$$i_3 = \sqrt{2i_2+1} = (2\sqrt{2i_1+1}+1)^{1/2}$$

$$i = i_1\sqrt{2i_1+1}(2\sqrt{2i_1+1}+1)^{1/2}$$

根据以上传动比计算公式,可得如图2－19所示确定二级齿轮系各传动比的曲线和如图2－20所示确定三级齿轮系各传动比的曲线。由上可知,按重量最轻原则的大功率传动装置,各级传动比是“前大后小”的。

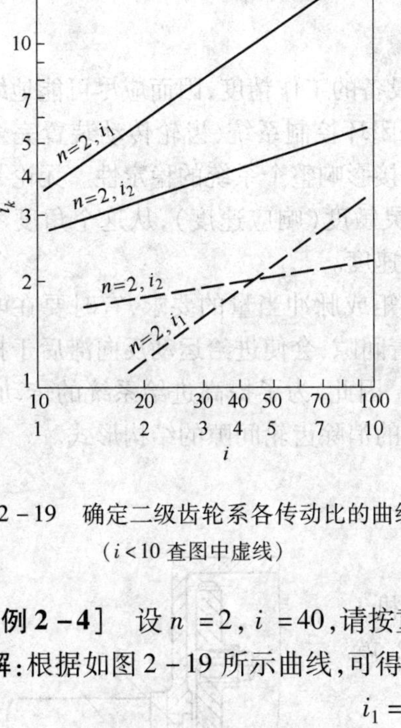

图2－19　确定二级齿轮系各传动比的曲线
（i<10 查图中虚线）

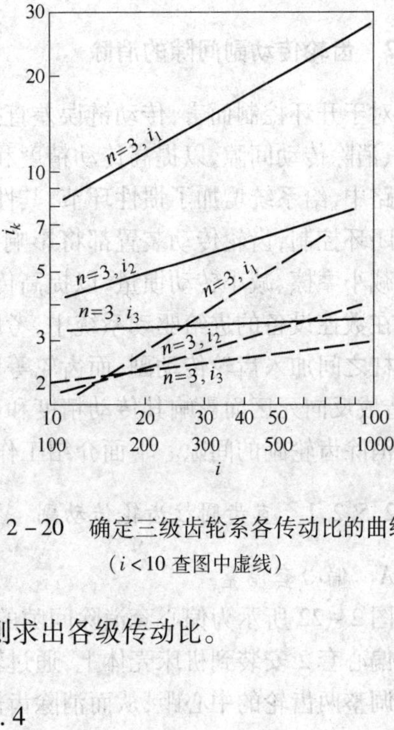

图2－20　确定三级齿轮系各传动比的曲线
（i<10 查图中虚线）

［例2－4］　设 $n=2$, $i=40$,请按重量最轻原则求出各级传动比。

解:根据如图2－19所示曲线,可得

$$i_1 = 9.1\ ,\ i_2 = 4.4$$

C　输出轴转角误差最小原则

以如图2－21所示的四级齿轮传动系统为例,其四级传动比分别为 i_1、i_2、i_3、i_4；齿轮1～8的转角误差依次为 $\phi_1\sim\phi_8$,该传动链输出轴的总转角误差 $\varphi_{\max}$ 为：

$$\varphi_{\max} = \frac{\varphi_1}{i} + \frac{\varphi_2+\varphi_3}{i_2i_3i_4} + \frac{\varphi_4+\varphi_5}{i_3i_4} + \frac{\varphi_6+\varphi_7}{i_4} + \varphi_8$$

由该公式可知,为提高齿轮系的传动精度,由输入端到输出端的各级传动比应按“前小后大”次序分配,而且要使最末一级传动比尽可能大,同时提高最末一级齿轮副的精度,这样可以减少各齿轮副的加工误差、安装误差、回转误差,提高齿轮系统的传动精度。

在进行三种原则的选择时应注意：对齿轮传动装置的设计,应根据具体的工作条件综合考虑。传动精度要求较高时采用输出轴转角误差最小原则设计；对于要求运转平稳、频繁启

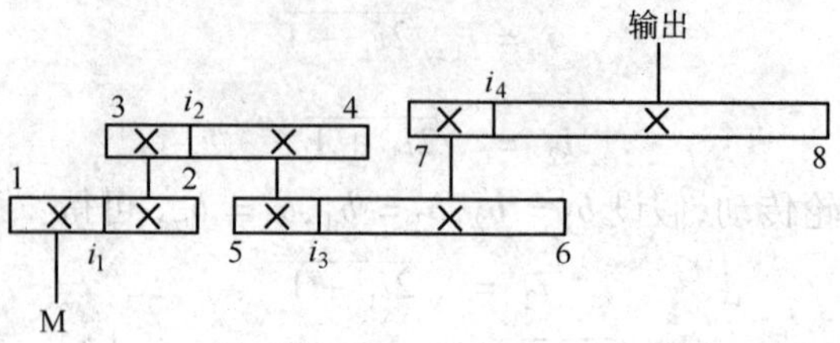

图 2－21　四级齿轮传动系统

动和动态性能好的传动装置，常用最小等效转动惯量原则和输出轴转角误差最小原则设计；对于有质量要求的其他传动装置用重量最轻原则。

此外，各级传动比最好采用不可约的比数，避免齿轮同时啮合，使得齿轮磨损均匀。对于传动比很大的齿轮传动链，条件成熟时可用谐波齿轮。

2.5.2　齿轮传动副间隙的消除

对于开环控制而言，传动链误差直接影响数控设备的工作精度，因而应尽可能地缩短传动链、消除传动间隙，以提高传动精度和刚度。对于闭环控制系统，齿轮传动装置完全在伺服回路中，给系统增加了惯性环节，其性能参数将直接影响整个系统的稳定性。无论是开环还是闭环控制，齿轮传动装置都将影响整个系统的灵敏度（响应速度），从这个角度考虑应注意减小摩擦、减小转动惯量，以提高传动装置的加速度。

在数控设备的进给驱动系统中，考虑到惯量、转矩或脉冲当量的要求，有时要在电动机到丝杠之间加入齿轮传动副，而齿轮等传动副存在着间隙，会使进给运动反向滞后于指令信号，造成反向死区而影响其传动精度和系统稳定性。因此，为了提高进给系统的传动精度，必须消除齿轮副的间隙。下面介绍工作中几种常用的消除齿轮间隙的结构形式。

2.5.2.1　直齿圆柱齿轮传动副

A　偏心套调整

图 2－22 所示为偏心套消除间隙的结构。电动机 1 通过偏心套 2 安装到机床壳体上，通过转动偏心套 2，就可以调整两齿轮的中心距，从而消除齿侧的间隙。

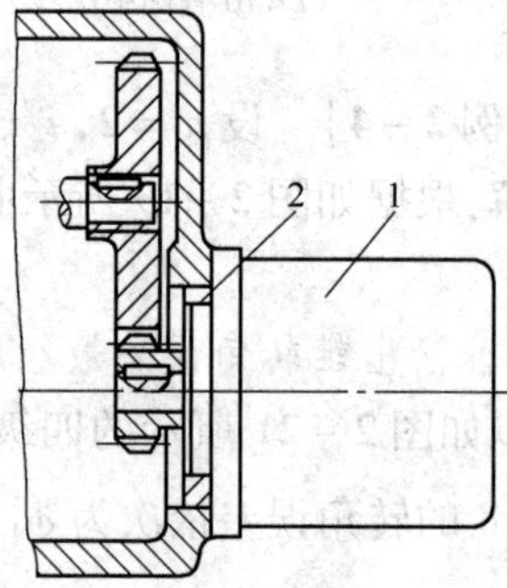

图 2－22　偏心套式消除间隙结构

1—电动机；2—偏心套

B　锥度齿轮调整法

图 2－23 所示为以带有锥度的齿轮来消除间隙的结构。在加工齿轮 1 和 2 时，将假象的分度圆柱面设计成带有小锥度的圆锥面，使其齿厚在齿轮的轴向稍有变化。调整时，只要改变垫片 3 的厚度，就能调整两个齿轮的轴向相对位置，从而消除齿侧间隙。

以上两种方法的特点是结构简单，能传递较大转矩，传动刚度较好，但齿侧间隙调整后不能自动补偿，又称为刚性调整法。

C　双片齿轮错齿调整法

图 2－24 所示是双片齿轮周向弹簧错齿消除间隙的结构。两个相同齿数的薄片齿轮 1

和2与另一个宽齿轮啮合，两薄片齿轮可相对回转。在两个薄片齿轮1和2的端面均匀分布着四个螺孔，分别装上凸耳3和8。齿轮1的端面还有另外四个通孔，凸耳8可以从其中穿过，弹簧4的两端分别钩在凸耳3和调节螺钉7上。通过螺母5调节弹簧4的拉力，调节完后用螺母6锁紧。弹簧的拉力使薄片齿轮错位，即两个薄片齿轮的左右齿面分别贴在宽齿轮齿槽的左右齿面上，从而消除了齿侧间隙。在齿轮传动时，由于正向和反向旋转分别只有一片齿轮承受转矩，因此承载能力受到限制，并且弹簧的拉力要足以能克服最大转矩，否则起不到消隙作用。这种双片齿轮错齿调整间隙的方法称为柔性调整法，适用于负荷不大的传动装置中。

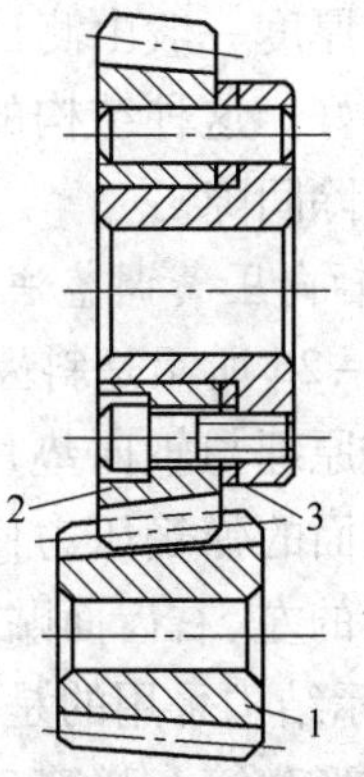

图2-23 锥度齿轮的消除间隙结构
1,2—齿轮;3—垫片

这种结构装配好后，齿侧间隙自动消除（补偿），可始终保持无间隙啮合，是一种常用的无间隙齿轮传动结构。

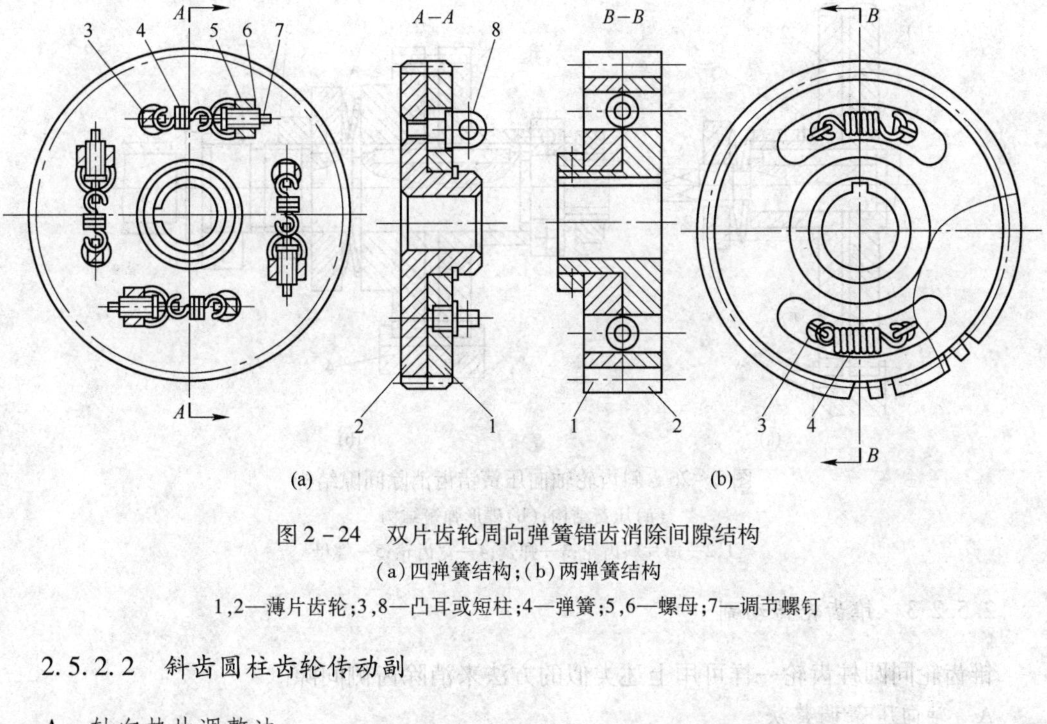

图2-24 双片齿轮周向弹簧错齿消除间隙结构
(a)四弹簧结构；(b)两弹簧结构
1,2—薄片齿轮；3,8—凸耳或短柱；4—弹簧；5,6—螺母；7—调节螺钉

2.5.2.2 斜齿圆柱齿轮传动副

A 轴向垫片调整法

图2-25所示为斜齿轮垫片调整法，其原理与错齿调整法相同。斜齿1和2的齿形拼装在一起加工，装配时在两薄片齿轮间装入已知厚度为t的垫片3，这样螺旋便错开了，使两薄片齿轮分别与宽齿轮4的左、右齿面贴紧，消除了间隙。垫片3的厚度t与齿侧间隙Δ的关系可用下式表示：

$$t = \Delta/\sin\beta$$

式中 β——螺旋角，(°)。

垫片厚度一般由测试法确定，往往要经过几次修磨才能调整好。这种结构的齿轮承载能力较小，且不能自动补偿消除间隙。

B　轴向压簧调整法

图 2－26 所示是斜齿轮轴向压簧错齿消隙结构。该结构消隙原理与轴向垫片调整法相似，所不同的是利用齿轮 2 右面的弹簧压力使两薄片齿轮的左、右齿面分别与宽齿轮的左、右齿面贴紧，以消除齿侧面间隙。图 2－26(a)所示结构采用的是压簧，图 2－26(b)所示结构采用的是碟形弹簧。弹簧 3 的压力可利用螺母 5 来调整，压力的大小要调整合适，压力过大会加快齿轮磨损，压力过小达不到消隙作用。这种结构齿轮间隙能自动消除，能够保持无间隙的啮合，但只适用于负载较小的场合，而且这种结构轴向尺寸较大。

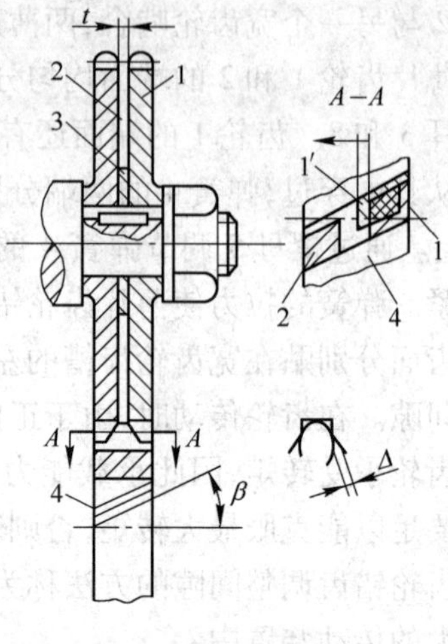

图 2－25　斜齿轮垫片调整法
1，2—薄片齿轮；3—垫片；4—宽齿轮

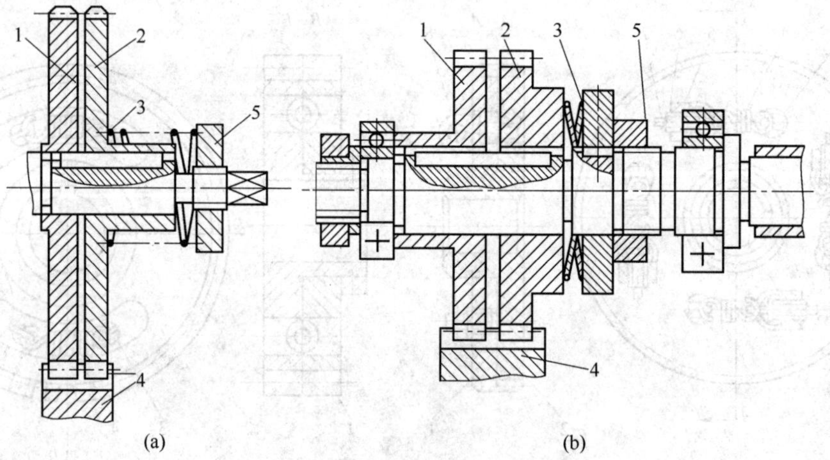

图 2－26　斜齿轮轴向压簧错齿消除间隙结构
(a)压簧结构；(b)碟形弹簧结构
1，2—薄片斜齿轮；3—弹簧；4—宽齿轮；5—螺母

2.5.2.3　锥齿轮传动副

锥齿轮同圆柱齿轮一样可用上述类似的方法来消除齿侧间隙。

A　轴向压簧调整法

图 2－27 所示为轴向压簧调整法。该结构主要由两个啮合着的锥齿轮 1 和 2 组成，其中在锥齿轮 1 的传动轴 5 上装有压簧 3，锥齿轮 1 在弹簧力的作用下可稍做轴向移动，从而消除间隙。弹簧力的大小由螺母 4 调节。

B　周向弹簧调整法

图 2－28 所示为周向压簧调整法。将一对啮合锥齿轮中的一个齿轮做成大小两片 1 和 2，在大片上制有三个圆弧槽，而在小片的端面上制有三个凸爪 6，凸爪 6 伸入大片的圆弧槽中。弹簧 4 一端顶在凸爪 6 上，另一端顶在镶块 3 上，为了安装方便，用螺钉 5 将大、小片齿

圈相对固定，安装完毕之后将螺钉5卸去，利用弹簧力使大、小锥齿轮稍错开，从而达到消除间隙的目的。

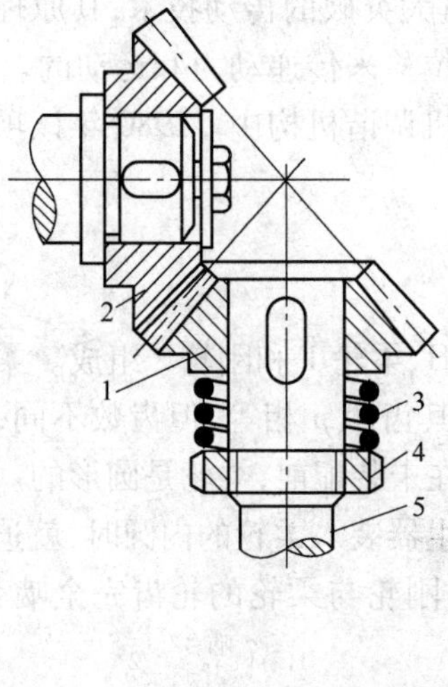

图2－27 锥齿轮轴向压簧调整法

1，2—锥齿轮；3—压簧；4—螺母；5—传动轴

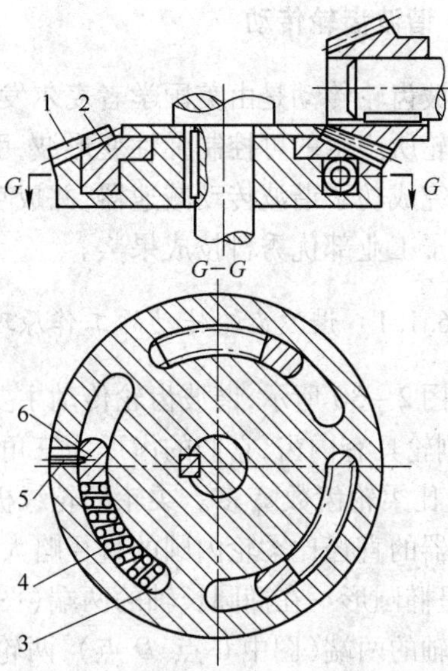

图2－28 锥齿轮周向弹簧调整法

1，2—锥齿轮；3—镶块；4—弹簧；5—螺钉；6—凸爪

2.5.2.4 齿轮齿条传动

齿轮齿条传动常用于行程较大的机电设备，易于实现高速直线运动。图2－29所示为齿轮齿条消隙结构原理。进给运动由轴2输入，轴2上有两个螺旋方向相反的斜齿轮，当轴2上施加轴向力P后，使得轴2连同两斜齿轮产生微量的轴向前移，在两斜齿轮的推动下，轴1和轴3以相反方向转过一个微小角度，使齿轮4和齿轮5分别与同一齿条的左、右两齿面贴紧而消除侧隙。

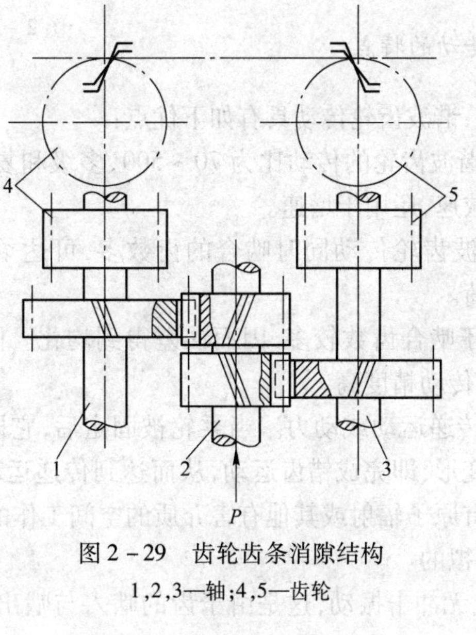

图2－29 齿轮齿条消隙结构

1，2，3—轴；4，5—齿轮

2.6　三种精密传动机构

2.6.1　谐波齿轮传动

谐波齿轮传动是由美国学者麦尔发明的一种具有重大突破的传动技术，其原理是依靠柔性齿轮所产生的可控制弹性变形波，引起齿间的相对位移来传递动力和运动的。1978 年我国研究成功了谐波传动减速器，并成功地应用在发射机调谐机构中。1980 年该项成果荣获了电子工业部优秀科技成果奖。

2.6.1.1　谐波齿轮传动的工作原理

如图 2－30 所示，谐波齿轮传动主要由波形发生器 H、柔轮 1 和刚轮 2 组成。柔轮具有外齿，刚轮具有内齿，它们的齿形为三角形或渐开线形，其齿距 p 相等，但齿数不同，刚轮的齿数 z_g 比柔轮齿数 z_r 多。柔轮的轮缘极薄，刚度很小，在未装配前，柔轮是圆形的。由于波形发生器的直径比柔轮内圆的直径略大，所以当波形发生器装入柔轮的内圆时，就迫使柔轮变形，呈椭圆形。在椭圆长轴的两端（图中 A 点、B 点），刚轮与柔轮的轮齿完全啮合；而在椭圆短轴的两端（图中 C 点、D 点），两轮的轮齿完全分离；长、短轴之间的齿则处于半啮合状态，即一部分正在啮入，一部分正在脱出。

图 2－30 所示的波形发生器有两个触头，称双波发生器，其刚轮与柔轮的齿数相差为 2，周长相差 2 个齿距的弧长。当波形发生器转动时，迫使柔轮的长、短轴的方向随之发生变化，柔轮与刚轮上的齿依次进入啮合。柔轮与刚轮在节圆处的啮合过程，如同两个纯滚动的圆环一样，它们在任一瞬间转过的弧长都必须相等。

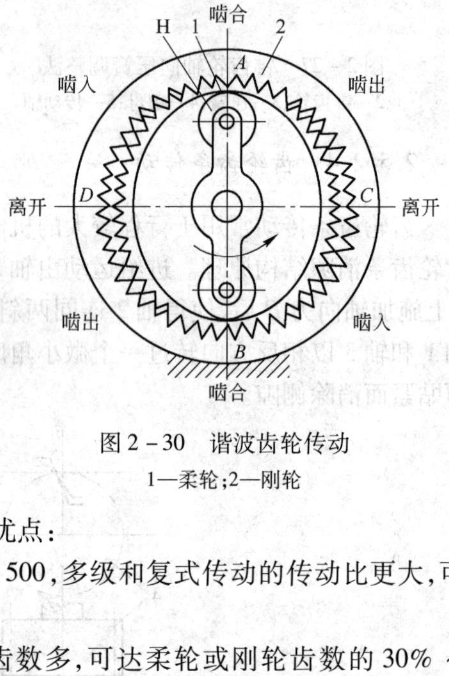

图 2－30　谐波齿轮传动
1—柔轮；2—刚轮

2.6.1.2　谐波齿轮传动的特点

与一般齿轮传动相比，谐波齿轮传动具有如下优点：

（1）传动比大。单级谐波齿轮的传动比为 70～500，多级和复式传动的传动比更大，可达 30000 以上，不仅用于减速，还用于增速。

（2）承载能力大。谐波齿轮传动同时啮合的齿数多，可达柔轮或刚轮齿数的 30%～40%，因此能承受大的载荷。

（3）传动精度高。由于啮合齿数较多，因而误差得到均化。同时，通过调整，齿侧间隙较小，回程误差较小，因而传动精度高。

（4）可以向密封空间传递运动或动力。当柔轮被固定后，它既可以作为密封传动装置的壳体，又可以产生弹性变形，即完成错齿运动，从而达到传递运动或动力的目的，因此，它可以用来驱动在高真空、有原子辐射或其他有害介质的空间工作的传动机构，这一特点是现有其他传动机构所无法比拟的。

（5）传动平稳，基本上无冲击振动，这是由于齿的啮入与啮出按正弦规律变化，无突变载荷和冲击,磨损小,无噪声。

(6)传动效率较高。单级传动的效率一般在69%~96%的范围内,寿命长。

(7)结构简单、体积小、质量轻。

谐波齿轮传动的缺点:

(1)柔轮承受较大的交变载荷,对柔轮材料的疲劳强度、加工和热处理要求较高,工艺复杂。

(2)传动比下限值较高。

(3)不能做成交叉轴和相交轴的结构。

谐波齿轮主要应用于如机器人、无线电天线伸缩器、手摇式谐波传动增速发电机、雷达、射电望远镜、卫星通信地面站天线的方位和俯仰传动机构、电子仪器、仪表、精密分度机构、小侧隙和零侧隙传动机构等。

2.6.1.3 谐波齿轮的传动比计算

谐波齿轮传动中,刚轮、柔轮和波形发生器这三个基本构件,其中任何一个都可作为主动件,其余两个,一个作为从动件,一个为固定件。设波形发生器相当于行星轮系的转臂H,柔轮相当于行星轮,刚轮相当于太阳轮,则有:

$$i_{rg}^{H}=\frac{\omega_r-\omega_H}{\omega_g-\omega_H}=\frac{z_g}{z_r}$$

按上式,单级谐波齿轮传动的传动比可按表2-3计算。

表2-3 单级谐波齿轮传动的传动比

三个基本构件			传动比计算	功能	输入与输出运动的方向关系
固定	输入	输出			
刚轮2	波形发生器H	柔轮1	$i_{H1}^{2}=-z_r/(z_g-z_r)$	减速	异向
刚轮2	柔轮1	波形发生器H	$i_{H1}^{2}=-(z_g-z_r)/z_r$	增速	异向
柔轮1	波形发生器H	刚轮2	$i_{H2}^{1}=z_g/(z_g-z_r)$	减速	同向
柔轮1	刚轮2	波形发生器H	$i_{2H}^{1}=(z_g-z_r)/z_g$	增速	同向

图2-31(a)所示为波形发生器输入、刚轮固定、柔轮输出工作图,图2-31(b)所示为波形发生器输入、柔轮固定、刚轮输出工作图。

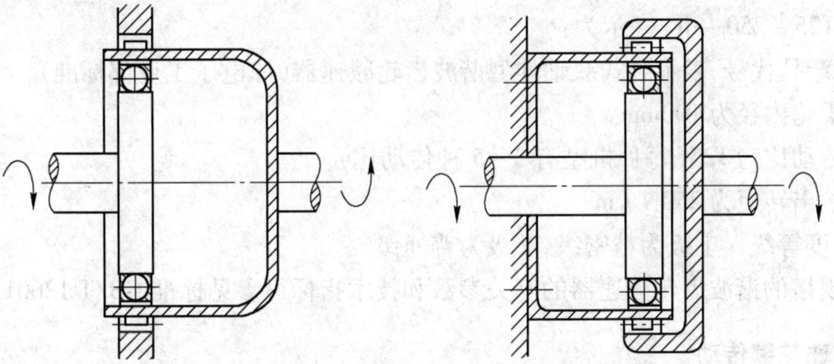

(a) (b)

图2-31 谐波齿轮的传动比计算

(a)波形发生器输入、刚轮固定、柔轮输出;(b)波形发生器输入、柔轮固定、刚轮输出

2.6.1.4　谐波齿轮传动中柔轮与刚轮材料

A　柔轮

柔轮处在反复弹性变形的状态下工作，需选用强度和耐疲劳性能好的合金结构钢来制造，如轴承钢、铬钢、铬锰硅钢、铬锰钛钢、铬钼钒钢等。目前较普通的有 35CrMoSiA、60SiZ、50CrMn、40Cr 等，对小功率的传动装置，有时也可选用尼龙 1010、尼龙 6 和含氟塑料等材料。

B　刚轮

刚轮材料可用 45 钢、40Cr 或用高强度铸铁、球墨铸铁等，与钢制柔轮组成减摩运动副。

2.6.1.5　谐波齿轮减速器

图 2－32 所示为单级谐波齿轮减速器。高速轴 1 带动波形发生器凸轮 3，经柔性轴承 4 使柔轮 2 的齿产生弹性变形，柔轮 2 的齿与刚轮 5 的齿相互作用，实现减速功能。

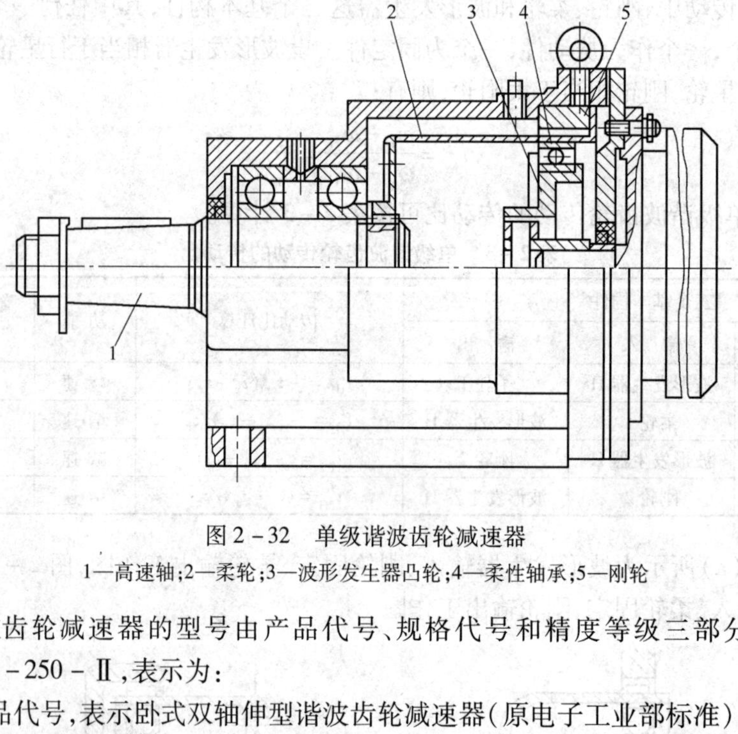

图 2－32　单级谐波齿轮减速器

1—高速轴；2—柔轮；3—波形发生器凸轮；4—柔性轴承；5—刚轮

单级谐波齿轮减速器的型号由产品代号、规格代号和精度等级三部分组成，例如：XBD100－125－250－Ⅱ，表示为：

XBD：产品代号，表示卧式双轴伸型谐波齿轮减速器（原电子工业部标准）。

100：柔轮内径为 100mm。

125：传动比为 125（每种机型有 3～5 种传动比）。

250：输出转矩为 250N·m。

Ⅱ：精度等级。Ⅰ级为精密级，Ⅱ级为普通级。

各种规格的谐波齿轮减速器的有关参数和技术指标可参见标准 GB/T 12601—1990。

2.6.2　滚珠花键传动

滚珠花键传动装置由花键轴、花键套、循环装置及滚珠等组成，如图 2－33 所示。在花键轴 8 的外圆上，配置有等分的三条凸缘，凸缘的两侧就是花键轴的滚道。同样，花键套上也有相对应的六条滚道。滚珠位于花键轴和花键套的滚道之间，于是滚动花键副内就形成了六列负荷滚珠，每三列传递一个方向的力矩。当花键轴 8 与花键套（外筒）4 做相对转动或相对直线运动时，滚珠就在滚道和保持架 1 内的通道中循环运动。因此，花键套与花键轴之间，既可做灵敏、轻便的相对直线运动，也可以轴带套或以套带轴做回转运动，所以滚动花键副既是一种传动装置，又是一种新颖的直线运动支承。

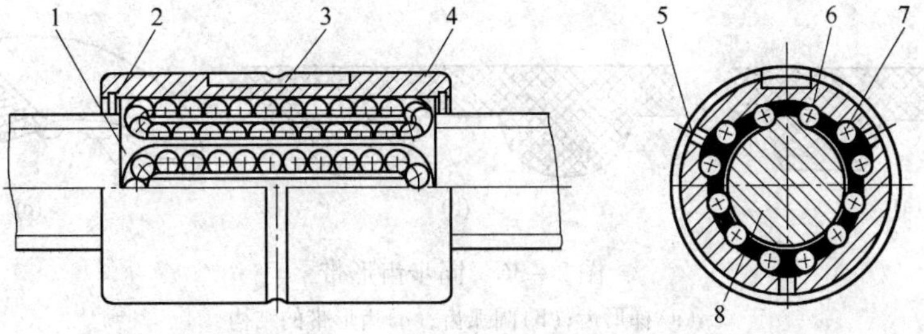

图 2－33　滚珠花键传动

1—保持架；2—橡皮密封圈；3—键槽；4—外筒；5—油孔；6—负荷滚珠列；7—退出滚珠列；8—花键轴

花键套开有键槽以备连接其他传动件；保持架使滚珠互不摩擦，且拆卸时不会脱落；用橡皮密封垫防尘，以提高使用寿命；通过油孔润滑以减少摩擦。

如图 2－34 所示，滚珠中心圆直径为 d_0，滚珠、花键套和花键轴滚道的接触角为 $\alpha = 45°$，因此既能承受径向载荷，又能传递力矩。滚道的曲率半径 $r = (0.52 \sim 0.54) D_b$（D_b 为滚珠直径），所以承载能力较大。通过选配滚珠的直径，使滚珠花键副内产生过盈（即预加载荷），可以提高接触刚度、运动精度和抗冲击的能力。滚珠花键传动主要用于高速场合，运动速度可达 60m/min。

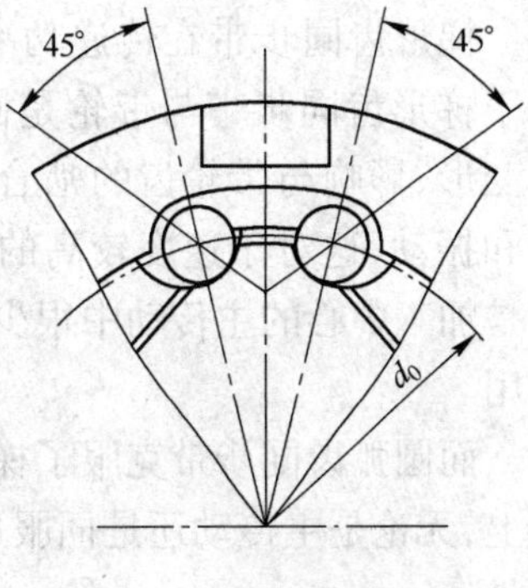

图 2－34　滚珠花键

滚珠花键传动广泛地用于镗床、钻床、组合机床等机床的主轴部件；各类测量仪器、自动绘图仪中的精密导向机构；压力机、自动搬运机等机械的导向轴；各类变速装置及刀架的精密分度轴及各类工业机器人的执行机构等。

2.6.3　同步齿形带传动

同步齿形带是一种新型的传动带，如图 2－35 所示。它是利用同步带的齿形与带轮的轮齿依次啮合传递运动或动力。同步齿形带传动在数控机床、办公自动化设备等机电一体化产品上得到了广泛应用。同步齿形带传动具有如下特点：

（1）传动过程中无相对滑动，因而可以保持恒定的传动比，传动精度较高。

（2）工作平稳，结构紧凑，无噪声，有良好的减振性能，无需润滑。

（3）无需特别张紧，故作用在轴和轴承上的载荷较小，传动效率较高，高于 V 带 10%。

（4）制造工艺较复杂，传递功率较小，寿命较低。

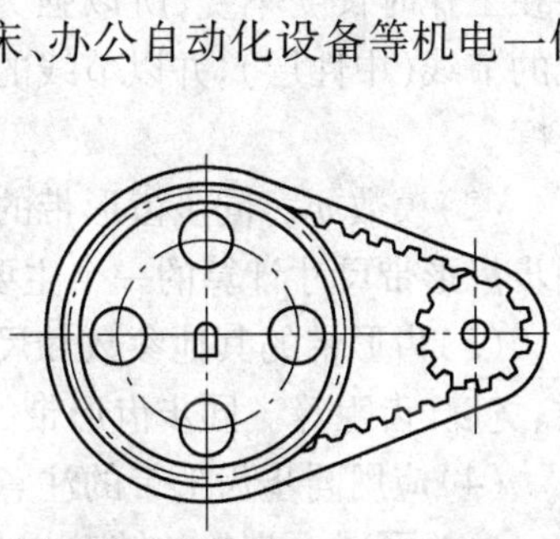

图 2－35　同步齿形带传动

2.6.3.1　同步齿形带的机构

根据齿形的不同,同步齿形带可以分为两种:一种是梯形齿同步带,另一种是圆弧齿同步带。图2－36所示是这两种同步齿形带的纵向截面,主要由强力层、带齿和带背组成,此外在齿面上覆盖了一层尼龙帆布,用以减少传动齿与带轮的啮合摩擦。

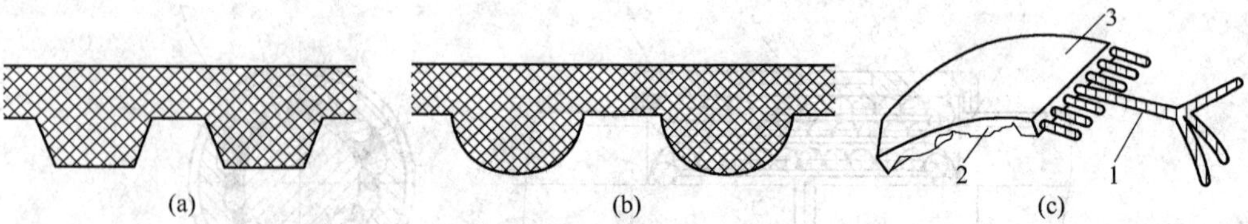

图2－36　同步齿形带

(a)梯形齿;(b)圆弧齿;(c)齿形带的结构

1—强力层;2—带齿;3—带背

强力层的常用材料有钢丝、玻璃纤维、芳香族聚酰胺纤维(简称芳纶),带背、带齿一般采用相同材料制成,常用材料是聚氨酯橡胶和氯丁橡胶两种材料。

梯形齿同步带在传递功率时,由于应力集中在齿根部位,使功率传递能力下降。同时由于梯形齿同步带与带轮是圆弧形接触,当小带轮直径较小时,将使梯形齿同步带的齿形变形,影响与带轮齿的啮合,不仅受力情况不好,而且在速度很高时,会产生较大的噪声和振动,这对于速度较高的主传动来说是很不利的。因此梯形齿同步带在数控机床特别是加工中心的主传动中很少使用,一般仅在转速不高的运动传动或小功率的动力传动中使用。

而圆弧齿同步带克服了梯形齿同步带的缺点,均化了应力,改善了啮合,因此,在加工中心上,无论是主传动还是伺服进给传动,当需要带传动时,总是优先考虑采用圆弧齿同步齿形带。

2.6.3.2　同步齿形带的主要参数与规格

同步齿形带的主要参数是带齿的节距 t,如图2－37所示。

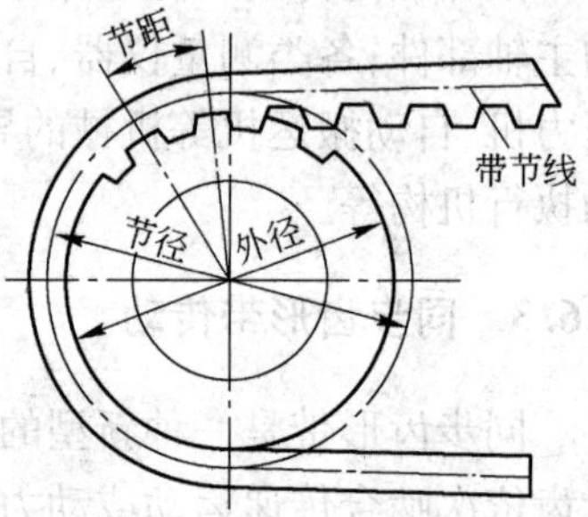

图2－37　同步齿形带主要参数

(1)节距 t 是指相邻两齿在节线上的距离。由于强力层在工作时长度不变,所以强力层的中心线被规定为齿形线的节线(中性层),并以节线的周长 L_P 作为齿形带的公称长度。

(2)模数 m。同步齿形带的基本特征参数是模数,它是节距 t 与 π 之比,即 $m = t/\pi$,是同步齿形带尺寸计算的一个主要依据,一般取值范围为1～10mm。

(3)齿形带的其他参数和尺寸。除了模数外,齿形带设计计算需要的其他参数还有齿数、宽度、齿距等。同步齿形带的图样标注方法为:模数×宽度×齿数($m \times b \times z$)。

(4)应用同步齿形带的注意事项:

1)为了减小带轮的转动惯量,带轮常用密度小的材料制成。带轮所允许的最小直径,根据有效齿数及平面包角,由齿形带厂确定。

2）在驱动轴上的带轮应直接安装在电动机上，尽量避免在驱动轴上采用离合器而引起的附加转动惯量过大。

3）为了对齿形带长度的制造公差进行补偿并防止间隙，同步齿形带必须预加载。

4）对于较长的自由齿形带（一般长度大于宽度的9倍），常使用张紧轮衰减齿形带的振动。张紧轮可以是安装在齿形带内部的牙轮，但是更好的方式是在齿形带外部采用圆筒形滚轮，这种方式使齿形带的包角增大，有利于传动。为了减小运动噪声，应使用背面抛光的齿形带。

国家标准GB 11616—89对同步带型号、尺寸做了规定。同步带有单面齿和双面齿两种形式。双面齿又按齿排的不同分为DⅠ型（对称齿型）和DⅡ型（交错齿型），两种形式的同步带均按节距不同分为七种规格，如表2-4所示，节线长度如表2-5所示，带宽如表2-6所示。

表2-4　同步齿型带的型号与节距　mm

型　号	MXL	XXL	XL	L	H	XH	XXH
节距 t/mm	2.032	3.175	5.080	9.525	12.700	22.225	31.75

表2-5　XL、L、H、XH、XXH型带节线长度　mm

长度代号	230	240	250	255	260	270	285	300	322	330	345
节线长	584.2	609.6	635	647.7	660.4	685.8	723.9	762	819.5	838.2	876.3
长度代号	360	367	390	420	450	480	507	510	540	560	570
节线长	914.4	933.45	990.6	1066.8	1143	1219.2	1289.05	1295.4	1371.6	1422.4	1447.8
长度代号	600	630	660	700	750	770	800	840	850	900	980
节线长	1524	1600.2	1676.4	1778	1905	1955.8	2032	2133.6	2159	2286	2489.2

表2-6　MXL、XL、L、H、XH、XXH型带宽度　mm

代　号	025	031	037	050	075	100	150	200	300	400	500
标准宽度	6.4	7.9	9.5	12.7	19.1	25.4	38.1	50.8	76.2	101.6	127

2.6.3.3　同步齿形带的标记

标记包括长度代号、型号和宽度代号。双面齿型带还在标记中表示型式代号，例如：

（1）单面齿同步齿形带标记，例：420 L 050

420：长度代号（节线长度1066.8mm）

L：型号（节距9.525mm）

050：宽度代号（带宽12.7mm）

（2）双面齿同步齿形带标记，例：800 DⅠ H 300

800：长度代号（节线长度2032mm）

DⅠ：双面对称齿

H：型号（节距12.7mm）

300：宽度代号（带宽76.2mm）

2.6.3.4　同步带轮

A　带轮的结构、材料

带轮的结构如图 2－38 所示。为防止带脱落，一般在小带轮两侧装有挡圈。带轮材料一般采用铸铁或钢，高速、小功率时可采用塑料或轻合金。

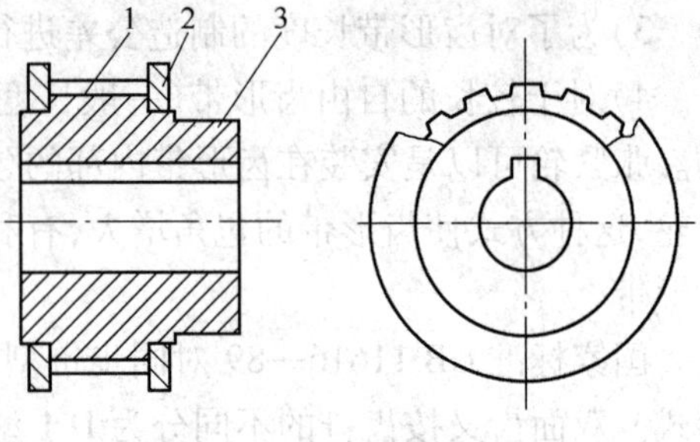

图 2－38　同步带轮结构

1—齿圈；2—挡圈；3—轮毂

B　带轮的参数及尺寸规格

a　齿形

与梯形齿同步带相匹配的带轮，其齿形有直线形和渐开线形两种。直线齿形在啮合过程中，与带齿工作侧面有较大的接触面积，齿侧载荷分布较均匀，从而提高了带的承载能力和使用寿命。渐开线齿形，其齿槽形状随带轮齿数而变化，齿数多时，齿廓近似于直线。这种齿形优点是有利于带齿的啮入，其缺点是齿形角变化较大，在齿数少时，易影响带齿的正常啮合。

b　齿数 z

在传动比一定的情况下，带轮齿数越少，传动机构越紧凑，但齿数过少，使工作时啮合的齿数减小，易造成带齿承载过大而被折断。此外，还会因带轮直径减小，使与之啮合的带产生弯曲疲劳破坏。

c　带轮的标记

国家标准 GB/T 11361—2008 梯形齿带轮标准与 GB 11616—89 同步带标准相配套，对带轮的尺寸及规格等做了规定，与同步带一样有 MXL、XXL、XL、L、H、XH、XXH 七种。

带轮的标记由带轮齿数、带的型号和轮宽代号表示，例：30 L 075

30：带轮齿数 30

L：带型号（节距 9.525mm）

075：带宽（19.1mm）

2.7　滚珠丝杠副传动

螺旋传动中最常见的是滑动螺旋传动，但是，由于滑动螺旋传动的接触面间存在着较大的滑动摩擦阻力，故传动效率低、磨损快、精度不高，使用寿命短，已不能适应机电一体化设备与产品在高速度、高效率、高精度等方面的要求。滚珠丝杠副则是为了适应机电一体化机械传动系统的要求而发展起来的一种新型传动机构。

2.7.1　滚珠丝杠副的工作原理

2.7.1.1　工作原理

螺旋槽的丝杠螺母间装有滚珠作为中间元件的传动机构称为滚珠丝杠副，如图 2－39 所示。当丝杠或者螺母转动时，滚珠沿螺旋槽滚动，滚珠在丝杠上滚过数圈后，通过回程引导装置，逐个地滚回到丝杠和螺母之间，构成了一个闭合的循环回路。这种机构把丝杠和螺

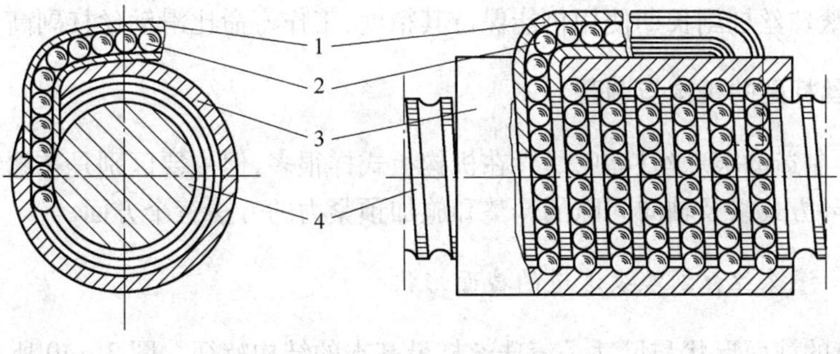

图 2-39 滚珠丝杠螺母副

1—插管式回珠器;2—滚珠;3—螺母;4—丝杠

母之间的滑动摩擦变成滚动摩擦。

2.7.1.2 滚珠丝杠副的特点

滚珠丝杠副与滑动丝杠副相比,具有明显的特点:

(1)传动效率高、摩擦损失小。

滚珠丝杠副的传动效率 η 为:

$$\eta = \frac{\tan\lambda}{\tan(\lambda + \psi)}$$

式中 λ ——中径处的螺旋线升角,(°)

ψ ——当量摩擦角,(°),对于滚珠丝杠约为 8′~12′。

滚动摩擦阻力很小,实验测得的摩擦因数一般为 0.0025~0.0035,因而传动效率很高,可达 0.92~0.96(滑动丝杠为 0.2~0.4),相当于普通滑动丝杠的 3~4 倍。这样滚珠丝杠副相对于滑动丝杠副来说,仅用较小的转矩就能获得较大的轴向推力,功率损失只有滑动丝杠副的 1/4~1/3,这对于机械传动系统小型化、快速响应能力及节省能源等方面,都具有重要意义。

(2)传动的可逆性、不可自锁性。一般的螺旋传动是指其正传动,即把回转运动变成直线运动,而滚珠丝杠副不仅能实现正传动,还能实现逆传动,即将直线运动变为旋转运动。这种运动的可逆性是滚珠丝杠副所独有的,而且逆转动效率同样高达 90% 以上。滚珠丝杠副传动的特点,可使其开拓新的机械传动系统,但其应用范围也受到限制,在一些不允许产生逆转运动的地方,如横梁的升降系统等,必须增设制动或自锁机构才可使用。

(3)传动精度高。传动精度主要是指进给精度和轴向定位精度。滚珠丝杠副属于精密机械传动机构,丝杠与螺母经过淬硬和精磨后,本身就具有较高的定位精度和进给精度。高精度滚珠丝杠副,任意 300mm 的导程累积误差为 4μm。

滚珠丝杠副的摩擦损失小,因而工作时本身温度变化很小,丝杠尺寸稳定,有利于提高传动精度。

由于滚动摩擦的启动摩擦阻力很小,所以滚珠丝杠副的动作灵敏,且滚动摩擦阻力几乎与运动速度无关,这样就可以保证运动的平稳性,即使在低速下,仍可获得均匀的运动,保证了较高的传动精度。

正是由于这些特点使得滚珠丝杠副在机电一体化设备与产品中得到了广泛的应用。

(4)磨损小、使用寿命长。滚动磨损要比滑动磨损小得多,而且滚珠、丝杠和螺母都经过淬硬,所以滚珠丝杠副长期使用仍能保持其精度,工作寿命比滑动丝杠副高 5 ~6 倍。

2.7.2 滚珠丝杠副的机构与调整

各种设计制造的滚珠丝杠副,尽管在机构上式样很多,但主要区别是在螺纹滚道截面的形状、滚珠循环方式以及轴向间隙的调整和施加预紧力的方法三个方面。

2.7.2.1 滚珠丝杠副螺纹滚道的截面形状

螺纹滚道的截面形状和尺寸是滚珠丝杠最基本的结构特征。图 2 -40 所示为滚珠丝杠副螺纹滚道的法向截面形状,其中滚珠与滚道型面接触点法线与丝杠轴线的垂线间的夹角称为接触角 β。滚道型面是指通过滚珠中心做螺旋线的法截平面与丝杠、螺母螺纹滚道面的交线所在平面。常用的滚道型面有单圆弧和双圆弧两种。

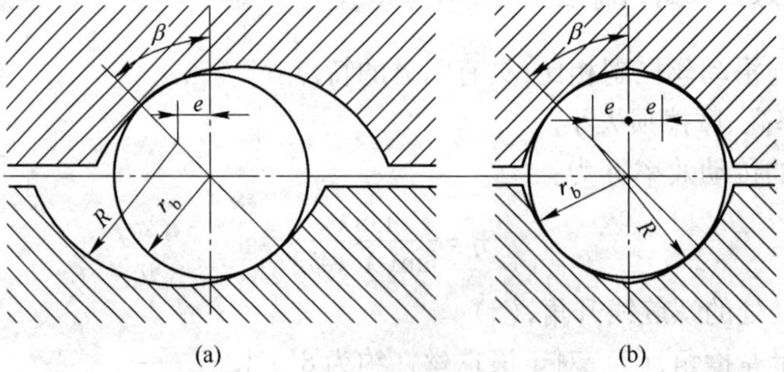

图 2 -40 滚珠丝杠副螺纹滚道法向截面形状
(a)单圆弧滚道型面;(b)双圆弧滚道型面

(1)单圆弧滚道型面。单圆弧滚道型面如图 2 -40(a)所示,其形状简单,磨削螺纹滚道的砂轮成形比较简便,易于获得较高的加工精度。但其接触角 β 随着轴向负载的大小不同而变化,因而使得传动效率、承载能力及轴向刚度等变得不稳定。

(2)双圆弧滚道型面。图 2 -40(b)所示为双圆弧滚道型面,它由两个不同圆心的圆弧组成。由于接触角 β 在工作过程中能基本保持不变,因而传动效率、承载能力和轴向刚度较稳定,一般均取 $\beta = 45°$。另外,由于采用了双圆弧,螺旋槽底部不与滚珠接触,形成小小的空隙,可容纳润滑油,使磨损减小,对滚珠的流畅运动大有好处。因此,双圆弧滚道型面是目前普遍采用的滚道形状。

螺纹滚道的曲率半径(即滚道半径)R 与滚珠半径 r_b 比值的大小,对滚珠丝杠副承载能力有很大影响,一般取 $R/r_b = 1.04 \sim 1.11$,比值过大,摩擦损失增加;比值过小,承载能力降低。

2.7.2.2 滚珠的循环方式

滚珠的循环方式及其相应的结构对滚珠丝杠的加工工艺、工作可靠性和使用寿命都有很大的影响。目前使用的有外循环和内循环两种。

A 内循环

滚珠在循环过程中和丝杠始终不脱离接触的循环方式称为内循环。图 2 -41 所示是内循环滚珠丝杠副螺母的结构。螺母外侧开有一定形状的孔，并装上一个接通相邻滚道的反向器，通过反向器迫使滚珠翻越过丝杠的齿顶返回相邻的滚道，构成了一圈一个循环的滚珠链。通常在一个螺母上装有多个反向器，并沿螺母的圆周等分分布，对应于双列、三列、四列或六列结构，反向器分别沿圆周方向互错180°、120°、90°或60°。反向器的轴向间距视反向器的结构不同而变化，选择时应尽可能使螺母轴向尺寸紧凑。内循环滚珠丝杠副的径向外形尺寸小，便于安装；反向器刚性好，固定牢靠，不容易磨损；内循环是以一圈为循环，循环回路中的滚珠数目少，运行阻力小，启动容易，不易发生滚珠的堵塞，灵敏度较高。但内循环的螺母不能做成大螺距的多头螺纹传动副，否则滚珠将会发生干涉。另一个不足之处是反向器回珠槽为空间曲面，呈S形，用普通设备加工困难，需要用三坐标的铣床加工，装配调整也不方便。

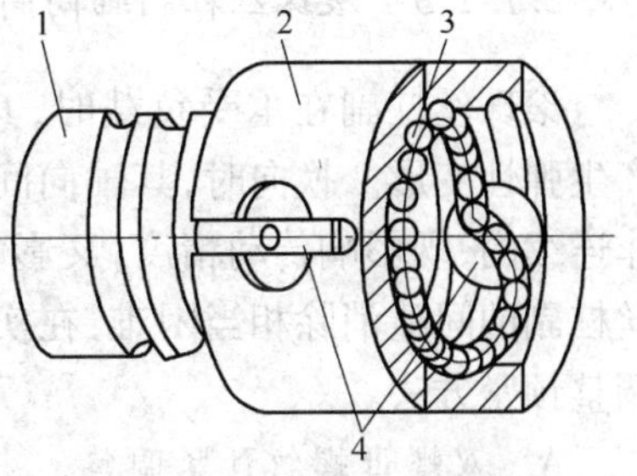

图2-41 内循环中螺母的结构

1—丝杠；2—螺母；3—滚珠；4—反向器

B 外循环

滚珠在循环过程中有一部分与丝杠脱离接触的循环方式称为外循环。外循环方式中的滚珠在循环反向时，离开丝杠螺纹滚道，在螺母体内或体外做循环运动。从结构上看，外循环有以下三种形式。

(1)螺旋槽式。如图2-42所示，在螺母2的外围表面上铣出螺纹凹槽，槽的两端钻出两个与螺纹滚道相切的通孔，螺纹滚道内装入两个挡珠器4引导滚珠3通过这两个孔，应用套筒盖住凹槽，构成滚珠的循环回路。这种结构的特点是工艺简单、径向尺寸小、易于制造，但是挡珠器刚性差、易磨损。

(2)插管式。如图2-43所示，用弯管1代替螺纹凹槽，弯管的两端插入与螺纹滚道5相切的两个内孔，用弯管的端部引导滚珠4进入弯管，构成滚珠的循环回路，再用压板2上的螺钉将弯管固定。插管式结构简单、容易制造，但是径向尺寸较大，弯管端部用作挡珠器比较容易磨损。

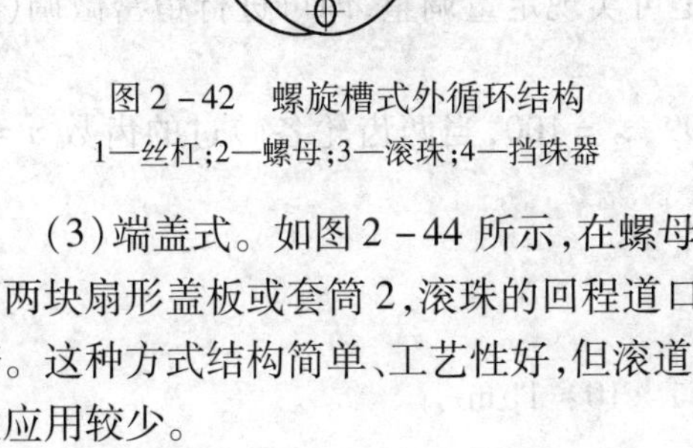

图2-42 螺旋槽式外循环结构

1—丝杠；2—螺母；3—滚珠；4—挡珠器

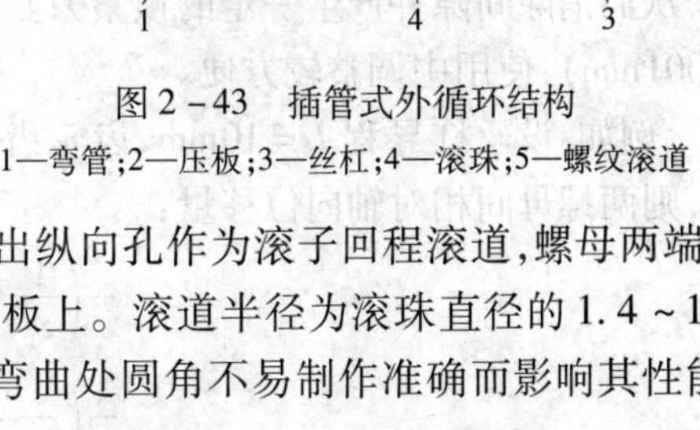

图2-43 插管式外循环结构

1—弯管；2—压板；3—丝杠；4—滚珠；5—螺纹滚道

(3)端盖式。如图2-44所示，在螺母1上钻出纵向孔作为滚子回程滚道，螺母两端装有两块扇形盖板或套筒2，滚珠的回程道口就在盖板上。滚道半径为滚珠直径的1.4~1.6倍。这种方式结构简单、工艺性好，但滚道连接和弯曲处圆角不易制作准确而影响其性能，故应用较少。

2.7.2.3 滚珠丝杠副轴向间隙调整与预紧

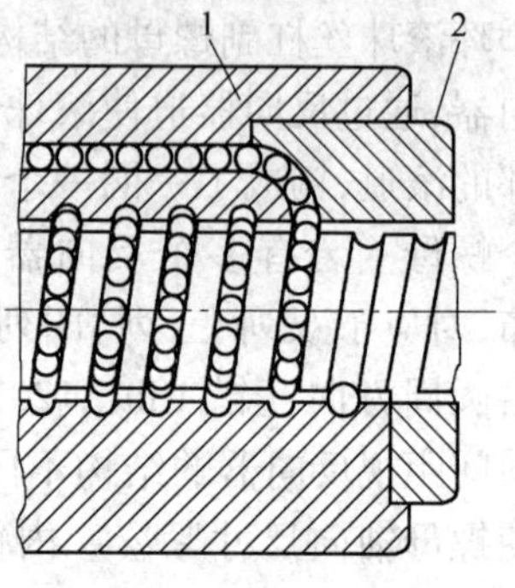

图 2-44 端盖式外循环结构

1—螺母；2—盖板或套筒

滚珠丝杠副在承受负载时，其滚珠与滚道面接触点处将产生弹性变形。换向时，其轴向间隙会引起空回，这种空回是非连续的，既影响传动精度，又影响系统的动态性能。单螺母丝杠副的间隙消除相当困难，在实际应用中，常采用以下几种调整预紧方法。

A 双螺母螺纹预紧调整

如图 2-45(a)所示，其中，螺母 3 的外端有凸缘，而螺母 4 的外端虽无凸缘，但制有螺纹，并通过两个圆螺母固定。调整时旋转圆螺母 2 消除轴向间隙并产生一定的预紧力，然后用锁紧螺母 1 锁紧。预紧后两个螺母中的滚珠相向受力，如图 2-45(b)所示，从而消除轴向间隙。其特点是结构简单、刚性好、预紧可靠，使用中调整方便，但不能精确定量地调整。

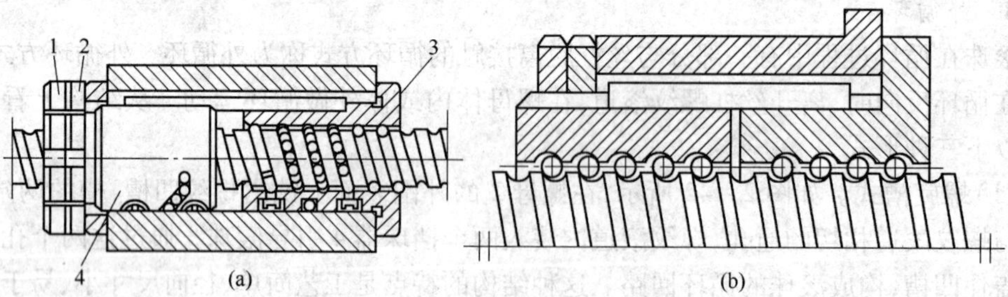

图 2-45 双螺母螺纹预紧调整

(a)预紧结构；(b)受力结构

1—锁紧螺母；2—圆螺母；3，4—螺母

B 双螺母齿差预紧调整

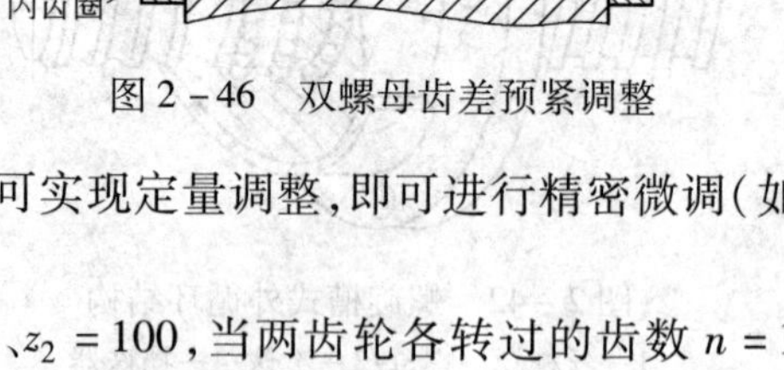

图 2-46 双螺母齿差预紧调整

如图 2-46 所示，两个螺母的两端分别制有圆柱齿轮，两者相差一个齿，通过两端的两个内齿轮与上述圆柱齿轮相啮合并用螺钉和定位销固定在套筒上。调整时先取下两端的内齿轮，当两个滚珠螺母相对于套筒同一方向转动同一个齿固定后，则一个滚珠螺母相对于另一个滚珠螺母产生相对角位移，使两个滚珠螺母产生相对移动，从而消除间隙并产生一定的预紧力。其特点是可实现定量调整，即可进行精密微调(如 0.001mm)，使用中调整较方便。

例如：设丝杠导程 $L=10\text{mm}$，齿轮齿数 $z_1=99$、$z_2=100$，当两齿轮各转过的齿数 $n=1$ 时，则两螺母间相对轴向位移量：

$$s=\left(\frac{1}{z_1}-\frac{1}{z_2}\right)nL$$

$$=\left(\frac{1}{99}-\frac{1}{100}\right)\times 1\times 10\approx 1\mu\text{m}$$

C 双螺母垫片调整预紧

如图2－47所示，调整垫片的厚度，可使两螺母产生相对位移，以达到消除间隙、产生预紧拉力的目的。其特点是结构简单、刚度高、预紧可靠，但使用中调整不方便。

D 弹簧式自动调整预紧

如图2－48所示，双螺母中一个活动另一个固定，用弹簧使其之间产生轴向位移并获得预紧力。其特点是能消除使用过程中由于磨损或弹性变形产生的间隙，但结构复杂、轴向刚度低。

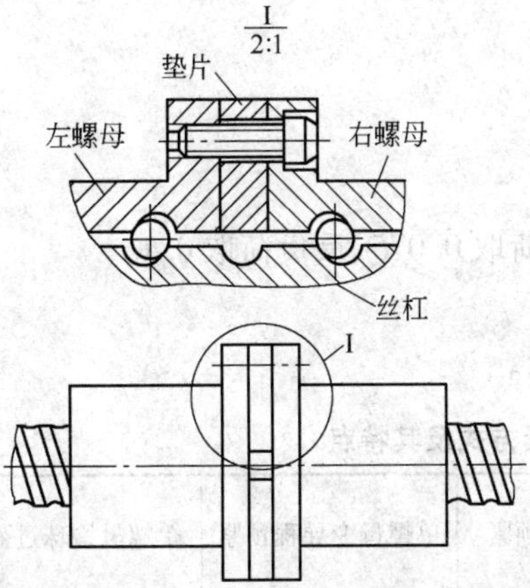

图2－47 双螺母垫片调整预紧

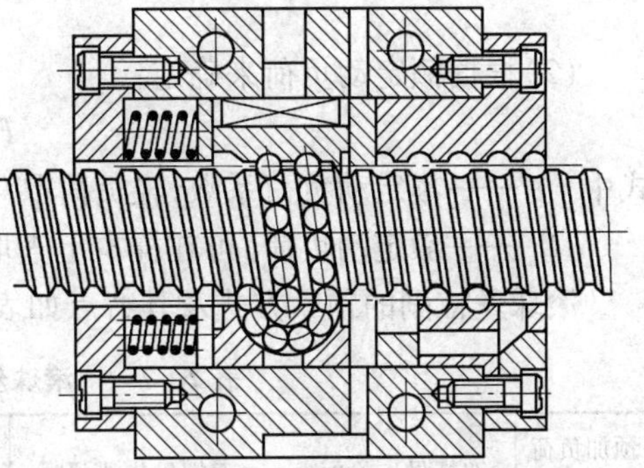
图2－48 弹簧式自动调整预紧

E 单螺母消除间隙

目前常用的单螺母消除间隙方法主要是单螺母变位螺距预加负荷和单螺母螺钉预紧。

a 单螺母变位螺距预加负荷

如图2－49(a)所示，它是在滚珠螺母体内的两列循环滚珠链之间，使内螺母滚道在轴向产生一个ΔL_0的导程突变量，从而使两列滚珠在轴向错位而实现预紧。这种调隙方法结构简单，但负荷量须预先设定而且不能改变。

b 单螺母螺钉预紧

如图2－49(b)所示，该螺母在专业厂完成精磨之后，沿径向开一个薄槽，通过内六角螺钉实现间隙调整和预紧。该项技术不仅使开槽后滚珠在螺母中具有良好的通过性，而且还

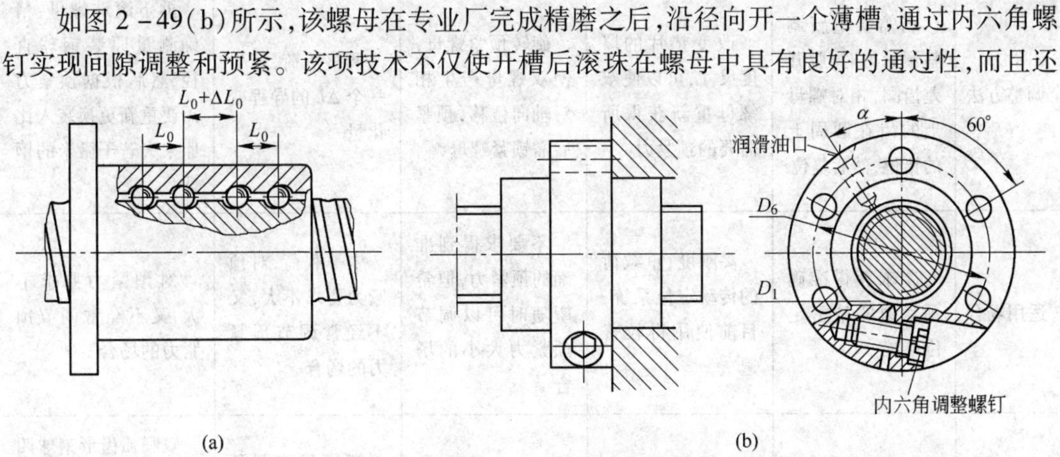

图2－49 单螺母变位导程自预紧式

(a)单螺母变位螺距预加负荷；(b)单螺母螺钉预紧

具有结构简单、调整方便和性价比高的特点。

2.7.2.4　滚珠丝杠副预紧力的确定

为了保证滚珠丝杠副的传动精度和刚度，必须对滚珠丝杠副实施预紧措施。预紧的目的：一是消除轴向间隙；二是提高轴向刚度。目前常采用两种方法来确定预紧力 F_P 的大小。

(1)根据最大轴向工作载荷 F_{max} 来确定：

$$F_P = \frac{1}{3}F_{max}$$

(2)根据额定动负荷来确定：

$$F_P = \xi C_a$$

式中　ξ——额定动负荷系数，轻负荷取 0.05、中负荷取 0.075、重负荷取 0.1；

C_a——额定动负荷(可在样本上查取)，N。

滚珠丝杠副的预紧方式及其特点如表 2-7 所示。

表 2-7　滚珠丝杠副的预紧方式及其特点

预加负荷方式	双螺母齿差预紧	双螺母垫片预紧	双螺母螺纹预紧	单螺母变导程预紧	单螺母钢珠过盈预紧
螺母受力方式	拉伸式	拉伸式、压缩式	拉伸式(外)、压缩式(内)	拉伸式(+ΔL)、压缩式(-ΔL)	—
结构特点	可以实现 0.002mm 以下的精密微调，预紧可靠，不会松弛，调整预紧较方便	结构简单，刚性高，预紧可靠，不易松弛。使用中不便于随时调整预紧力	预紧力调整方便，使用中可以随时调整。不能定量微调螺母，轴向尺寸长	结构最简单，尺寸最紧凑，避免了双螺母形位误差的影响。使用中不能随时调整	结构最简单，尺寸最紧凑，不需要任何附加预紧结构。预紧力大时，装配困难，使用中不能随时调整
调整方法	当需要重新调整预紧力时，脱开差齿圈，相对螺母上的齿在圆周上的错位，然后复位	改变垫片的厚度尺寸，可以使双螺母重新获得所需要的预紧力	旋转预紧螺母，使双螺母产生相对轴向位移，预紧后需锁紧螺母	调整负荷，产生一个 ΔL 的导程变化量	拆下滚珠螺母，精确测量原装钢球直径，然后根据预紧力需要重新更换装入比原来大若干微米的钢球
适用场合	要求获得准确预紧力的精密定位系统	高刚度，重载荷的传动定位系统，目前使用得较普遍	不要求得到准确的预紧力，但希望随时可以调节预紧力大小的场合	中等载荷，对预紧力要求不大，又不经常调节预紧力的场合	对预紧力要求不大，又不经常调节预紧力的场合
备　注				我国目前刚开始发展的结构	双圆弧齿形钢球四点接触，摩擦力矩较大

2.7.2.5　滚珠丝杠的预拉伸

滚珠丝杠在工作时会发热，其温度高于床身，丝杠的热膨胀将使导程加大，影响定位精度。为了补偿热膨胀，可将丝杠预拉伸，预拉伸量应略大于热膨胀量。发热后，热膨胀量抵消了部分预拉伸量，使丝杠内的拉应力下降，但长度却没有变化。需进行预拉伸的丝杠在制造时应使其目标位置（指螺纹部分在常温下的长度）等于公称行程（指螺纹部分的理论长度等于公称导程乘以丝杠上的螺纹圈数）减去预拉伸量。拉伸后恢复公称行程值。减去的预拉伸量也称为"目标行程补偿值"。

一般对于需要预拉伸的滚珠丝杠副，通常采用两端固定的支承方式，此时应规定目标行程补偿值，同时计算预拉伸力。

（1）目标行程补偿值 δ_t 的计算：

$$\delta_t = \alpha \Delta t L_u = 11.8 \Delta t L_u \times 10^{-6}$$

式中　δ_t ——目标行程补偿值，μm；

Δt ——温度变化值，℃，一般情况下为 2～3℃；

α ——丝杠的线膨胀系数，1/℃，一般情况下为 11×10^{-6}/℃；

L_u ——滚珠丝杠副的有效行程，mm，L_u = 工作台行程 + 安全行程 + 2 × 余程 + 螺母长度。

（2）滚珠丝杠预拉伸力 F_t 的计算：

$$F_t = \frac{\Delta L A E}{L} = \alpha \Delta t \frac{\pi d_2^2}{4} E = 1.81 \Delta t d_2^2$$

式中　F_t ——预拉伸力，N；

d_2 ——滚珠丝杠螺纹底径，mm；

E ——弹性模量，MPa，一般情况取 $E = 2.1 \times 10^5$ MPa；

Δt ——滚珠丝杠的温升变化值，℃，一般情况下为 2～3℃。

2.7.3　滚珠丝杠副的选型与计算

2.7.3.1　滚珠丝杠精度选择

A　滚珠丝杠的精度等级

国家标准 GB/T 17587.3—1998 将滚珠丝杠分为定位滚珠丝杠副（P 型）和传动滚珠丝杠副（T 型）两大类。滚珠丝杠的精度等级共分七个等级，即 1、2、3、4、5、7、10 级，1 级精度最高，依次降低。

（1）滚珠丝杠副的精度指标：

1）2π（弧度）行程内允许的行程变动量 $V_{2\pi p}$。

2）300mm 行程内允许的行程变动量 V_{300p}。

3）有效行程 L_u 内允许的行程变动量 V_{up}。

4）有效行程 L_u 内的目标行程公差 e_p。

5）有效行程 L_u 内补偿值 C。

滚珠丝杠副各项精度指标的关系如图 2－50 所示。

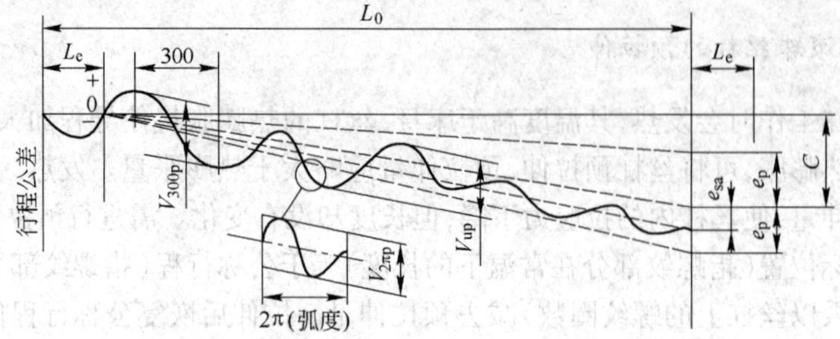

图 2-50　滚珠丝杠副各项精度指标的关系

(2) 2π(弧度)内行程变动量 $V_{2\pi p}$ 和任意 300mm 行程内行程变动量 V_{300p}，如表 2-8 所示。

表 2-8　2π(弧度)内行程变动量 $V_{2\pi p}$ 和任意 300mm 行程内行程变动量 V_{300p}　　μm

精度等级	1	2	3	4	5
$V_{2\pi p}$	4	5	6	7	8
V_{300p}	6	8	12	16	23

(3) 有效行程 L_u 内的目标行程公差 e_p 和允许的行程变动量 V_{up}，如表 2-9 所示。

表 2-9　有效行程 L_u 内的目标行程公差 e_p 和允许的行程变动量 V_{up}　　μm

有效行程（边界值归较小区间）/mm	精度等级									
	1		2		3		4		5	
	e_p	V_{up}	e_p	V_{up}	e_p	V_{up}	e_p	V_{up}	e_p	V_{up}
≤315	6	6	8	8	12	12	16	16	23	23
315～400	7	6	9	8	13	12	18	17	25	25
400～500	8	7	10	10	15	13	20	19	27	26
500～630	9	7	11	11	16	14	22	21	30	29
630～800	10	8	13	12	18	16	25	23	35	31
800～1000	11	9	15	13	21	17	29	25	40	33
1000～1250	13	10	18	14	24	19	34	29	46	39

B　滚珠丝杠的精度选择

坐标轴的反向值主要取决于该坐标轴的摩擦死区误差 Δ 值的大小，而定位误差一是取决于滚珠丝杠自身的螺距误差的影响，二是取决于由传动系统刚度变化产生弹性变形而引起的定位误差 δ_K 的影响。因此，坐标轴的摩擦死区误差 Δ 值、滚珠丝杠自身的螺距误差和由传动系统刚度变化产生弹性变形而引起的定位误差 δ_K 始终是滚珠丝杠精度选择的依据。而对滚珠丝杠选择中进行的种种计算都是为了求出 Δ 和 δ_K 值而展开的。

一般情况下，滚珠丝杠的精度选择按以下公式计算：

(1) 对于在开环系统中使用的滚珠丝杠，有：

$$e_p + V_{up} \leqslant 0.8 \quad (定位精度\ \delta_K)$$

$$e_p + V_{300P} \leqslant 0.8 \quad (300mm\ 定位精度\ \delta_K)$$

(2)对于在半闭环系统或可以进行行程补偿的开环系统中使用的滚珠丝杠,有:

$$e_p \leqslant 0.8 \quad (\text{定位精度}\ \delta_K)$$

$$V_{300p} \leqslant 0.8 \quad (300\text{mm 定位精度}\ \delta_K)$$

式中的定位精度是指机床各坐标轴的定位精度值,为已知条件。根据上述两式可以计算出滚珠丝杠的 e_p、V_{up} 和 V_{300p} 值,然后可以根据表2-8和表2-9来确定滚珠丝杠的精度等级。

2.7.3.2　滚珠丝杠副支承方式、轴承的选择及滚珠丝杠副零件图设计

为了提高数控机床进给系统高精度、高刚性的需要,除了应该采用高精度、高刚度的滚珠丝杠副外,还必须充分重视支承的设计,应注意选用轴向刚度高、摩擦力矩小、运转精度高的轴承,同时选用合适的支承方式,并保证支承座有足够的刚度。

A　滚珠丝杠副支承方式的选择

支承可以用来限制两端固定轴的轴向窜动。较短的滚珠丝杠或竖直安装的滚珠丝杠,可以一端固定一端自由(无支承)。水平安装的滚珠丝杠较长时,可以一端固定一端游动。用于精密和高精度机床(包括数控机床)的滚珠丝杠副,为了提高滚珠丝杠的拉压刚度,可以两端固定。为了减少滚珠丝杠因自重下垂和补偿热膨胀,两端固定的滚珠丝杠可以进行预拉伸。

滚珠丝杠的支承结构形式可以分为三个类型,如表2-10所示。表2-10中"自由"(代号"O"),指的是无支承;"游动"(代号"S"),指的是径向有约束,轴向无约束,例如装有深沟球轴承,圆柱滚子轴承;"固定"(代号"F"),指的是径向和轴向都有约束,例如装有双向推力球轴承与深沟球轴承的组合轴承,角接触球轴承和圆锥滚子轴承。

一般情况下,应将固定端作为轴向位置的基准,尺寸链和误差计算都由此开始,并尽可能以固定端为驱动端。

表2-10　滚珠丝杠的支承结构形式

支承形式	简　图	特　点
一端固定 一端自由 (F-O)	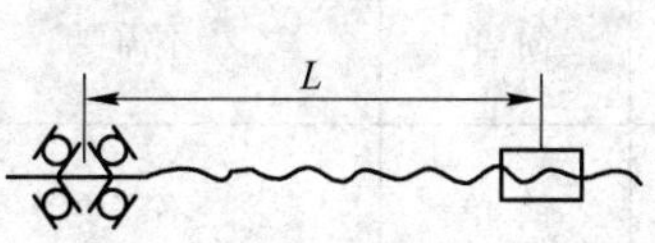	1. 结构简单; 2. 丝杠的轴向刚度比两端固定低; 3. 丝杠的压杆稳定性和临界转速都比较低; 4. 设计时尽量使丝杠受拉伸; 5. 适用于较短和竖直的丝杠
一端固定 一端游动 (F-S)	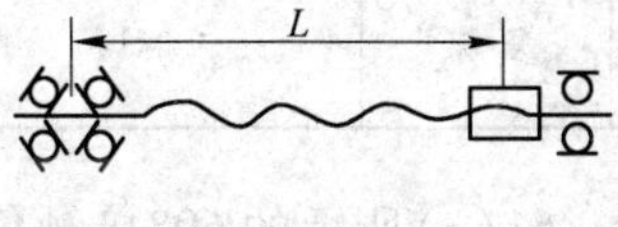	1. 需保持螺母与两支承同轴,故结构复杂,工艺较困难; 2. 丝杠的轴向刚度与F-O相同; 3. 丝杠的压杆稳定性和临界转速与同长度的F-O型相比要高; 4. 丝杠有热膨胀的余地; 5. 适用于较长的卧式安装丝杠

续表 2－10

支承形式	简　图	特　点
两端固定 （F－F）	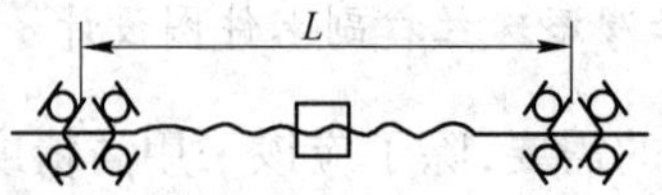	1. 同 F－S 的 1； 2. 只要轴承无间隙，丝杠的轴向刚度为一端固定的 4 倍； 3. 丝杠一般不会受压，无压杆稳定问题，机械系统的固有频率比一端固定的要高； 4. 可以预拉伸，预拉伸后可以减少丝杠自重的下垂和补偿热膨胀，但需要设计一套预拉伸结构，结构与工艺都比较困难； 5. 要进行预拉伸的丝杠，其目标行程应略小于公称行程，减少量等于拉伸量； 6. 适用于对刚度和位移精度要求高的场合

B　所用轴承的选择

由于滚珠丝杠轴承所受载荷主要是轴向载荷，径向除丝杠的自重外，一般无外载荷，因此对滚珠丝杠轴承的要求是轴向精度和轴向刚度要高。另外，丝杠转速一般不会很高，或高速运转的时间很短，因此发热不是主要问题。数控机床进给系统要求运动灵活，对微小的位移（丝杠微小的转角）要响应灵敏，因此所用轴承的摩擦力力矩要尽量小。

滚珠丝杠所用轴承的类型根据滚珠丝杠螺母副支承方式的不同而不同。一般情况下，游动轴承多用深沟球轴承，固定轴承如图 2－51 所示。图 2－51（a）所示是 60°接触角推力角接触球轴承；图 2－51（b）所示是双向推力角接触球轴承；图 2－51（c）所示是圆锥滚子轴承；图 2－51（d）所示是滚针和推力滚子组合轴承；图 2－51（e）所示是深沟球轴承和推力球轴承的组合。表 2－11 是这些轴承的特点比较。

表 2－11　各类滚动轴承特点比较

项　目	滚动轴承类型	轴向刚度	轴承安装	预载调整	摩擦力矩
图 2－51（a）	60°接触角推力角接触球轴承	大	简 单	不需要	小
图 2－51（b）	双向推力角接触球轴承	中	简 单	不需要	小
图 2－51（c）	圆锥滚子轴承	小	简 单	如内圈之间有隔圈则不需要调整	小
图 2－51（d）	滚针和推力滚子组合轴承	特大	简 单	不需要	特大
图 2－51（e）	深沟球轴承和推力球轴承的组合	大	复 杂	麻烦	小

目前，在以上各类轴承中用得最多的是如图 2－51（a）所示的 60°接触角推力角接触球轴承，其次是如图 2－51（d）所示是滚针和推力滚子组合轴承。后者多用于大牵引力、要求高刚度的大型、重型机床。

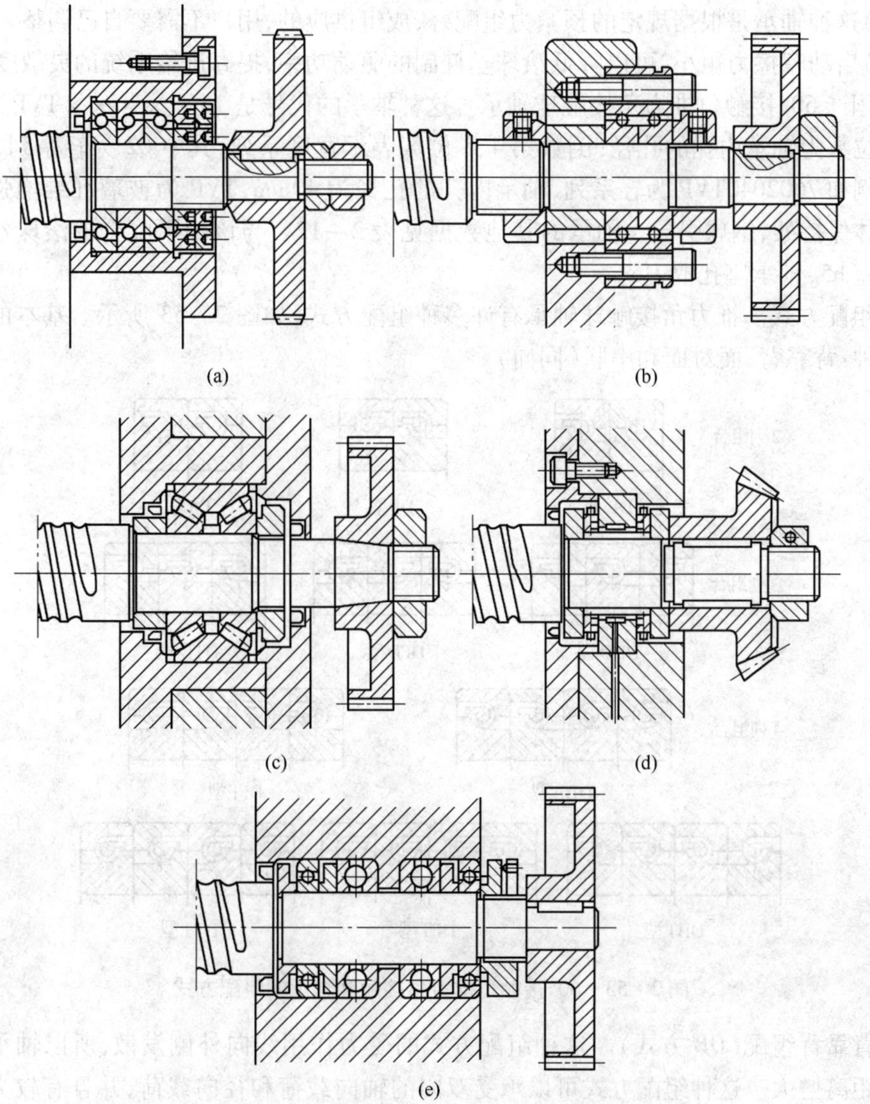

图 2－51　滚珠丝杠固定支承用滚动轴承

(a)60°接触角推力角接触球轴承；(b)双向推力角接触球轴承；(c)圆锥滚子轴承；(d)滚针和推力滚子组合轴承；(e)深沟球轴承和推力球轴承的组合

a　60°接触角推力角接触球轴承

根据滚珠丝杠对轴承的要求，用于滚珠丝杠的轴承应具有较大的接触角。60°接触角推力角接触球轴承如图 2－52 所示，就是较好的与滚珠丝杠配套的专用轴承。它的特点是：

(1)接触角大，保持架用增强尼龙注塑成形，可容纳较多的钢球，因此轴向承载能力大，刚度高。

(2)既能承受轴向载荷，又能承受径向载荷，故支承结构可以简化。

(3)根据载荷情况，轴承可以进行各种组合。

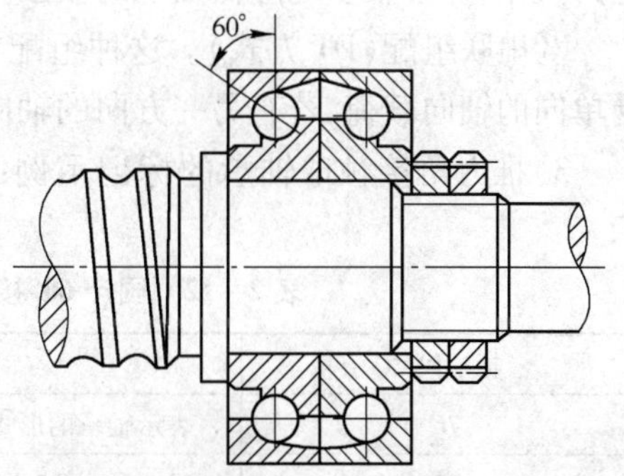

图 2－52　60°接触角推力角接触球轴承

(4)这种轴承是根据规定的预紧力组配好,成组供应的,用户不需要自己调整。

(5)启动摩擦力矩小,可以降低滚珠丝杠副的驱动功率,提高进给系统的灵敏度。

1)国产60°接触角推力角接触球轴承。这种轴承的代号是76×××××TVP。代号的最后3位数为轴承内孔的孔径;倒数第4、5位数表示宽度系列,其中02为轻系列,03为中系列。例如7602040TVP为轻系列,轴承内孔的孔径为40mm,TVP为玻璃纤维增强聚酰胺窗式实体保持架,钢球引导。轴承的其他数据见表2-12。与该轴承配合的滚珠丝杠的轴径取公差h5,轴承座孔取H6。

2)组配方式。推力角接触球轴承有许多种组配方式,如图2-53所示。基本的组配方式有三种:背靠背、面对面和串联(同向)。

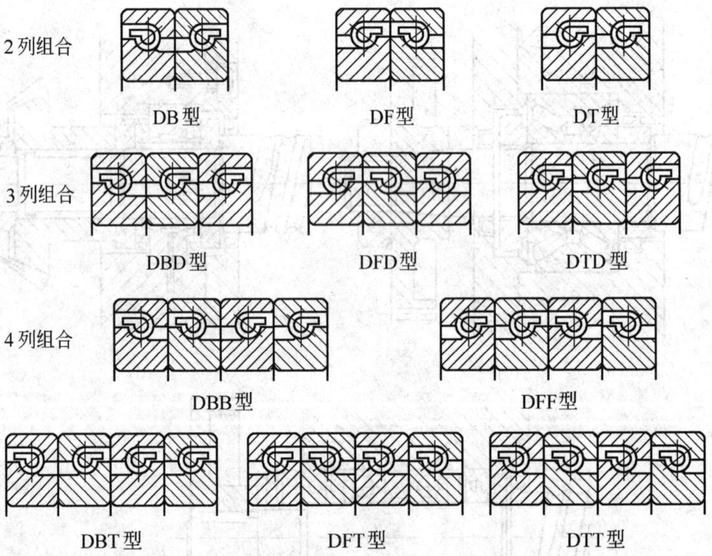

图2-53　60°接触角推力角接触球轴承的组配方式

①背靠背组配(DB方式)。这种组配方式的受力作用线向外侧发散,所以轴承间的有效支点距离增大。这种组配方式可以承受双向的轴向载荷和径向载荷,并且有较大的承受倾斜力矩的能力。

②面对面组配(DF方式)。这种组配方式的受力作用线向内收敛,所以轴承间的有效支点距离缩小。这种组配方式也可以承受双向的轴向载荷和径向载荷,但承受倾斜力矩的能力较差,并会较多地降低轴承的极限转速,一般适用于需要精密调心的场合。

③串联组配(DT方式)。这种组配方式的受力作用线平行,所以除径向载荷外仅能承受单向的轴向载荷,若有另一方向的轴向载荷,则需要由另一组面向相反的轴承来承受。

3)推力角接触球轴承的标记示例:7602040TVP/P4DFDA。标记的意义如表2-12所示。

表2-12　国产60°接触角推力角接触球轴承标记的意义

标记代号	意　义
76	表示轴承的形式为60°接触角
02	尺寸系列:02为轻系列;03为中系列

续表 2－12

标记代号	意 义
040	轴承内径为 40mm
TVP	表示保持架为玻璃纤维增强聚酰胺窗式实体保持架
P4	表示轴承的精度等级
DFD	轴承的组配方式
A	预载方式：A 表示轻预紧，B 表示中预紧，C 表示重预紧，D 表示特殊预紧

b　确定滚珠丝杠副支承所用的轴承规格与型号

一般来讲，滚珠丝杠的支承方式、预紧方式以及是否采用预拉伸确定以后，确定滚珠丝杠副支承所用的轴承规格与型号是十分必要的，其步骤如下：

(1) 计算轴承所受的最大轴向载荷 F_{Bmax}，有预拉伸的滚珠丝杠副应考虑到预拉伸力 F_t 的影响，按下式计算：

$$F_{Bmax} = F_{max} + F_t$$

式中　F_{max}——滚珠丝杠承受的最大轴向力，N。

(2) 根据滚珠丝杠副支承要求选择轴承型号。

(3) 确定轴承内径。为了便于丝杠加工，轴承内径最好不大于滚珠丝杠的底径 d_2。其次，轴承手册上规定的预紧力应大于轴承所受最大载荷 F_{Bmax} 的 1/3。

(4) 有关轴承的其他验算项目可以查轴承手册。

c　滚珠丝杠副的零件图设计

滚珠丝杠副的零件图如图 2－54 所示，是初选滚珠丝杠副的阶段工作目标，一般按下列步骤来设计。

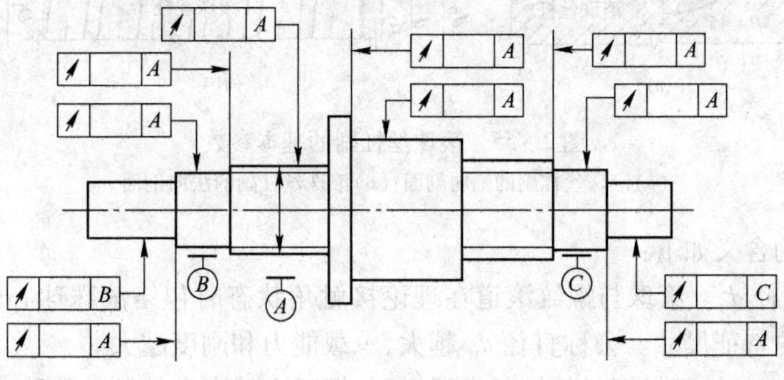

图 2－54　滚珠丝杠副零件图

(1) 确定滚珠丝杠副的螺纹长度 L_s：

$$L_s = L_u + 2L_e + 2L_c$$

式中　L_u——有效行程，mm，L_u = 行程 + 螺母长度；

L_e——安全行程，mm，$L_e = 5L_0$；

L_c——余程，mm，$L_c = 5L_0$；

L_0——丝杠的基本导程，mm。

(2) 滚珠丝杠螺母的受力特点：滚珠丝杠螺母只承受轴向载荷而不承受径向载荷，应使作用在螺母上的轴向力通过丝杠轴心。

(3)确定滚珠丝杠副的安装基准:一般采用滚珠丝杠螺母的外圆柱面及法兰凸缘的内侧面来作为安装基准面,此时,应保证螺母座孔与丝杠轴同轴,螺母座端面与螺母座孔轴线垂直。

有时,当所受载荷冲击力不大时,可以仅采用螺母法兰凸缘的内侧面来作为安装基准面,此时,应保证螺母座端面与导轨垂直,装配时应找准螺母外圆与丝杠支承孔同轴。

(4)插管式滚珠丝杠副水平放置时,为了使滚珠的循环更加流畅,应将插管置于滚珠丝杠的上方。

(5)设计螺母座、轴承座以及紧定螺钉时,要在承载方向设计加强筋。

(6)由滚珠丝杠副工作图确定滚珠丝杠的长度尺寸、螺母的结构形式。

2.7.4　滚珠丝杠副的结构参数与标注

2.7.4.1　滚珠丝杠副的结构参数

滚珠丝杠副的结构参数分为基本参数和其他参数。主要参数如图 2－55 所示,包括:公称直径 d_0、导程 L、基本导程 L_0、接触角 β、滚珠直径 d_b、滚珠的工作圈数 i、滚珠的总数 N。其他参数包括:丝杠螺纹大径 d、丝杠螺纹底径 d_2、丝杠螺纹全长 L_s、螺母螺纹大径 D、螺母螺纹小径 D_1、滚道圆弧偏心距 e 和滚道圆弧半径 R 等。

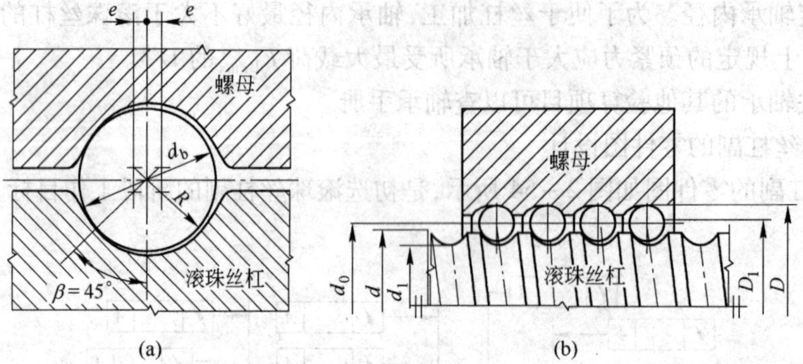

图 2－55　滚珠丝杠副的基本参数
(a)滚珠丝杠副的轴向剖面;(b)滚珠丝杠副的法向剖面

基本参数的含义如下:

(1)公称直径 d_0。滚珠与螺纹滚道在理论接触角状态时包络滚珠球心的圆柱直径,它是滚珠丝杠副的特征尺寸。公称直径 d_0 越大,承载能力和刚度越大。

(2)导程 L。丝杠相对螺母旋转任意弧度时,螺母上基准点的轴向位移。

(3)基本导程 L_0。丝杠相对螺母旋转 2π(弧度)时,螺母上基准点的轴向位移。

(4)接触角 β。在螺纹滚道法向剖面内,滚珠球心与滚道触点的连线与螺纹轴线的垂直线之间的夹角,理想接触角 β 等于 45°。

(5)滚珠直径 d_b。滚珠直径 d_b 应根据轴承厂提供的尺寸选用。滚珠直径 d_b 越大,则承载能力也越强。但在导程已经确定的情况下,滚珠的直径 d_b 受到丝杠相邻两螺纹间过度部分最小宽度的限制。在一般情况下,滚珠的直径 $d_b \approx 0.6L_0$,但这样算出的 d_b 值,要按滚珠直径的标准尺寸系列圆整。

(6)滚珠的工作圈数 i。试验结果已经表明,在每一个循环回路中,各圈滚珠所受的轴向负载是不均匀的，第一圈滚珠承受总负载的50%左右，第二圈约承受30%，第三圈约承受20%，因此，滚珠丝杠副中的每个循环回路的滚珠工作圈数取为 $i=2.5\sim3.5$ 圈，工作圈数大于3.5没有实际意义。

(7)滚珠的总数 N。一般情况下，N 不超过150个。若设计计算时超过规定的最大值，则会流通不畅，容易产生堵塞现象。若出现此种情况，可以从单回路式改为双回路式或加大滚珠丝杠的公称直径 d_0 或加大滚珠直径 d_b 来解决。反之，若工作滚珠的总数 N 太少，将使得每个滚珠的负载加大，引起过大的弹性变形。

2.7.4.2 滚珠丝杠副的标注

在滚珠丝杠副的标记中，滚珠丝杠副的型号要根据其结构、规格、精度、螺纹旋向等特征按下列格式编写：

FFbZbD3205TLH－3－P3/1500×1200

标记代号的意义如表2－13所示。

表2－13 南京工艺装备制造有限公司滚珠丝杠螺母副的标记意义

标记代号	意　义	备　注
F	表示循环方式	循环方式种类见表2－14
F	法兰螺母标记	
b	表示防尘条件(带防尘圈不标，不带防尘圈的为b)	
Z	直筒螺母标记	
b	表示防尘条件(带防尘圈不标，不带防尘圈的为b)	
D	表示预紧方式	预紧方式种类见表2－15
32	公称直径	
05	基本导程	
T	特型(与样本系列中尺寸不同时标，相同时不标)	
LH	表示螺纹旋向(右旋不标，左旋标LH)	
3	负荷滚珠圈数(分2、2.5、3、3.5、4、5共6种)	
P	滚珠丝杠副类型(P型为定位型，T型为传动型)	
3	精度等级(1、2、3、4、5、7、10等7个等级)，1级精度最高，依次递减	精度等级及选择见表2－17
1500×1200	表示滚珠丝杠的全长和螺纹长度(mm)	

其中，循环方式如表2－14所示，预紧方式如表2－15所示，结构特征如表2－16所示，精度等级及选择如表2－17所示。螺纹旋向为右旋者不标，为左旋者标记代号为"LH"。类型分为P类和T类。P类为定位滚珠丝杠副，即通过旋转角度和导程控制轴向位移量的滚珠丝杠副，其精度等级要求较高；T类为传动滚珠丝杠副，它与旋转角度无关，是用于传动动力的滚珠丝杠副，其精度等级要求相对较低。

示例：CDM5010－3－P3表示为外循环插管式，双螺母垫片预紧，导珠管埋入式的滚珠丝杠副，公称直径为50mm，基本导程为10mm，螺纹旋向为右旋，负荷总圈数为3圈，精度等级为3级。

表 2-14　循环方式

循环方式		标记代号
内循环	浮动式	F
	固定式	G
外循环	插管式	C

表 2-15　预紧方式

预紧方式	标记代号
单螺母变位导程预紧	B
双螺母垫片预紧	D
双螺母齿差预紧	C
双螺母螺纹预紧	L
单螺母无预紧	W

表 2-16　结构特征

结构特征	代号
导珠管埋入式	M
导珠管凸出式	T

表 2-17　精度等级标号及选择

精度等级标号	应用范围
5	普通机床
4,3	数控钻床、数控车床、数控铣床、机床改造
2,1	数控磨床、数控线切割机床、数控镗床、坐标镗床、加工中心、仪表机床

2.7.4.3　滚珠丝杠副的其他常用精度表示法

在工厂的实际生产中，滚珠丝杠副的精度等级除国标规定外还有其他的表示方法，常用的精度等级表示法及应用范围如表 2-18 所示，各种机床所用滚珠丝杠副推荐精度等级如表 2-19 所示。

表 2-18　滚珠丝杠副的精度等级及应用范围

精度等级		应用范围
代号	名称	
P	普通级	普通机床
B	标准级	一般数控机床
J	精密级	精密机床、精密数控机床、加工中心、仪表机床
C	超精级	精密机床、精密数控机床、仪表机床、高精度加工中心

2.7.4.4　滚珠丝杠副的结构类型

滚珠丝杠副的结构类型，表示了不同滚珠丝杠副的结构，如表 2-20 所示。滚珠丝杠副的圈数和列数如表 2-21 所示。

表 2-19 各种机床所用滚珠丝杠副推荐精度等级

机床种类	坐标方向			
	x(纵向)	y(升降)	z(横向)	W(刀杆、镗杆)
数控车床	B、J	—	B	—
数控磨床	J	—	J	—
数控线切割机床	J	—	J	—
数控钻床	B	P	B	—
数控铣床	B	B	B	—
数控镗床	J	J	J	—
数控坐标镗床	J、C	J、C	J、C	J
加工中心	J、C	J、C	J、C	B
坐标镗床、螺纹磨床	J、C	J、C	J、C	—

表 2-20 滚珠丝杠副的结构类型代号

结构类型代号	意 义
W	外循环单螺母式滚珠丝杠副
C	外循环插管形的单螺母滚珠丝杠副
W_1	外循环不带衬套的单螺母滚珠丝杠副
W_1Ch	外循环不带衬套齿差调隙式的双螺母滚珠丝杠副
W_1D	外循环不带衬套垫片调隙式的双螺母滚珠丝杠副
W_1L	外循环不带衬套螺纹调隙式的双螺母滚珠丝杠副
CCh	插管形齿差调隙式的双螺母滚珠丝杠副
CD	插管形垫片调隙式的双螺母滚珠丝杠副
CL	插管形螺纹调隙式的双螺母滚珠丝杠副
WCh	外循环齿差调隙式的双螺母滚珠丝杠副
WD	外循环垫片调隙式的双螺母滚珠丝杠副
N	内循环单螺母式滚珠丝杠副
NCh	内循环齿差调隙式的双螺母滚珠丝杠副
ND	内循环垫片调隙式的双螺母滚珠丝杠副
NL	内循环螺纹调隙式的双螺母滚珠丝杠副

表 2-21 滚珠丝杠副的圈数和列数

循环方式	单螺母	双螺母
外循环	2.5 圈×1 列	2.5 圈×1 列
	2.5 圈×2 列	—
	2.5 圈×1 列	3.5 圈×1 列
内循环		1 圈×2 列
	1 圈×3 列	1 圈×3 列
	1 圈×4 列	1 圈×4 列

例如：WD3005 - 3.5 × 1/B 左 - 900 × 1000，表示外循环垫片调隙式的双螺母滚珠丝杠副，公称直径为 30mm，螺距为 5mm，一个螺母的工作滚珠为 3.5 圈，单列，B 级精度，左旋，丝杠的螺纹部分长度为 900mm，丝杠总长度为 1000mm。

又如：NCh5006 - 1 × 3/J - 1300 × 1500，表示内循环齿差调隙式的双螺母滚珠丝杠副，公称直径为 50mm，螺距为 6mm，一个螺母的工作滚珠为 1 圈 3 列，J 级精度，右旋，丝杠的螺纹部分长度为 1300mm，丝杠总长度为 1500mm。

2.7.4.5　滚珠丝杠副的尺寸系列

滚珠丝杠副的尺寸系列主要是指公称直径和导程，GB/T 15787.2—1998 对滚珠丝杠副的公称直径和导程都进行了规定，如表 2 - 22 所示。

表 2 - 22　滚珠丝杠副的尺寸系列　　mm

名　称	尺 寸 系 列	备　注
公称直径	6、8、10、12、16、20、25、32、40、50、63、80、100、125、160、200	
导　程	1、2、2.5、3、4、5、6、8、10、12、16、20、25、32、40	尽量选用 2.5、5、10、20、40

2.8　联轴器

在数控机床进给传动系统中，滚珠丝杠与驱动电动机的连接是数控机床稳定工作的重要环节之一。目前，在直线进给传动系统中，滚珠丝杠与驱动电动机的连接方式主要有联轴器、齿轮和同步带，本节主要介绍的是联轴器。

联轴器是用来连接进给机构的两根轴使之一起转动，以传递转矩和运动的一种装置。联轴器的类型繁多，有液压式、电磁式和机械式，而机械式联轴器是应用最广泛的一种，它借助于机械构件相互间的机械作用力来传递转矩，可作如下划分：刚性联轴器和弹性联轴器。刚性联轴器包括固定式联轴器（套筒联轴器、凸缘联轴器和夹壳联轴器等）和可移式联轴器（齿式联轴器、滑块联轴器和万向联轴器等）。弹性联轴器包括金属弹性件联轴器（簧片联轴器、膜片联轴器和波形管联轴器等）和非金属弹性件联轴器（轮胎式联轴器、整圈橡胶联轴器和橡胶块联轴器）。

下面介绍典型机电一体化产品数控机床常用的几种联轴器。

2.8.1　一般联轴器

2.8.1.1　套筒联轴器

套筒联轴器如图 2 - 56 所示，由连接两轴端的套筒和连接套筒与轴的连接件键或销组成，一般当轴端直径 $d \leqslant 80$mm 时，套筒用 35 钢或 45 钢制造；当轴端直径 $d > 80$mm 时，可用强度较高的铸铁制造。

套筒联轴器各部分尺寸间的关系如下：套筒长 $L \approx 3d$；套筒外径 $D \approx 1.5d$；销直径 $d_0 = (0.3 \sim 0.25)d$（对小联轴器取 0.3，对大联轴器取 0.25）；销中心到套筒端部的距离 $e \approx 0.75d$。

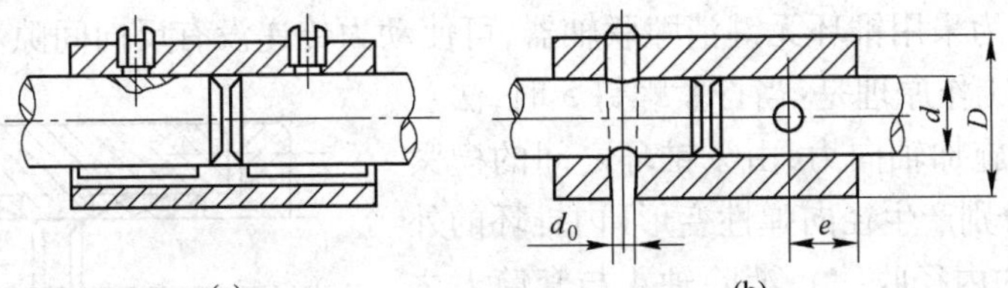

(a) (b)

图 2 - 56 套筒联轴器

(a)键联结;(b)销联结

此种联轴器结构简单,径向尺寸小,但其装拆困难(轴需做轴向移动),且要求两轴严格对中,不允许有径向及角度偏差,因此使用上受到一定限制。

2.8.1.2 凸缘联轴器

凸缘联轴器是把两个带有凸缘的半联轴器分别与两轴连接,然后用螺栓把两个半联轴器连成一体,以传递动力和转矩,如图 2 - 57 所示。凸缘联轴器有两种对中方法:一种是用一个半联轴器上的凸肩与另一个半联轴器上的凹槽相配合而对中,如图 2 - 57(a)所示,另一种是两半联轴器共同与一部分圆环相配合而对中,如图 2 - 57(b)所示。前者在装拆时轴必须做轴向移动,后者则无此缺点。连接螺栓可以采用半精制普通螺栓,此时螺栓杆与螺孔壁间存有间隙,转矩靠半联轴器结合面间的摩擦力来传递,如图 2 - 57(b)所示;也可采用铰制孔用螺栓,此时螺栓杆与螺孔为过渡配合,靠螺栓杆承受挤压与剪切来传递转矩(图 2 - 57(a))。凸缘联轴器可做成带防护边的(图 2 - 57(a))和不带防护边的(图 2 - 57(b))。凸缘联轴器的材料可用 HT250 或碳钢,重载时或圆周速度大于 30m/s 时,应用铸钢或锻钢。

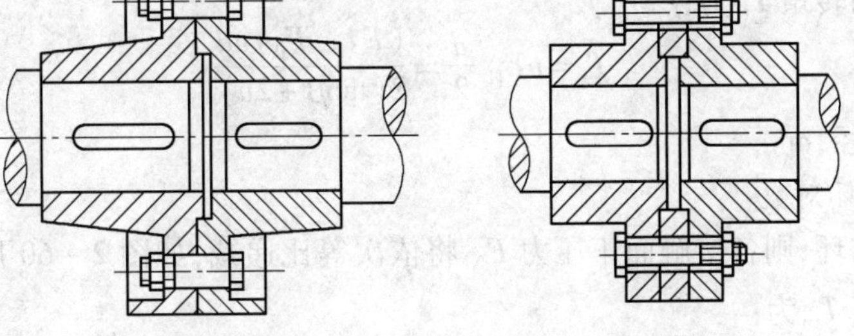

(a) (b)

图 2 - 57 凸缘联轴器

(a)带防护边;(b)不带防护边

凸缘联轴器对于所连接的两轴的对中性要求很高,当两轴间有位移与倾斜存在时,就会在机件内引起附加载荷,使工作情况恶化,这是它的主要缺点。但由于其结构简单、成本低,以及可传递较大转矩,故当转速低、无冲击、轴的刚性大及对中性较好时亦常采用。

2.8.2 锥环无键联轴器

2.8.2.1 工作原理及特点

该联轴器是利用锥环之间的摩擦实现轴与毂之间的无间隙连接而传递转矩,且可以任意调节两连接件之间的角度位置。通过选择所用锥环的对数,可以传递不同大小的转矩。

如图 2－58 所示为采用锥环无键消隙联轴器，可使动力传递没有反向间隙。

该联轴器的工作原理是：当拧紧螺钉 5 时，法兰盘 3 对内外锥环施加轴向力，由于锥环之间的楔紧作用，内外锥环分别产生径向弹性变形（内锥环的外径胀大，外锥环的内径收缩），消除轴 4 与套筒 1 之间的配合间隙，并产生接触压力，通过摩擦传递转矩，而且套筒 1 与轴 4 之间的角度位置可以任意调节。这种联轴器定心性好，承载能力强，传递功率大、转速高、使用寿命长，具有过载保护能力，能在受振动和冲击载荷等恶劣条件下连续工作，安装、使用和维护方便，作用于系统中的载荷小，工作噪声低。

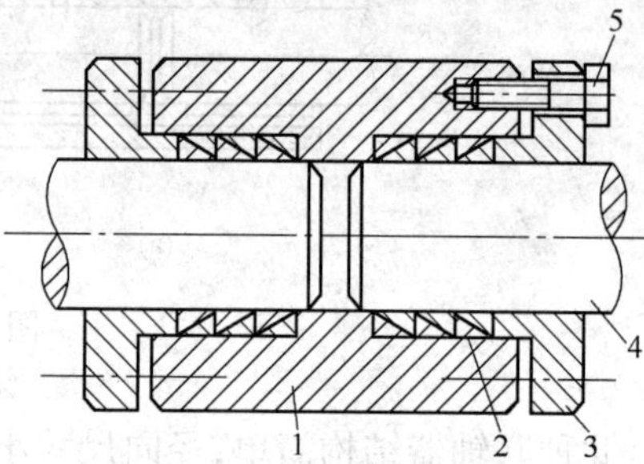

图 2－58　锥环无键消隙联轴器
1—套筒；2—内外锥环；3—法兰盘；
4—轴；5—螺钉

2.8.2.2　设计计算

A　一对锥环传递的转矩 T_t 的计算

如图 2－59 所示，锥环与连接套筒接触面的正压力 F_N 为：

$$F_N = \frac{F_A - F_0}{\tan\beta + 2u}$$

式中　F_A——轴向力，N；

F_0——为使锥环与轴及轮毂内壁接触所加的预紧力，N；

β——锥面半角，(°)；

u——摩擦因数。

锥环传递的转矩 T_t 为：

$$T_t = uF_N \frac{d}{2} = \frac{(F_A - F_0)ud}{2(\tan\beta + 2u)}$$

式中　d——轴径，m。

B　选择锥环对数

若用 n 对锥环，则各接触面正压力 F_N 将依次等比递减，如图 2－60 所示，所以，n 对锥环能传递的转矩 T_{tn} 为：

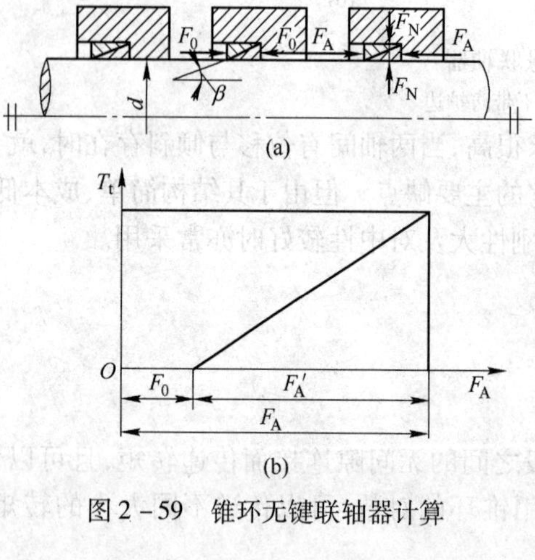

图 2－59　锥环无键联轴器计算

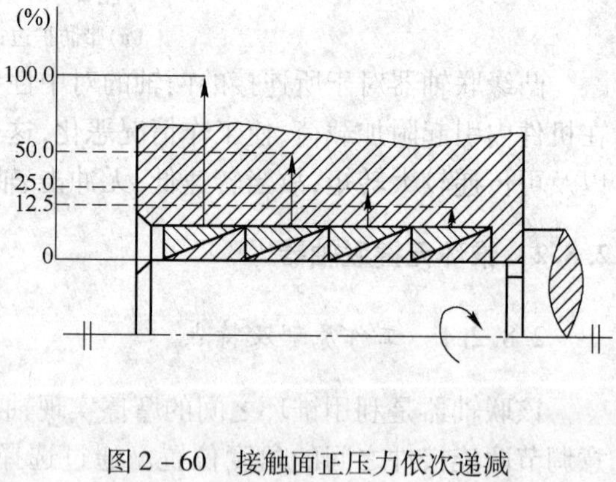

图 2－60　接触面正压力依次递减

$$T_{tn}=T_t\frac{\theta^n-1}{\theta-1}$$

式中 n——锥环对数；

θ——接触面正压力递减的公比，$\theta=\frac{\tan\beta}{\tan\beta+2u}$。

定义$\frac{\theta^n-1}{\theta-1}$为 n 对锥环转矩增加系数。将所选对数 n、转矩增加系数在不同摩擦因数时所能传递的转矩关系列于表 2-23 中，其中，$F'_A=F_A-F_0$ 为锥环工作时所受的轴向负荷，β 取 16°40′。

表 2-23 锥环对数的选择

对数 n	$\mu=0.12$		$\mu=0.15$	
	$\frac{\theta^n-1}{\theta-1}$	T_{tn}	$\frac{\theta^n-1}{\theta-1}$	T_{tn}
1	1	$0.111F'_Ad$	1	$0.125F'_Ad$
2	1.555	$0.173F'_Ad$	1.5	$0.188F'_Ad$
3	1.86	$0.203F'_Ad$	1.75	$0.215F'_Ad$
4	2.03	$0.223F'_Ad$	1.875	$0.234F'_Ad$

[例 2-5] 图 2-61 所示为采用锥环无键联轴器的纵向进给系统，直流伺服电动机 1 经锥环 2 无键连接精密滑块联轴器 3，驱动滚珠丝杠 4 实现进给。已知伺服电动机额定转矩 $T_{tn}=1.3\text{N}\cdot\text{m}$，输出轴直径 $d=20\text{mm}$，锥环工作时所受的轴向负载 $F'_A=380\text{N}$，试问该锥环无键联轴器应采用几对锥环？

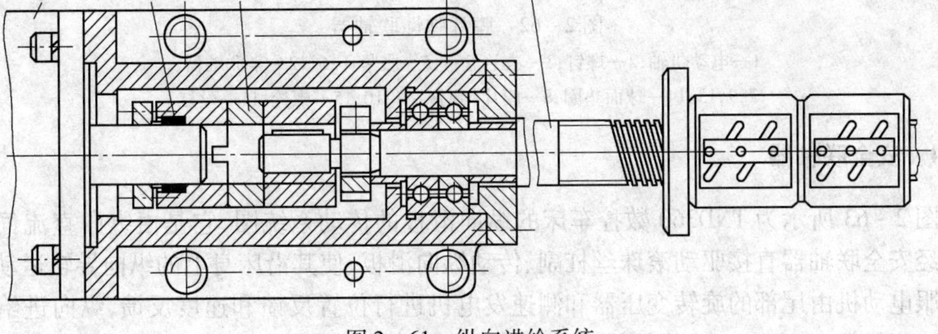

图 2-61 纵向进给系统

1—直流伺服电动机；2—锥环；3—滑块联轴器；4—滚珠丝杠

解：设 $\mu=0.15$，则：

$$\frac{T_{tn}}{F'_A}=\frac{1.3}{380\times20\times10^{-3}}=0.1710$$

查表 2-23，得$\frac{T_{tn}}{F'_Ad}=0.188>0.1710$，所以，确定锥环对数 $n=2$。

2.8.3 膜片弹性联轴器

当电动机与滚珠丝杠之间传递的转矩较大时，比如在大转矩宽调速的直流、交流伺服电动机的传动机构中，由于伺服电动机优越的力矩特性，可以采用电动机与滚珠丝杠直接连接的方法，这不仅可以简化结构、减小噪声，而且对减小传动链的间隙、提高传动刚度也大有好处。

图 2－62 所示为目前在数控机床进给传动中广泛使用的膜片弹性联轴器的结构图。该联轴器的工作原理是：半联轴器 6、12 分别装在电动机轴 1 和丝杠 11 上，当拧紧螺钉 2 时，法兰盘 3、半联轴器 6 相互靠近，挤压胀紧环 4、5，使外锥环（外胀紧环）5 内径缩小，内锥环（内胀紧环）4 外径放大，从而使半联轴器 6 与电动机轴 1 实现无键连接，同理，也使右半部形成无键连接。两个半联轴器 6、12 通过膜片组 8（膜片每片厚 0.25mm，一般 10 ~ 12 片为一组，材料为不锈钢）和两组（四根）对角螺栓孔与螺栓 10、15 以及球面垫圈 9、14 相连抵消弹性变形。球面垫圈 9、14 和 7、13 与两个半联轴器没有任何连接关系，这样通过膜片组对角连接而传递转矩。电动机、半联轴器 6、12，球面垫圈 7、9、13、14 与丝杠轴的位置误差（同轴度）由膜片的弹性变形抵消。这就是膜片弹性联轴器的工作原理。

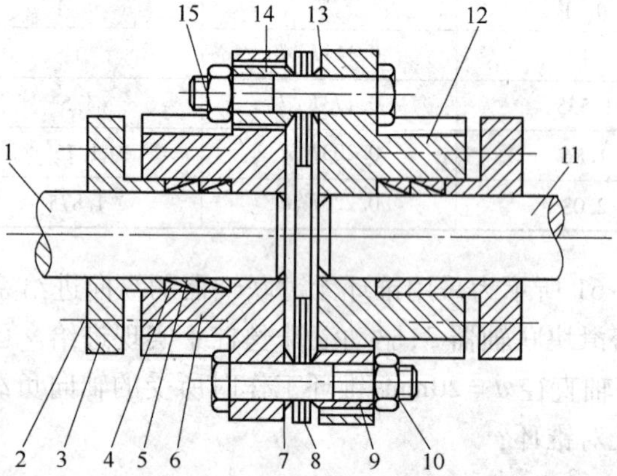

图 2－62　膜片弹性联轴器

1—电动机轴；2—螺钉；3—法兰盘；4，5—胀紧环；6，12—半联轴器；
7，9，13，14—球面垫圈；8—膜片（弹簧片）；10，15—螺栓；11—丝杠

2.8.4　安全联轴器

图 2－63 所示为 TND360 数控车床的纵向滑板的传动系统图，它是由纵向直流伺服电动机经安全联轴器直接驱动滚珠丝杠副、传动纵向滑板，使其沿床身上的纵向导轨运动。直流伺服电动机由尾部的旋转变压器和测速发电机进行位置反馈和速度反馈，纵向进给的最小脉冲当量是 0.001mm，这样构成的伺服系统为半闭环伺服系统。

安全联轴器的作用是在进给过程中当进给力过大或滑板移动过载时，为了避免整个运动传动机构的零件损坏，安全联轴器动作，终止运动的传递。其原理如图 2－64 所示，在正常情况下，运动由联轴器传递到滚珠丝杠上，当出现过载时，滚珠丝杠上的转矩增大，这时通过安全联轴器端面上的三角齿传递的转矩也随之增加，以致使端面三角齿处的轴向力超过弹簧的压力，于是便将联轴器的右半部分推开，这时连接的左半部分和中间环节继续旋转，而右半部分却不能被带动，所以在两者之间产生打滑现象，将传动链断开使传动机构因过载而损坏。机床许用的最大进给力取决于弹簧的弹力，拧动弹簧的调整螺母可以调整弹簧的弹力，在机床上采用了无触点磁传感器监测安全联轴器的右半部分的工作情况。当右半部分产生滑移时，传感器产生过载报警信号，通过机床可编程序控制器使进给系统制动，并将

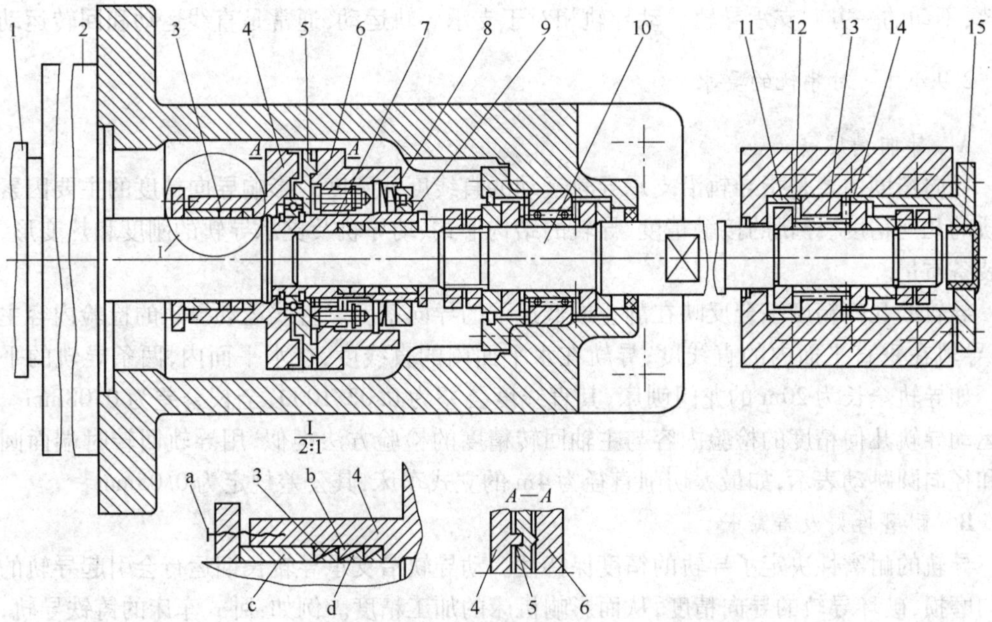

图 2-63 纵向滑板的传动系统

1—旋转变压器和测速发电机;2—直流伺服电动机;3—锥环;4,6—半联轴器;5—滑块;7—钢片;
8—碟形弹簧;9—套;10—滚珠丝杠;11—垫圈;12,13,14—滚针轴承;15—堵头

此状态信号送到数控装置,由数控装置发出警报指示。

安全联轴器与电动机轴、滚珠丝杠连接时,采用了无键锥环联轴器。其放大图如图 2-63 所示的I放大视图。无键锥环是相互配合的锥环,如拧紧螺钉,紧压环就压紧锥环,使内环的内孔收缩,外环的外圆胀大,靠摩擦力连接轴和孔,锥环的对数可根据所传递的转矩进行选择。这种结构不需要开键槽,避免了传动间隙。安全联轴器的结构如图 2-63 所示,由件 4 至件 9 组成。件 4 与件 5 之间由矩形齿连接,件 5 与件 6 之间由三角形齿连接(参见 *A—A* 剖视图)。件 6 上用螺栓装有一组钢片 7,钢片 7 的形状像摩擦离合器的内片,中心部分是花键孔。件 7 与件 9 的外圆上的花键部分相配合,件 6 的转动能通过件 7 传递至件 9,并且件 6 和件 7 一起能沿件 9 做轴向相对移动。件 9 通过无键锥环与滚珠丝杠连接。碟形弹簧组件 8 使件 6 紧紧地靠在件 5 上。如果进给力过大,则件 5、件 6 之间的三角形齿产生的轴向力超过了碟形弹簧件 8 的弹力,使件 6 右移,无触点磁开关发出监控信号给数控装置,使机床停机,直到消除过载因素后才能继续运动。

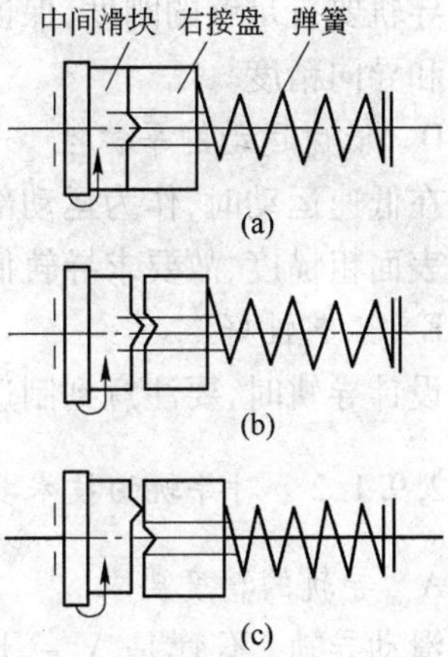

图 2-64 安全联轴器的工作原理

2.9 导轨

2.9.1 导轨概述

导轨主要用来支承和引导运动部件沿一定的轨道运动。在轨道副中,运动的一方叫动

导轨;不动的一方叫支承导轨。动导轨相对于支承导轨运动,通常是直线运动和回转运动。

2.9.1.1　对导轨的要求

A　导向精度高

导向精度主要是指导轨沿支承导轨运动的直线度和圆度。影响导向精度的主要因素有导轨的几何精度、导轨的接触精度、导轨的结构形式、动导轨及支承导轨的刚度和热变形,还有装备质量。

导轨的几何精度综合反映在静止或低速下的导向精度。直线运动导轨的检验内容主要是:导轨在垂直平面内的直线度;导轨在水平面内的直线度;在水平面内,两条导轨的平行度。如导轨全长为20m的龙门刨床,其直线度公差为0.02/1000,全长公差为0.08mm。圆周运动导轨几何精度的检验内容与主轴回转精度的检验方法类似,用导轨回转时端面圆跳动和径向圆跳动表示,如最大切削直径为4m的立式车床,其公差规定为0.05mm。

B　耐磨性好及寿命长

导轨的耐磨性决定了导轨的精度保持性。动导轨沿支承导轨长期运行会引起导轨的不均匀磨损,破坏导轨的导向精度,从而影响机床的加工精度。例如:卧式车床的铸铁导轨,若结构欠佳、润滑不良或维修不及时,则靠近主轴箱一段的前导轨,每年的磨损量达0.2~0.3mm,这样就降低了刀架移动的直线性对主轴的平行度精度,加工精度也就下降。与此同时也增加了溜板箱中螺母与丝杠的同轴度误差,加剧了螺母与丝杠的磨损。

C　足够的刚度

导轨要有足够的刚度,保证在载荷作用下不产生过大的变形,从而保证各部件间的相对位置和导向精度。

D　低速运动的平稳性

在低速运动时,作为运动部件的动导轨易产生爬行。进给运动的爬行,将降低被加工表面的表面粗糙度,故要求导轨低速运动平稳,不产生爬行,这对于高精度的机床尤其重要。

E　工艺性好

设计导轨时,要注意到制造、调整和维护的方便,力求结构简单、工艺性和经济性好。

2.9.1.2　对导轨的技术要求

A　导轨的精度要求

滑动导轨,不管是V-平型还是平-平型,导轨面的平面度公差通常取0.01~0.015mm,长度方向直线度公差通常取0.005~0.01mm;侧导向面的直线度公差为0.01~0.015mm,侧导向面之间的平行度公差为0.01~0.015mm,侧导向面对导轨底面的垂直度公差为0.005~0.01mm。镶钢导轨的平面度误差必须控制在0.01mm以下,各平面间的平行度和垂直度误差必须控制在0.01mm以下。

B　导轨的热处理

数控机床的使用率普遍都很高,这就要求导轨具有较高的耐磨性,以提高其精度保持性,为此导轨大多需淬火处理。导轨淬火的方式有中频淬火、超声频淬火、火焰淬火等方式,其中前两种方式使用较多。

铸铁导轨的淬火硬度一般为50~55HRC,个别要求57HRC。淬火层深度规定经磨削后应保留1.0~1.5mm。

镶钢导轨，一般采用中频淬火或渗氮淬火方式，淬火硬度为58~62HRC，渗氮层厚0.5mm。

2.9.2 导轨的类型和特点

导轨的分类方法有多种，按运动轨迹可以分为直线导轨和圆导轨；按工作性质可分为主运动导轨、进给导轨和调整导轨；按受力情况可以分为开式导轨和闭式导轨；按摩擦性质可以分为滑动导轨和滚动导轨等。

2.9.2.1 直线滑动导轨的截面形状

直线滑动导轨有若干个平面，从制造、装配和检验来看，平面的数量尽可能少。直线滑动导轨的截面形状常用的有：矩形、三角形、燕尾形和圆形，如图2-65所示，各个平面所起的作用也各不相同。在矩形和三角形导轨中，*M*面主要起支承作用，*N*面是保证直线移动精度的导向面，*J*面是防止运动附件抬起的压板面；在燕尾形导轨中，*M*面起导向和压板作用，*J*面起支承作用。

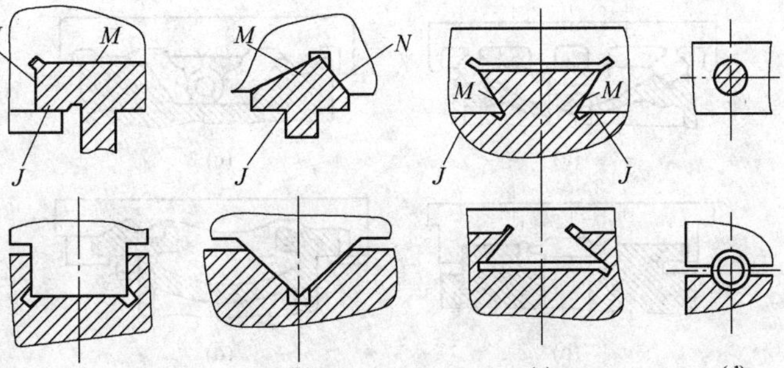

图2-65 直线滑动导轨的截面形状

(a)矩形；(b)三角形；(c)燕尾形；(d)圆形

根据支承导轨的凸凹状态，又可以将导轨分成凸形导轨和凹形导轨。凸三角形导轨俗称三角形导轨，凹三角形导轨称为V形导轨，凸形导轨不易存润滑油，但易清除导轨面的切屑等杂物。凹形导轨易存储润滑油，也易落入切屑和杂物，必须设防护装置。

(1)矩形导轨。矩形导轨易加工制造，刚度和承载能力大，安装、调整方便。矩形导轨中*M*面起支承兼导向作用，起主要导向作用的*N*面磨损后不能自动补偿间隙，需要有间隙调整装置。它适用于载荷大且导向精度要求不高的机床。

(2)三角形导轨。三角形导轨由*M*、*N*两个平面组成，起支承和导向作用。在垂直载荷作用下，导轨磨损后可以自动补偿，不产生间隙，导向精度高，但仍需设置压板面间隙调整装置。三角形顶角夹角为90°，若重型机床承受载荷大时，为增大承载面积，夹角可取110°~120°，但导向精度差。精密机床可以采用小于90°的夹角，以提高导向精度。

(3)燕尾形导轨。燕尾形导轨是闭式导轨中接触面最少的一种结构，磨损后不能自动补偿间隙，需要用镶条调整。燕尾面*M*起导向和压板作用。燕尾导轨制造、检验和维修较复杂，摩擦阻力大，可以承载颠覆力矩，刚度较差。导轨面的夹角为55°，用于高度小的多层移动部件。

(4)圆柱形导轨。圆柱形导轨刚度高,易制造,外径可磨削,内孔可以用研磨达到精密配合,但磨损后间隙调整困难。它适用于受轴向载荷的场合,如压力机、研磨机、攻螺纹机和机械手等。

2.9.2.2 直线滑动导轨的组合形式

机床上一般都采用两条导轨来承受载荷和导向。重型机床承载大,常采用3~4条导轨。导轨的组合形式取决于受载大小、导向精度、工艺性、润滑和防护等因素,常见的导轨组合形式如图2-66所示。

(1)双三角形导轨。图2-66(a)所示为双三角形(双V形)导轨,导轨面同时起支承和导向作用,磨损后可以自动补偿,导向精度高,但装配时要对四个导轨面进行刮研,其难度很大。由于过定位,所以制造、检验和维修都困难,适用于精度要求高的机床,如坐标镗床、丝杠车床。

(2)双矩形导轨。如图2-66(b)所示,这种导轨易加工制造、承载能力大,但导向精度差。侧导向面需设调整镶条,还需设置压板,呈封闭式导轨。常用于普通精度的机床。

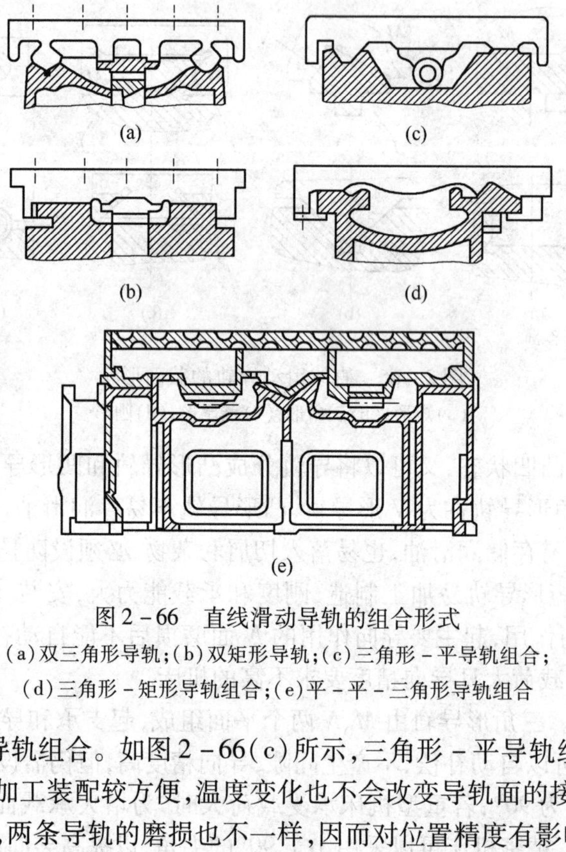

图2-66 直线滑动导轨的组合形式
(a)双三角形导轨;(b)双矩形导轨;(c)三角形-平导轨组合;
(d)三角形-矩形导轨组合;(e)平-平-三角形导轨组合

(3)三角形-平导轨组合。如图2-66(c)所示,三角形-平导轨组合不需要用镶条调整间隙,导轨精度高,加工装配较方便,温度变化也不会改变导轨面的接触情况,但热变形会使移动部件水平偏移,两条导轨的磨损也不一样,因而对位置精度有影响,通常用于磨床、精密镗床。

(4)三角形-矩形导轨组合。如图2-66(d)所示,该导轨组合常作为卧式车床的导轨。三角形导轨作主要导向面,矩形导轨面承载能力大,易加工制造,刚度高,应用普遍。

(5)平-平-三角形导轨组合。当龙门铣床工作台宽度大于3000mm,龙门刨床工作台宽度大于5000 mm时,为了使工作台中间挠度不致过大,可以用三根导轨的组合。图2-66(e)所示是重型龙门刨床工作台导轨,三角形导轨主要起导向作用,平导轨主要起承载作用。

2.9.2.3 直线滑动导轨的选择原则

根据以上所述,各种导轨的特点各不相同,因此在选择时,应把握以下原则:

(1)当要求导轨具有较大的刚度和承载能力时,用矩形导轨。一般来说,中、小型机床导轨常采用三角形-矩形导轨组合,而重型机床常采用双矩形导轨的组合。

(2)当要求导轨的导向精度高时,机床常采用三角形导轨。此时,三角形导轨工作面同时起承载和导向作用,磨损后能自动补偿间隙,导向精度高。

(3)矩形、圆形导轨工艺性好,制造、检验都方便。三角形、燕尾形导轨工艺性差。

(4)要求结构紧凑、高度小及调整方便的机床,用燕尾形导轨。

2.9.2.4 圆运动导轨

圆运动导轨主要用于圆形工作台、转盘和转塔等旋转运动部件,常见的有平面圆环导轨、锥形圆环导轨和V形圆环导轨。

2.9.3 贴塑滑动导轨

贴塑滑动导轨如图2-67所示,它已经广泛使用在各种数控机床上,具有以下显著的特点:

(1)摩擦因数小,且动、静摩擦因数的差别较小,可以防止低速爬行现象。

(2)耐磨性、抗撕伤能力强。

(3)加工性和化学稳定性好,工艺简单,成本低,并有良好的自润滑性和抗振性。

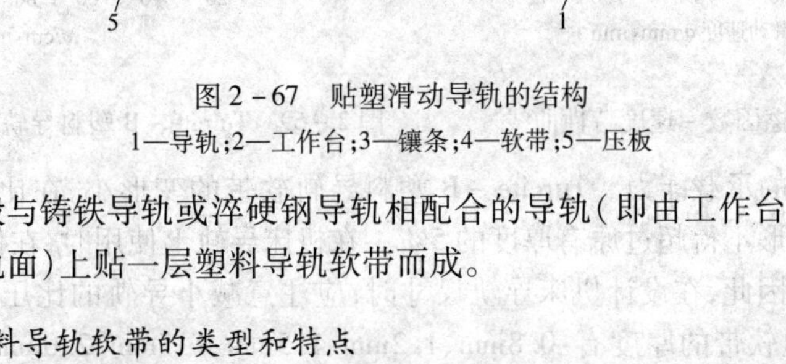

图2-67 贴塑滑动导轨的结构
1—导轨;2—工作台;3—镶条;4—软带;5—压板

贴塑导轨一般与铸铁导轨或淬硬钢导轨相配合的导轨(即由工作台、导轨面、镶条面、压板面组成的导轨面)上贴一层塑料导轨软带而成。

2.9.3.1 塑料导轨软带的类型和特点

近年来,国内外已经研制了数十种塑料基体的复合材料用于机床导轨,其中应用比较广泛的有两种:一种是美国霞板(Shanban)公司研制的得尔赛(Turcite - B)塑料导轨软带;另一种则是我国研制的TSF软带。Turcite - B塑料导轨软带由可以自润滑的复合材料制成,它主要是在聚四氟乙烯中填充50%的青铜粉,还加有一定数量的二硫化钼、玻璃纤维、氧化物和石墨混合烧结制成的带状复合材料。它具有优异的减磨、抗咬伤性能,不会损坏配合面,吸振性能好,低速无爬行,并可以在干摩擦下工作。塑料导轨软带与其他导轨相比,具有以下特点:

(1)摩擦因数低而稳定,比铸铁导轨副低一个数量级。

(2)动、静摩擦因数相近,运动平稳性和爬行性能较铸铁导轨副好。

(3)吸收振动,具有良好的阻尼性,优于接触刚度较低的滚动导轨和易漂浮的静压导轨。

(4)耐磨性好,有自身润滑作用,无润滑油也能工作。灰尘、磨粒的嵌入性好。

(5)化学稳定性好,耐磨、耐低温、耐强酸、强碱、强氧化剂及各种有机溶剂。

(6)维护修理方便,软带耐磨,损坏后更换容易。

(7)经济性好,结构简单,成本低,约为滚动导轨成本的1/20。

2.9.3.2　Turcite - B塑料导轨软带的工作特性

(1)贴塑导轨的摩擦特性。根据如图2-68所示的摩擦因数-速度特性曲线可知,其动、静摩擦因数相差很小,而且摩擦因数-速度特性曲线的斜率是正斜率,并且具有良好的自润滑性,所以在断油或干摩擦下也不致拉伤导轨面。

(2)贴塑导轨的$p-v$值。$p-v$值(比压-速度)是摩擦副的重要技术指标。在设计机床导轨尺寸时,应根据滑动速度v与比压p之值,按图2-69所示$p-v$线图选取,使p与v的交点处于曲线的下方。如果满足不了要求,可以加大导轨面积,以降低比压p值来满足要求。一般导轨的比压$p=0.1\sim0.2$MPa。

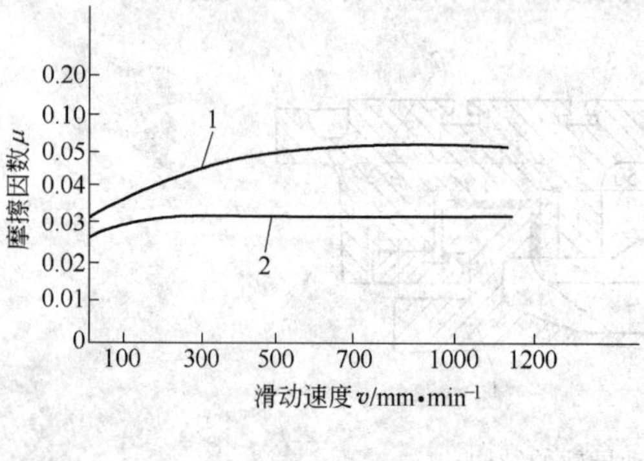

图2-68　摩擦因数-速度特性曲线

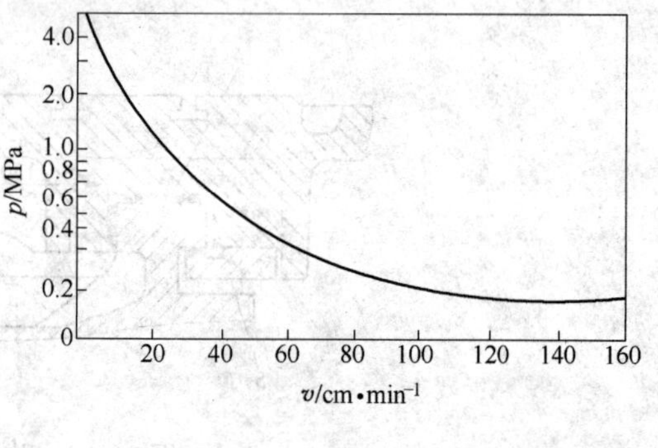

图2-69　Turcite - B塑料导轨软带的$p-v$特性曲线

(3)贴塑导轨的承载能力。Turcite - B塑料导轨软带的变形小,在比压p为14MPa、温度为50℃时,其变形不得超过原有厚度的5%。在机床导轨上使用时,在任何情况下的变形率都应低于1%。因此,在设计机床导轨尺寸时,应注意减小导轨的比压,以获得较高的运动精度。此种导轨软带的厚度有:0.8mm、1.2mm、1.5mm、1.7mm、2.0mm和3.2mm。一般选用1.5~2.0mm为宜。

(4)贴塑导轨的其他特性。Turcite－B 塑料导轨软带的粘接剪切强度高达 7MPa；弹性模量小于金属的材料，可以防止振动，减小噪声；导轨量的磨损量小，若采用定时定量润滑，可进一步提高导轨的使用寿命。

2.9.3.3 Turcite－B 塑料导轨软带的应用与粘接工艺

贴塑导轨副多为塑料导轨软带与金属配合。塑料导轨软带一般粘接在短的动导轨上，不受导轨形式的限制，各种组合形式的滑动导轨都可以粘贴。图 2－70 所示为几种镶贴塑料导轨软带与金属导轨配合的结构。粘接工艺如下：

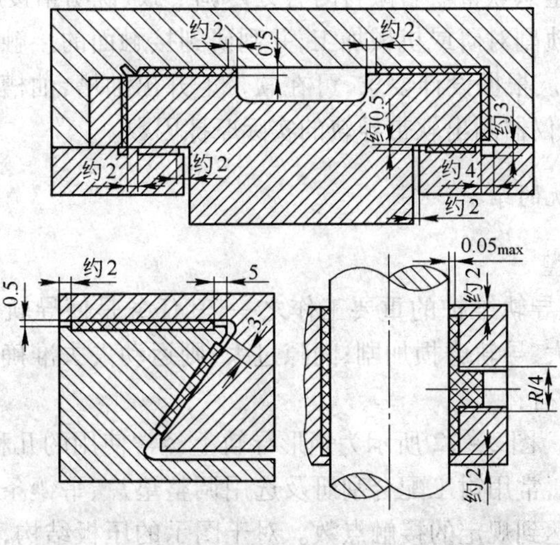

图 2－70 镶贴塑料导轨软带与金属导轨结构

(1)金属导轨面的加工。如图 2－71 所示，粘贴软带的导轨面一般是采用刨或铣削加工成凹槽，以防止软带粘接时发生移动。凹槽的两个挡边的宽度各留 2～5mm，槽的深度一般为 0.5～1.0mm（即为软带厚度的 1/2～1/3），表面粗糙度值为 $R_a = 3.2 \sim 1.6\mu m$；与粘贴软带相配的金属导轨面的表面粗糙度值要求 $R_a = 0.4 \sim 0.8\mu m$。该粗糙度值太大，容易使软带产生划痕，太小则不能形成聚四氟乙烯的转移膜，会使软带加快磨损。相配金属导轨的硬度一般为 52HRC 以上。

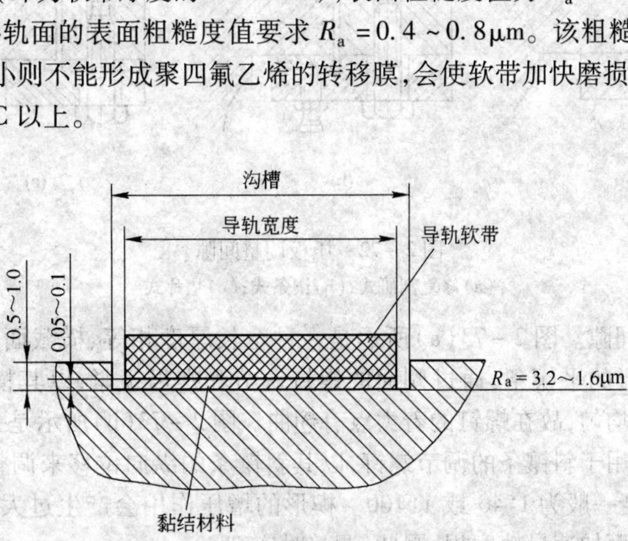

图 2－71 粘贴软带的导轨面加工成凹槽的尺寸

(2)软带切割成形与清洗。粘接前,按粘接软带导轨面的几何尺寸,将软带切割成形,适当考虑工艺余量。采用各种清洗剂(一般采用丙酮)分别将软带与粘接导轨面清洗干净(粘接导轨面不允许有油),晾干备用。

(3)粘接与加工。粘接时,根据某种软带牌号指定的专用粘胶剂,按规定工艺采用刮刀分别均涂布于软带表面和粘接导轨面,涂胶层不易太厚,一般为 0.05 ~0.1mm 之间为好。涂胶时,应使涂胶层的中间略高于四周。粘贴好后,将贴塑导轨副的贴塑导轨压在与之相配的金属导轨上,利用贴有塑料导轨软带的动导轨部件自身的重量或外加一定的重量,使固化压力达到 0.015 ~0.1MPa。经 24h 室温固化后,再将贴有塑料导轨软带的动导轨部件吊起并翻转,用小木锤轻敲整条软带。若敲打时各处声调一致,说明粘接质量好,然后检查动、静导轨的接触精度,让导轨副对研或机械加工,并刮研到接触面的接触斑点符合要求(着色点面积达 50% 以上)为止。根据设计要求,可在软带上开出油槽,油槽一般不开穿软带,宽度为 5mm 左右,并可以用仪器测出软带导轨的实际摩擦因数。

2.9.3.4　贴塑导轨的维护

A　导轨间隙的调整

导轨间隙的调整是导轨维护的重要工作之一,其任务是使导轨副经常保持合理间隙。间隙过小,则摩擦阻力大,导轨磨损加剧;间隙过大,则运动失去准确性和平稳性,失去导向精度。间隙调整的方法有:

(1)压板调整间隙。图 2 -72 所示为矩形导轨上经常使用的几种压板装置。压板有固定螺钉固定在动导轨上,常用钳工配合刮研及选用调整垫片、平镶条等机构,使导轨面与支承面之间的间隙均匀,达到规定的接触点数。对于图示的压板结构,如间隙过大,应修磨或刮研 B 面,间隙过小或压板与导轨压的太紧,则可刮研或修磨 A 面。

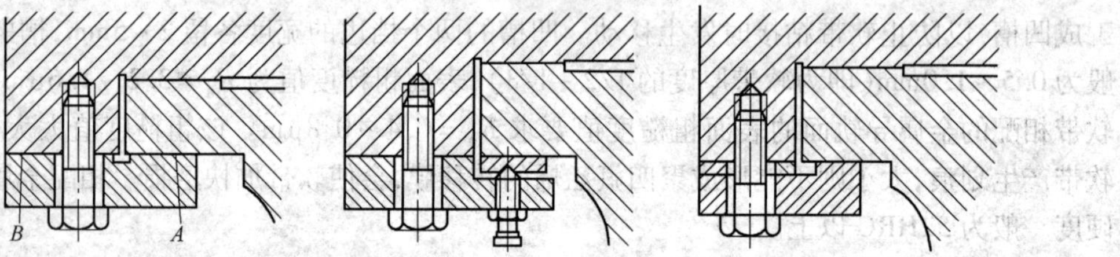

(a)　　(b)　　(c)

图 2 -72　压板调整间隙

(a)修复刮研式;(b)镶条式;(c)垫片式

(2)镶条调整间隙。图 2 -73(a)所示是一种全长厚度相等、横截面为平行四边形(用于燕尾导轨)或矩形的平镶条,通过侧面的螺钉调节和螺母锁紧,以其横向位移来调整间隙。由于收紧力不均匀,故在螺钉的着力点有翘曲。图 2 -73(b)所示是一种全长厚度有变化的斜镶条及三种用于斜镶条的调节螺钉,以其斜镶条的纵向位移来调整间隙。斜镶条在全长上支承,其斜度一般为 1∶40 或 1∶100。楔形的增压作用会产生过大的横向压力,使导轨面的摩擦力加大而加速导轨磨损,因此,调整时应细心。

(3)压板镶条调整间隙。如图 2 -74 所示,T 形压板用螺钉固定在运动部件上,运动部件的内侧和T形压板之间放置斜镶条，镶条不是在纵向有斜度，而是在高度方向做成倾斜。调整时，借助压板上几个推拉螺钉，使镶条上、下移动，从而调整间隙。

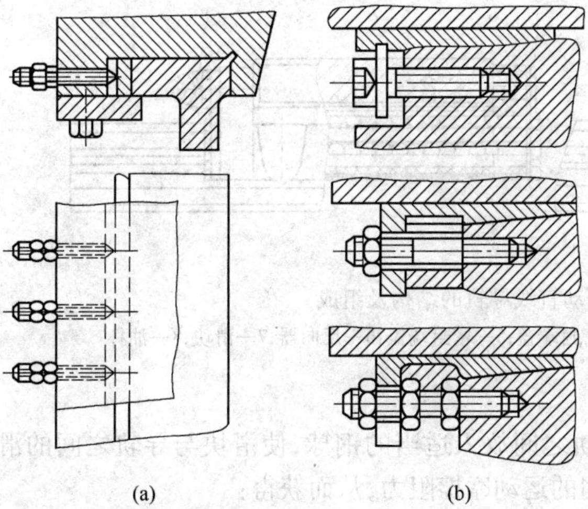

图2-73　镶条调整间隙
(a)等厚度镶条；(b)斜镶条

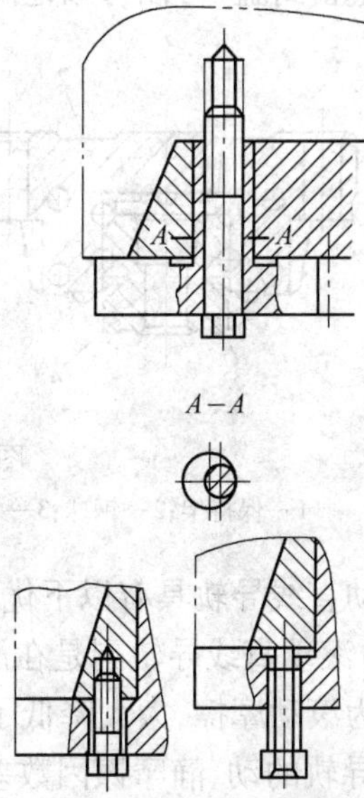

图2-74　压板镶条调整间隙

B　导轨的润滑

对导轨面进行润滑后，可以降低摩擦因数，减少磨损，并且可以防止导轨面锈蚀，因此，必须对导轨面进行润滑。导轨常用的润滑剂有润滑油和润滑脂，前者用于滑动导轨，而滚动导轨两者都能用。对贴塑导轨，常采用的润滑结构是油槽，如图2-75所示。为了把润滑油均匀地分布到导轨的全部工作面，须在导轨面上开出油槽，油液经运动导轨上的油孔进入油槽而达到均匀润滑的目的。

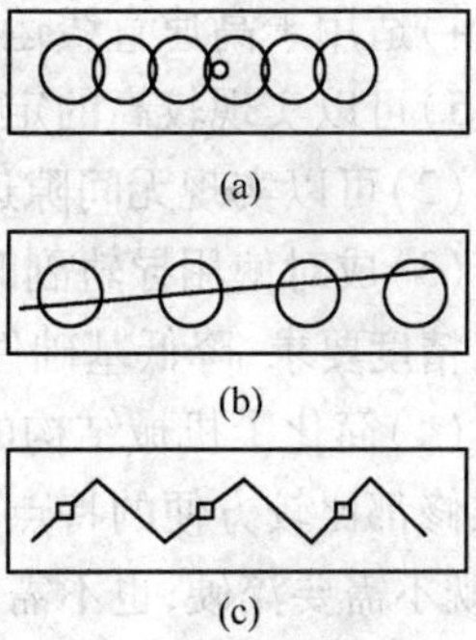

图2-75　油槽形式

C　导轨的防护

为了防止切屑、磨料或冷却液散落在导轨面上而引起磨损加快、擦伤和锈蚀，导轨面上应有可靠的防护装置，常用的有刮板式、卷帘式和叠层式防护罩，这些装置结构简单，有专业厂家制造。

2.9.4　滚动直线导轨

目前，滚动直线导轨的类型很多，主要使用的类型有日本THK公司的产品系列、德国INA公司的产品系列，还有国产的GGB系列(南京工艺装备厂)、HJG-D系列(汉江机床厂)、HTPM系列(凯特精机)等产品。

2.9.4.1　滚动直线导轨的结构与优点

滚动直线导轨副是由导轨、滑块、钢球、反向器、保持架、密封端盖及挡板组成，如图

2－76所示。当导轨与滑块做相对运动时,钢球就沿着导轨上的滚道滚动(导轨上有四条经过淬硬和精密磨削加工而成的滚道)。钢球就这样周而复始地进行滚动运动。反向器两端装有防尘密封盖,可以有效地防止灰尘、屑末进入滑块内部。

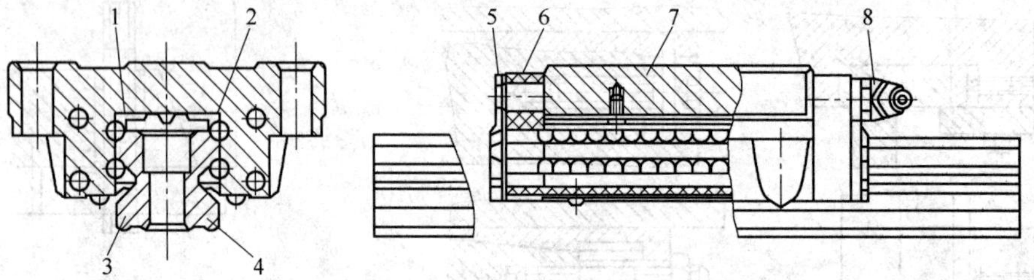

图2－76　滚动直线导轨的结构及组成

1—保持架;2—钢球;3—导轨;4—侧密封端盖;5—密封端盖;6—反向器;7—滑块;8—油杯

滚动直线导轨具有以下优点:

(1)滚动直线导轨副是在滑块与导轨之间放入适当的钢球,使滑块与导轨之间的滑动摩擦变为滚动摩擦,大大降低了两者之间的运动摩擦阻力,从而获得:

1)导轨的动、静摩擦因数差别小,随动性极好,即驱动信号与机械动作滞后的时间间隔极短,有效地提高了数控系统的响应速度和灵敏度。

2)驱动功率大大下降,只相当于普通机床的十分之一。

3)与滑动导轨和滚子导轨相比,摩擦力可下降约97%。

4)适用于高速直线运动,运动速度比滑动导轨提高约10倍。

5)可以实现较高的定位精度和重复定位精度。

(2)可以实现无间隙运动,提高机械系统的运动刚度。

(3)成对使用导轨副时,具有"误差均化效应",从而可以降低基础件(导轨安装面)的加工精度要求,降低基础件的机械制造成本与难度。

(4)简化了机械结构的设计和制造。滚动直线导轨除了具有上述优点外,还具有安装和维修都比较方便的特点。由于它是一个独立的部件,对机床支承导轨部分的技术要求不高,既不需要淬硬,也不需要磨削或刮研,只需要精铣或精刨。由于这种导轨可以预紧,因而比滚动体不循环的滚动导轨刚性高,承载能力大,但不如滑动导轨,抗振性也不如滑动导轨。为了提高抗振性,有时装有阻尼滑座,有过大振动和冲击载荷的机床不宜使用滚动直线导轨副。滚动直线导轨副的移动速度可以达到60m/min,在数控机床和加工中心上得到了广泛的应用。

2.9.4.2　滚动直线导轨副的精度及选用

滚动直线导轨副分4个精度等级,即2、3、4、5级,2级精度最高,依次递减。各等级检查项目及允许误差如表2－24所示(该表中的数值是针对南京工艺装备制造有限公司生产的GGB系列,其他规格参照执行)。

由于滚动直线导轨副具有"误差均化效应",在同一平面内使用两根或两根以上时,可以选用精度等级较低的导轨而达到较高的导轨运动精度,一般可以提高20%～50%。各类机床和机械推荐的精度等级如表2－25所示。

表 2-24　GGB 系列滚动直线导轨副各等级检查项目及允许误差

<table>
<tr><th>序号</th><th>简　图</th><th>检验项目</th><th colspan="5">公　差</th></tr>
<tr><td rowspan="10">1</td><td rowspan="10">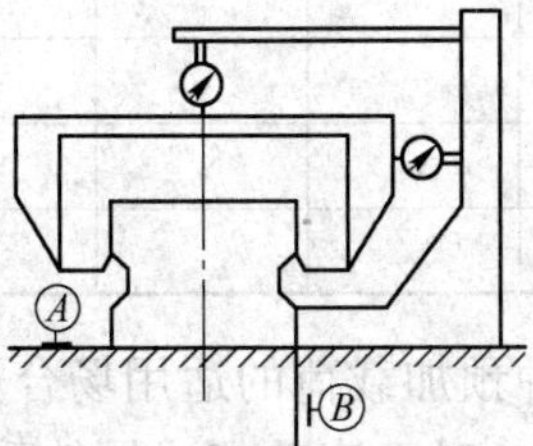</td><td rowspan="10">1. 滑块顶面中心对导轨基准面的平行度；
2. 与导轨基准侧面同侧的滑块侧面对导轨基准侧面的平行度</td><td rowspan="2">导轨长度(边界值归较小区间)/mm</td><td colspan="4">精度等级/μm</td></tr>
<tr><td>2</td><td>3</td><td>4</td><td>5</td></tr>
<tr><td>≤500</td><td>4</td><td>8</td><td>14</td><td>20</td></tr>
<tr><td>500～1000</td><td>6</td><td>10</td><td>17</td><td>25</td></tr>
<tr><td>1000～1500</td><td>8</td><td>13</td><td>20</td><td>30</td></tr>
<tr><td>1500～2000</td><td>9</td><td>15</td><td>22</td><td>32</td></tr>
<tr><td>2000～2500</td><td>11</td><td>17</td><td>24</td><td>34</td></tr>
<tr><td>2500～3000</td><td>12</td><td>18</td><td>26</td><td>36</td></tr>
<tr><td>3000～3500</td><td>13</td><td>20</td><td>28</td><td>38</td></tr>
<tr><td>3500～4000</td><td>15</td><td>22</td><td>30</td><td>40</td></tr>
<tr><td rowspan="3">2</td><td rowspan="3">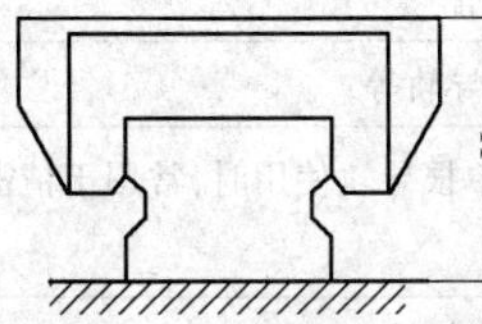</td><td rowspan="3">滑块上顶面与导轨基准底面的高度 H 的极限偏差</td><td colspan="5">精度等级/μm</td></tr>
<tr><td colspan="2">2</td><td>3</td><td>4</td><td>5</td></tr>
<tr><td colspan="2">±12</td><td>±25</td><td>±50</td><td>±100</td></tr>
<tr><td rowspan="3">3</td><td rowspan="3">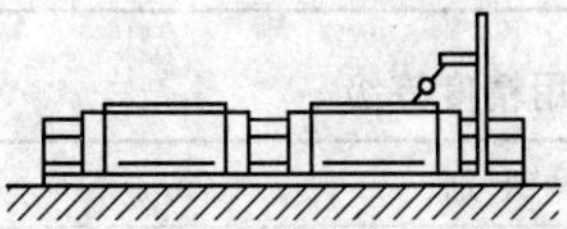</td><td rowspan="3">同一平面上多个滑块顶面高度 H 的变动量</td><td colspan="5">精度等级/μm</td></tr>
<tr><td colspan="2">2</td><td>3</td><td>4</td><td>5</td></tr>
<tr><td colspan="2">5</td><td>7</td><td>20</td><td>40</td></tr>
<tr><td rowspan="3">4</td><td rowspan="3">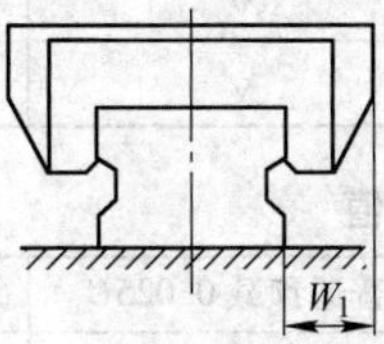</td><td rowspan="3">导轨基准侧面的滑块侧面与导轨基准侧面间距离 W_1 的极限偏差(只适用基准导轨)</td><td colspan="5">精度等级/μm</td></tr>
<tr><td colspan="2">2</td><td>3</td><td>4</td><td>5</td></tr>
<tr><td colspan="2">±15</td><td>±30</td><td>±60</td><td>±150</td></tr>
<tr><td rowspan="3">5</td><td rowspan="3">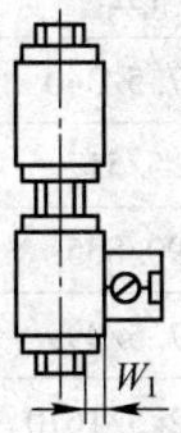</td><td rowspan="3">同一导轨上多个滑块侧面与导轨基准侧面 W_1 的变动量(只适用基准导轨)</td><td colspan="5">精度等级/μm</td></tr>
<tr><td colspan="2">2</td><td>3</td><td>4</td><td>5</td></tr>
<tr><td colspan="2">7</td><td>10</td><td>25</td><td>70</td></tr>
</table>

注：1. 精度检测方法见表中简图所示。

2. 由于导轨轴上的滚道是用螺栓将导轨轴紧固在专用夹具上精磨的，在自由状态下可能会存在弯曲，因此精度检验时应将导轨轴用螺栓固定在专用平台上测量。

3. 当基准导轨副上使用滑块数超过两件时，除首、尾两件滑块外，中间滑块不作第 4 项和第 5 项检查，但中间滑块的 W_1 值应小于首、尾两滑块的 W_1 值。

表 2－25　各类机床和机械推荐的精度等级

精度等级	数控机床							普通机床	通用机械
	车　床	铣床、加工中心	坐标镗床、坐标磨床	磨　床	电加工机床	精密冲剪机	绘图机		
2	√	√	√	√					
3	√	√	√	√			√	√	
4	√	√			√	√	√	√	√
5					√	√			√

各种规格的滚动直线导轨副分 4 种预加载荷，每种预加载荷的适用场合如表 2－26 所示。各种预加载荷与精度等级的关系如表 2－27 所示。对于滚动直线导轨副的不同规格，每种预加载荷的数值如表 2－28 所示。

表 2－26　各种预加载荷的适用场合

预载种类	应　用　场　合
P_0(重预载)	大刚度并有冲击和振动的场合，常用于重型机床的主导轨等
P_1(中预载)	重复定位精度要求较高，承载侧悬载荷、扭转载荷和单根导轨使用时，常用于精密定位的运动机构和测量机构上
P(普通预载)	有较小的振动和冲击，两根导轨并用时，要求在运动轻便处
P_3(间隙)	用于输送机构中

表 2－27　各种预加载荷的适用精度等级

精度等级	预紧级别			
	P_0	P_1	P	P_3
2、3、4	√	√	√	
5		√	√	√

表 2－28　各种预加载荷的数值

导轨规格	P_0(重预载 $0.1C_a$)	P_1(中预载 $0.05C_a$)	P(普通预载 $0.025C_a$)	P_3(间隙)
	N			μm
GGB16	607	304	152	3～10
GGB20	1150/1360	575/680	287.5/340	5～15
GGB25	1770/2070	885/1035	442.5/517.5	5～15
GGB30	2760/3340	1380/1670	690/835	5～15
GGB35	3510/3996	1755/1998	877.5/999	8～24
GGB45	4250/6440	2125/3220	1062.5/1610	8～24
GGB55	7940/9220	3745/4610	1872.5/2305	10～28
GGB65	11500/14800	5750/7400	2875/3700	10～28
GGB85	17220/20230	8610/10115	4305/5058	10～28

注：1. C_a为额定动负荷。

2. 每格中的数字为额定动负荷/额定静负荷。

2.9.4.3 安装特点

(1)滚动直线导轨通常是两条导轨成对使用,可以水平安装,也可以竖立或倾斜安装。有时也可以多个导轨平行安装,当长度不够时,还可以多根接长安装。

(2)为了保证两条(或多条)导轨平行,通常把一条导轨作为基准导轨,安装在床身的基准面上,底面和侧面都有定位面;另一条导轨为非基准导轨,床身上没有侧向定位面,固定时以基准导轨为定位面固定,这种安装形式称为单导轨定位,如图2-77所示。单导轨定位易于安装,容易保证平行,对床身没有侧向定位面平行的要求。

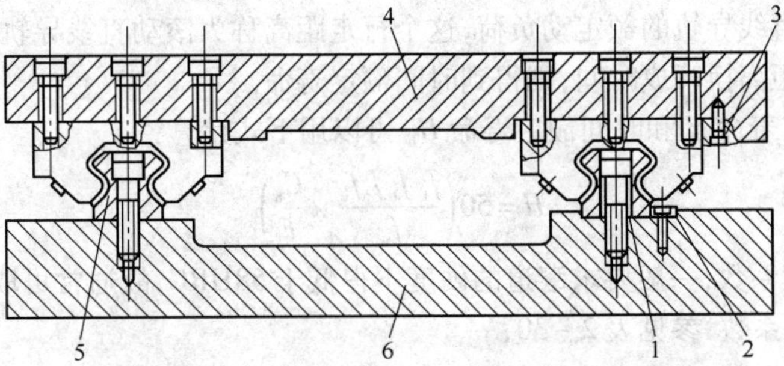

图2-77 单导轨定位的安装形式

1—基准侧的导轨条;2,3—楔块;4—工作台;5—非定位导轨;6—床身

(3)当振动和冲击较大、精度要求较高时,两条导轨的侧面都要定位,称双导轨定位,如图2-78所示。双导轨定位要求定位面平行度精度高。当用调整垫调整时,导轨安装面的加工精度要求较高,调整难度大。

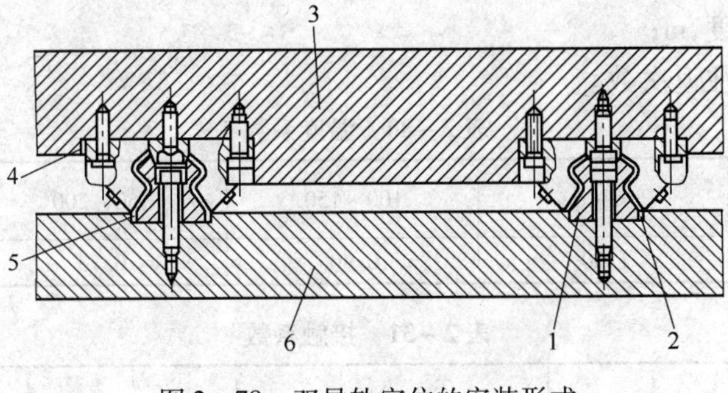

图2-78 双导轨定位的安装形式

1—基准侧的导轨条;2,4,5—调整垫;3—工作台;6—床身

2.9.4.4 滚动直线导轨的选型与计算

A 滚动直线导轨的选型

一般是根据导轨的承载重量,先根据经验确定导轨的规格,然后进行寿命计算。导轨的承载重量与导轨规格一般有表2-29所列出的检验关系。该表列出的只是经验数据,有时还要根据结构的具体尺寸综合考虑。

表 2－29　导轨承载重量与导轨规格对应的经验关系

承载重量/N	3000 以下	3000～5000	5000～10000	10000～25000	25000～50000	50000～80000
导轨规格型号	30	35	45	55	65	85

B　滚动直线导轨的计算

计算其距离额定寿命或时间额定寿命。额定寿命主要与导轨的额定动负荷 C_a 和导轨上每个滑块所承受的工作载荷 F 有关,额定动负荷 C_a 值可以从样本上查到。每个滑块所承受的工作载荷 F 则要根据导轨的安装形式和受力情况进行计算。

额定动负荷 C_a 是指导轨在一定的载荷下行走一定的距离,90% 的支承不发生点蚀,这个载荷称为滚动直线导轨的额定动负荷,这个行走距离称为滚动直线导轨的距离额定寿命。如果把这个行走距离换算成时间,则得到时间额定寿命。

(1)距离额定寿命 H 和时间额定寿命 H_h 可以用下式计算:

$$H = 50\left(\frac{f_h f_t f_a f_c}{f_w} \times \frac{C_a}{F}\right)^3$$

式中　f_h——硬度系数,一般要求滚道的硬度不得低于 58HRC,故通常可取 $f_h = 1$;

f_t——温度系数,参见表 2－30;

f_c——接触系数,参见表 2－31;

f_a——精度系数,参见表 2－32;

f_w——载荷系数,参见表 2－33;

C_a——额定动负荷,N;

F——计算负荷,N。

$$H_h = \frac{H \times 10^3}{2 \times l \times n \times 60} \approx \frac{8.3H}{l \times n}$$

式中　l——行程长度,m;

n——每分钟往返次数。

表 2－30　温度系数

工作温度(边界值归较大区间)/℃	<100	100～150	150～200	200～250
f_t	1.00	0.90	0.73	0.60

表 2－31　接触系数

每根导轨上的滑块数	1	2	3	4	5
f_c	1.00	0.81	0.72	0.66	0.61

表 2－32　精度系数

精度等级	2	3	4	5
f_a	1.0	1.0	0.9	0.9

表 2－33　载荷系数

工作条件	无外部冲击或振动的低速运动场合,速度小于 15m/min	无明显冲击或振动的中速运动场合,速度 15～60m/min	无外部冲击或振动的高速运动场合,速度大于 60m/min
f_w	1.0～1.5	1.5～2.0	2.0～3.5

(2)作用于滚动直线导轨载荷的计算。滚动直线导轨支承系统所受的载荷,受到下列各种因素的影响:导轨的配置形式(如水平、垂直、横排等)、移动部件的重心和受力点的位置、导轨上移动部件牵引力的作用点、启动及终止时的惯性力以及运动阻力等。

一般把滚动直线导轨的距离额定寿命定为50km,时间额定寿命可以按公式折算。在设计中,如果根据经验已经选定了某种型号的滚动直线导轨,则根据样本可以查出该滚动直线导轨的额定动负荷 C_a,再根据公式计算距离额定寿命 H 和时间额定寿命 H_h,若 H 或 H_h 大于滚动直线导轨的额定寿命,则满足设计要求,初选的滚动直线导轨副可以采用;反之,如果用户给定了滚动直线导轨的期望寿命,则可以根据公式计算滚动直线导轨的额定动负荷 C_a,据此选择滚动直线导轨的型号。

2.9.4.5 滚动直线导轨的标记

以南京工艺装备制造有限公司生产的滚动直线导轨为例,标记如下:

GGB25AALT2P$_1$2×3600(2)-4

标记的意义如表2-34所示。

表2-34 南京工艺装备制造有限公司滚动直线导轨标记的意义

标记代号	意 义
GGB	四方向等载荷型滚动直线导轨代号
25	导轨公称尺寸代号(分为16、20、25、30、35、45、55、65、85 9种)
A	滑块宽度形式代号(A为宽形,B为窄形)
A	滑块上连接孔形式(A为螺纹孔,B为通孔)
L	滑块长度形式代号(标准形式滑块不标,L为加长型)
T	有特殊要求的滑块类型代号(标准形式滑块不标)
2	每根导轨上使用的滑块数
P_1	预加载荷类型代号,分 P_0、P_1、P_2、P_3
2×3600(2)	同一平面内使用的导轨数、导轨长度。括号中的数字表示单根导轨的接长件数(导轨不接长不标)
4	精度等级,分为2、3、4、5级

2.10 进给传动系统的误差与动态特性分析

2.10.1 进给传动系统的误差分析

在开环控制(对于半闭环控制的伺服系统,由于进给传动系统没有包括在控制环内,也可以看做是开环控制)的伺服系统中,由于在机床执行部件上没有安装位置检测装置和反馈装置,为了保证工作精度的要求,必须使其进给传动系统在任何时刻、任何情况下都能严格跟随驱动电动机的运动而运动。然而实际上,在进给传动系统的输入与输出之间总会有误差存在,在这些误差中,有传动元件的制造和安装所引起的误差,还有进给传动系统的动力参数(如刚度、惯量、摩擦和间隙等)所引起的误差。在进行数控机床的进给传动系统设计时,必须将这些误差控制在允许的范围之内。

2.10.1.1 进给传动系统的死区误差

所谓死区误差,又叫失动量,是指启动或反向时,系统的输入运动与输出运动之间的差值。产生死区误差的主要原因是机械传动机构中的间隙,导轨运动副间的摩擦力以及伺服驱动系统和执行元件的启动死区(又称不灵敏区)。但是在一般情况下,由伺服驱动系统和执行元件的启动死区所引起的死区误差与机械传动间隙和导轨副摩擦力所引起的死区误差要小得多,一般可以忽略不计。如果再采取消除间隙措施,由机械传动间隙引起的死区误差也可以大大减小,则系统的死区误差主要取决于导轨副摩擦力所引起的死区误差。

由导轨副摩擦力所引起的死区误差实际上是在系统驱动力的作用下,传动机构为克服系统静摩擦力而产生的弹性变形,包括拉压弹性变形和扭转弹性变形。由于扭转弹性变形相对拉压弹性变形来说数值较小,常被忽略,因此,拉压弹性变形是引起摩擦死区误差 δ_u 的主要因素。摩擦死区误差 δ_u 可以用下式计算:

$$\delta_u = \frac{F_u}{K_{min}} \times 10^3$$

式中 F_u——导轨静摩擦力,N;

K_{min}——进给传动系统的综合拉压刚度,N/m。

假定静摩擦力主要由机床执行部件的重量引起,则机床执行部件反向时的最大反向死区误差 Δ 可以按下式求得:

$$\Delta = 2\delta_u = \frac{2F_u}{K_{min}} \times 10^3 = \frac{2mgu_0}{K_{min}} \times 10^3 = \frac{2gu_0}{\omega_n^2} \times 10^3$$

式中 m——执行部件的质量,kg;

g——重力加速度,$g = 9.8\text{m/s}^2$;

u_0——导轨静摩擦因数;

ω_n——系统的纵振固有频率,rad/s。

由上式可以看出,为了减少机械系统的死区误差,除了应该消除传动间隙外,还应该采取措施减小摩擦,提高刚度和固有频率。对于开环(包括半闭环)伺服系统,为了保证单脉冲进给要求,应该将死区误差控制在一个脉冲当量以内。

2.10.1.2 由进给传动系统综合拉压刚度变化引起的定位误差

影响系统定位误差的因素很多,但是由进给传动系统综合拉压刚度变化引起的定位误差是最主要的因素。当机床执行部件处于行程的不同位置时,进给传动系统综合拉压刚度是变化的。在空载条件下,由这一刚度变化所引起的整个行程范围内的最大定位误差 δ_{kmin} 可以用下式计算:

$$\delta_{kmin} = F_u\left(\frac{1}{K_{0min}} - \frac{1}{K_{0max}}\right) \times 10^3$$

式中 F_u——由机床执行部件重量引起的静摩擦力,N;

K_{0min},K_{0max}——进给传动系统在行程范围内的最小和最大综合拉压刚度,N/m。

对于开环控制(包括半闭环控制)的伺服系统,δ_{kmin} 一般应控制在系统允许的定位误差的 1/5 ~ 1/3 范围内。

2.10.2 进给传动系统的动态特性分析

在进给传动系统内,滚珠丝杠副的刚度是影响机械系统动态特性的最薄弱环节,其拉压刚度(又称纵向刚度)和扭转刚度分别是引起机械系统纵向振动和扭转振动的主要原因。为了保证所设计的进给传动系统具有较好的快速响应性能和较小的跟踪误差,并且不会在变化的输入信号激励下产生共振,必须对其动态特性加以分析,以找出影响系统动态特性的主要参数。

2.10.2.1 纵向振动

在分析进给传动系统的纵向振动时,可以忽略电动机和联轴器(或减速器)的影响,由滚珠丝杠和机床执行部件构成的纵向振动系统可以简化成如图2-79所示的动力学模型,其动力平衡方程可以表达成下式:

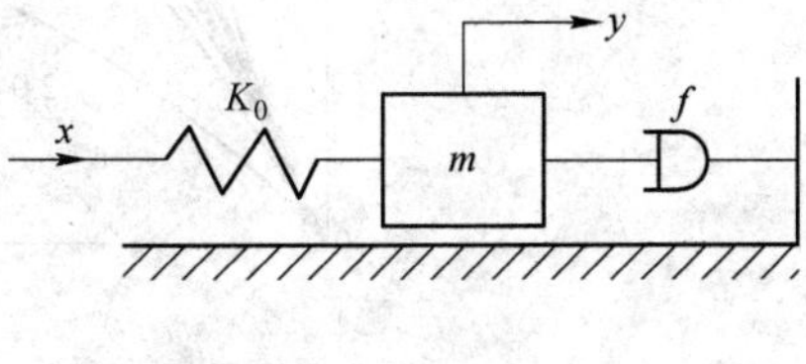

图2-79 丝杠-工作台纵振系统的简化动力学模型

$$m\frac{\partial^2 y}{\partial t^2}+f\frac{\mathrm{d}y}{\mathrm{d}t}+K_0(y-x)=0$$

式中 m——滚珠丝杠副和机床执行部件的等效质量,kg,$m=m_1+\frac{1}{3}m_2$;

m_1,m_2——机床执行部件的质量和滚珠丝杠副的质量,kg;

f——导轨的黏性阻尼系数;

K_0——滚珠丝杠副的综合拉压刚度,N/m;

y——机床执行部件的实际位移,m;

x——电动机的转角折算到机床执行部件的等效位移,即指令位移,m。

对上式进行拉氏变换并整理,得到系统的传递函数:

$$G(s)=\frac{Y(s)}{X(s)}=\frac{K_0}{ms^2+fs+K_0}$$

将上式化成二阶系统的标准形式,得:

$$G(s)=\frac{Y(s)}{X(s)}=\frac{\omega_n^2}{s^2+2\xi\omega_n s+\omega_n^2}$$

式中 ω_n——纵振系统的无阻尼固有频率,$\omega_n=\sqrt{\frac{K_0}{m}}$;

ξ——系统的纵向阻尼比,$\xi=\frac{f}{2\sqrt{mK_0}}$。

显然,这是一个二阶振荡系统,根据自动控制理论,当系统允许有一定超调时,可以取系统的阻尼比$\xi=0.4\sim0.8$(图2-80),使系统在输入信号变化或有外界扰动时,其输出响应可以较快地达到稳定值;当系统不允许有任何超调时,可取$\xi=1$,使系统输出响应不出现振荡;加大系统无阻尼固有频率ω_n可以加快系统的响应速度,有利于避开输入信号的频率范围，防止共振产生。

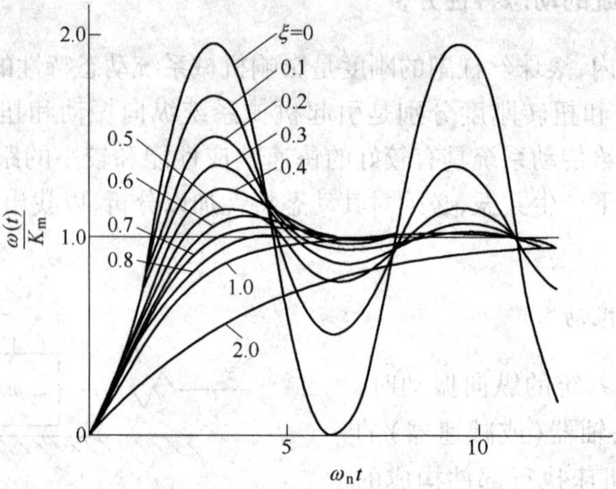

图 2-80 二阶系统阶跃响应曲线

可见，影响纵向振动系统动态特性的主要参数是固有频率 ω_n 和阻尼比 ξ。

由上式可知，增加滚珠丝杠副的综合拉压刚度 K_0 和减小机床执行部件的质量 m_1，可以提高系统的固有频率 ω_n。阻尼比 ξ 除了主要与导轨黏性阻尼系数 f 有关外，还与刚度 K_0 和质量 m 有关。

因此，在结构设计时，应通过刚度 K_0、质量 m 和导轨黏性阻尼系数 f 等参数的合理匹配，使系统的固有频率 ω_n 和阻尼比 ξ 获得适当的数值，以保证系统具有良好的动态特性。

2.10.2.2 扭转振动

在分析扭转振动时，还应考虑电动机和减速器的影响，反映在滚珠丝杠扭转振动的系统中，其动力学方程式可以表达为：

$$J_s \frac{\partial^2 \theta}{\partial t^2} + f_s \frac{d\theta}{dt} + K_s\left(\theta - \frac{1}{i}\theta_1\right) = 0$$

$$J_s = J_1 i^2 + J_2 + m\left(\frac{L_0}{2\pi}\right)^2$$

$$f_s = \left(\frac{L_0}{2\pi}\right)^2 f$$

$$K_s = \frac{1}{\frac{1}{K_1 i^2} + \frac{1}{K_T}}$$

式中 J_s——折算到滚珠丝杠轴上的系统总当量转动惯量；

J_1, J_2——分别是电动机轴及其上齿轮、丝杠轴及其上齿轮的转动惯量；

i——减速器传动比，当采用联轴器将电动机与丝杠直联时，$i=1$；

m——机床执行部件质量；

L_0——滚珠丝杠基本导程；

f_s——机床执行部件导轨的黏性阻尼系数；

θ——丝杠转角；

θ_1——电动机的转角，即指令转角；

K_s——机械系统折算到丝杠轴上的总当量扭转刚度；

K_1, K_T——分别是电动机轴与丝杠轴的扭转刚度。

设机床移动部件的直线位移为 y，由于：

$$\theta = 2\pi \frac{y}{L_0}$$

将其带入动力学方程式得：

$$J_s \frac{\partial^2 y}{\partial t^2} + f_s \frac{dy}{dt} + K_s y = \frac{L_0 K_s}{2\pi i}$$

将上式进行拉氏变换整理，得到系统的传递函数如下：

$$G(s) = \frac{Y(s)}{X(s)} = \left(\frac{L_0}{2\pi i}\right)\frac{\omega_n^2}{s^2 + 2\xi\omega_n s + \omega_n^2}$$

式中　ω_n——机械系统扭转振动的无阻尼固有频率，$\omega_n = \sqrt{\frac{K_s}{J_s}}$；

ξ——机械系统扭转振动阻尼比，$\xi = \frac{f_s}{2\sqrt{J_s K_s}}$。

显然，这也是一个二阶振荡系统，并且在形式上与纵振系统的传递函数仅差一比例系数。由此可知，影响扭转振动系统动态特性的主要因素是系统的惯量 J_s、刚度 K_0 和阻尼系数 f_s。一般来讲，在设计机械系统时，应注意增大刚度、减小惯量，以提高固有频率。但增大刚度往往导致结构尺寸加大。惯量也不是越小越好。通常希望按惯量匹配原则，$\omega_n \geqslant$ 300rad/s 来设计系统刚度。

2.10.2.3　关于系统阻尼对系统动态特性的影响

系统阻尼对系统动态特性的影响比较复杂。如果系统阻尼较大，将不利于系统定位精度的提高，容易降低系统的快速响应性，但可以提高系统的稳定性，减小过渡过程中的超调量，并降低振动响应的幅值。目前，许多伺服系统中采用了滚动导轨，实践证明，滚动导轨可以减小摩擦因数，提高定位精度和低速运动的平稳性，但阻尼较小，常使系统的稳定余度（稳定的储备量）减小。所以，在采用滚动导轨结构时，应注意采取其他措施来控制阻尼的大小。

对系统阻尼影响最大的是导轨阻尼。导轨阻尼特性比较复杂，除去与运动速度成正比的黏性阻尼系数以外，导轨的静摩擦，随运动方向不同而改变符号的动摩擦，以及造成负阻尼的摩擦力下降特性等，都是非线性因数。将这些因数折算成等效的黏性阻尼系数只是一个近似方法。大量实验证明，无论静摩擦因数还是动摩擦因数，与等效的黏性阻尼系数之间都没有简单的关系，因而在设计时，要给出具体的阻尼数据是困难的。一般除了可以参照前人的研究结果进行定性分析外，应通过具体实验来获取可靠数据。

思考与练习

2－1　回答下列问题：(1)产生爬行的原因和过程；(2)产生爬行的主要因素；(3)在实际工作中消除爬行

现象的途径。

2-2　各传动轴、件的转动惯量是如何折算的？

2-3　一个工作台驱动系统如图 2-81 所示，已知参数见表 2-35，求折算到电动机轴上的等效转动惯量 J，按伺服电动机与进给系统负载惯量匹配原则 $1 < J_{电}/J_{负载} < 4$，试计算是否满足负载惯量匹配条件。

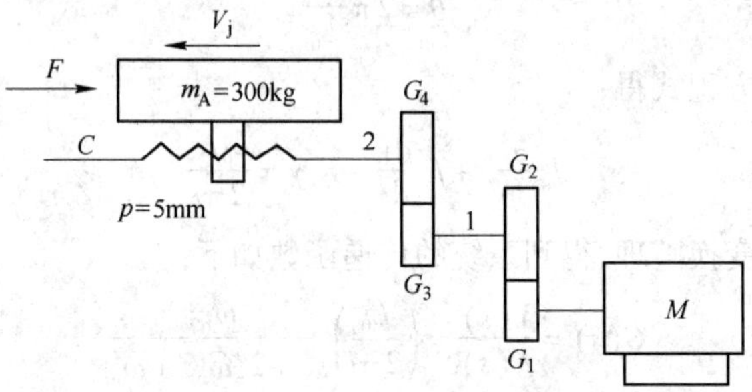

图 2-81　进给系统示意图

表 2-35　进给系统已知参数

项　目	齿　轮				轴		丝杠	电动机
	G_1	G_2	G_3	G_4	1	2	C	M
$n/r \cdot min^{-1}$	720	360	360	180	360	180	180	720
$J/kg \cdot m^2$	0.01	0.16	0.02	0.32	0.004	0.004	0.012	0.224

2-4　设某机电一体化齿轮传动系统的总传动比为 80，传动级数 $n=5$ 的小功率传动。根据等效传动惯量最小原则，按各级传动比“前小后大”的分配原则，分配各级传动比？

2-5　某大功率机械传动装置，(1) 设传动级数 $n=2$，$i=50$，试按质量最小原则求出各级传动比；(2) 已知总传动比 $i=100$，传动级数 $n=3$，试按最小等效传动惯量原则分配各级传动比。

2-6　通过本章学习，进行总结：机电一体化机械传动系统比普通机械传动系统增加了哪些要求？

2-7　本章对齿轮传动副分别进行了哪些研究，与机械设计基础课程比较，研究的不同点有哪些？

3 机电一体化检测系统

3.1 概述

机电一体化产品的一个重要组成部分，是用于检测相关外界环境及产品自身状态，为控制环节提供判断和处理依据的信息反馈环节。机电一体化系统中，检测系统所测试的物理量一般包括：温度、流量、功率、位移、速度、加速度、力等。由于机电一体化系统是以电信号为信息传输和处理的媒体，且控制系统的输入接口往往规定了特定的信号形式（如数字信号、直流信号、开关信号），因此，检测系统通常要用传感器将被测试的物理量变为电量，再经过变换、放大、调制、解调、滤波等电路处理后才能得到控制系统（或显示、记录等仪器）需要的信号。

随着现代测量、控制及自动化技术的发展，传感器技术越来越受到人们的重视，应用越来越普遍。凡是应用到传感器的地方，必然伴随着相应的检测系统。传感器与检测系统可对各种材料、机件、现场等进行无损探伤、测量和计量；对自动化系统中各种参数进行自动检测和控制。尤其是在机电一体化产品中，传感器及其检测系统不仅是一个必不可少的组成部分，而且已成为机械与电子有机结合的一个重要纽带。

3.1.1 检测系统的组成

一个完整的检测系统或检测装置通常是由传感器、测量电路和显示记录装置等部分组成，分别完成信息获取、转换、显示和处理等功能，当然其中还包括电源和传输通道等不可缺少的部分。检测系统的组成如图 3－1 所示。

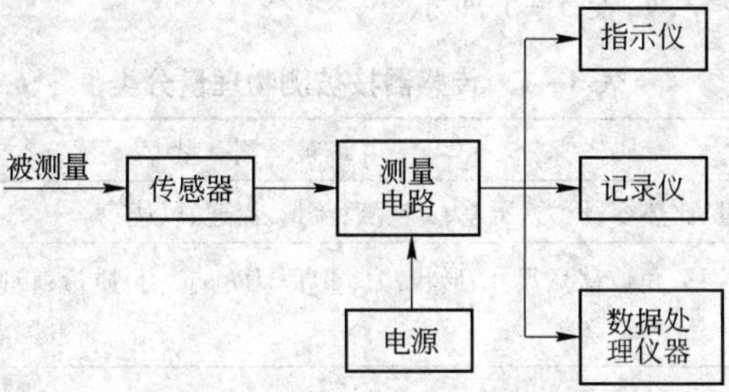

图 3－1　检测系统的组成

3.1.2 传感器的构成、分类及基本特性

传感器是能感受规定的被测量并按照一定的规律转换成可用信号的器件或装置，通常由敏感元件和转换元件组成。传感器是一种检测装置，能感受到被测量的信息，并能将检测感受到的信息，按一定规律变换成为电信号或其他所需形式的信息输出，以满足信息的传

输、处理、存储、显示、记录和控制等要求，它是实现自动检测和自动控制的首要环节。

3.1.2.1　传感器的构成

传感器一般是由敏感元件、传感元件和转换电路三部分组成，如图3－2所示。

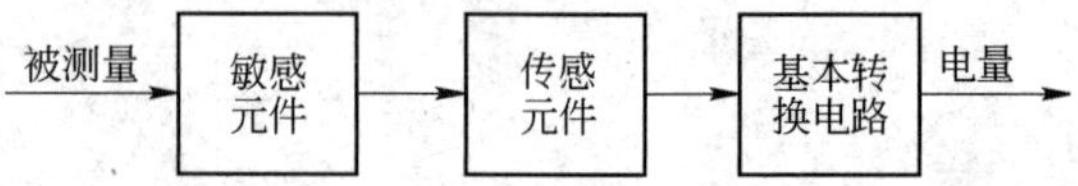

图3－2　传感器组成框图

（1）敏感元件，是一种能够将被测量转换成易于测量的物理量的预变换装置，而输入、输出间具有确定的数学关系（最好为线性），如弹性敏感元件将力转换为位移或应变输出。

（2）传感元件，是将敏感元件输出的非电物理量转换成电信号（如电阻、电感、电容等）形式，例如将温度转换成电阻变化，位移转换为电感或电容等。

（3）基本转换电路，将电信号量转换成便于测量的电量，如电压、电流、频率等。

有些传感器（如热电偶）只有敏感元件，感受被测量时直接输出电动势。有些传感器由敏感元件和转换元件组成，无需基本转换电路，如压电式加速度传感器。还有些传感器由敏感元件和基本转换电路组成，如电容式位移传感器。有些传感器，转换元件不止一个，要经过若干次转换才能输出电量。大多数传感器是开环系统，但也有个别的是带反馈的闭环系统。

3.1.2.2　传感器的分类

传感器的种类繁多，往往同一种被测量可以用不同类型的传感器来测量，而同一原理的传感器又可测量多种物理量，因此传感器有许多种分类方法。常用的分类方法有以下几种。

A　按被测物理量分类

按被测物理量分类的传感器有测温度、流量、位移、速度等的温度传感器、流量传感器、位移传感器、速度传感器等，如表3－1所示。

表3－1　传感器按被测物理量分类

被测量类别	被　测　量
热工量	温度、热量、比热容；压力、压差、真空度；流量、流速、风速
机械量	位移（线位移、角位移）、尺寸、形状；力、重量、力矩、应力；质量；转速、线速度、加速度；振动幅值、频率、噪声
物性和成分量	气体化学成分、液体化学成分 酸碱度（pH值）、盐度、浓度、黏度、密度、相对密度
状态量	颜色、透明度、磨损量、材料内部裂纹或缺陷、气体漏泄、表面质量

这种分类方法对使用者是方便的，但由于这种分类方法把用途相同而变换原理不同的传感器分为一类，对研究和学习不方便，例如同是测量加速度用的传感器，可利用各种变换原理和不同的传感元件组成，有应变式、电容式、电感式和压电式加速度传感器等，若要研究一种用途的传感器，则必须研究多种传感元件和传感机理。

B 按传感器元件的变换原理分类

传感器对信息的获取,主要是基于各种物理的、化学的以及生物的现象或效应。根据不同的作用机理,可将传感器分为电阻传感器、电容传感器、电感传感器、压电传感器、光电传感器、磁电传感器、磁敏传感器等。

这种分类方法可对一种敏感元件的敏感原理进行研究,就可以研究多种用途的传感器,如利用电阻传感器元件的传感原理可以制造出电阻式位移传感器、电阻式压力传感器、电阻式温度计等。这种分类方法类别少,每一类传感器具有同样的敏感元件,其后的变换、测量电路也基本相同,如表3-2所示。

表3-2 传感器按变换原理分类

名 称	工作原理	名 称	工作原理
电阻式传感器	电 阻	谐振式传感器	谐 振
电感式传感器	电 感	霍尔式传感器	霍 尔
电容式传感器	电 容	超声式传感器	超 声
磁电式传感器	磁 电	辐射式传感器	同位素
热电式传感器	热 电	电化学式传感器	电化学
压电式传感器	压 电	微波传感器	微 波
光电式传感器	光电(包括红外、光导纤维)	—	—

C 按能量传递方式分类

如前所述,传感器是一种能量转换和传递的器件。按能量传递方式可将传感器分为能量控制型、能量转换型。

能量控制型传感器在感受被测量以后,只改变自身的电参数(如电阻、电感、电容等),这类传感器本身不起转换能量的作用,但能对传感器提供的能量起控制作用,使用这种传感器时必须加上外部辅助电源,才能完成将上述电参数进一步转换成电量(如电压或电流)的过程。例如电阻传感器可将被测的物理量(如位移等)转换成自身电阻的变化,如果将电阻传感器接入电桥中,这个电阻电参数的变化就可以控制电桥中的供桥电压幅值(或相位或频率)的变化,完成被测量到电量的转换过程。能量控制型传感器也称为参量型传感器。

能量转换型传感器具有转换能量的功能,它能将被测的物理量(如速度、加速度等)直接转换成电量(如电流或电压)输出,而不需借助外加辅助电源,传感器本身犹如发电机一样,故有时也把这类传感器称为发电型传感器。磁电式、压电式、热电式等传感器均属这种类型。

3.1.2.3 传感器的基本特性

A 传感器的静态特性

传感器的静态特性是指当被测量处于稳定状态下,传感器的输入与输出值之间的关系。传感器静态特性的主要技术指标有:线性度、灵敏度、迟滞和重复性等。

(1)线性度。传感器的静态特性是在静态标准条件下,利用一定等级的标准设备,对传感器进行往复循环测试,得到输入/输出特性(列表或画曲线)。通常希望这个特性(曲线)

为线性，这对标定和数据处理方便。但实际的输出与输入特性只能接近线性，对比理论直线有偏差，如图 3-3 所示，实际曲线与其两个端点连线（称理论直线）之间的偏差称为传感器的非线性误差。取其中最大值与输出满度值之比作为评价线性度（或非线性误差）的指标。

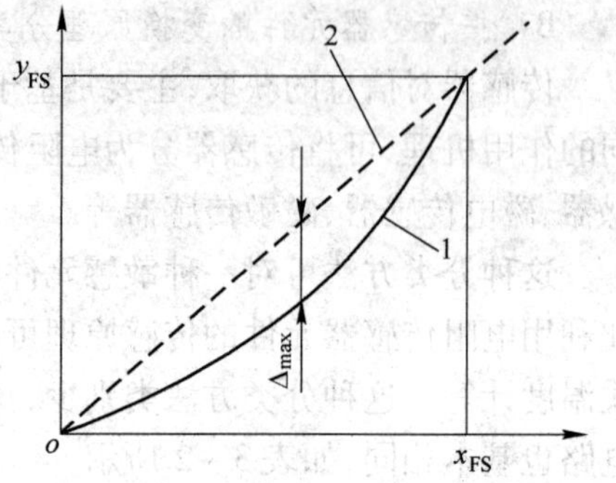

图 3-3 传感器线性度示意图

1—实际曲线；2—理想曲线

$$\gamma_L = \pm \frac{\Delta_{max}}{y_{FS}} \times 100\% \qquad (3-1)$$

式中 γ_L——线性度（非线性误差）；

Δ_{max}——最大非线性绝对误差；

y_{FS}——输出满度值。

(2)灵敏度。传感器在静态标准条件下，输出变化与输入变化的比值称灵敏度，用 S_0 表示，即

$$S_0 = \frac{\text{输出量的变化量}}{\text{输入量的变化量}} = \frac{\Delta y}{\Delta x} \qquad (3-2)$$

对于线性传感器来说，它的灵敏度 S_0 是个常数。

(3)迟滞。传感器在正（输入量增大）、反（输入量减小）行程中，输出/输入特性曲线的不重合程度称迟滞。迟滞误差一般以满量程输出 y_{FS} 的百分数表示

$$\gamma_H = \frac{\Delta H_m}{y_{FS}} \times 100\% \text{ 或 } \gamma_H = \pm \frac{1}{2} \frac{\Delta H_m}{y_{FS}} \times 100\% \qquad (3-3)$$

式中 ΔH_m——输出值在正、反行程间的最大差值。

迟滞特性一般由实验方法确定，如图 3-4 所示。

(4)重复性。传感器在同一条件下，被测输入量按同一方向作全量程连续多次重复测量时，所得输出/输入曲线的不一致程度，称重复性，如图 3-5 表示。重复性误差用满量程输出的百分数表示，即

$$\gamma_R = \pm \frac{\Delta R_m}{y_{FS}} \times 100\% \qquad (3-4)$$

式中 ΔR_m——输出最大重复性误差。

重复特性也用实验方法确定，常用绝对误差表示。

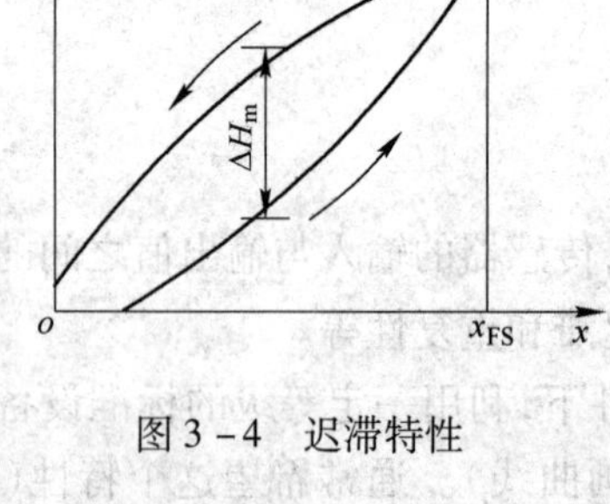

图 3-4 迟滞特性

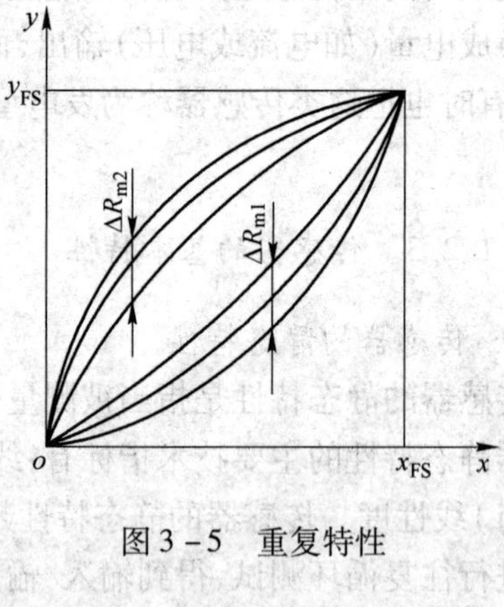

图 3-5 重复特性

B 传感器的动态特性

动态特性是指传感器测量动态信号时,输出对输入的响应特性。传感器测量静态信号时,由于被测量不随时间变化,测量和记录过程不受时间限制。而实际大量的被测量是随时间变化的动态信号,传感器的输出不仅需要精确地显示被测量的大小,还要显示被测量时间变换的规律,即被测量的波形。传感器能测量动态信号的能力用动态特性表示。

动态特性好的传感器,其输出量随时间的变化规律将再现输入量随时间的变化规律,即它们具有同一个时间函数。但是,除了理想情况外,实际传感器的输出信号与输入信号不会具有相同的时间函数,由此引起动态误差。

3.1.3 信号传输与处理电路

传感器输出信号一般比较微弱(mV、μV 级),有时夹杂其他信号(干扰或载波),因此,在传输过程中,需要依据传感器输出信号的具体特征和后端系统的要求,对传感器输出信号进行各种形式的处理,如阻抗变换、电平转换、屏蔽隔离、放大、滤波、调制、解调、A/D 和D/A等,同时还要考虑在传输过程中可能受到的干扰影响,如噪声、温度、湿度、磁场等。采取一定的措施,传感器信号处理电路的内容要依据被测对象的特点和环境条件来决定。

选择传感器信号处理电路内容需要考虑的问题主要包括:

(1)传感器输出信号形式,是模拟信号还是数字信号,电压还是电流。

(2)传感器输出电路形式,是单端输出还是差动输出。

(3)传感器电路输出能力,是电压还是功率,输出阻抗大小。

(4)传感器的特性,如线性度、信噪比、分辨率。

由于电子技术的发展和微加工技术的应用,现在的许多传感器中已经配置了部分处理电路(或配置专用处理电路),大大降低了设计和维修人员的技术难度,如反射式光电开关传感器中集成了逻辑控制电路;压力传感器的输出连接专用接口处理电路后可以直接输送给 A/D;光电编码传感器的输出是 5V 的脉冲信号,可以直接传送给计算机。

3.2 机电一体化系统常用传感器

3.2.1 电阻传感器

电阻传感器种类繁多,应用广泛,其基本原理就是将被测物理量的变化转换成电阻值的变化,再经相应的测量电路显示或记录被测量值的变化。

3.2.1.1 应变式电阻传感器

A 应变片的工作原理

导体或半导体材料在外力作用下产生机械变形时,它的电阻值也相应地发生变化,这一物理现象称为电阻应变效应。

应变片分为金属电阻应变片和半导体应变片两类。

金属导体在外力作用下发生机械变形时,其电阻值随着其所受机械变形(伸长或缩短)的变化而发生变化的现象,称为金属的电阻应变效应。

半导体材料受到应力作用时，其电阻率会发生变化，这种现象称为压阻效应。

B　应变片的结构和种类

应变片主要分为金属电阻应变片和半导体应变片两类。常用的金属电阻应变片有丝式、箔式和薄膜式三种。图 3 – 6 为金属电阻应变片形式，图 3 – 7 为体型半导体应变片形式。

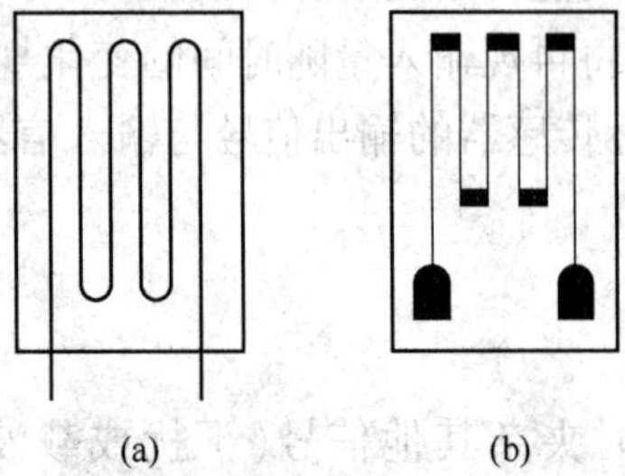

图 3 – 6　金属电阻应变片形式

(a) 丝式；(b) 箔式

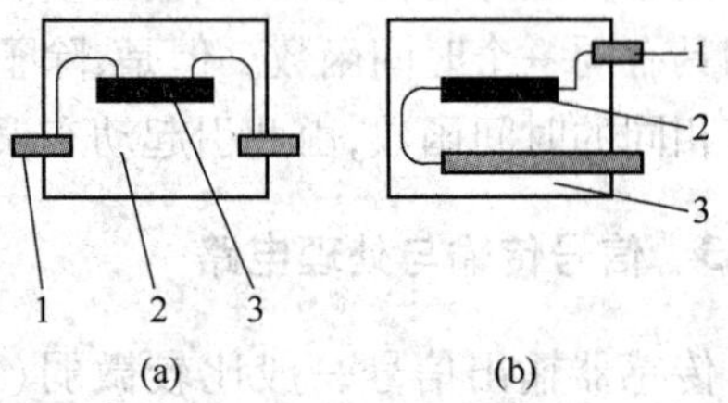

图 3 – 7　体型半导体应变片形式

(a) 丝式；(b) 箔式

金属薄膜式应变片是采用真空镀膜（如蒸发或沉积等）方式将金属材料在基底材料（如表面有绝缘层的金属、有机绝缘材料或玻璃、石英、云母等无机材料）上制成一层很薄的敏感电阻膜（膜厚在 0.1μm 以下）而构成的一种应变片。

半导体应变片有体型、薄膜型和扩散型三种，如图 3 – 8 所示。

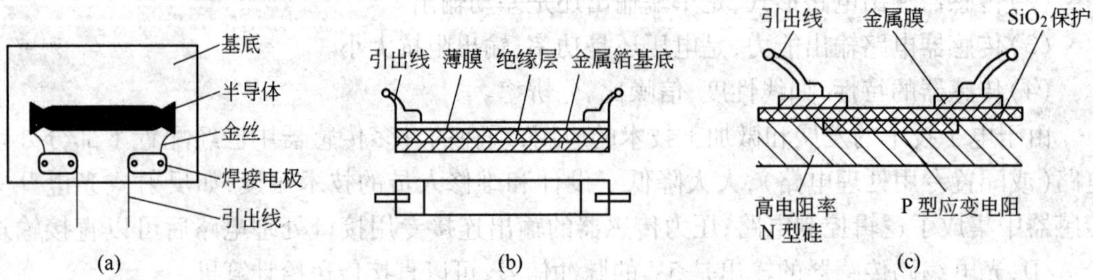

图 3 – 8　半导体应变片

(a) 体型；(b) 薄膜型；(c) 扩散型

C　应变式电阻传感器的应用

应变式电阻传感器的应用主要在两个方面：

(1) 直接测定结构的应力或应变。

为了研究机械、建筑、桥梁等结构的某些部位或所有部位工作状态下的受力变形情况，往往将不同形状的应变片贴在结构的预定部位上，直接测出这些部位的拉、压应力、弯矩等，为结构设计、应力校核或构件破坏及机器设备的故障诊断提供实验数据或诊断信息。图 3 – 9(a)、(b) 所示为两个实际应用的例子。

(2) 将应变片贴在弹性元件上制成多种用途的应变传感器。

将应变片贴在弹性元件上制成的传感器可测量各种使弹性元件产生应变的物理量，如压力、流量、位移、加速度等。因为这时被测的物理量使弹性元件产生与之成正比的应变，这个应变再由应变片转换成其自身电阻的变化。根据应变效应可知，应变片电阻的相对变化

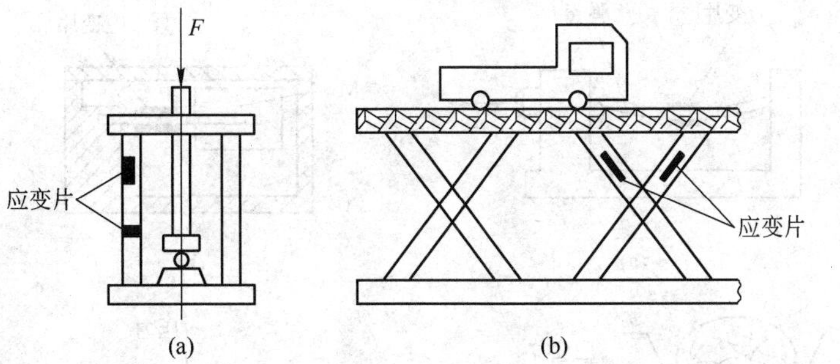

图 3－9 构件应力测定
(a)立柱应力;(b)桥梁应力

与应变片所感受的应变成比例,从而通过电阻与应变、应变与被测量的关系即可测出被测物理量的大小。图 3－10 为几种典型的应变式电阻传感器的例子。

图 3－10(a)是位移传感器。位移 x 使板簧产生与之成比例的弹性变形,板上的应变片感受板的应变并将其转换成电阻的变化量。

图 3－10(b)是加速度传感器。它由质量块 M、悬臂梁、基座组成。当外壳与被测振动体一起振动时,质量块 M 的惯性力作用在悬臂梁上,梁的应变与振动体(即外壳)的加速度在一定频率范围内成正比,贴在梁上的应变片把应变转换成为电阻的变化。

图 3－10(c)是质量传感器。质量引起金属盒的弹性变形,贴在盒上的应变片也随之变形,从而引起其电阻变化。

图 3－10(d)、(e)是压力传感器。压力使膜片变形,应变片也相应变形,使其电阻发生变化。

图 3－10(f)是转矩传感器。扭矩使膜片变形,应变片也相应变形,使其电阻发生变化。

3.2.1.2 其他电阻传感器

A 热电阻传感器

利用导电物体电阻率随本身温度变化而变化的温度电阻效应制成的传感器称为热电阻传感器。它用于检测温度或与温度有关的参数。按照电阻的性质可以分为热电阻和热敏电阻传感器,前者材料是金属,后者材料是半导体。

a 热电阻

热电阻传感器根据传感元件材料性质的不同有铂电阻和铜电阻传感器等。在工业上广泛应用于 －200 ~ ＋500℃ 范围的温度检测。图 3－11 是几种热电阻传感器的结构。

这些热电阻传感器的传感元件采用不同材料的电阻丝,电阻丝将温度(热量)的变化转变成电阻的变化。因此它们必须接入信号转换调理电路中,将电阻的变化转换成电流或电压的变化,再进行后续测量。

b 热敏电阻

热敏电阻传感器的传感元件是热敏电阻。它由金属氧化物粉料按一定配方压制成形,经 1000 ~ 1500℃ 高温烧结而成,其引出线一般是银线。热敏电阻的结构形状和符号如图 3－12所示。

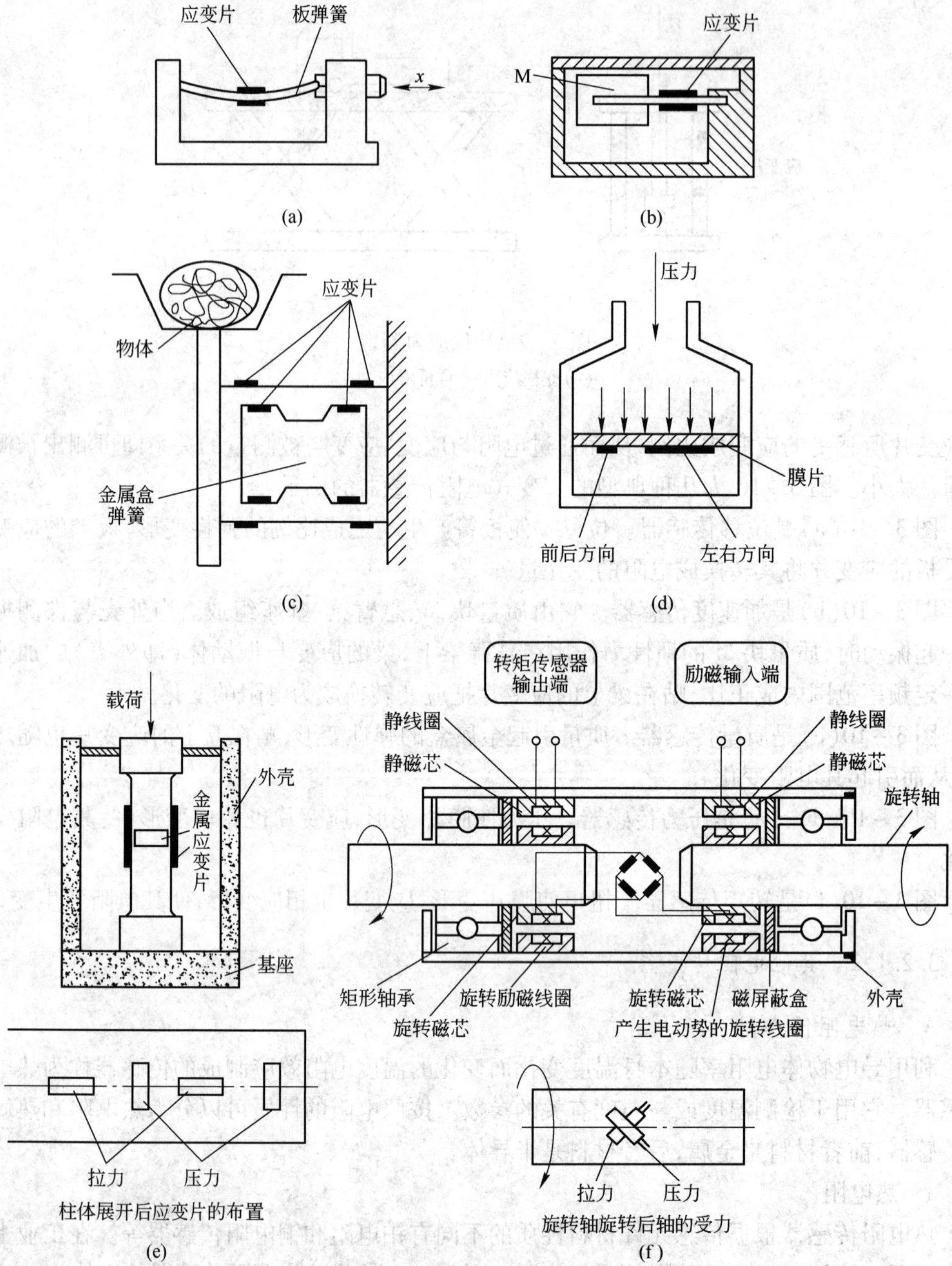

图 3-10　应变式电阻传感器应用举例

(a)位移传感器;(b)加速度传感器;(c)质量传感器;(d),(e)压力传感器;(f)转矩传感器

热敏电阻是一种当温度变化时电阻值能呈现敏感变化的元件,一般是由锰、镍、钴、铁、铜等氧化物烧结而成。

根据热敏电阻温度特性的不同,可将热敏电阻分为以下三种类型:

(1)随温度升高其阻抗下降的 NTC 型热敏电阻。

(2)当温度超过某一温度值后,其阻抗急剧增加的 PTC 型热敏电阻。

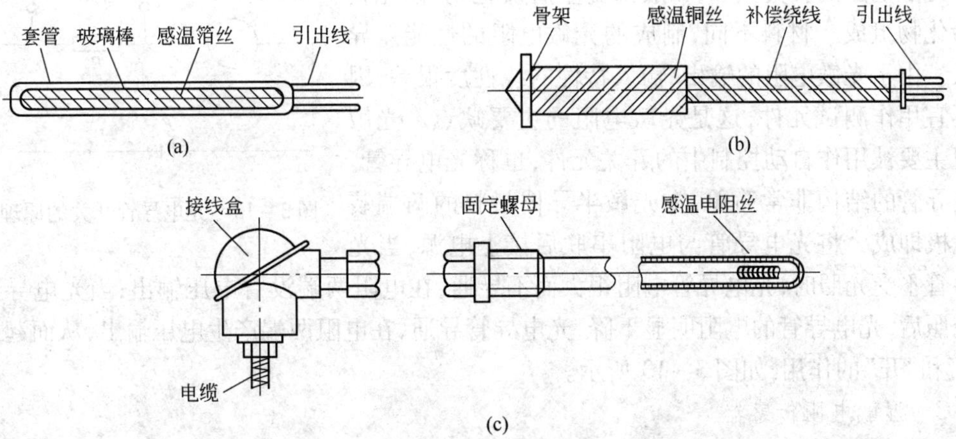

图3-11　热电阻传感器结构
(a)微型铂电阻传感器;(b)铜电阻传感器;(c)普通热电阻传感器

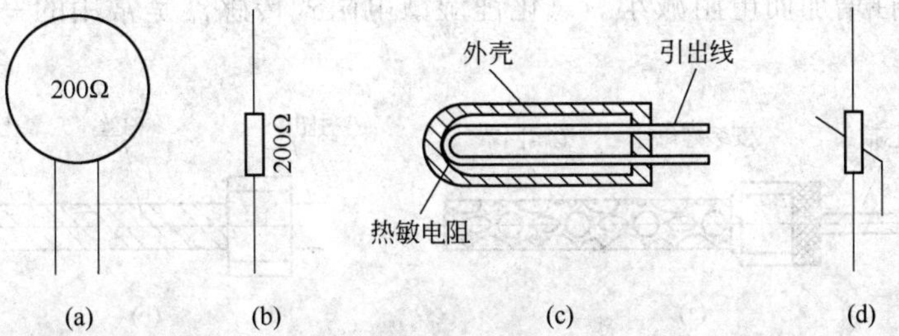

图3-12　热敏电阻的结构外形及符号
(a)圆形热敏电阻;(b)柱形热敏电阻;(c)珠形热敏电阻;(d)热敏电阻在电路中的符号

(3)当温度超过某一温度值后,其阻抗减小的CTR型热敏电阻。

按形状的不同,热敏电阻可以分为球形、圆形、条形三种,每种类型都有多种规格。在国家标准中,可以互换的热敏电阻都有标准规定。

热敏电阻组成的传感器可用于液体、气体、固体以及海洋、高空、冰川等领域的温度测量。测量温度范围一般为-10~+400℃,也可以做到在-200~+10℃和400~1000℃范围测量。热敏电阻因温度电阻系数大、形小体轻、热惯性大、结构简单、价格经济等优点被广泛采用。

B　光敏电阻传感器

有些半导体材料(如硫化镉),在黑暗的环境下其电阻值非常高,但当受到光照射时,其阻值就显著减小。它的变化机理是:当材料受到光线照射时,若光子能量大于半导体原子中的电子飞跃价带所需要的能量时,价带中的电子吸收一个光子后就可以跃迁到导带。激发出电子-空穴对,从而增大了导电性能,使电阻降低,且照射光线越强,电阻值也变得越低;光照停止,自由电子与空穴逐渐复合,半导体材料又恢复原电阻值。

光敏电阻具有很高的灵敏度,光谱响应的范围很大,可以从紫外区到红外区,而且体积小、性能比较稳定、价格比较低廉。

光敏电阻的种类很多,一般都由金属硫化物、硒化物和碲化物组成。材料不同,制成的光敏电阻的性能差异很大。由于光敏电阻的输出/输入特性的线性度很差,因此不宜用作测试元件,这是光敏电阻的主要缺点。光敏电阻主要被用作自动控制中的开关元件,也称光电导管。光电导管的结构非常简单,在光敏半导体材料的两端装上电极即成。将光电导管与电阻串联后接上电源,当光电导管不受光照时,光电导管电阻很大而不导通,在电阻两端没有电压输出;当光电导管接受光照后,光电导管的电阻明显下降,光电导管导通,在电阻两端产生电压输出,从而起到了"关"和"开"的作用,如图 3－13 所示。

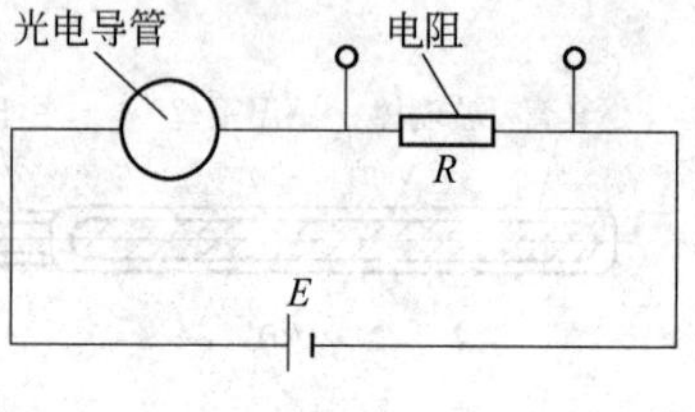

图 3－13　光电导管开关的原理图

C　湿敏电阻传感器

湿敏电阻传感器是一种检测空气湿度(水分)的传感器。它能将湿度的变化转换成电阻的变化。有些氧化物,主要是金属氧化物(如氧化锂),当湿度变化时,会引起其电阻的变化。氧化物的这种工作机理是:此类氧化物都能在水中电离,当吸收水分后,氧化物的电离程度增大,导电性增加而电阻减小。氧化锂湿敏电阻式传感器是常用的一种,其结构如图 3－14 所示。

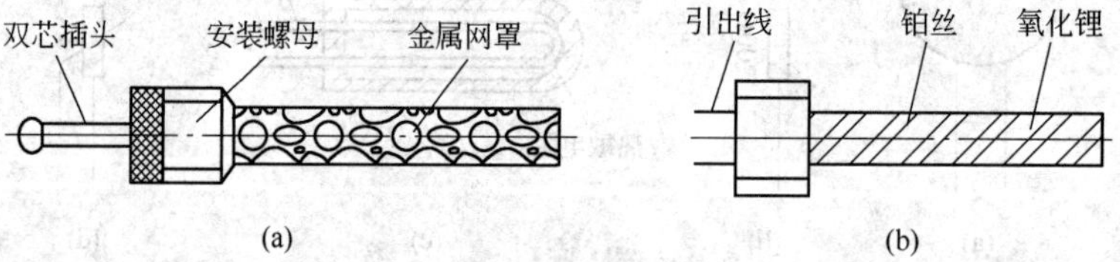

图 3－14　氧化锂湿敏电阻传感器
(a)传感器外形;(b)传感元件

湿敏电阻由绝缘材料做骨架,上面绕以两根平行的铂丝组成一对引出线。氧化锂涂层涂在平行的铂丝之间,涂层的电阻由两根铂丝电极引出。当氧化锂涂层的水汽分压低于周围的水汽分压时,将从空气中吸收水分,其电阻值就随之减小;反之,当氧化锂涂层中水汽分压高于周围空气的水汽分压时,氧化锂涂层将向周围空气扩散水分而电阻随之增加,从而达到湿度－电阻的转换。

3.2.2　电容传感器

电容传感器是将被测量(如尺寸、压力等)的变化转换成电容量变化的一种传感器。

电容传感器是以各种类型的电容器为传感元件,是将被测物理量转换成电容量的变化来实现测量的。电容传感器的输出是电容的变化量。

3.2.2.1　电容传感器的工作原理

电容传感器的转换原理可用图 3－15 所示的平板电容器来说明。平板电容器的电容量为

$$C = \frac{\varepsilon A}{\delta} \tag{3-5}$$

式中　C——电容量；

A——极板相互覆盖面积；

ε——介电常数；

δ——极板间距。

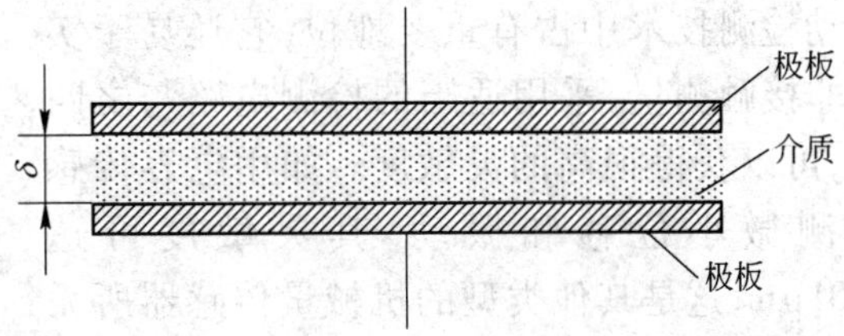

图 3－15　平板电容器

由式 3－5 可知，当被检测参数（如位移、压力等）使式中的 ε、A 和 δ 变化时，都能引起电容器电容量的变化，从而达到从被测参数到电容的变换。在实际应用中，通常是使 ε、A 和 δ 三个参数中的两个保持不变，只改变其中的一个参数来使电容发生变化，所以电容式传感器可分为以下三大类：

（1）极距变化型电容传感器；

（2）面积变化型电容传感器；

（3）介质变化型电容传感器。

3.2.2.2　电容传感器的应用实例

图 3－16 是电容传感器用于振动位移或微小位移测量的例子。用于测量金属导体表面振动位移的电容传感器只含有一个电极，而把被测对象作为另一个电极使用。图 3－16（a）是测量振动体的振动；图 3－16（b）是测量转轴回转精度，利用垂直安放的两个电容式位移传感器，可测出回转轴轴心的动态偏摆情况，这两例所示电容传感器都是极距变化型的。

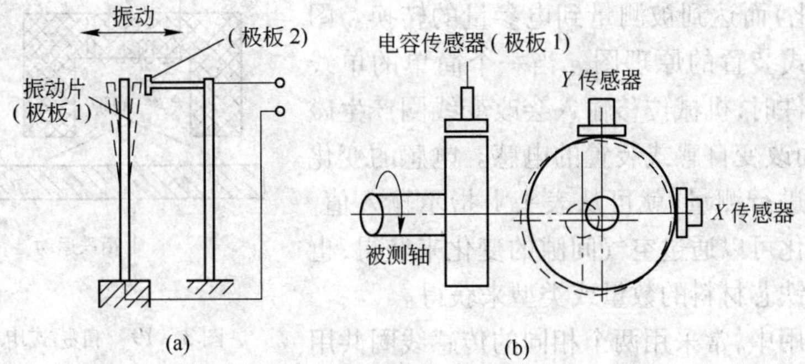

图 3－16　电容位移传感器应用实例

（a）振动测量；（b）旋转轴偏心量的测量

图 3－17 是一种用于测量氢液高度的介质变化型电容传感器。

图 3－18 所示是一种纱条均匀度测试仪。纺织工艺要求纱条有一定的均匀度，纱条均匀测量仪中的传感器就是一个介质变化型电容传感器。测试时，纱条通过电容器两个极板间的间隙，若纱条不均匀，则图中 d 值有变化。这个具有两层介质（一层是空气，一层是纱条）的电容器通过介电常数发生变化而使电容器的电容量发生变化，达到测试均匀度的目的。

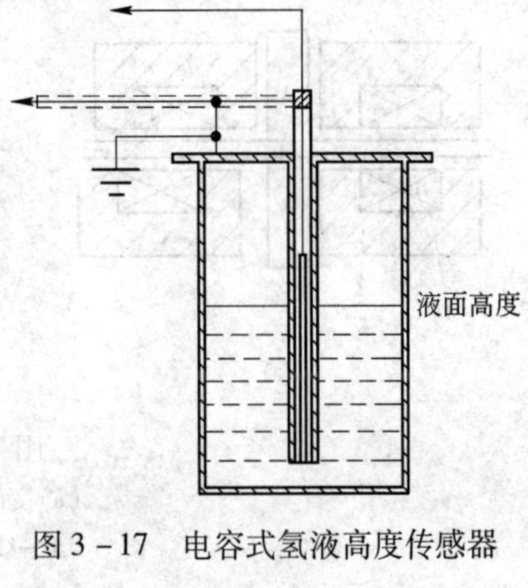

图 3－17　电容式氢液高度传感器

电容传感器结构简单、灵敏度高、动态特性好，在自动检测技术中占有重要地位，它还易于实现非接触测量，采用适当的检测电路与之匹配，可以获得很高的灵敏度。如用电容传感器测微小位移和振动，其灵敏度可达0.01μm，这是其他类型的机械量传感器所无法比拟的。电容传感器的主要缺点是初始电容较小，受引线电容、寄生电容的干扰影响较大。近年来随着电子技术的发展，上述问题正在得到逐步解决。

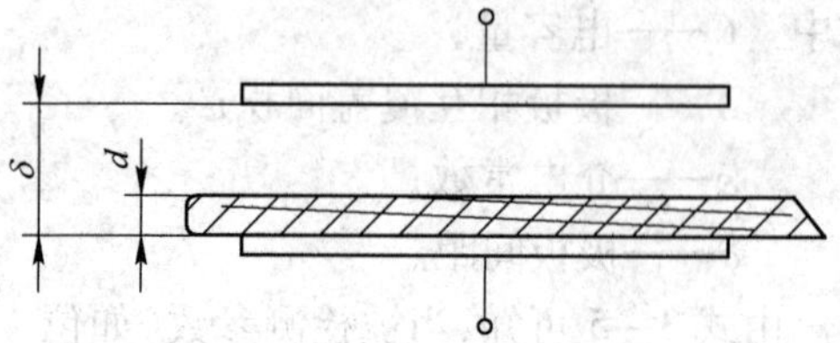

图 3-18 纱条均匀度测试仪

3.2.3 电感传感器

3.2.3.1 电感传感器的工作原理及分类

电感传感器的工作原理是电磁感应，它是把被测量如位移等，转换为电感量变化的一种装置。按照转换方式的不同，可分为自感式（包括可变磁阻式与涡流式）和互感式（差动变压器式）两种。

电感传感器的敏感元件是电感线圈，其转换原理基于电磁感应原理。它把被测量的变化转换成线圈自感系数 L 或互感系数 M 的变化（在电路中表现为感抗 XL 的变化）而达到被测量到电参量的转换。图 3-19 是自感式装置的原理图。当一个简单的单线圈作为敏感元件时，机械位移输入会改变线圈产生磁路的磁阻，从而改变自感式装置的电感。电感的变化由合适的电路进行测量，就可从表头上指示输入值。磁路的磁阻变化可以通过空气间隙的变化来获得，也可以通过改变铁芯材料的数量或类型来获得。

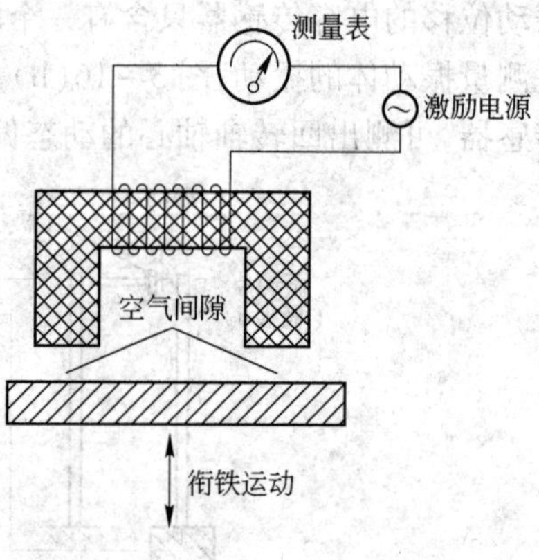

图 3-19 自感式电感传感器

在实际使用中，常采用两个相同的传感线圈共用一个衔铁，构成差动式电感传感器（图 3-20），这样可以提高传感器的灵敏度，减小测量误差。

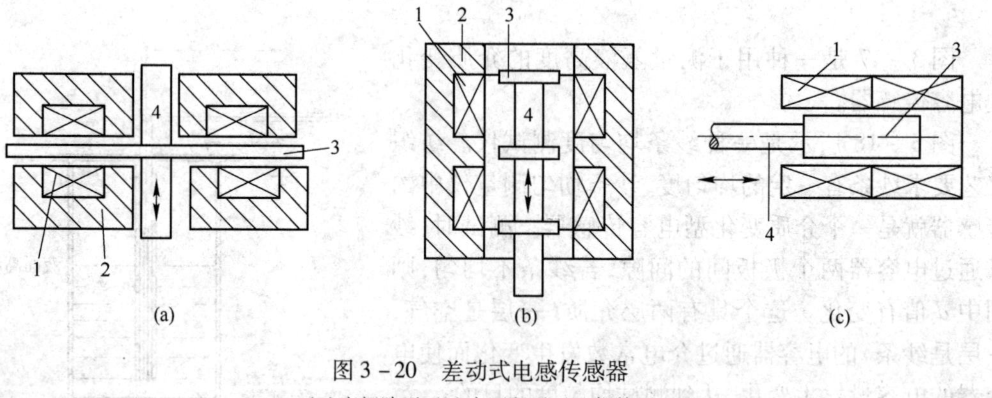

图 3-20 差动式电感传感器

(a)变间隙型；(b)变面积型；(c)螺管型

1—线圈；2—铁芯；3—衔铁；4—导杆

3.2.3.2 涡流式电感传感器

当通过金属体的磁通变化时，就会在导体中产生感生电流，这种电流在导体中是自行闭合的，这就是所谓电涡流。电涡流的产生必然要消耗一部分能量，从而使产生磁场的线圈阻抗发生变化，这一物理现象称为涡流效应。

涡流式电感传感器能实现非接触地测量物体表面为金属导体的多种物理量，如位移、振动、厚度、转速、应力、硬度等参数。这种传感器也可用于无损探伤。

涡流式电感传感器可分为高频反射式和低频透射式两种类型。

A 高频反射式涡流传感器

高频反射式涡流传感器的工作原理如图 3－21(a)所示。在金属板一侧的电感线圈中通以高频(MHz 以上)激励电流时，线圈便产生高频磁场，该磁场作用于金属板，由于集肤效应(交流电流通过导体时，由于感应作用引起导体截面上电流分布不均匀，越接近导体表面，电流密度越大，这种现象称为集肤效应)，高频磁场不能透过有一定厚度 h 的金属板，而是作用于表面薄层，并在这薄层中产生涡流。涡流 I_2 又会产生交变磁通 Φ_2 反过来作用于线圈，使得线圈中的磁通 Φ_1 发生变化而引起自感量变化，在线圈中产生感应电势。电感的变化随涡流而变，而涡流又随线圈与金属板之间的距离 x 而变化。因此可以用高频反射式涡流传感器来测量位移量 x 的变化。通常还可以通过对高频反射式传感器的等效电路(图 3－21(b))的分析来证实。

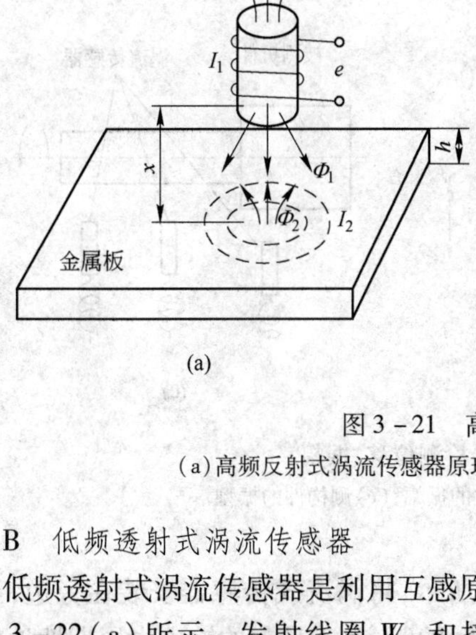

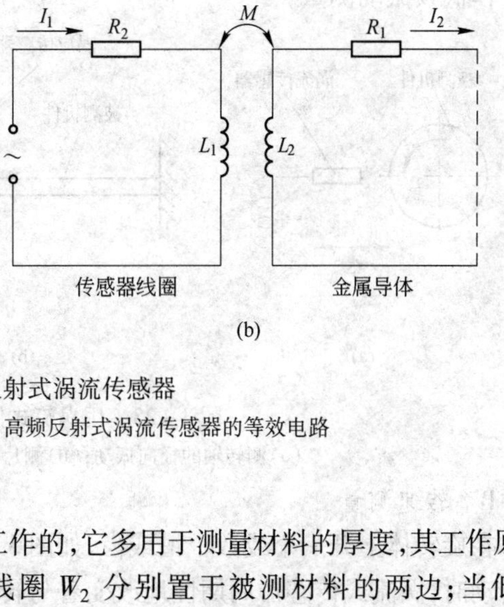

图 3－21 高频反射式涡流传感器

(a)高频反射式涡流传感器原理；(b)高频反射式涡流传感器的等效电路

B 低频透射式涡流传感器

低频透射式涡流传感器是利用互感原理工作的，它多用于测量材料的厚度，其工作原理如图 3－22(a)所示。发射线圈 W_1 和接收线圈 W_2 分别置于被测材料的两边；当低频(1000Hz 左右)电压加到线圈 W_1 的两端后，线圈 W_1 产生一交变磁场，并在金属板中产生涡流，这个涡流损耗了部分磁场能量，使得贯穿 W_2 的磁力线减少，从而使 W_2 产生的感应电势 e_2 减小。金属板的厚度 h 越大，涡流损耗的磁场能量也越大，e_2 就越小，因此 e_2 的大小反映了金属板的厚度 h 的大小。低频透射式涡流传感器的输出特性，即 e_2 与 h 的关系如图 3－22(b)所示。涡流式传感器具有非接触测量、简单可靠、灵敏度高等一系列优点，在机械、冶金等工业领域中得到广泛应用。

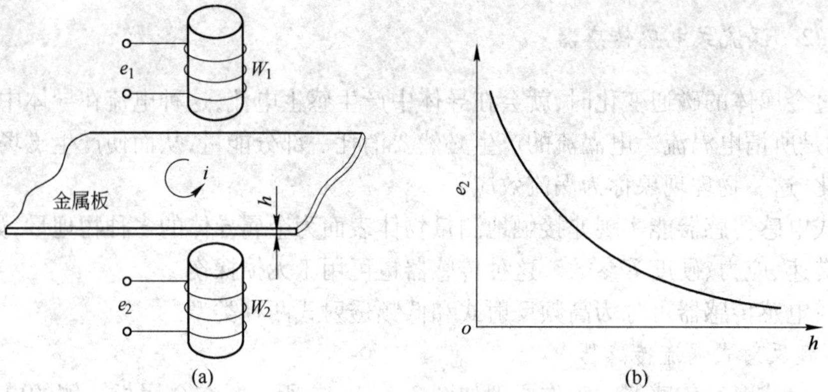

图 3－22　低频透射式涡流传感器

(a)低频透射式涡流传感器原理；(b)低频透射式涡流传感器的输出特性

3.2.3.3　涡流式传感器的应用

A　位移、振幅测量

图 3－23(a)是涡流式传感器在位移测量中的应用。它的检测范围从 0～1mm 到 0.5～60mm，分辨率一般可达满量程的 0.1%。图 3－23(b)是涡流传感器在振动测量中的应用。振动幅值测量范围从几微米到几毫米。图 3－23(c)是涡流传感器在振型测量中的应用。涡流式传感器的频率特性从零到几十千赫的范围内部是平坦的，故能作静态位移测量，特别适合作低频振动测量。

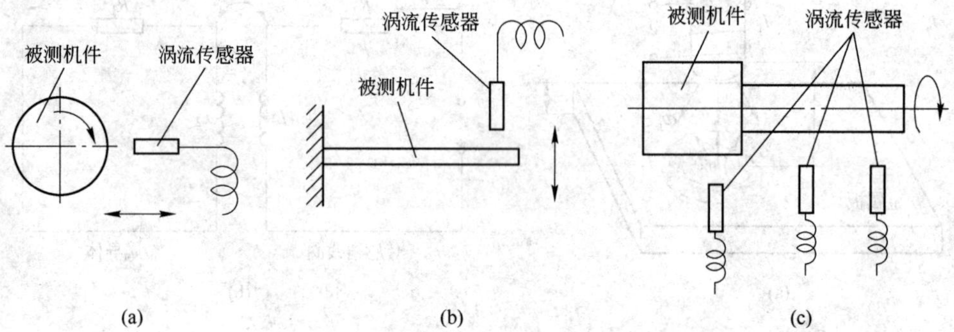

图 3－23　用涡流式传感器检测位移、振幅

(a)测转轴的径向振动；(b)测片状机件的振幅；(c)测构件的振型

B　转速测量

在旋转体上开一个或数个槽或齿，如图 3－24 所示，将涡流式传感器安装在旁边，当转轴转动时，涡流式传感器周期性地改变着与转轴之间的距离，于是它的输出也周期性地发生变化，即输出周期性的脉冲信号。脉冲频率与转速之间有如下关系：

$$n = \frac{f}{z} \times 60 \tag{3-6}$$

式中　n——转轴的转速；

f——脉冲频率；

z——转轴上的槽数或齿数。

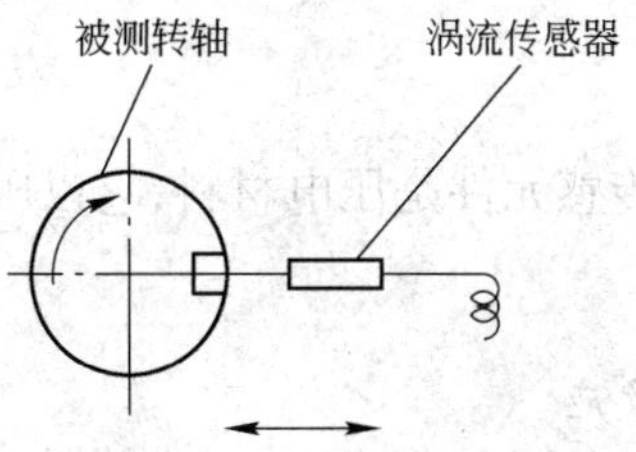

图 3-24 用涡流式传感器检测转速

C 金属零件表面裂纹检查

用涡流式传感器可以探测金属零件表面裂纹、热处理裂纹和焊接裂纹等。探测时，传感器贴近零件表面，当遇到有裂纹时，涡流式传感器等效电路中的涡流反射电阻与涡流反射电感发生变化，导致线圈的阻抗改变，输出电压随之发生改变。

3.2.3.4 电感传感器的应用实例

由于电感传感器的基本工作原理是将衔铁的位移变化转换成传感器线圈的自感系数或互感系数的变化。因此，这种传感器主要用于位移的测量以及其他可以转换成为位移的被测参数的测量，如压力、加速度等。

图 3-25 是差动变压器式电感测力传感器的结构。图中的弹性元件为两个圆片状弹簧，被测力 F 使差动变压器铁芯产生位移。

图 3-26 是电感式纸页厚度测量仪原理图。E 形铁芯上绕有线圈，构成一个电感测量头，衔铁实际上是一块钢质的平板。在工作过程中板状衔铁是固定不动的，被测纸张置于 E 形铁芯与板状衔铁之间，磁力线从上部的 E 形铁芯通过纸张而达到下部的衔铁。当被测纸张沿着板状衔铁移动时，压在纸张上的 E 形铁芯将随着被测纸张的厚度变化而上下浮动，也即改变了铁芯与衔铁之间的间隙，从而改变了磁路的磁阻。交流毫安表的读数与磁路的磁阻成比例，也即与纸张的厚度成比例。毫安表通常按微米刻度，这样就可以直接显示被测纸张的厚度了。如果将这种传感器安装在一个机械扫描装置上，使电感测量头沿纸张的横向进行扫描，则可用于自动记录仪表记录纸张横向的厚度，并可利用此检测信号在造纸生产线上自动调节纸张厚度。

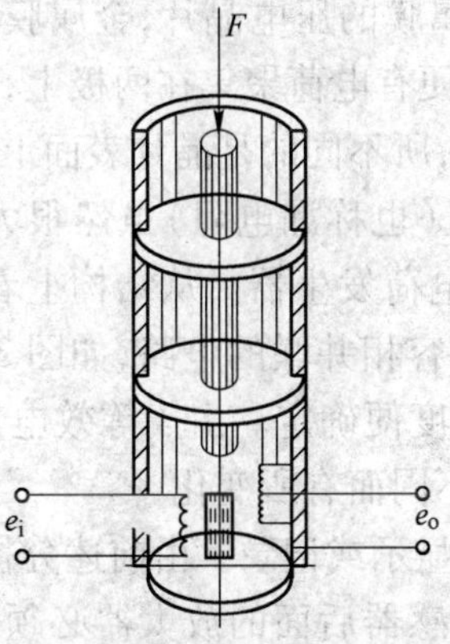

图 3-25 差动变压器式电感测力传感器

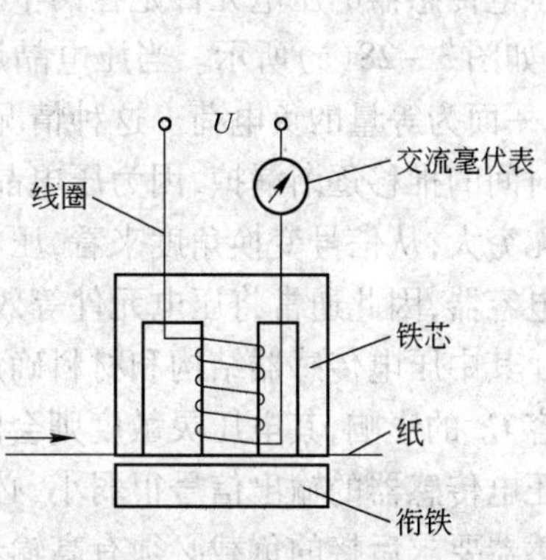

图 3-26 电感式纸页厚度测量仪原理图

3.2.4　压电传感器

压电传感器是一种典型的发电型传感器，其传感元件是压电材料，它以压电材料的压电效应为转换机理实现压力到电量的转换。

3.2.4.1　压电传感器的工作原理——压电效应

某些物质，如石英、钛酸钡等，当受到外力作用时，不仅几何尺寸发生变化，而且内部极化，表面上有电荷出现，形成电场。当外力去掉时，又重新回复到原不带电状态，这种现象称为压电效应，如图 3－27 所示。若将这些物质置于电场中，其几何尺寸也发生变化，这种由于外电场作用导致物质机械变形的现象，称为逆压电效应或电致伸缩效应。

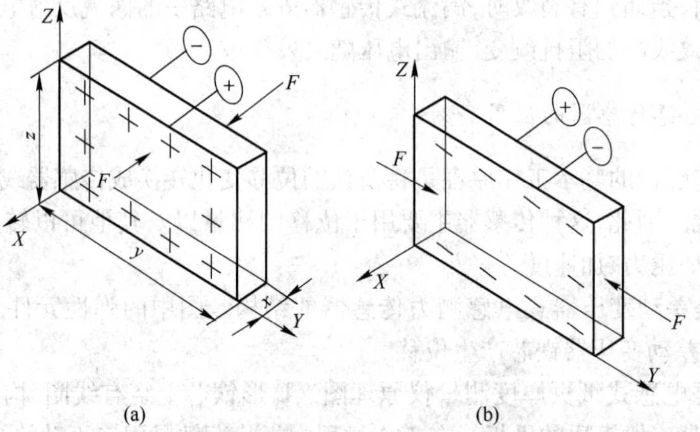

图 3－27　石英晶体受力后的极化现象

(a)纵向压电效应；(b)横向压电效应

具有压电效应的材料称为压电材料，常见的压电材料有两类：压电单晶体，如石英、酒石酸钾钠等；多晶压电陶瓷，如钛酸钡、锆钛酸铅等。下面以石英晶体为例，说明压电效应的机理。

3.2.4.2　压电传感器及其等效电路

压电传感器的压电元件是在两个工作面上蒸镀有金属膜的压电晶片，金属膜构成两个电极，如图 3－28(a)所示。当压电晶片受到力的作用时，便有电荷聚集在两极上，一面为正电荷，一面为等量的负电荷。这种情况和电容器十分相似，所不同的是晶片表面上的电荷会随着时间的推移逐渐漏掉，因为压电晶片材料的绝缘电阻(也称漏电阻)虽然很大，但毕竟不是无穷大，从信号变换角度来看，压电元件相当于一个电荷发生器。从结构上看，它又是一个电容器，因此通常将压电元件等效为一个电荷源与电容相并联的电路，如图 3－28(b)所示。其中压电传感器结构和材料确定之后，其电荷灵敏度便确定。由于等效电容 C 受电缆电容 C_c 的影响，其电压灵敏度则会因所用电缆长度的不同而有所变化。

压电传感器的输出信号很弱小，必须进行放大后才能显示或记录。由前述分析知道，压电传感器要求后接的负载必须有高输入阻抗，因此压电传感器后面的放大器必须具有以下两个主要功能：

(1)阻抗转换功能。必须先将高输入阻抗转换为低阻抗输出,然后才能接入通用的放大、检波等电路及显示记录仪表。

(2)放大传感器输出的微弱信号。压电传感器后面配接的以阻抗变换为第一功能的放大器称为前置放大器。

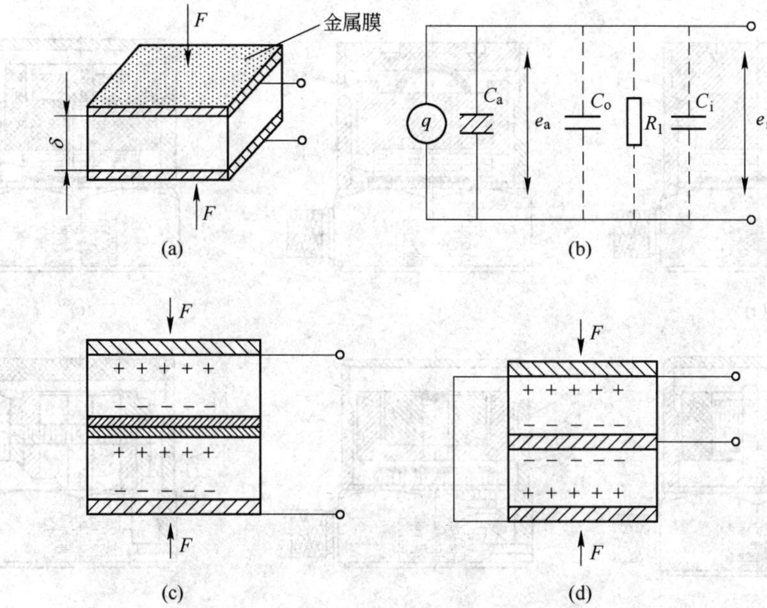

图 3-28 压电晶片及等效电路
(a)压电晶片;(b)等效电荷源;(c)串联;(d)并联

3.2.4.3 压电传感器的应用

A 压电式压力传感器

图 3-29(a)、(b)是压电式压力传感器及其特性曲线。当被测力 F(或压力 p)通过外壳上的传力上盖作用在压电晶片上时,压电晶片受力,上、下表面产生电荷,电荷量与作用力 F 成正比。电荷由导线引出接入测量电路(电荷放大器或电压放大器)。

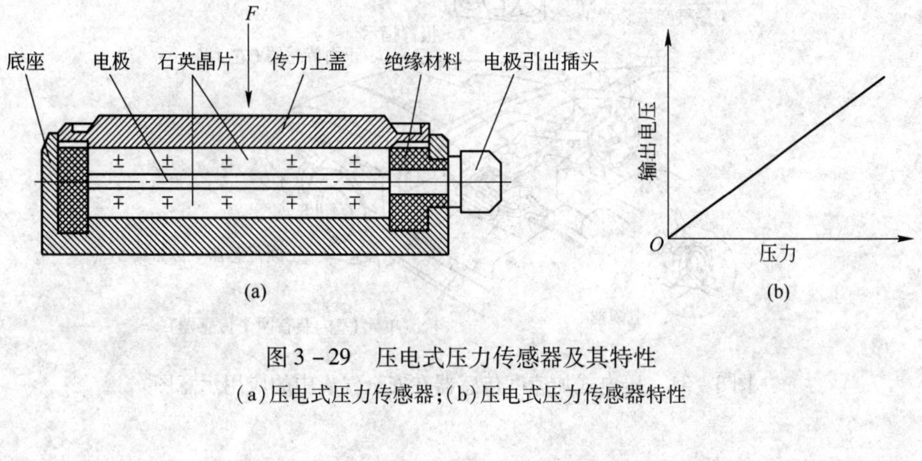

图 3-29 压电式压力传感器及其特性
(a)压电式压力传感器;(b)压电式压力传感器特性

B　压电式加速度传感器

图 3 - 30 是多种压电式加速度传感器的结构图。图中, M 是惯性质量块, K 是压电晶片。压电式加速度传感器实质上是一个惯性力传感器。在压电晶片 K 上, 放有质量块 M。当壳体随被测振动体一起振动时, 作用在压电晶体上的力 $F = Ma$。当质量 M 一定时, 压电晶体上产生的电荷与加速度 a 成正比。

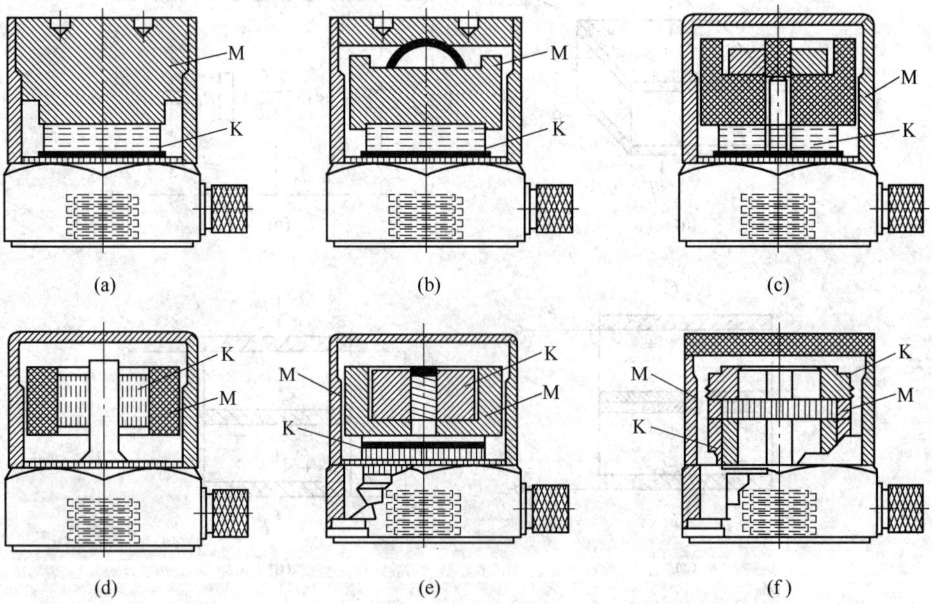

图 3 - 30　压电式加速度传感器

(a) 基本压缩式; (b) 隔离压缩式; (c) 单端压缩式; (d) 剪切式; (e) 等基座式; (f) 等剪切式

C　安全气囊用加速度传感器

作为汽车的一种安全装置, 现在的汽车上都安装了安全气囊, 当遇到前后方向碰撞时, 它能起到保护驾驶员的作用。如图 3 - 31 所示, 它在汽车前副梁左右两边, 各安装一个能够检测前方碰撞的加速度传感器, 在液压支架底座连接桥洞的前室内, 也安装两个同样的传感器, 前副梁上的传感器一般设置成当受到 12.3g 以上的碰撞时能自动打开气囊的开关。

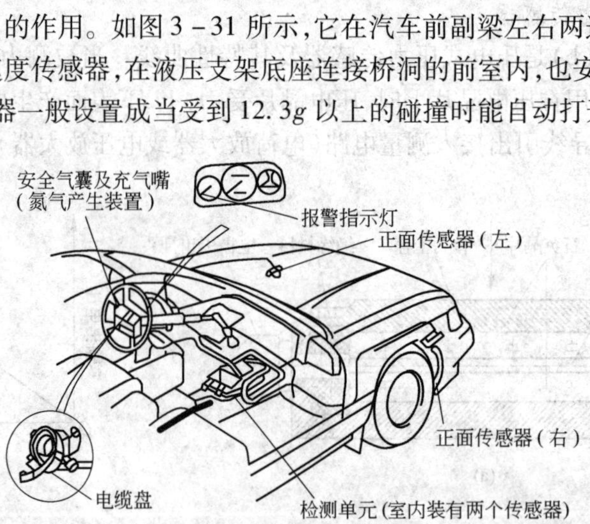

图 3 - 31　压电式加速度传感器在安全气囊中的应用示意图

12.3g 以上的碰撞，相当于汽车以 16km/h 的速度，与前面障碍物相撞时产生的冲击。此外，室内传感器被设置成当从正面受到 2.3g 以上的冲击时，能自动打开气囊的开关。

汽车中使用的加速度传感器，因厂家、车型的不同，分为机械式与电子式两种。

3.2.5 磁敏传感器

3.2.5.1 磁敏传感器的工作原理及分类

磁敏传感器原本是用来测量磁场的，但现在更多的是用于检测物体的位置及转动，也常用于检测电流或开关类等的测量及控制。磁敏传感器应用的最大特点是无接触测量。

在磁敏传感器中，主要有霍尔传感器、半导体磁敏电阻、磁性体磁敏电阻、电磁感应式磁敏传感器四种器件。

A 霍尔传感器

霍尔传感器的工作原理是霍尔效应。当半导体中流过一个电流时，若在与该电流垂直的方向上外加一个磁场，则在与电流及磁场分别成直角的方向上会产生一个电压，这种现象称为霍尔效应。

霍尔效应产生的电压与磁场强度成正比。为减小元件的输出阻抗，使其易于与外电路实现阻抗匹配，半导体霍尔元件多数都采用十字形结构，如图 3-32 所示。霍尔元件多采用锑化铟（InSb）以及硅（Si）等半导体材料制成。由于材料本身对弱磁场的灵敏度较低，因此，在使用时要加入数个特斯拉（T）的偏置磁场使元件处于强磁场的范围内工作，从而可以检测微弱的磁场变化。

B 半导体磁敏电阻

半导体磁敏电阻是一种利用磁场造成的电流偏转使元件阻抗增加这种特点制成的双端磁敏传感器。同霍尔元件不同，这种元件采用缩短电流电极间距离的结构来提高其磁灵敏度。

如图 3-33 所示，半导体磁敏电阻采用在半导体中置入多根金属电极的方法，将多个磁敏电阻串联起来以提高其阻值。

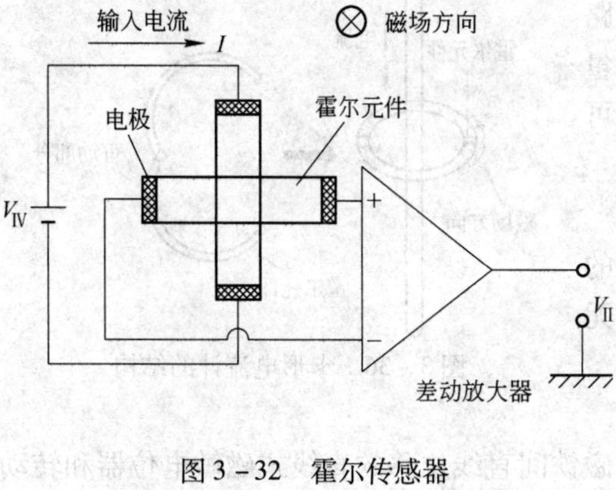

图 3-32 霍尔传感器

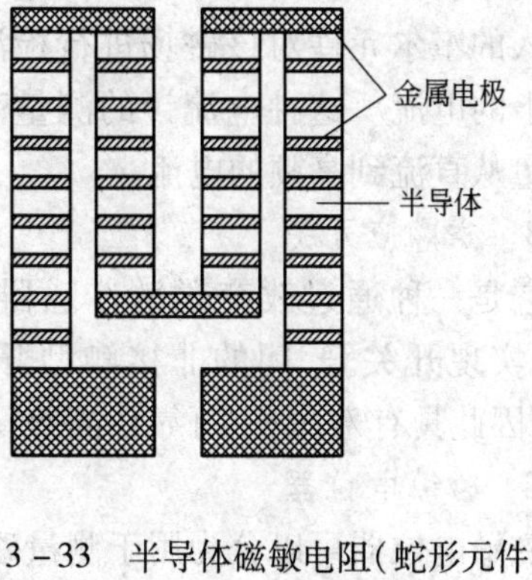

图 3-33 半导体磁敏电阻（蛇形元件）

C 磁性体磁敏电阻

磁性体磁敏电阻是一种利用强磁材料的磁场异向性制成的磁敏元件。如图 3-34 所示，若在强磁体薄膜易磁化轴的垂直方向上加一个外部磁场，则由于材料内部的磁偏转会使元件内部电阻发生变化。为了提高元件的输出幅值,磁性体磁敏电阻在结构上采用坡莫合金等强磁材料以增大阻抗。与半导体磁敏电阻相比,这种传感器对弱磁场灵敏度相对较高,但它的线形范围比较小。

D　电磁感应式磁敏传感器

在典型的电磁感应式磁敏传感器中,有线圈型磁头及拾音线圈等。这种传感器的灵敏度很高、力学性能好,属通用型磁敏传感器。若线圈内的磁通量发生变化,在线圈的两端就会产生感生电动势,这是一种利用法拉第电磁感应定律制成的传感器。图 3－35 所示为线圈型磁头。由于这种传感器采用高磁导率轭铁聚集磁力线,因此它只能检测交流磁场,不能检测直流磁场。

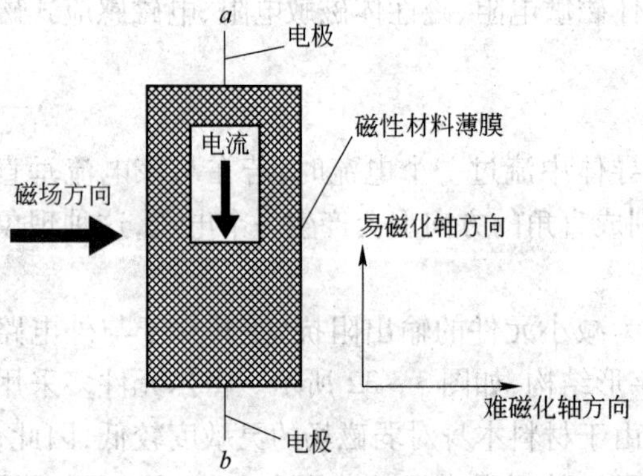

图 3－34　磁性体磁敏电阻

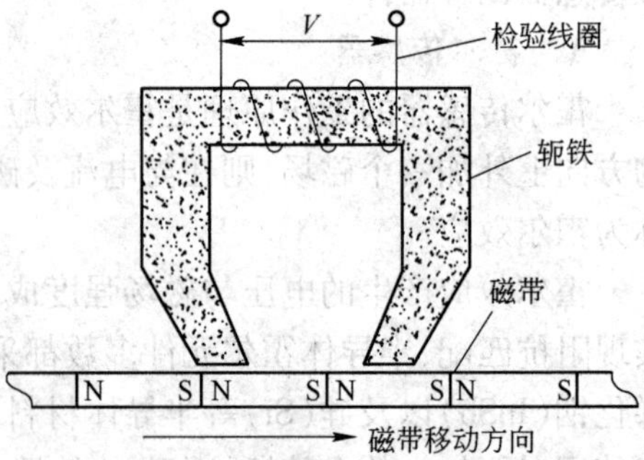

图 3－35　电磁感应式磁敏传感器

3.2.5.2　*磁敏传感器的应用*

由于磁敏传感器具有体积小、质量轻的特点,因此在很多方面都有应用。

A　电流计

图 3－36 所示为卡形电流计,它将导线电流产生的磁场引入到高磁导率的磁路中,通过磁路中插入的霍尔元件对该磁场进行检测,以此测量导线上的电流。这种电流计的测量范围很宽,可以测量从直流到高频的电流。

B　磁感应开关

它是一种通过改变磁敏传感器与磁铁间的距离,实现开关开、闭的非接触型开关。由于无摩擦,因此具有寿命长、可靠性高等特点。

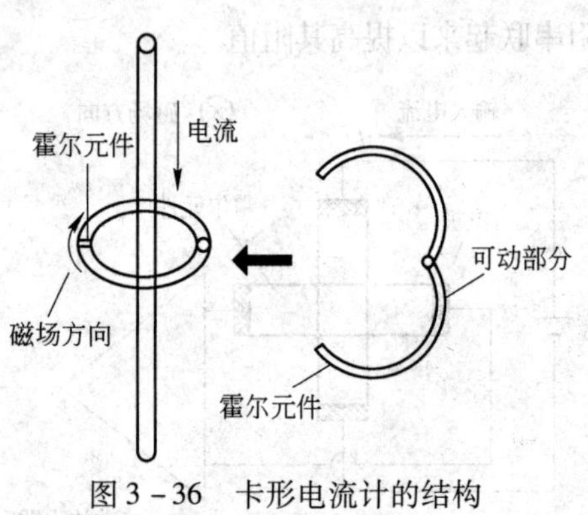

图 3－36　卡形电流计的结构

C　磁敏电位器

磁敏电位器可以分为用于测量磁敏电阻与磁铁间直线位移的直线式磁敏电位器和转动式磁敏电位器两种。

D　霍尔电动机

霍尔电动机是一种采用检测位置的霍尔元件制成的一种无刷电动机,因此具有一个元件可控制两组晶体管的优点而备受青睐,是当今无刷电动机中使用最多的一种。因为无电刷,所以具有体积小以及无噪声等优异的特点,广泛用于盒式录音机、VTR、FDD 等需要进行转动控制的精密机械中,其结构和等效电路图分别如图 3-37(a)、(b)所示。

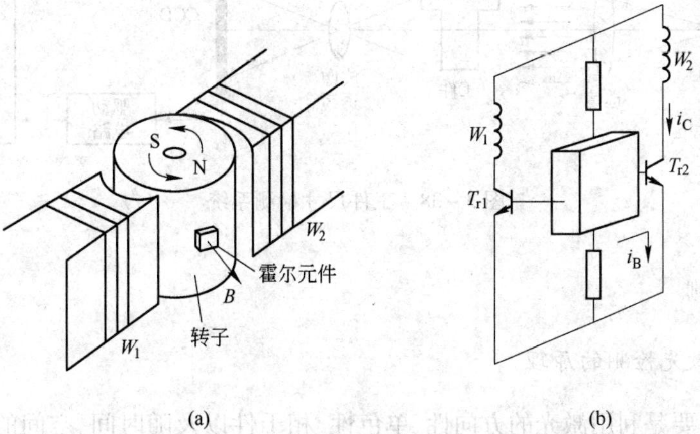

图 3-37 霍尔电动机
(a)霍尔电动机的结构示意图;(b)霍尔电动机等效电路图

3.3 其他类型检测技术

由于新材料、新工艺的不断出现和微型计算机的发展,新型传感器不断涌现,下面介绍几种传感器。

3.3.1 固态图像传感器(CCD)

3.3.1.1 固态图像传感器的工作原理

固态图像传感器是采用光电转换原理,将被测物体的光像转换为电子图像信号输出的一种大规模集成电路光电元件,常称为电荷耦合器件(简称 CCD)。其工作过程是:首先由光学系统将被测物体成像在 CCD 的受光面上,受光面下的许多光敏单元形成了许多像素点,这些像素点将投射到它的光强转换成电荷信号并存储;然后在时钟脉冲信号控制下,将反映光像的被存储电荷信号读取并顺序输出,从而完成了从光图像到电信号的转换过程。

图像传感器体积小、析像度高、功耗小,广泛用于非接触的尺寸、形状、损伤的测量,以及图像处理和自动控制等领域。

3.3.1.2 CCD 的应用

固态图像传感器依其光敏元件排列方式分为线型、面型等种。已应用的有 1024、1728、2048、4096 像素的线型传感器和 32×32、100×100、320×244、490×400 以及 28 万~38 万、130 万像素的面型传感器。

CCD 图像传感器在生产自动化中得到广泛应用。它可以判别被测物体的位置、尺寸、形状和异物的混入。CCD 图像传感器检测工件尺寸的测量系统如图 3-38 所示。通过透镜将被测工件放大成像于 CCD 传感器的光敏阵列上,由视频处理器将 CCD 输出信号进行存储和数字处理,并将测得结果显示或判断,可实现对工件形状和尺寸的非接触测量。

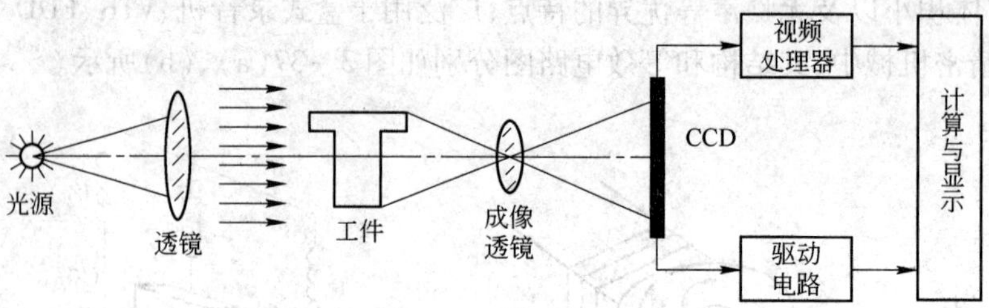

图 3 - 38　工件尺寸检测系统

3.3.2　激光检测

3.3.2.1　激光检测的原理

激光检测主要是利用激光的方向性、单色性、相干性以及随时间、空间的可聚焦性的特点，无论在测量精确度和测量范围上都具有明显的优越性，如利用其方向性做成激光准直仪和激光经纬仪；利用其单色性和相干性，以激光为光源的干涉仪可实现对长度、位移、厚度、表面形状和表面粗糙度等的检测；将激光束以不同形式照射在运动的固体或流体上，产生多普勒效应（又称 LDA），可测量运动物体速度、流体浓度和流量等。

3.3.2.2　应用

组成激光测速系统的主要光学部件有激光光源、入射光系统和收集光系统等。激光多普勒流速计原理如图 3 - 39 所示。由激光器发射出的单色平行光，经透镜聚集到被测流体内。由于流体中存在着运动粒子，一些光波散射，散射光与未散射光之间产生频移，它与流体速度成正比。图中散射光由透镜 6 收集，未散射光由透镜 5 收集，最后在光电倍增管 9 中进行混频后输出信号。该信号输入到频率跟踪器内进行处理，获得与多普勒频移 fd 相应的模拟信号，从测得的 fd 值可得到粒子运动速度，从而获得流体流速。

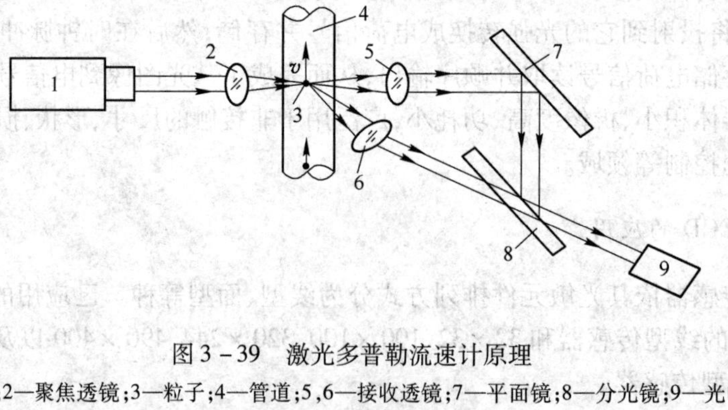

图 3 - 39　激光多普勒流速计原理

1—激光器；2—聚焦透镜；3—粒子；4—管道；5，6—接收透镜；7—平面镜；8—分光镜；9—光电倍增管

激光测速是一种非接触测量，对被测物体无任何干扰。在实现自动测量时，一般采用多普勒信号处理器接收来自光电接收器的电信号，从中取出速度信息，把这些信息传输给计算机进行分析和显示。

3.3.3 超声波检测

频率在(16～2)×10^4Hz之间的机械波,能为人耳所闻,称为声波;低于16Hz的机械波称为次声波;高于2×10^4Hz的机械波,称为超声波。检测用的超声波频率通常在几十万赫兹以上,这时它的波长很短,方向性好,易于形成光束。它在介质中传播时,与光波相似。它遵循几何光学的基本规律,具有反射、折射和聚焦等特性,这些都是超声波检测的应用基础。超声波被用于无损探伤、厚度测量、流速测量、黏度测量等。

超声波检测的基本原理是利用某些非声量的物理量(如密度、流量等)与描述超声波介质声学特性的超声量(声速、衰减、声阻抗)之间存在着直接或间接的关系。探索到这些规律,通过超声量的测定来测出某些被测物理量。

超声波检测多采用超声波源向被测介质发射超声波,然后接收与被测介质相作用之后的超声波,从中得到所需信息,其检测过程如图3－40所示。

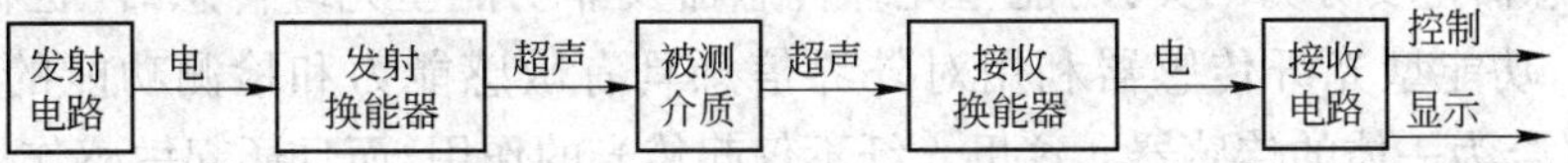

图3－40 超声波检测过程

3.3.4 光纤传感器

光纤传感器是20世纪70年代中期发展起来的一种新型传感器。光纤传感器与以机－电转换为基础进行检测的传感器不同,它是将被测量转换成可测的光信号,以光学测量为基础。光纤传感器具有灵敏度高、抗电磁干扰能力强、耐腐蚀、体积小、质量小等许多优点。光纤传感器作为一新的技术领域将不断改变传感器的面貌,并在各个领域获得广泛应用。

3.3.4.1 光纤传感器的工作原理

光导纤维用比头发还细的石英玻璃丝制成,每一根光导纤维由一个圆柱形内芯和包层组成,而且内芯的折射率略大于包层的折射率。

光学斯乃尔定律指出,当光线从光密物质(折射率较高)射向光疏物质(折射率较低)且入射角大于临界角时,即满足关系式

$$\sin\alpha > \frac{n_2}{n_1} \qquad (3-7)$$

式中 α——入射角;

n_1——光密物质折射率;

n_2——光疏物质折射率。

这时,光线将在两物质的交界面上发生全反射。根据这个原理,光纤由于其圆柱形内芯的折射率 n_1 大于包层的折射率 n_2,因此在角度为 2θ 之间的入射光如图3－41所示,除去在玻璃中吸收和散射损耗的一部分外,其余大部分在界面上产生多次的全反射,以锯齿形的路线在纤芯中传播,并在光纤的末端以与入射角相等的反射角射出光纤。

光纤传感器由光发送器、敏感元件、光接收器、信号处理系统及光纤等主要部分组成,如图3－42所示。

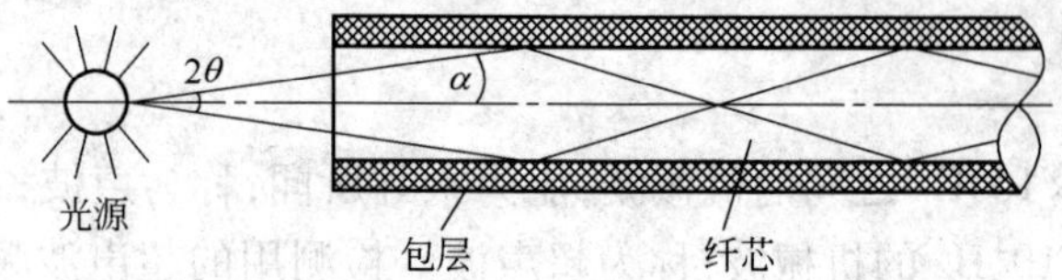

图 3 - 41　光纤的基本结构与导光原理

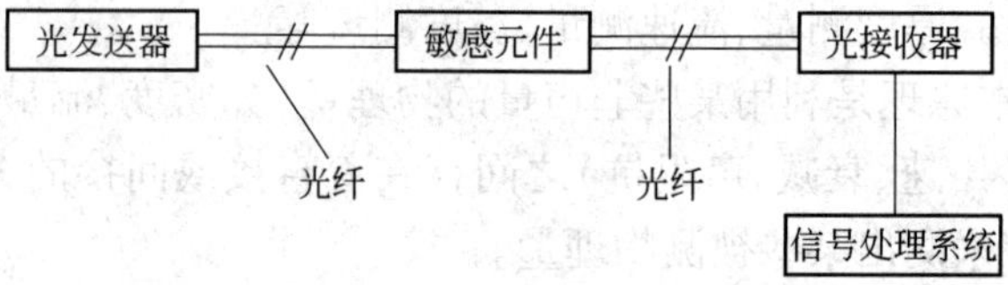

图 3 - 42　光纤传感器的构成示意图

光纤传感器主要分为两类:功能型光纤传感器及非功能型光纤传感器(也称为物性型和结构型)。功能型光纤传感器利用对外界信息具有敏感能力和检测功能的光纤,构成“传”和“感”合为一体的传感器。这里光纤不仅起传光的作用,而且还起敏感作用。工作时利用检测量改变描述光束的一些基本参数,如光的强度、相位、偏振、频率等,它们的改变反映了被测量的变化。由于对光信号的检测通常使用光电二极管等光电元件,所以光的那些参数的变化,最终都要被光接收器接收并被转换成光强度及相位的变化。这些变化经信号处理后,就可得到被测的物理量。应用光纤传感器的这种特性可以实现力、压力、温度等物理参数的测量。非功能型光纤传感器主要是利用光纤对光的传输作用,由其他敏感元件与光纤信息传输回路组成测试系统,光纤在此仅起传输作用。

3.3.4.2　光纤传感器的应用

A　半导体吸光式光纤温度传感器

如图 3 - 43(a)所示,在一根切断的光纤的两端面间夹一块半导体感温薄片,这种半导体感温薄片入射光的强度随温度的变化而变化。当光纤一端输入恒定光强的光时,另一端接收元件所接收的光强将随被测温度的变化而变化。图 3 - 43(b)是一种双光纤差动测温光纤传感器的结构图。该结构中增加了一条参考光纤作为基准通道。两条光纤对来自同一

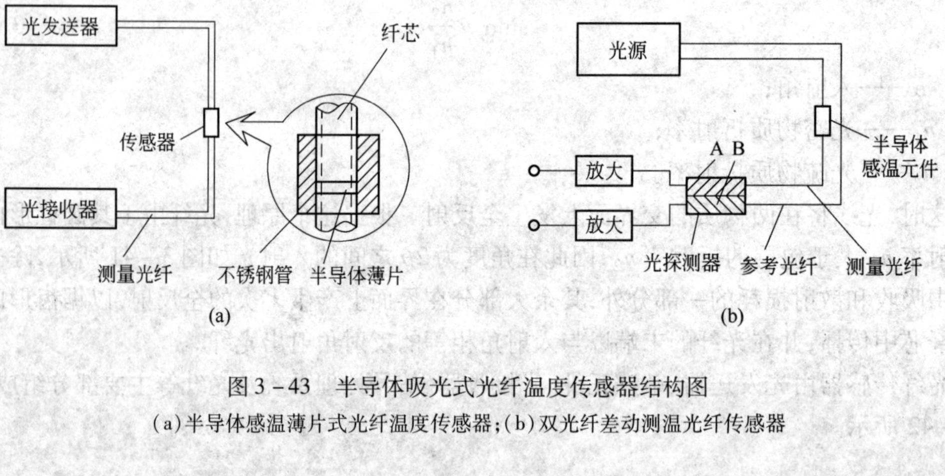

图 3 - 43　半导体吸光式光纤温度传感器结构图
(a)半导体感温薄片式光纤温度传感器;(b)双光纤差动测温光纤传感器

光源的光强进行传输，经测量光纤的光强随温度变化，通过在同一硅片上对称式的光探测器，获得两光强的整值。此法可消除一定程度的干扰，提高测量精度，在 -40 ~400℃范围内，测温精度可达 ±0.5℃。

B　光纤转速传感器

图3-44是一种转速测量传感器。凸块随被测转轴转动，在转到透镜组内时，将光路遮断形成光脉冲信号，再由光电转换元件将光脉冲信号转变为电脉冲信号，经计数器处理而获得转速值。

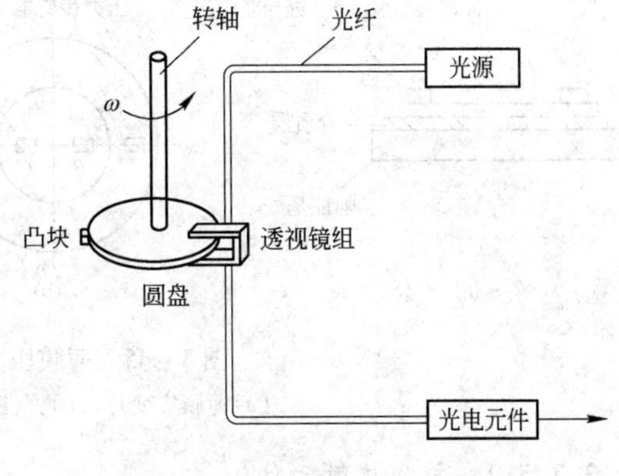

图3-44　光纤转速测量传感器

3.3.5　薄膜传感器

在基底上用各种工艺方法制出导电材料或介质材料的薄层称为薄膜。现代薄膜的制作工艺主要有：高真空蒸镀工艺、阴极溅射工艺、化学气相淀积工艺等。薄膜厚度从零点几微米到几微米范围。薄膜技术为许多领域提供了新颖的功能材料，发展了新型的功能器件，它的优点是有利于传感器的微型化、薄型化、轻量化、集成化和智能化。因此，国内外都利用薄膜技术批量生产压力、温度、光敏、色敏、磁敏等各种类型的敏感元件。表3-3是薄膜特性及其在传感器中的应用。

表3-3　薄膜特性及其在传感器中的应用

薄膜特性	在传感器中的应用	薄膜特性	在传感器中的应用
化学特性	气体传感器(SnO_2) 氧传感器(ZrO_2、TiO_2) 湿度传感器	电特性	半导体传感器 薄膜传感器 超导膜传感器
热特性	热流量传感器 薄膜热电偶传感器 测温电阻(Pt,Ni)传感器	辐射特性	辐射剂量传感器
机械特性	压力传感器 应变片传感器 尿素薄膜传感器	光学特性	光电传感器(CdS、GaAs) 红外传感器

3.3.5.1　薄膜力敏传感器

用金属、合金、半导体锗和硅等材料均可制成薄膜力敏元件，也称薄膜应变片，如图3-45(a)所示，一般来讲，敏感元件并不等于传感器，将薄膜应变片粘贴在弹性体上，如图3-45(b)所示，再加上附加电路装置就构成完整的传感器，如图3-45(c)所示，这个由薄膜应变片组成的整体称为薄膜压力传感器芯片，它密封在传感器的壳体中，传感器以一定的方式同传压杆相连接。当传感器承受压力时，感压薄片通过传压杆将分布力变成集中力，传至钢梁自由端，梁的表面应变使薄膜应变片电阻值产生变化，接入电桥电路，产生输出电压。

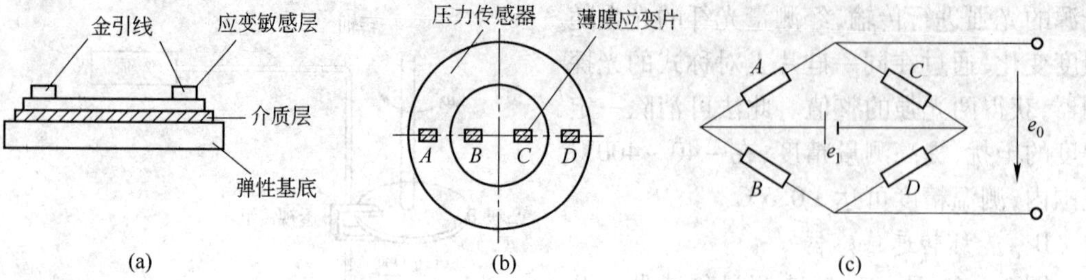

图 3－45　薄膜压力传感器示意图

(a)薄膜应变片;(b)弹性元件;(c)传感器电路

3.3.5.2　薄膜热敏元件

薄膜热敏元件是热敏元件家族中一种比较新的元件。由于薄膜的热容量小,因此具有响应速度快的特点。

3.4　传感器的正确选择和使用

3.4.1　传感器的选择

无论何种传感器,作为测量与控制系统的首要环节,通常都必须具有快速、准确、可靠且又经济的实现信息转换的基本要求。因此,选择传感器应从以下几个方面考虑:

(1)测试要求和条件。测量目的、被测物理量选择、测量范围、输入信号最大值和频带宽度、测量精度要求、测量所需时间要求等。

(2)传感器特性。精度、稳定性、响应速度、输出量性质、对被测物体产生的负载效应、校正周期、输入端保护等。

(3)使用条件。安装条件、工作场地的环境条件(温度、湿度、振动等)、测量时间、所需功率容量、与其他设备的连接、备件与维修服务等。

以上是选择传感器的主要考虑出发点。总之,为了提高测量精度,应从传感器的使用目的、使用环境、被测对象状况、精度要求和信号处理等条件综合考虑,注意传感器的工作范围要足够大;与测量或控制系统相匹配性好,转换灵敏度高和线性程度好;响应快、工作可靠性好;精度适当,且稳定性好;适用性和适应性强,即动作能量小,对被测量状态影响小;内部噪声小而又不易受外界干扰的影响,使用安全;使用经济,即成本低、寿命长,且易于使用、维修和校准。

3.4.2　传感器的正确使用

传感器的正确使用是指:传感器的输出特性进行线性化处理和补偿;传感器的标定;抗干扰措施。

3.4.2.1　线性化处理与补偿

在机电一体化测控系统中,特别是需对被测参量进行显示时,总是希望传感器及检测电路的输出和输入特性呈线性关系,使测量对象在整个刻度范围内灵敏度一致,以便于读数及对系统进行分析处理。但是大多数传感器具有不同程度的非线性特性,这使较大范围的动态检测存在着很大的误差。在使用模拟电路组成检测回路时,为了进行非线性补偿,通常采用特性与传感器输入、输出特性相反的元件,通过硬件进行线性化处理。另外,在含有微型计算机的测量系统中,这种非线性补偿可以用软件来完成,其补偿过程较简单,精确度也很高,又减少了硬件电路的复杂性。

当输出量中包含被测物理量之外的因素时,为了克服这些因素的影响需要采取相应的措施加以补偿,如外界环境温度变化,将会使测量系统产生附加误差,影响测量精度,因此有必要对温度进行补偿。

3.4.2.2　传感器的标定

传感器的标定,就是利用精度高一级的标准量具对传感器进行定度的过程,从而确定其输出量和输入量之间的对应关系,同时也确定不同使用条件下的误差关系。传感器使用前要进行标定,使用一段时间后还要定期进行校正,检查精度性能是否满足原设计指标。

3.4.2.3　抗干扰措施

传感器大多要在现场工作,而现场的条件往往是不可预料的,有时是极其恶劣的。各种外界因素要影响传感器的精度和性能,所以在检测系统中,抗干扰是非常重要的,尤其是在微弱输入信号的系统中。常采用的抗干扰措施有屏蔽、接地、隔离和滤波等。

A　屏蔽

屏蔽就是用低电阻材料或磁性材料把元件、传输导线、电路及组合件包围起来,以隔离内外电磁或电场的相互干扰。屏蔽可分为三种,即电场屏蔽、磁场屏蔽及电磁屏蔽。电场屏蔽主要用来防止元器件或电路间因分布电容耦合形成的干扰。磁场屏蔽主要用来消除元器件或电路间因磁场寄生耦合产生的干扰,磁场屏蔽的材料一般都选用高导磁系数的磁性材料。电磁屏蔽主要用来防止高频电磁场的干扰,电磁屏蔽的材料应选用电导率较高的材料,如铜、银等,利用电磁场在屏蔽金属内部产生涡流而起屏蔽作用。电磁屏蔽的屏蔽体可以不接地,但一般为防止分布电容的影响,可以使电磁屏蔽的屏蔽体接地,起到兼有电场屏蔽的作用。电场屏蔽体必须可靠接地。

B　接地

电路或传感器中的地指的是一个等电位点,它是电路或传感器的基准电位点,与基准电位点相连接,就是接地。传感器或电路接地,是为了清除电流流经公共地线阻抗时产生噪声电压,也可以避免受磁场或地电位差的影响。把接地和屏蔽正确结合起来使用,就可抑制大部分的噪声。

C　隔离

当电路信号在两端接地时,容易形成地环路电流,引起噪声干扰。这时,常采用隔离的方法,把电路的两端从电路上隔开。隔离的方法主要采用变压器隔离和光电耦合器隔离。

在两个电路之间加入隔离变压器可以切断地环路,实现前后电路的隔离,变压器隔离只适用于交流电路。在直流或超低频测量系统中,常采用光电耦合的方法实现电路的隔离。

D　滤波

虽然采取了上述的一些抗干扰措施,但仍会有一些噪声信号混杂在检测信号中,因此检测电路中还常设置滤波电路,对由外界干扰引入的噪声信号加以滤除。

滤波电路或滤波器是一种能使某一种频率顺利通过而另一种频率受到较大衰减的装置。因传感器的输出信号大多数是缓慢变化的,因而对传感器输出信号的滤波常采用有源低通滤波器,它只允许低频信号通过而不能通过高频信号。有些传感器需用高通滤波器。除此以外,有时还要使用带通滤波器和带阻滤波器。总之,由于不同检测系统的不同需要,应选用不同的滤波电路。

3.5 传感器测量电路

3.5.1 直流电桥

电桥根据其供电电源的类型可分为直流电桥和交流电桥,下面是直流电桥的电路原理。

3.5.1.1 电桥的平衡

直流电桥如图 3-46 所示,E 为电源,R_1、R_2、R_3及 R_4为桥臂电阻,R_L 为负载电阻。

$$U=\left(\frac{R_1}{R_1+R_2}-\frac{R_4}{R_3+R_4}\right)E=\frac{R_1R_3-R_2R_4}{(R_1+R_2)(R_3+R_4)}E \qquad (3-8)$$

由上式可知,当桥臂电阻满足:$R_1R_3=R_2R_4$ 时,电桥输出电压 $U=0$,称为电桥平衡。这说明欲使电桥平衡,其相邻两臂电阻的比值应相等,或相对两臂电阻的乘积相等。

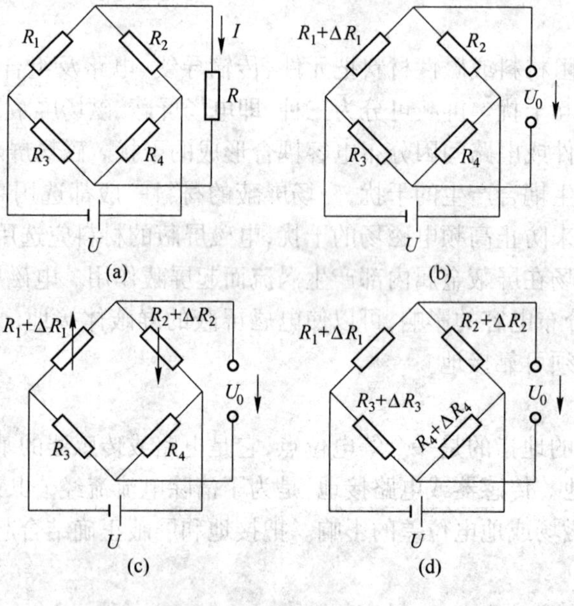

图 3-46 直流电桥

(a)电桥电路;(b)单臂电桥;(c)半桥电路;(d)全桥电路

3.5.1.2 电桥输出电压

A 单臂电桥

R_1为应变片,如图 3-46(b)所示。设 R_1为工作应变片,由于应变使电阻变化 ΔR_1,R_2、R_3和 R_4为固定电阻。U_0为输出电压,并设 $R_1=\infty$,初始状态电桥平衡,$U_0=0$,当有 ΔR_1时,电桥输出电压为:

$$U_0=\frac{\frac{R_4}{R_3}\times\frac{\Delta R_1}{R_1}}{(1+\frac{R_2}{R_1}+\frac{\Delta R_1}{R_1})(1+\frac{R_4}{R_3})}\times U \tag{3-9}$$

当 R_1 变化时可得单臂工作应变片的电桥电压灵敏度为：

$$U_0=\frac{U}{4}\times\frac{\Delta R_1}{R_1} \tag{3-10}$$

B　半桥电路

当 R_1、R_2 变化时，为了减小和克服非线性误差，常采用差动电桥。如图 3－46(c) 所示，试件上安装两个工作应变片，一片受拉，一片受压，然后接入电桥相邻臂，电桥输出电压为：

$$U_0=\left(\frac{R_1+\Delta R_1}{R_1+\Delta R_1+R_2-\Delta R_2}-\frac{R_3}{R_3+R_4}\right)U \tag{3-11}$$

设初始时 $R_1=R_2=R_3=R_4$，$\Delta R_1=\Delta R_2$，则：

$$\Delta U_0=\frac{U}{2}\times\frac{\Delta R_1}{R_1} \tag{3-12}$$

C　全桥电路

当 R_1、R_2、R_3、R_4 变化时，为了提高电桥灵敏度或进行温度补偿，在电桥臂中往往安置多个应变片。电桥也可采用四臂电桥。图 3－46(d) 所示为四臂电桥，同理可得电桥输出电压为：

$$U_0=U\frac{\Delta R_1}{R_1} \tag{3-13}$$

利用电桥的特性不仅可以提高灵敏度，还可以抑制干扰信号，因为当电桥的各臂或相邻两臂同时有某一个增量时，对电桥的输出没有影响。

直流电桥的优点：高稳定度的直流电源易于获得，电桥调节平衡电路简单，传感器至测量仪表的连线导线的分布参数影响小等。

但是后续要采用直流放大器，容易产生零点漂移，线路也比较复杂，因此应变电桥现在多采用交流电桥。

3.5.2　交流电桥

根据直流电桥分析可知，由于应变电桥输出电压很小，一般都要加放大器，而直流放大器易于产生零漂，因此应变电桥多采用交流电桥。

图 3－47 为交流电桥，U 为交流电压源，开路输出电压为 U_0，供桥电源为交流电源。

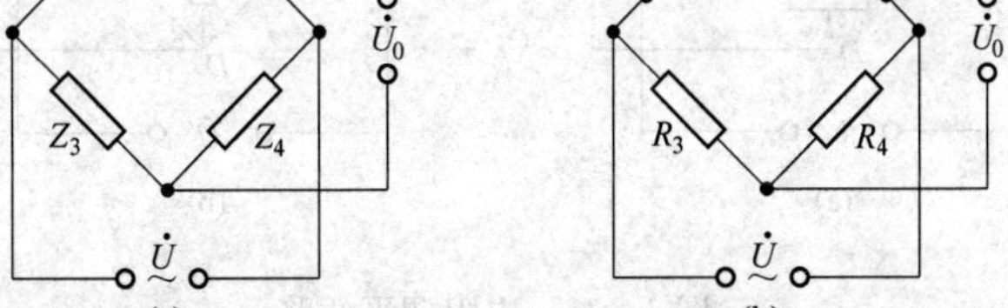

图 3－47　交流电桥

Z_1、Z_2、Z_3、Z_4 为复阻抗，U 为交流电压源，开路输出电压为 U_0，根据交流电路分析（和直流电路类似）可得平衡条件为：

$$Z_1 Z_2 = Z_3 Z_4$$

设 $$Z_i = R_i + jX_i = Z_i e^{j\varphi_i} \qquad (i = 1,2,3,4)$$

式中　R_i，X_i——各桥臂电阻和电抗；

Z_i，φ_i——各桥臂复阻抗的模和幅角。

因此，平衡条件必须同时满足：

$$Z_1 Z_2 = Z_3 Z_4 \text{ 和 } \varphi_1 + \varphi_3 = \varphi_2 + \varphi_4 \tag{3-14}$$

或 $$R_1 R_3 - R_2 R_4 = X_1 X_3 - X_2 X_4 \text{ 和 } R_1 X_3 + R_3 X_1 = R_2 X_4 + R_4 X_2 \tag{3-15}$$

设交流电桥的初始状态是平衡的，当工作应变片 R_1 改变 ΔR_1，引起 Z_1 变化 ΔZ_1，可算出：

$$U_0 = \frac{\dfrac{Z_4}{Z_3} \times \dfrac{\Delta Z_1}{Z_1}}{\left(1 + \dfrac{Z_2}{Z_1} + \dfrac{\Delta Z_1}{Z_1}\right)\left(1 + \dfrac{Z_4}{Z_3}\right)} U \tag{3-16}$$

略去 $\Delta Z_1 / Z_1$，并设初始时 $Z_1 = Z_2$，$Z_3 = Z_4$，则：

$$U_0 = \frac{U}{4} \times \frac{\Delta Z_1}{Z_1} \tag{3-17}$$

（1）电阻调平法。

1）串联电阻法。如图 3－48（a）所示，图中 R_5 由下式确定：

$$R_5 = \left(|\Delta r_1| + \left| \Delta r_3 \frac{R_3}{R_1} \right| \right)_{\max} \tag{3-18}$$

式中　Δr_1，Δr_3——分别为桥臂 R_1 与 R_2、R_3 与 R_4 的偏差。

2）并联电阻法。如图 3－48（b）所示。多圈电位器 R_5 对应于电阻应变仪面板上的“电阻平衡”旋扭。调节 R_5 即可改变桥臂 AD 和 CD 的阻值比，使电桥满足平衡条件。其可调平衡范围取决于 R_6 的值：R_6 愈小，可调范围愈大，但测量误差也愈大。因此，要在保证精度的前提下选得小些。R_5 可采用 R_6 相同的阻值。R_6 可按下式确定：

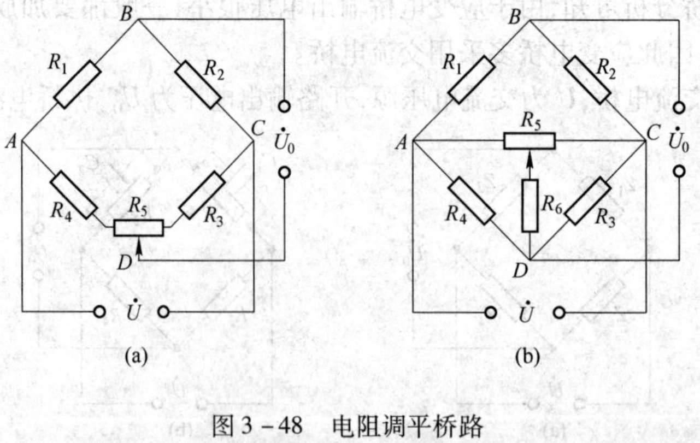

图 3－48　电阻调平桥路

（a）串联法；（b）并联法

$$R_6 = \frac{R_3}{\left(\left| \frac{\Delta r_1}{R_1} \right| + \left| \frac{\Delta r_3}{R_3} \right| \right)_{max}} \tag{3-19}$$

（2）电容调平法。

1）差动电容法。如图3-49（a）所示，C_3和C_4为同轴差动电容；调节时，两电容变化大小相等，极性相反，以此调整电容平衡。

2）阻容调平法。如图3-49（b）所示，它靠接入T形RC阻容电路起到电容预调平的作用。

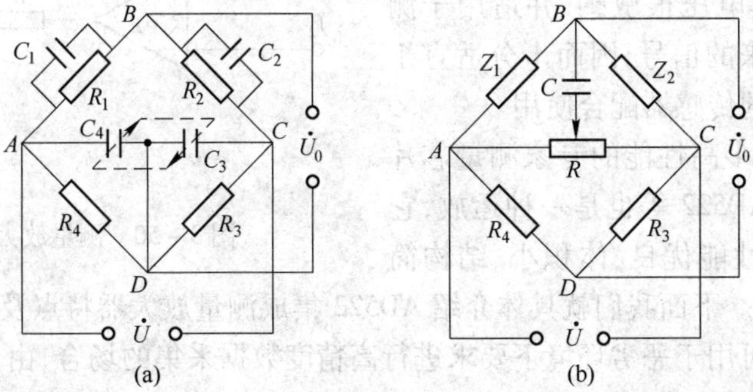

图3-49 电容调平桥路

（a）差动法；（b）阻容法

必须注意：在同时具有电阻、电容调平装置进行阻抗调平的过程中，两者应不断交替调整才能取得理想的平衡结果。

3.6 传感器前级信号处理

传感器所感知、检测、转换和传递的信息表现形式为不同的电信号。传感器输出电信号的参量形式可分为电压输出、电流输出和频率输出，其中以电压输出型为最多，在电流输出和频率输出传感器当中，除了少数直接利用其电流或频率输出信号外，大多数是分别配以电流-电压变换器或频率-电压变换器，从而将它们转换成电压输出型传感器。因此，本节重点介绍电压输出型传感器的接口电路和模拟信号的处理。

随着集成运算放大器的性能不断完善和价格下降，传感器的信号放大越来越多地采用集成运算放大器。一般运算放大器的原理和特点，在电子技术课程中有介绍，在此不再叙述。这里主要介绍几种典型的传感器信号放大器。

3.6.1 测量放大器

在许多检测技术应用场合，传感器输出的信号往往较弱，而且其中还包含工频、静电和电磁耦合等共模干扰，对这种信号的放大就需要放大电路具有很高的共模抑制比以及高增益、低噪声和高输入阻抗。习惯上将具有这种特点的放大器称为测量放大器或仪表放大器。

图3-50为三个运放组成的测量放大器，差动输入端V_1和V_2分别是两个运算放大器（A_1、A_2）的同相输入端，因此输入阻抗很高。采用对称电路结构，而且被测信号直接加入到输入端上，从而保证了较强的抑制共模信号的能力。A_3实际上是一差动跟随器，其增益近似

为 1。测量放大器的放大倍数由下式确定：

$$A_V = \frac{V_0}{V_2 - V_1} \tag{3-20}$$

$$A_V = \frac{R_f}{R}\left(1 + \frac{R_{f1} + R_{f2}}{R_W}\right) \tag{3-21}$$

这种电路，只要运放 A_1 和 A_2 性能对称（主要输入阻抗和电压增益对称），其漂移将大大减小，具有高输入阻抗和高共模抑制比，对微小的差模电压很敏感，并适用于测量远距离传输过来的信号，因而十分适宜于与微小信号输出的传感器配合使用。

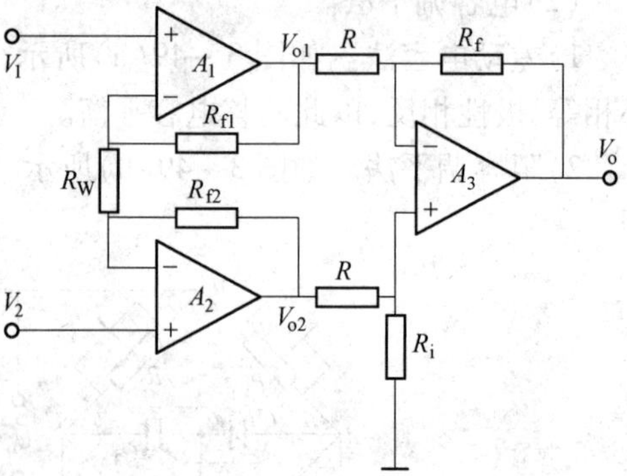

图 3-50　测量放大器原理图

目前，还有很多高性能的专家测量芯片出现，如 AD521/AD522 等也是一种运放，它具有比普通运放性能优良、体积小、结构简单、成本低等特点。下面我们就具体介绍 AD522 集成测量放大器特点及应用。

AD522 主要可用于恶劣环境下要求进行高精度数据采集的场合，由于 AD522 具有低电压漂移：2JV/C；低非线性：0.005%（$G=100$）；高共模抑制比：>110dB（$G=1000$）；低噪声：1.5V（P－P）（0.1～100Hz）；低失调电压：100V 等特点，因而可用于许多 12 位数据采集系统中。

AD522 的一个主要特点是没有数据防护端，用于提高交流输入时的共模抑制比。对远处传感器送来的信号，通常采用屏蔽电缆传送到测量放大器，电缆线上分布参量 RC 会使其产生相移，当出现交流共模信号时，这些相移将使共模抑制比降低。利用数据防护端可以克服上述影响，如图 3-51 所示。对于无此端子的仪器用放大器，如 AD524、AD624 等，可在 R_G 端取共模电压，再用一运放作为它的输出缓冲屏蔽驱动器。运放应选用具有很低偏流的场效应管运放，以减少偏流流经增益电阻时对增益产生的误差。

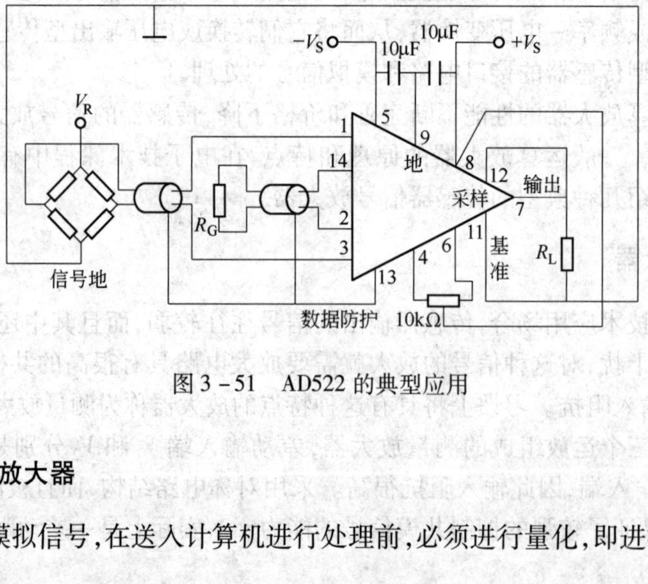

图 3-51　AD522 的典型应用

3.6.2　程控增益放大器

经过处理的模拟信号，在送入计算机进行处理前，必须进行量化，即进行模拟数字变换，变换后的数字信号才能被计算机接收和处理。

当模拟信号送到模数变换器时,为减少转换误差,一般希望送来的模拟信号尽可能大,如采用 A/D 变换器进行模数转换时,在 A/D 输入的允许范围内,希望输入的模拟信号尽可能达到最大值;然而,当被测参量变化范围较大时,经传感器转换后的模拟小信号变化也较大,在这种情况下,如果单纯只使用一个放大倍数的放大器,就无法满足上述要求;在进行小信号转换时,可能会引入较大的误差。为解决这个问题,工程上常采用通过改变放大器增益的方法,来实现不同幅度信号的放大,如万用表、示波器等许多测量仪器的量程变换等。

然而,在计算机自动测控系统中,往往不希望、有时也不可能利用手动办法来实现增益变换,而希望利用计算机采用软件控制的办法来实现增益的自动变换,具有这种功能的放大器就叫程控增益放大器。

图 3-52 即为一利用改变反馈电阻的办法来实现量程变换的可变换增益放大器电路。当开关 K_1 闭合,K_2 和 K_3 断开时,放大倍数为:

$$A_{vf} = -\frac{R_1}{R} \tag{3-22}$$

而当 K_2 闭合,而其余两个开关断开时,其放大倍数为:

$$A_{vf} = -\frac{R_2}{R} \tag{3-23}$$

选择不同的开关闭合,即可实现增益的变换,如果利用软件对开关闭合情况进行选择,即可实现程控增益变换。

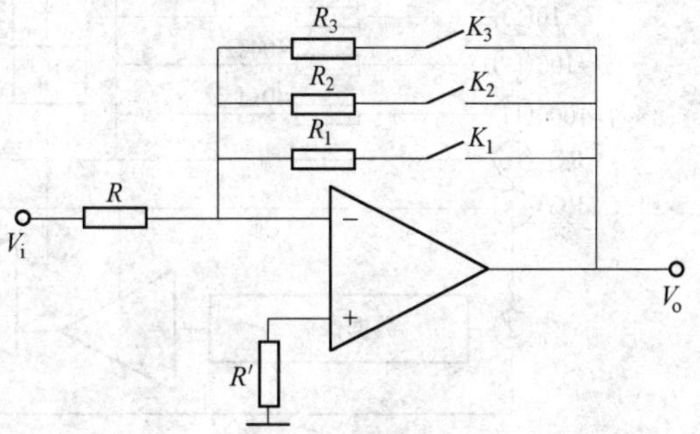

图 3-52 程控增益放大器原理图

利用程控增益放大器与 A/D 转换器组合,配合一定的软件,很容易实现输出信号的增益控制或量程变换,间接地提高输入信号的分辨率。

图 3-53 为利用 AD521 测量放大器与模拟开关结合组成的程控增益放大器,通过改变其外接电阻 R 的办法来实现增益控制。

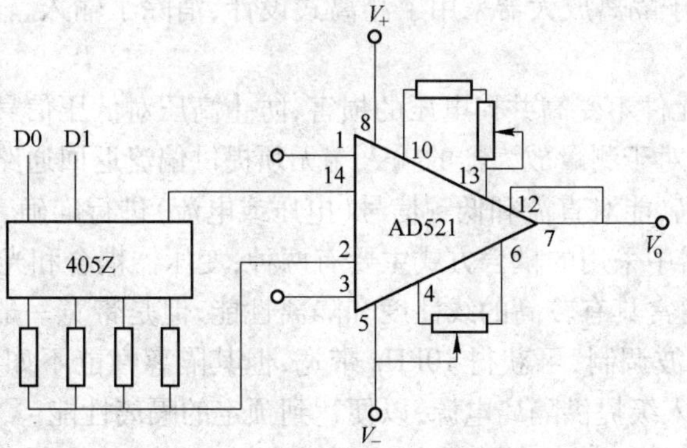

图 3-53 AD521 构成的程控增益放大器

有些测量放大器,其电路中已将译码电路和模拟开关结合在一起,有的甚至将设定增益所需的电阻也集成于同一组件中,为计算机控制提供了极为便利的条件。AD524 即是常用的一种集成可编程增益控制测量放大器。

图 3－54 为 AD524 结构原理图,其特点是具有低失调电压(50MV),低失调电压漂移(0.5μV/℃),低噪声(0.3μV(P－P),0.1～10Hz),低非线性(0.003%,增益为 1 时),高共模抑制比(120dB,增益为 1000 时),增益带宽为 25MHz,具有输入保护等。从其结构图可知,对于 1、10、100 和 1000 倍的整数倍增益,无需外接电阻即可实现,在具体使用时只需一个模拟开关来控制即可达到目的;对于其他倍数的增益控制,也可用一般的改变增益调节电阻 R_s 的方法来实现,同样也可用改变反馈电阻与 D/A 转换器结合,甚至采用改变其参考端电压的方法来实现程控增益。

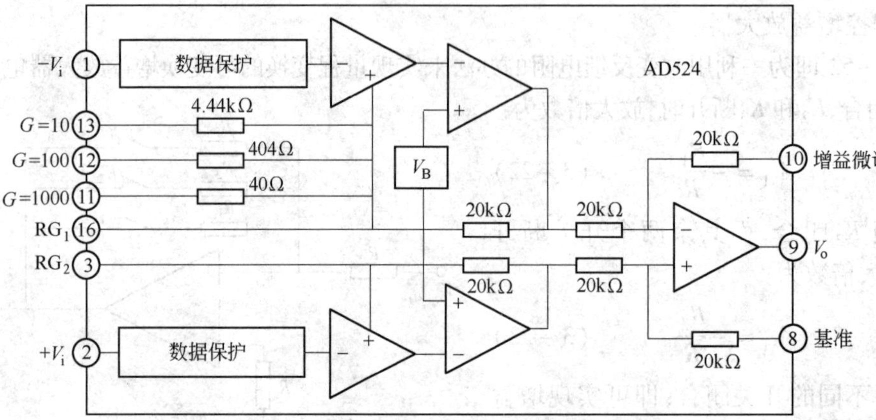

图 3－54　AD524 原理图

3.6.3　隔离放大器

在有强电或强电磁干扰的环境中,为了防止电网电压等对测量回路的损坏,其信号输入通道采用隔离技术,能完成这种任务,具有这种功能的放大器称为隔离放大器。

一般来讲,隔离放大器是指对输入、输出和电源在电流和电阻彼此隔离使之没有直接耦合的测量放大器。由于隔离放大器采用了浮离式设计,消除了输入、输出端之间的耦合,因此还具有以下特点:

(1)能保护系统元件不受高共模电压的损害,防止高压对低压信号系统的损坏。

(2)泄漏电流低,对于测量放大器的输入端无须提供偏流返回通路。

(3)共模抑制比高,能对直流和低频信号(电压或电流)进行准确、安全地测量。

目前,隔离放大器中采用的耦合方式主要有两种:变压器耦合和光电耦合。利用变压器耦合实现载波调制,通常具有较高的线性度和隔离性能,但是带宽一般在 1kHz 以下。利用光电耦合方式实现载波调制,可获得 10kHz 带宽,但其隔离性能不如变压器耦合。上述两种方法均需对差动输入级提供隔离电源,以便达到预定的隔离性能。

图 3－55 为 284 型隔离放大器电路结构图。为提高微电流和低频信号的测量精度,减小漂移,其电路采用调制式放大,其内部分为输入、输出和电源三个彼此相互隔离的部分,并由低泄漏高频载波变压器耦合在一起。通过变压器的耦合,将电源电压送入输入电路并将信号从输入电路送出。输入部分包括双极型前置放大器、调制器;输出部分包括解调器和滤波器,一般在滤波器后还有缓冲放大器。

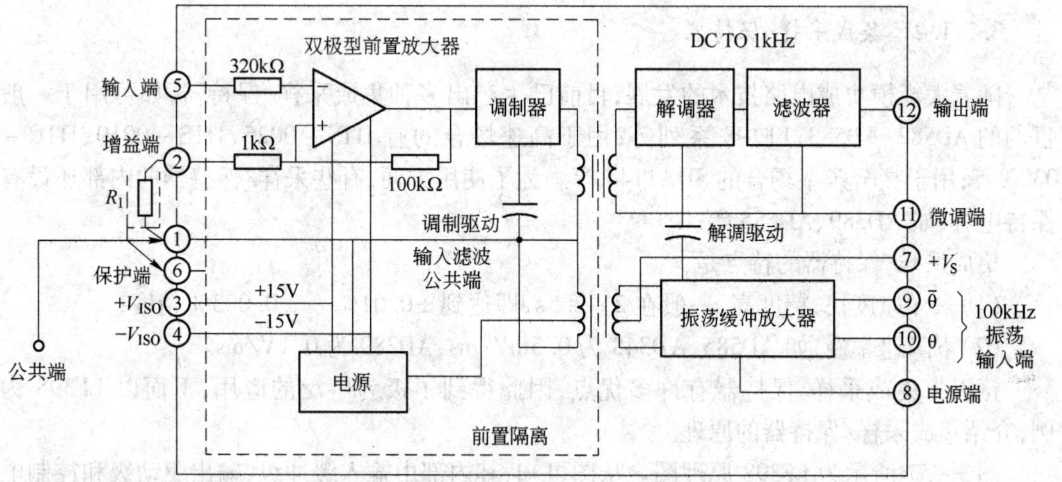

图 3－55　284 型隔离放大器电路结构图

3.7　传感器接口技术

当模拟式传感器将非电物理量转换成电量,并经放大、滤波等一系列处理后,需经模/数变换将模拟量变成数字量,才能送入计算机系统。模/数转换过程包括信号的采样/保持、多路转换(多传感器输入时)、A/D 处理等过程,下面主要介绍前两项内容,A/D 转换将在第 5 章介绍。

3.7.1　传感器信号的采样/保持

在对模拟信号进行模数变换时,从启动变换到变换结束的数字量输出,需要一定的时间,即 A/D 转换器的孔径时间。当输入信号频率提高时,由于孔径时间的存在,会造成较大的转换误差;要防止这种误差的产生,必须在 A/D 转换开始时保持信号电平,而在 A/D 转换结束后又能跟踪输入信号的变化,即对输入信号处于采样状态。能完成这种功能的器件叫采样/保持器,从上面分析也可知,采样/保持器在保持阶段相当于一个"模拟信号存储器"。

在模拟量输出通道,为使输出得到一个平滑的模拟信号,或对多通道进行分时控制时,也常使用采样/保持器。

3.7.1.1　采样/保持器原理

采样/保持器由存储电容 C,模拟开关 S 等组成,如图 3－56 所示。当 S 接通时,输出信号跟踪输入信号,称采样阶段。当 S 断开时,电容 C 两端一直保持断开的电压,称保持阶段。由此构成一个简单采样/保持器。实际上为使采样/保持器具有足够的精度,一般在输入级和输出级均采用缓冲器,以减小信号源的输出阻抗,增加负载的输入阻抗。在电容

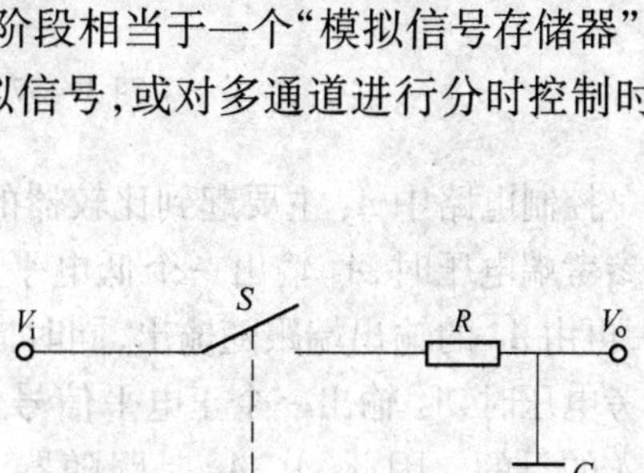

图 3－56　采样/保持器原理

选择时，使其大小适宜，以保证其时间常数适中，并选用漏泄小的电容。

3.7.1.2　集成采样/保持器

随着大规模集成电路技术的发展，目前已生产出多种集成采样/保持器，如可用于一般目的的 AD582、AD583、LF198 系列等；用于高速场合的有 HTS－0025、HTS－0010、HTC－0300 等；用于高分辨率场合的 SHA1144 等。为了使用方便，有些采样/保持器的内部还设有保持电容，如 AD389、AD585 等。

集成采样/保持器的特点是：

(1) 采样速度快、精度高，一般在 2～2.5s，即达到 ±0.01% ～ ±0.003% 精度；

(2) 下降速率慢，如 AD585、AD348 为 0.5mV/ms，AD389 为 0.1V/ms。

正因为集成采样/保持器有许多优点，因此得到了极为广泛的应用，下面以 LF398 为例，介绍集成采样/保持器的原理。

图 3－57 所示为 LF398 原理图。从图可知，其内部由输入缓冲级、输出驱动级和控制电路三部分组成。

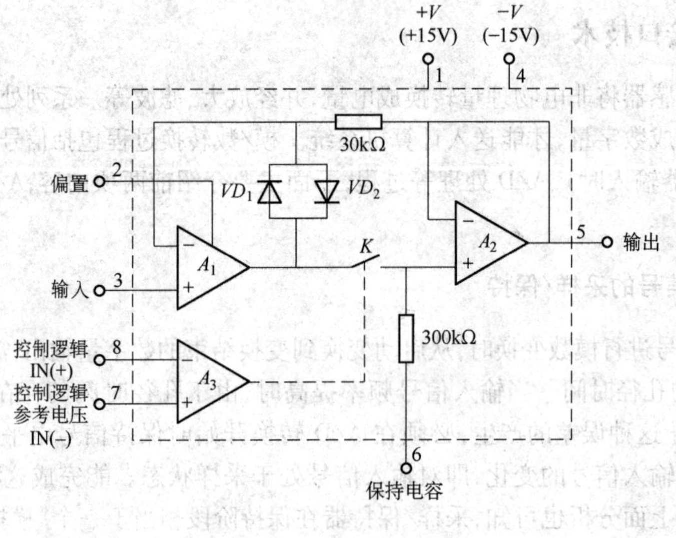

图 3－57　LF398 采样/保持器原理图

控制电路中 A_3 主要起到比较器的作用；其中 7 脚为参考电压，当输入控制逻辑电平高于参考端电压时，A_3 输出一个低电平信号驱动开关 K 闭合，此时输入经 A_1 后跟随输出到 A_2，再由 A_2 的输出端跟随输出，同时向保持电容（接 6 端）充电；而当控制端逻辑电平低于参考电压时，A_3 输出一个正电平信号使开关断开，以达到非采样时间内保持器仍保持原来输入的目的。因此，A_1、A_2 是跟随器，其作用主要是对保持电容输入和输出端进行阻抗变换，以提高采样/保持器的性能。

与 LF398 结构相同的还有 LF198、LF298 等，它们都是由场效应管构成，具有采样速度高、保持电压下降慢以及精度高等特点。当作为单一放大器时，其直流增益精度为 0.002%，采样时间小于 6μs 时精度可达 0.01%；输入偏置电压的调整只需在偏置端（2 脚）调整即可，并且在不降低偏置电流的情况下，带宽允许 1MHz，其主要技术指标有：

(1)工作电压:±5 ~ ±18V;

(2)采样时间:≤10μs;

(3)可与 TTL、PMOS、CMOS 兼容;

(4)当保持电容为 0.01μF 时,典型保持步长为 0.5mV;

(5)低输入漂移,保持状态下输入特性不变;

(6)在采样或保持状态时高电源抑制。

图 3-58 为其外引脚图,图 3-59 为典型应用图。在有些情况下,还可采取两级采样保持串联的方法,根据选用不同的保持电容,使前一级具有较高的采样速度,而后一级保持电压下降速率慢。两级结合构成一个采样速度快而下降速度慢的高精度采样/保持电路,此时的采样总时间为两个采样/保持电路时间之和。

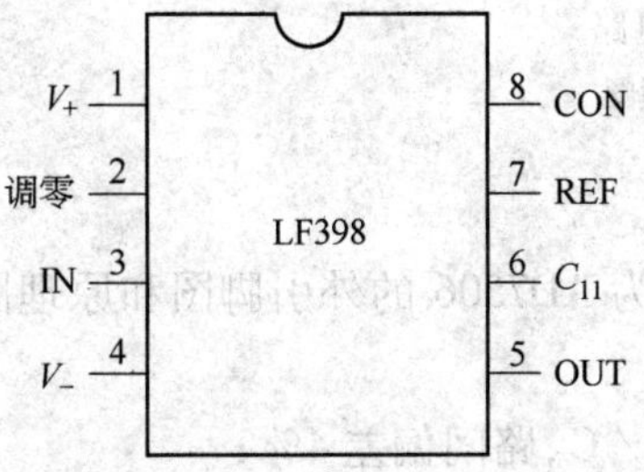

图 3-58 LF398 外引脚

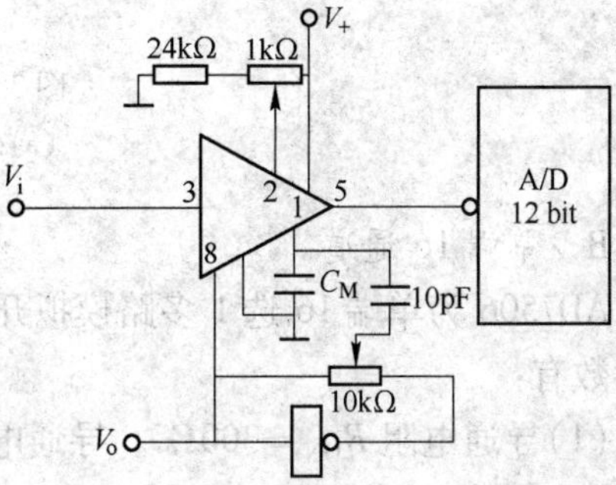

图 3-59 LF398 的典型应用

3.7.2 多通道模拟信号输入

在机电一体化系统中,经常对许多传感器信号进行采集和控制。如果每一路都单独采用各自的输入回路(即每一路都采用放大、采样/保持、A/D 等环节),不仅成本比单路成倍增加,还会导致系统体积庞大,且由于模拟器件、阻容元件参数和特性不一致,给系统的校准带来很多困难。因此除特殊情况下,多采用公共的采样/保持及 A/D 转换电路。要实现这种设计,往往采用多路模拟开关,常用的有 AD7501、AD7506、AD7502、LF13508 等。

3.7.2.1 常用模拟多路开关集成电路

A 单端 8 通道

AD7501 是单片集成的 CMOS 8 选 1 多路模拟开关,每次只选中 8 个输入端的一路与公共端接通,选通通道是根据输入地址编码而得。所有数字量输入均可用 TTL 或 CMOS 电路。图 3-60 为 AD7501 的外引脚图和原理图。

AD7501 的主要参数有:

(1)导通电阻 R_{ON} 典型值为 170Ω($-10V \leq V_S \leq 10V$),导通电阻温漂 0.5%/℃,路间偏差 4%;

(2)输入电容:3pF;

(3)开关时间:$t_{on} = 0.8\mu s$,$t_{off} = 0.8\mu s$;

(4)极限电源电压:$V_{DD} = +17V$,$V_{SS} = -17V$。

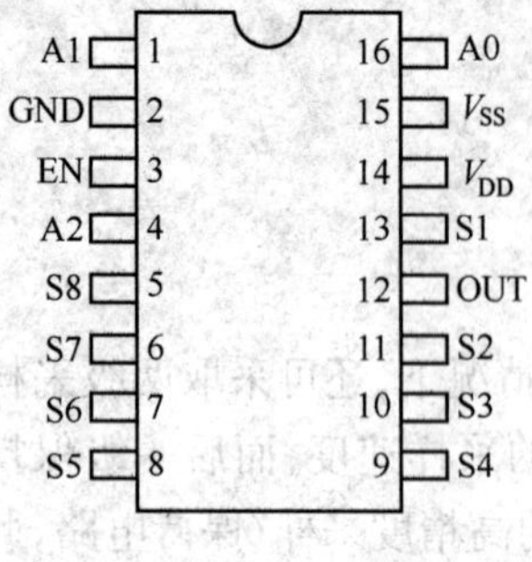

(a)

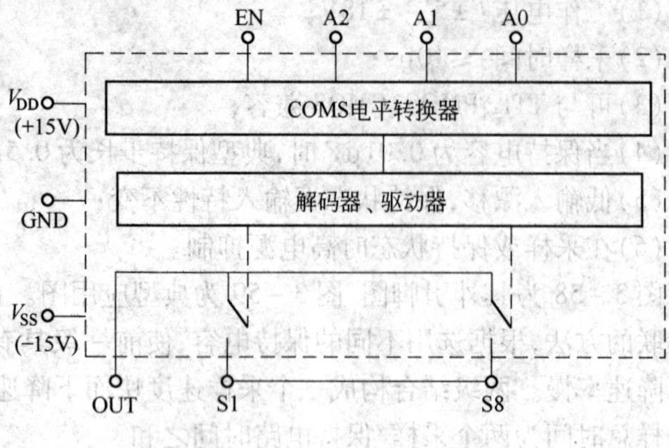

(b)

图 3 - 60 AD7501 电路

(a)外引脚图;(b)原理图

B 单端 16 通道

AD7506 为单端 16 选 1 多路模拟开关,图 3 - 61 为 AD7506 的外引脚图和原理图,其主要参数有:

(1)导通电阻 $R_{ON}=300\Omega$ 。导通电阻温漂 0.5%/℃,路间偏差 4%;

(2)开关时间:$t_{on}=0.8\mu s$,$t_{off}=0.8\mu s$;

(3)极限电源电压:$V_{DD}=+17V$,$V_{SS}=-17V$。

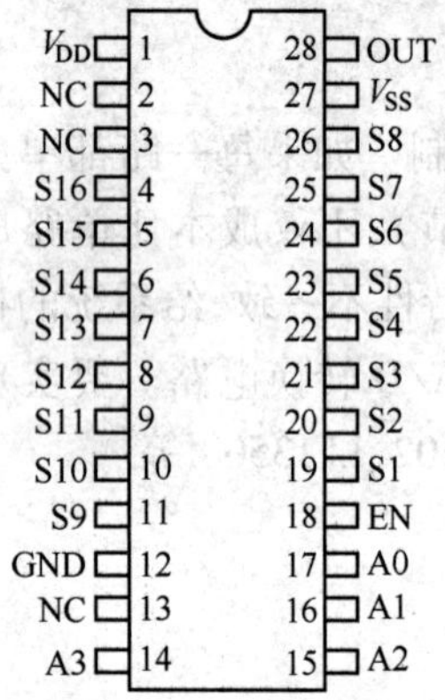

(a)

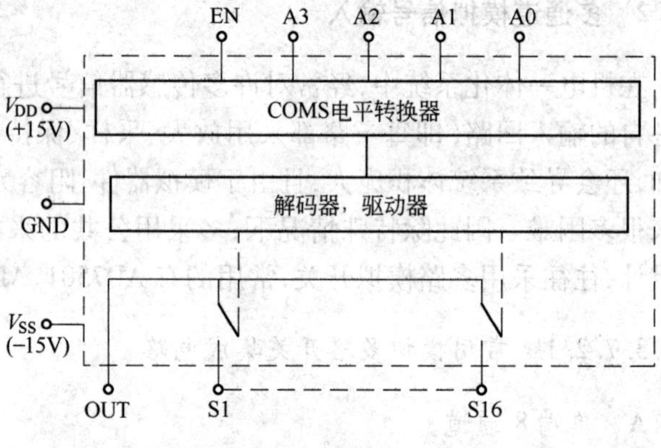

(b)

图 3 - 61 AD7506 电路

(a)外引脚图;(b)原理图

C 差动 4 通道

AD7502 是差动 4 通道多路模拟开关,其外引脚和原理如图 3 - 62 所示。

3.7.2.2 多路模拟开关应用举例

在许多机电一体化产品中,都需要用到多路模拟量输入情况,此时可采用多路模拟开关来实现。图 3 - 63 为利用 AD7501 组成的 8 路模拟量输入通道。

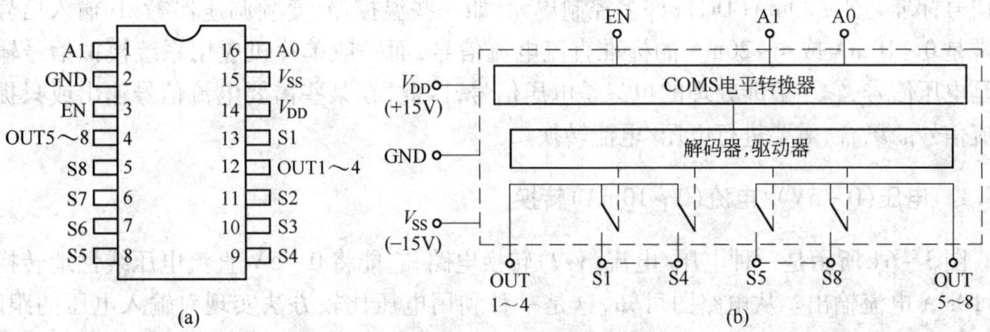

图 3 – 62　AD7502 电路

(a)外引脚图；(b)原理图

3.7.2.3　多路开关选用注意事项

在选用多路开关时，常要考虑许多因素，如要单端型还是差动型；开关电阻多大；控制电平多高；另外还要考虑开关速度及开关间互扰等诸多方面。

(1)对于传输信号电平较低的场合，可选用低压型多路模拟开关，这时必须在电路中有严格的抗干扰措施，一般情况下选用常用的高压型。

(2)对于要求传输精度高而信号变化慢的场合，如利用铂电阻测量缓变温度场，就可选用机械触点式开关，在输入通道较多的场合，应考虑其体积问题。

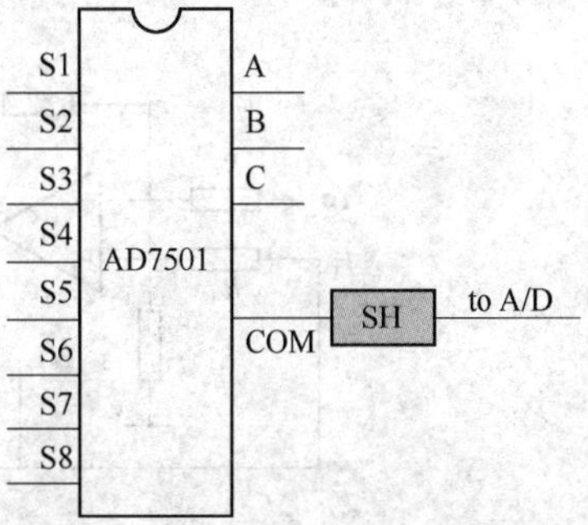

图 3 – 63　AD7501 8 路输入

(3)在切换速度要求高，路数多的情况下，宜选用多路模拟开关；在选用时尽可能根据通道量选取单片模拟开关集成电路，因为这种情况下每路特性参数可基本一致；在使用多片组合时，也宜选用同一型号的芯片以尽可能使每个通道的特性一致。

(4)在多路模拟开关的速度选择时，要考虑到其后级采样保持电路和 A/D 的速度，只需略大于它们的速度即可，不必一味追求高速。

(5)在使用高精度采样、保持 A/D 进行精密数据采集和测量时，需考虑模拟开关的传输精度问题，尤其需注意模拟开关漂移特性，因为如果性能稳定，即使开关导通电阻较大，也可采取补偿措施来消除影响。但如果阻值和漏电流等漂移很大，将会大大影响测量精度。

3.8　电压/电流转换

在机电一体化检测系统中，为增加系统的可靠性，加快研制速度，实现系统功能模块化，经常选用具有一定功能的电动组合单元作为系统的一部分，如在温度测量中，选择热电偶或热电阻温度变送器作为测量单元；在电动机控制中，利用输入为 4 ~ 20mA 或 0 ~ 5V 的变频调速器作为控制输出单元等。在某些测控系统的改造中，为使系统整体结构基本保持原状，也常遇到微机系统与电动组合单元的接口问题。

对于电动组合单元 DDZ – Ⅱ型，其输出信号标准为 0 ~ 10mA(DC)，而 DDZ – Ⅲ型的输出信号标准为 4 ~ 20mA(DC);许多控制单元,如一些温控器、变频调速器等,其输入信号也经常是 0 ~ 10mA 或 4 ~ 20mA 的标准直流电流信号,而一般单片机应用系统模拟信号输出只是电压信号,它一般能处理的也只是电压信号,因此,在某些需要电流信号输出或只提供电流信号的场合,需要进行电压/电流转换。

3.8.1　电压(0 ~ 5V)/电流(0 ~ 10mA)转换

图 3 - 64 所示是一种电压/电流(V/I)转换电路,它能将 0 ~ 5V 直流电压线性地转换成 0 ~ 10mA 电流输出。从电路图可知,这是一种利用电压比较方法实现对输入电压的跟踪,从而保证输出电流为所需值。利用 A_1 作为比较器,将输入电压 V_i 与反馈电压 V_f 比较,通过比较器输出电压 V_1 控制 A_2 的输出电压 V_2,从而改变晶体管 VT 的输出电流 I_L,I_L 的大小又影响到参考电压 V_f,这种反馈的结果使 $V_i = V_f$,此时流过负载的电流 I_c 为:

$$I_c = \frac{V_f}{R_P + R_7} = \frac{V_i}{R_P + R_7}$$

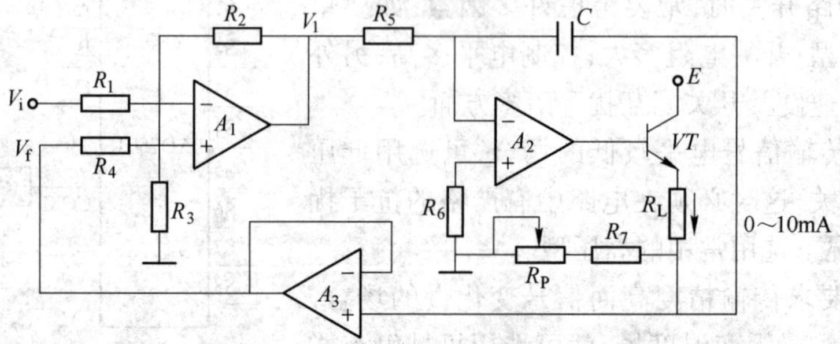

图 3 - 64　0 ~ 5V/0 ~ 10mA 转换

当 $R_7 + R_P$ 的阻值稳定性好,A_1、A_2 具有较大的放大倍数时,该电路具有较高的精度。当选 $R_7 + R_P = 500\Omega$ 时,输出电流就以 0 ~ 10mA(DC)线性地对应输入电压 0 ~ 5V(DC)。

需要注意的是,在这个电路中,晶体管的特性对输出有很大的影响,为使输出电流与输入电压具有更好的线性关系,也可在反馈端加一定的偏压。

图 3 - 65 所示是 0 ~ 10V(DC)/0 ~ 10mA(DC)转换电路,在输出回路中,引入一个反馈电阻 R_f,输出电流 I_0 经反馈电压 V_f,经电阻 R_3、R_4 加到运算放大器的输入端。由电路可知,其同相端和反相端的电压分别为:

$$V_N = V_2 + \frac{(V_i - V_2)R_4}{R_1 + R_4}$$

$$V_P = \frac{V_1 R_2}{R_2 + R_3}$$

对于运放,有 $V_N \approx V_P$,故有:

$$V_2\left(1 - \frac{R_4}{R_1 + R_4}\right) + \frac{V_i R_4}{R_1 + R_4} = V_1 R_2 (R_2 + R_3)$$

由于 $V_2 = V_1 - V_f$,则:

$$\frac{V_1 R_1}{R_1 + R_4} + \frac{V_i R_4 - V_f R_1}{R_1 + R_4} = V_1 R_2 (R_2 + R_3)$$

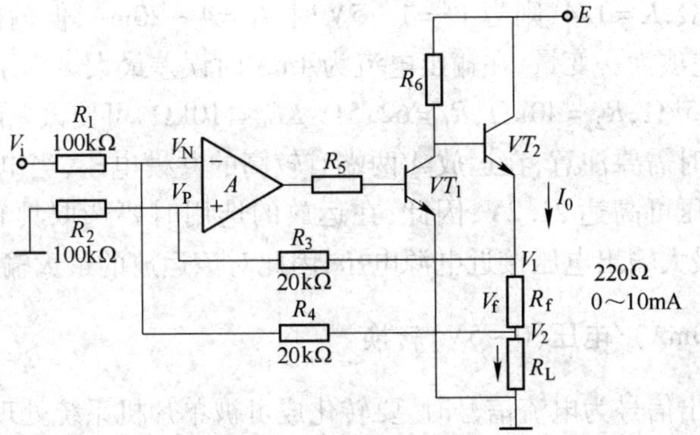

图 3-65 0～10V/0～10mA 的转换电路

若令 $R_1=R_2=100\Omega, R_3=R_4=20k\Omega$，则有：

$$V_f=\frac{V_iR_4}{R_1}=\frac{1}{5}V_i$$

略去反馈回路的电流，则有：

$$I_0=\frac{V_f}{R_f}=\frac{V_i}{5R_f}$$

可见当运放开环增益足够大时，输出电流 I_0 与输入电压 V_i 的关系只与反馈电阻 R_f 有关，因而具有恒流性能。反馈电阻 R_f 的值由组件的量程决定，当 $R_f=200\Omega$ 时，输出电流 I_0 在 0～10mA(DC)范围内线性地与 0～10V(DC)输入电压对应。

为了增加转换精度，也可在反馈电压输出端加电压跟踪器。

3.8.2 电压(1～5V)/电流(4～20mA)转换

图 3-66 所示电路是将 1～5V(DC)转换成 4～20mA(DC)输出，其中基准电压 $V_B=10V$，输入电压加在基准电压 V_B 上，从反相端输入。晶体管 VT_1、VT_2 组成复合管，作为射极跟随器并降低 VT_1 的基极电流，使 $I_0\approx I_1$。

从电路分析可知，使 $I_0=I_1-I_2$，若取 $R_1=R_2=R$，则有：

$$V_N=V_P=V_B+\frac{24-V_B}{(1+K)R}R=\frac{24+KV_B}{1+K}$$

$$\frac{V_N-V_i-V_B}{R}=\frac{V_f-V_N}{KR}=I_2$$

$$I_1=\frac{24-V_f}{R_f}$$

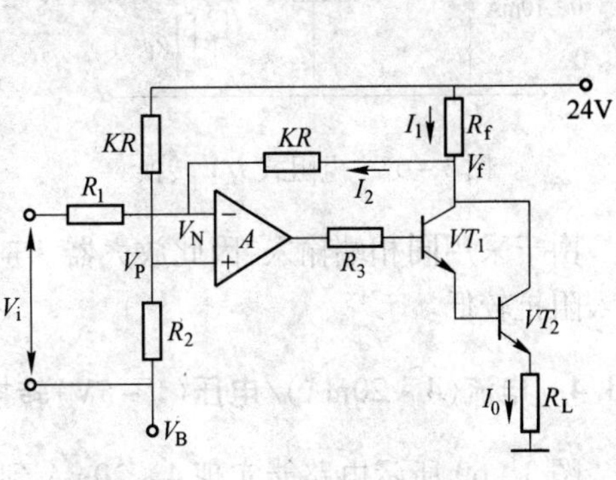

图 3-66 1～5V/4～20mA 转换电路

因而有：

$$I_1=\frac{KV_i}{R_f}$$

$$I_2=\frac{24-V_B-(1+K)V_i}{(1+K)R}$$

若取 $R_f = 62.5\Omega$，$K = 1/4$，则当 $V_i = 1 \sim 5V$ 时，$I_1 = 4 \sim 20mA$，但输出电流 I_0 比 I_1 小一个误差项 I_2，且该误差项为一变量，在输出电流为 4mA 时误差最大。为了减小转换误差，实际电路可取 $R_1 = 40.25k\Omega$，$R_2 = 40k\Omega$，$R_f = 62.5\Omega$，$KR = 10k\Omega$，可使误差降到最小。

采取上述电路时需要注意，在运放 A 两端有较高的共模电压，当电源电压为 24V 时，同相端和反相端的电压可高达 21.2V，因此，在运放的选用时要选取具有耐高共模电压的运放；同时由于 A 的最大输出电压接近电源电压，因此对该运放的最大输出电压亦有要求。

3.8.3　电流（0～10mA）/电压（0～5V）转换

当变送器的输出信号为电流信号时，要转化成可被单片机系统处理的电压信号，需经电流/电压（I/V）转换。最简单的 I/V 转换可以利用一个 500Ω 的精密电阻，将 0～10mA 的电流信号转换为 0～5V 的电压信号。

对于不存在共模干扰的 0～10mA（DC）信号，如 DDZ－Ⅱ型仪表的输出信号等，可用图 3－67 所示的电阻式 I/V 转换，其中，R、C 构成低通滤波网络，R_P 用于调整输出电压值。

对于存在共模干扰的情况，可采用隔离变压器耦合的方式，将其转换为 0～5V 的电压信号输出，在输出端接负载时，要考虑转换器的输出驱动能力，一般在输出端可再接一个电压跟随器作为缓冲器。

图 3－68 所示为一实用的 I/V 转换电路，其实质是一同相放大器电路，利用 0～10mA 电流在电阻 R 上产生输入电压，若取 $R = 200\Omega$，则 $I = 10mA$ 时，产生 2V 的输入电压。该电路的放大倍数为：

$$A = 1 + \frac{R_f}{R_1}$$

若取 $R_1 = 100k\Omega$，$R_f = 150k\Omega$，则 0～10mA 输入对应于 0～5V 的电压信号输出。

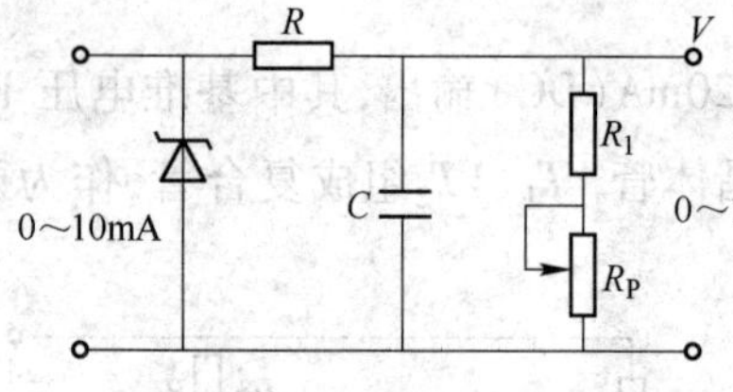

图 3－67　电阻式 I/V 转换

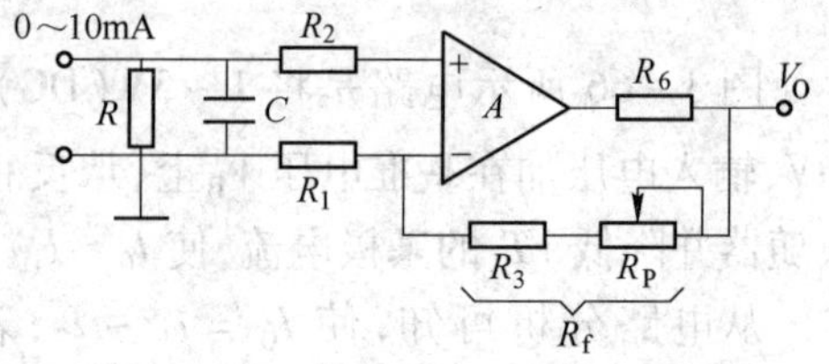

图 3－68　0～10mA/0～5V 转换电路

由于采用同相端输入，因此放大器 A 应选共模抑制比较高的运放，从电路结构可知，其输入阻抗较低。

3.8.4　电流（4～20mA）/电压（1～5V）转换

图 3－69 所示电路能实现 4～20mA 到 1～5V 的电压转换，由节点方程可知：

$$\frac{V_0 - V_N}{R_f} = \frac{V_N}{R_1} + \frac{V_N - V_f}{R_5}$$

$$V_0 = \left(1 + \frac{R_f}{R_1} + \frac{R_f}{R_5}\right)V_N - \frac{R_f}{R_5}V_f$$

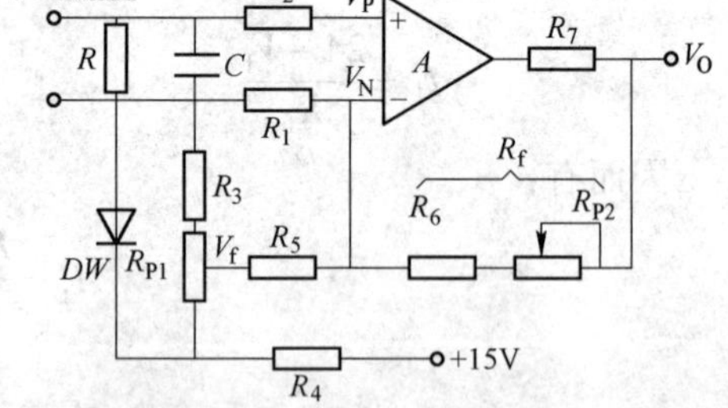

图 3－69　4～20mA/1～5V 转换电路

若取 $R=200\Omega$，$R_1=180\text{k}\Omega$，$R_5=43\text{k}\Omega$，$R_f=7.14\text{k}\Omega$，调整 R_P 使 $V_f=7.53\text{V}$，则有

$$V_0=(4\sim20)\times200\times\left(1+\frac{7.14}{18}+\frac{7.14}{43}\right)-7.53\times\frac{7.14}{43}=0\sim5\text{V(DC)}$$

从电路结构可知，该电路也是一种同相放大器电路。

3.8.5 集成电压/电流转换电路

在实现 0～10mA(DC)，4～20mA(DC)与 0～5V(DC)，0～10V(DC)及 1～5V(DC)转换时，也可直接采用集成电压/电流(*I/V*)转换电路来完成，下面以高精度电压/电流变换器 ZF2B20 为例，来分析这种电路的使用。

ZF2B20 是通过 *V/I* 变换的方式产生一个与输入电压成比例的输出电流。它的输入电压范围是 0～10V，输出电流是 4～20mA(加接地负载)，采用单正电源供电，电源电压范围为 10～32V，它的特点是低漂移，在工作温度为 −25～85℃范围内，最大漂移为 0.005%/℃，可用于控制和遥测系统，作为子系统或分系统之间的信息传送和传输连接。图 3－70 所示为 ZF2B20 的外引脚图。

ZF2B20 的输入电阻为 10kΩ，动态响应时间小于 25μs，非线性小于 ±0.025%。

利用 ZF2B20 实现 *V/I* 转换极为方便，图 3－71 所示电路是一种带初始校准的 0～10V 到 4～20mA 转换电路；图 3－72 所示电路则是一种带满度校准的 0～10V 到 0～10mA 转换电路。

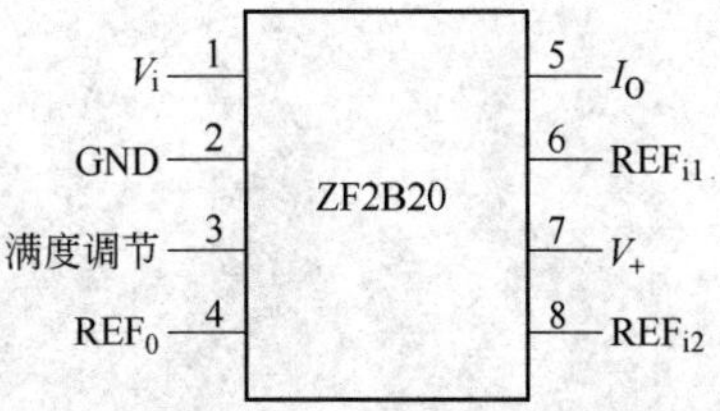

图 3－70　ZF2B20 的外引脚图

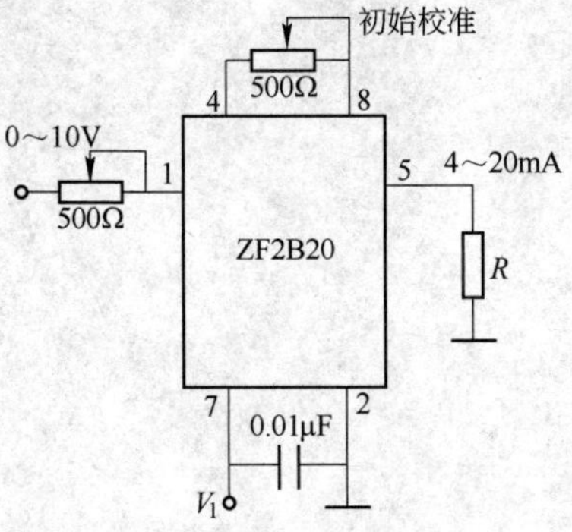

图 3－71　0～10V/4～20mA 转换

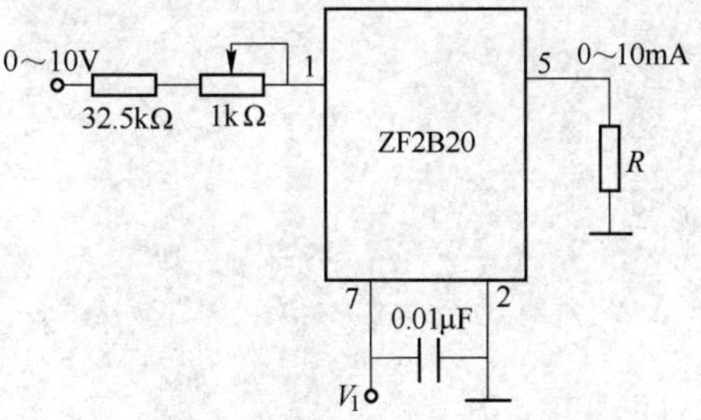

图 3－72　0～10V/0～10mA 转换

另一种常用的 *V/I* 转换器是 AD 公司的 AD694。AD694 是一种 4～20mA 转换器，适当接线也可使其输出范围为 0～20mA。

思考与练习

3－1　传感器的静态用哪些指标来衡量？

3－2　试述传感器的正确选择和使用。

3－3　机电一体化系统中，需要测试的常见物理量有哪些？

3-4　举出机电一体化系统中应用压力传感器的事例。

3-5　检测系统由哪几部分组成，说明各部分的作用。

3-6　采用阻值为 120Ω，灵敏度系数 $k=2.0$ 的金属电阻应变片和阻值为 120Ω 的固定电阻组成电桥，供桥电压为 4V，并假定负载电阻无穷大。当应变片上的应变分别为 1με 和 1000με 时，试求单臂工作电桥、双臂工作电桥以及全桥工作时的输出电压，并比较三种情况下的灵敏度。

3-7　电阻应变片测量外力的原理是什么？

3-8　机械加工装置中应用了大量位移测试传感器，试分析不同位移传感器的场合。

3-9　分析电容传感器的工作原理及其主要应用。

3-10　多路模拟开关和采集/保持电路的作用是什么？

4 机电一体化计算机控制及接口技术

随着计算机技术的飞速发展，计算机与各种工业控制系统的结合也日趋紧密，机电一体化计算机控制系统中的软件和硬件占有相当重要的地位，它体现着控制系统的先进性和智能性。

尽管机电一体化控制系统的种类繁多，应用于不同被控对象的控制装置的结构和原理也不尽相同，但从系统的组成角度来分析，其内部都包含一些基本的模块电路，其外部通常有丰富的接口，加强对这些电路和接口的学习，是掌握机电一体化控制系统设计方法的有效途径。

本章将着重介绍单片机的结构特点、显示器和键盘的接口电路、可编程控制器、I/O 接口电路、A/D 与 D/A 转换器的工作原理等。

4.1 概述

4.1.1 计算机控制系统的组成

计算机控制系统就是采用计算机（通常为工业控制计算机）来实现的工业过程自动控制系统。总体上讲，计算机控制系统包括硬件和软件两大部分。硬件包括计算机本身及外部设备，如 CPU、内存、硬盘、I/O 接口，以及各种显示、记录设备，操作面板等。

图 4－1 所示为计算机控制系统的基本框图，其中计算机是控制系统的核心，负责处理预先设定的各种条件、参数及检测装置传回的各种现场数据，并将处理好的结果传送给执行机构，执行机构驱动被控对象进行工作。

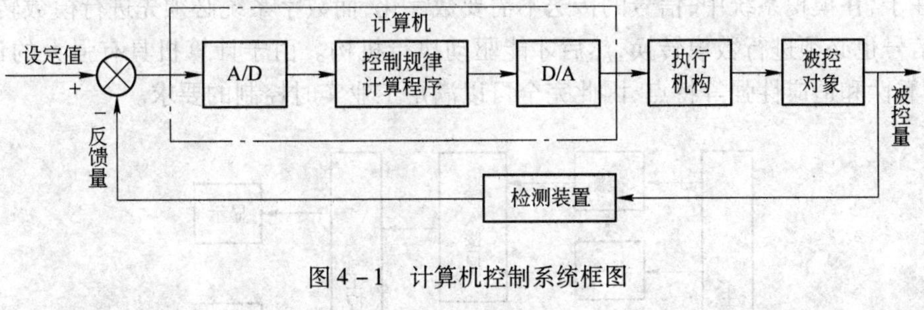

图 4－1 计算机控制系统框图

图 4－2 所示为一简单的工业计算机控制系统示例。该系统使用网络接收计算机控制系统传来的控制信号，以此控制电机按现场情况及工作要求协调动作。

4.1.2 计算机在控制系统中的应用方式

计算机在控制系统中的应用方式可以分为四类，分别为监视控制与数据采集系统、直接数字控制系统、监督计算机控制系统和控制网络。

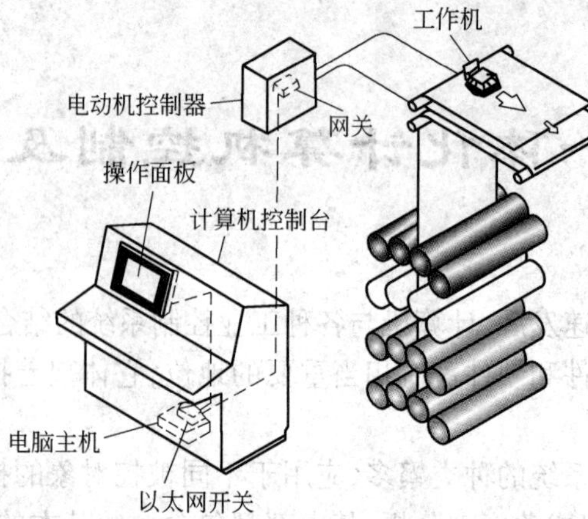

图 4－2　工业计算机控制系统

4.1.2.1　监视控制与数据采集系统

图 4－3 所示为计算机数据采集系统。在应用系统中，计算机只负责数据的采集和处理工作，而不直接参与控制。它对生产过程中各种工艺变量进行巡回检测、处理、记录及变量的超限报警，同时对这些变量进行累计分析和实时分析，得出各种趋势分析数据和曲线，为操作人员提供参考。

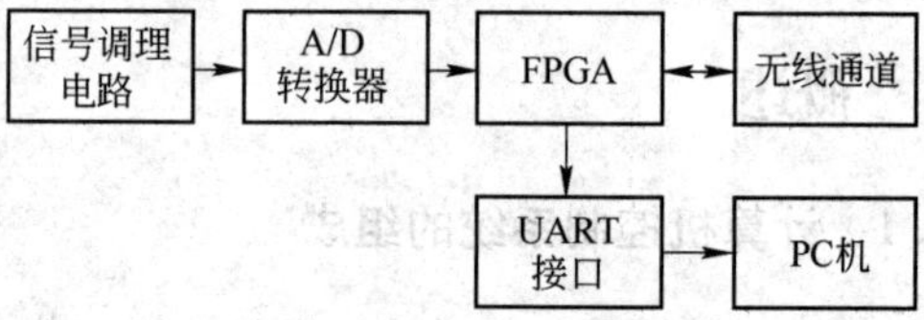

图 4－3　计算机数据采集系统

4.1.2.2　直接数字控制系统

直接数字控制 DDC(direct digital control)系统是工业过程控制系统中应用最多的一种方式，如图 4－4 所示。计算机通过巡回检测输入通道的一个或多个物理量信号，根据设定的控制规律进行运算，然后将结果通过过程输出通道，直接作用到被控对象。与模拟系统不同之处在于，在模拟系统中，信号的传送不需要数字化；而数字系统必须先进行模数转换，输出控制信号也必须进行数模转换，然后才能驱动执行机构。由于计算机具有强大的计算能力，高可靠性和适应性强等特点，因此完全可以满足工业实时控制的要求。

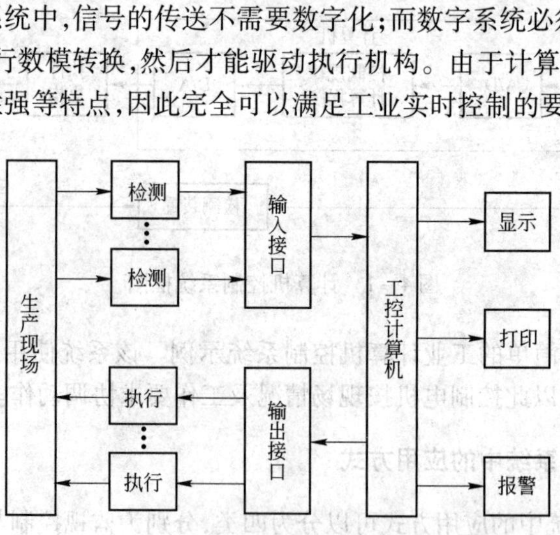

图 4－4　直接数字控制系统

4.1.2.3 监督计算机控制系统

在监督计算机控制 SCC(supervisory computer control)系统中,计算机根据生产过程的工况和已定的数学模型,进行优化分析计算,生成最优化设定值,传送给直接数字控制系统执行。监督计算机控制系统承担着高级控制与管理任务,需要进行复杂的数学运算,要求数据处理能力强,存储容量大等,一般采用较高档微机。根据在现实中的使用情况,可分为两种,分别为 SCC + 模拟调节器和 SCC + DDC 控制系统。监督计算机控制系统的构成示意图如图 4 – 5 所示。

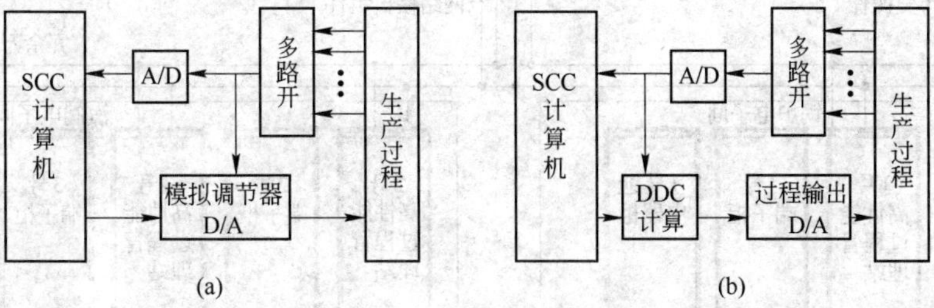

图 4 – 5 监督计算机控制系统
(a)SCC + 模拟调节器系统;(b)SCC + DDC 控制系统

4.1.2.4 控制网络

控制网络是多级分布式网络系统,将地理和功能上不同的系统分散控制,分层优化管理。工业控制网络包括集散空中系统、现场总线控制系统、工业以太网控制系统和计算机集成制造系统等。

A 集散控制系统(DCS)

计算机分级控制系统也就是集散控制系统(distributed control system),是以微处理器为基础的对生产过程进行集中监视、操作、管理和分散控制的控制系统,简称 DCS 系统。该系统将若干台计算机分散应用于过程控制,所有信息通过通信网络由上位管理计算机监控,实现最优控制,整个系统继承了常规仪表分散控制和计算机集中控制的优点,克服了常规仪表功能单一,人 – 机联系差以及单台微型计算机控制系统危险性高度集中的缺点,既实现了在管理、操作和显示三方面集中,又实现了在功能、负荷和危险性三方面的分散。DCS 系统在现代化生产过程控制中起着重要的作用。

图 4 – 6 所示为分级控制系统。

B 现场总线控制系统(FCS)

现场总线控制系统(fieldbus control system)是新一代分布式控制系统。该系统改进了 DCS 系统成本高,各厂商的产品通信标准不一致,不能互联的弱点。

C 工业以太网(ethernet)

以太网及 TCP/IP 通信技术在 IT 行业获得了巨大成功。近年来,以太网技术逐步在工业自动化行业中得到应用,工厂自动化技术与 IT 技术结合,与互联网技术结合,已经成为未来制造业电子商务技术、网络制造技术的发展方向。图 4 – 7 所示为工业以太网控制系统。

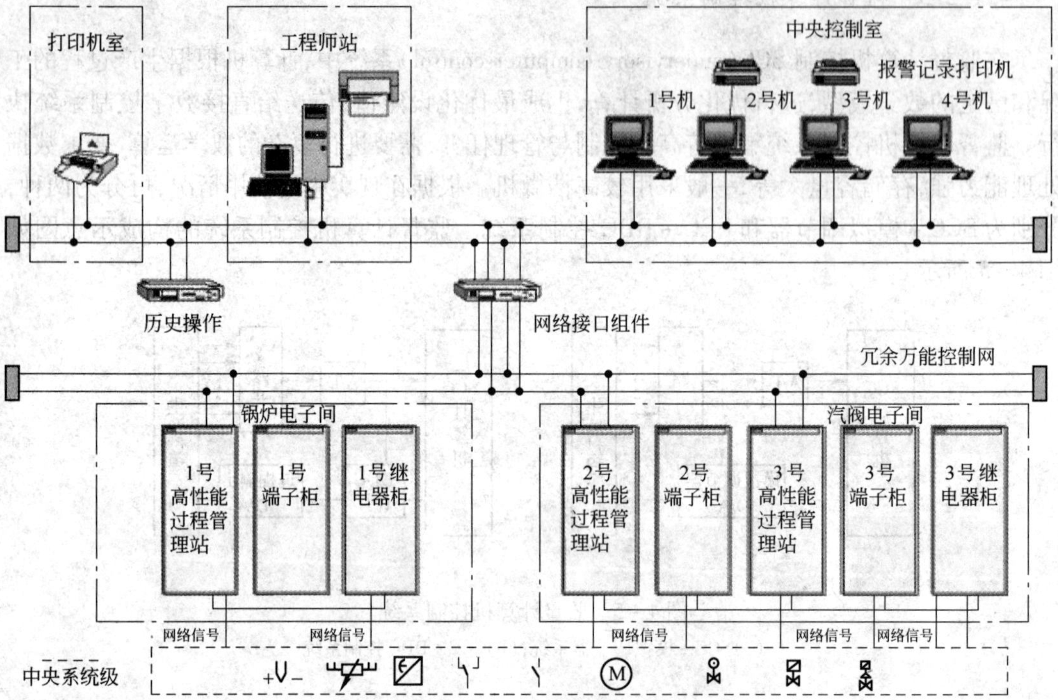

图 4－6　分级控制系统

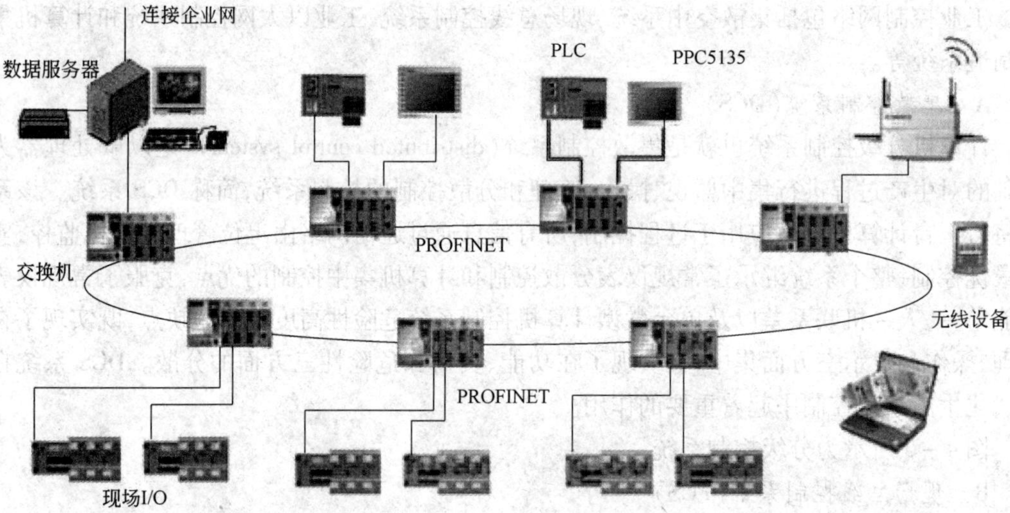

图 4－7　工业以太网控制系统

D　计算机集成制造系统(CIMS)

CIMS(Computer Integrated Manufacture System)是一种新型的分布式控制系统，它在分布式数据库、网络通信和自动化环境的支撑下将经营管理、工程设计、产品制造、质量保证和物资保障等五个功能有机集成在一起。图 4－8 所示为计算机集成制造系统。

4.1.3 典型的机电一体化控制系统

4.1.3.1 计算机过程控制系统

对温度、压力、流量、液面、速度等过程参数使用计算机进行测量与控制的系统称为计算机过程控制系统，如图4－9所示。

4.1.3.2 计算机控制的电动机调速控制系统

由于计算机具有强大的数值运算、信息存储、逻辑判断和数据处理能力，因此电动机调速控制系统中很多控制要求能用计算机来实现。图4－10为供水变频调速计算机控制系统。

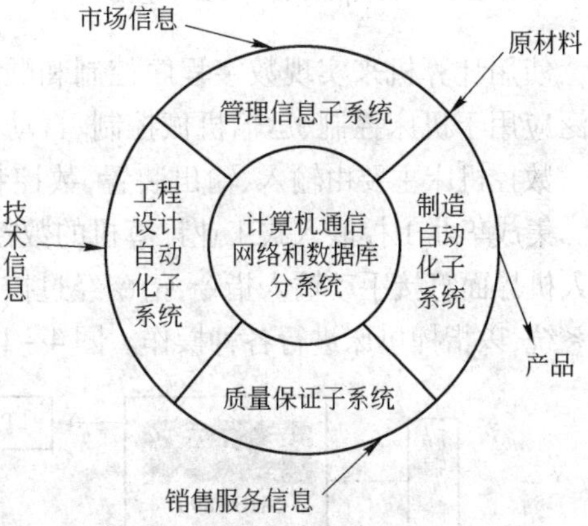

图4－8　计算机集成制造系统

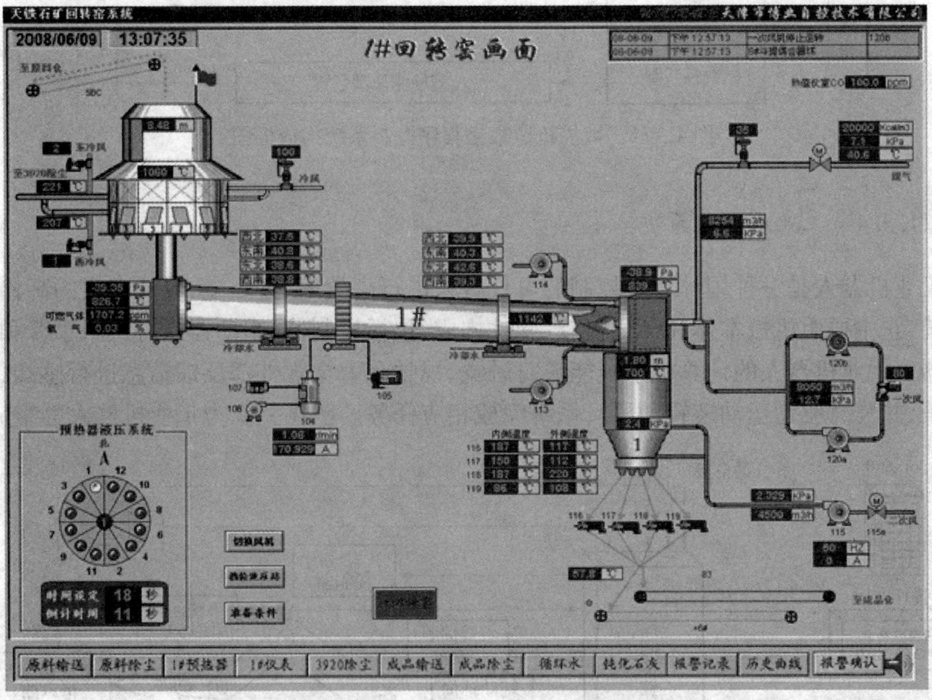

图4－9　天津铁石矿回转窑的计算机过程控制系统

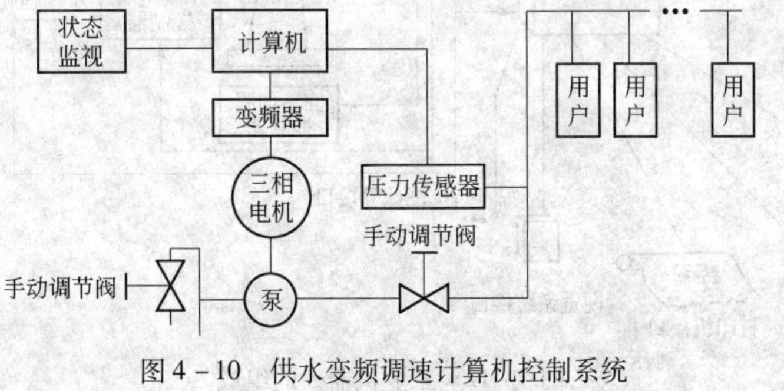

图4－10　供水变频调速计算机控制系统

4.1.3.3　计算机数字程序控制系统

使用计算机来实现数字程序控制和顺序控制在自动控制领域发挥着重要作用，目前已广泛应用于机床控制、运输机械控制、自动化生产线控制等诸多工业控制系统中。

数控机床主要由输入、输出装置，数控装置，PLC，伺服系统，检测反馈装置和机床主机组成。集成华北工控嵌入式工业计算机的数控机床操作更加简单，加工对象改变之后只需要通过人机界面直接手动输入指令，指令经过控制系统处理后，形成各种控制信息，并被发送给伺服系统，以指挥机床进行各种操作。图 4－11 为数控机床数字程序控制系统构成框图。

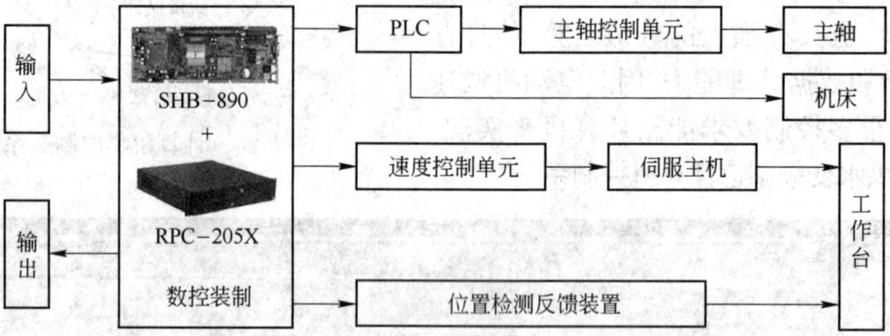

图 4－11　数控机床数字程序控制系统构成框图

4.1.3.4　工业机器人系统

工业机器人是一种用计算机控制的可代替人进行高效率、高强度、灵活多变的高档自动化系统，它主要由机械本体和计算机软、硬件构成，包括控制器、驱动器、夹持器、手臂和各种传感器。工业机器人的计算机系统能够对触觉、视觉和力觉等外部反馈信息进行感知、理解和决策，并及时驱动运动装置和语音系统完成相应任务。图 4－12 为工业机器人的组成。

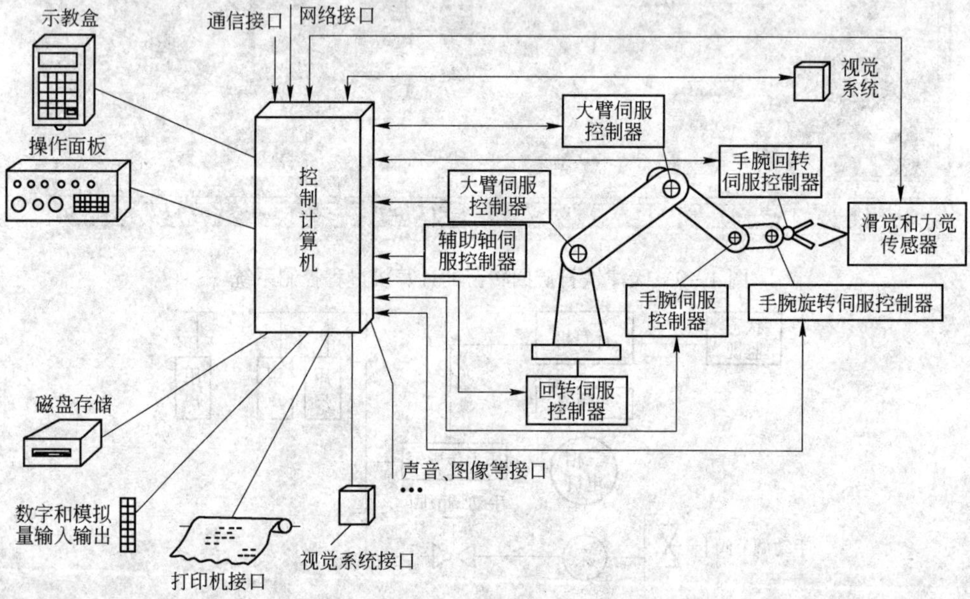

图 4－12　工业机器人的组成

4.2 单片机的结构特点及最小应用系统

单片机(single chip microcomputer)因其体积小、功能强、价格低,在工业自控控制领域得到广泛应用。单片机的典型结构如图 4－13 所示,目前常用的主要有 MCS－51、96 系列,其中 MCS－51 系列单片机是目前 8 位微机中性价比最高、应用最多的单片机,目前出现了很多增强型的 MCS－51 系列的单片机,整合了 A/D、D/A 转换,DSP 信号处理等,功能日益强大。

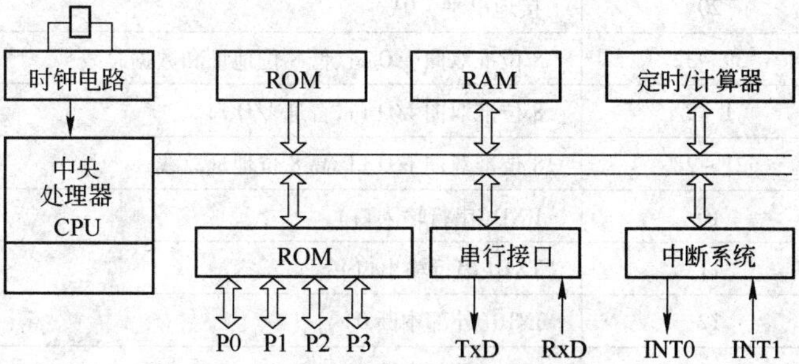

图 4－13 单片机典型结构图

4.2.1 MCS－51 系列单片机的结构特点

MCS－51 单片机常用的包括 89C51、89C52、89C2051 等,其硬件电路设计简单灵活。

4.2.1.1 MCS－51 的结构特点

以 AT89C51 为例,它本身带有 4KB 可电擦除程序存储器(EEPROM),256B 数据存储器,32 个 I/O 口,2 个定时/计数器,1 个串行通信口,2 个外部中断源。这些资源集成在一块芯片上,已经包含了计算机的基本组成,所以可以做成很小的微电脑控制系统。图 4－14 所示为 51 系列单片机的外引脚图。

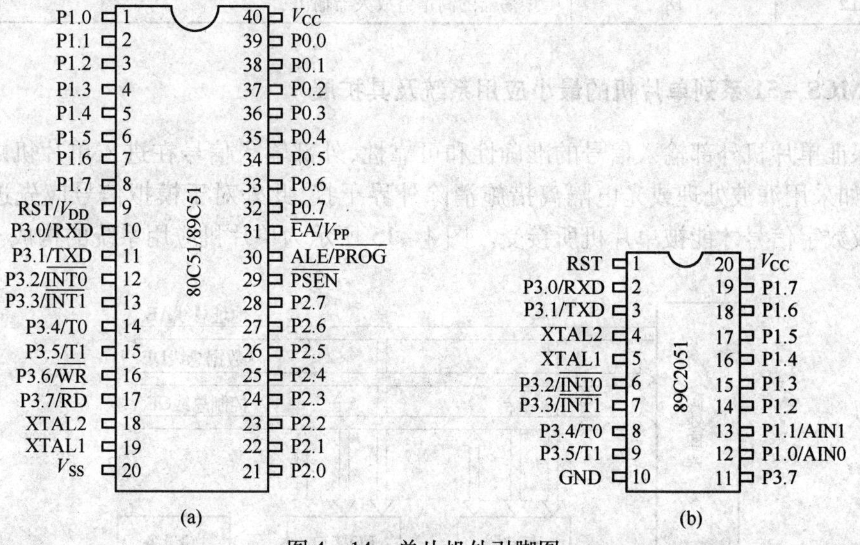

图 4－14 单片机外引脚图

(a)AT89C51 外引脚图;(b)AT89C2051 外引脚图

(注:类似的还有 Philips 公司的 87LPC64,20 引脚;8XC748/750/(751),24 引脚;8X749(752),28 引脚;8XC754,28 引脚等等)

4.2.1.2 MCS－51 的引脚功能

MCS－51 的引脚功能如表 4－1 所示。

表 4－1 MCS－51 的引脚功能

引脚名	引脚号	功 能 描 述
V_{CC}	40	工作电平 +5V
V_{SS}	20	接地电平 0V
P0 口	39～32	8 位准双向 I/O 口、低 8 位地址和数据总线
P1 口	1～8	8 位准双向 I/O 口，普通 I/O 口
P2 口	21～28	8 位准双向 I/O 口、高 8 位地址总线
P3 口	10	RXD（串行输入口）
	11	TXD（串行输出口）
	12	INT0（外部中断 0）
	13	INT1（外部中断 1）
	14	T0（定时器 0 外部输入）
	15	T1（定时器 1 外部输入）
	16	WR（外部数据存储器写脉冲）
	17	RD（外部数据存储器读脉冲）
RST/V_{DD}	9	复位，为 RAM 提供备份电源
ALE/PROG	30	地址锁存允许信号
PSEN	29	程序存储允许输出信号
EA/V_{PP}	31	片内外 ROM 选择，21V EPROM 编程电压
XTAL1	19	振荡器的高增益放大器输入，接晶振或外部脉冲源
XTAL2	18	振荡器的高增益放大器输出

4.2.2 MCS－51 系列单片机的最小应用系统及其扩展

为保证单片机外部输入信号的准确性和可靠性，外部输入信号在进入单片机之前应经过处理，如采用滤波处理或光电隔离措施消除外界干扰，此外对于模拟信号应先进行 A/D 转换变成数字信号才能被单片机所接受。图 4－15 所示为单片机应用系统的构成。

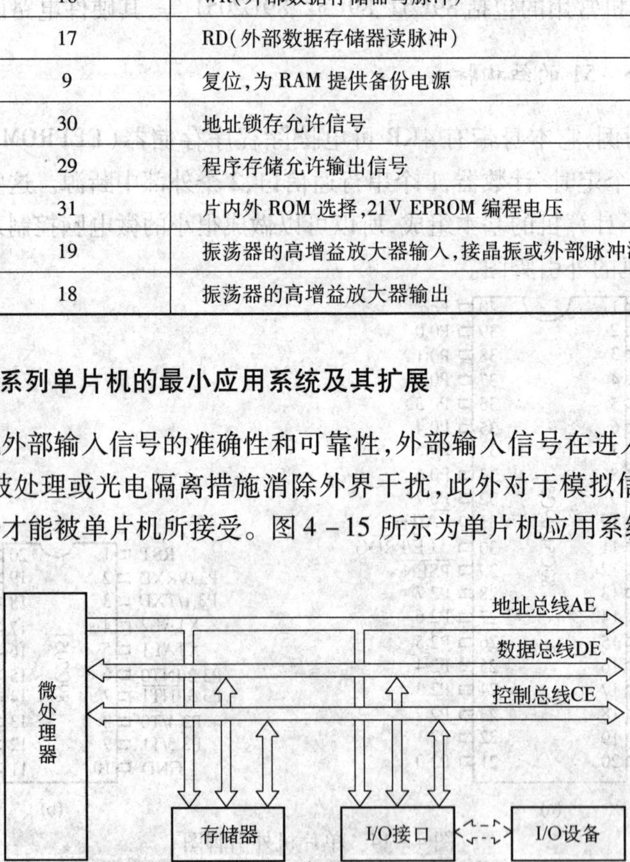

图 4－15 单片机应用系统的构成

4.2.2.1 单片机最小应用系统

使用 AT89C51 单片机,只需要很少的外接元件即可构建一个单片机最小应用系统,最小系统包括晶振电路、复位电路、电源、控制对象。图 4-16 所示为单片机控制一台步进电动机的最小应用系统。

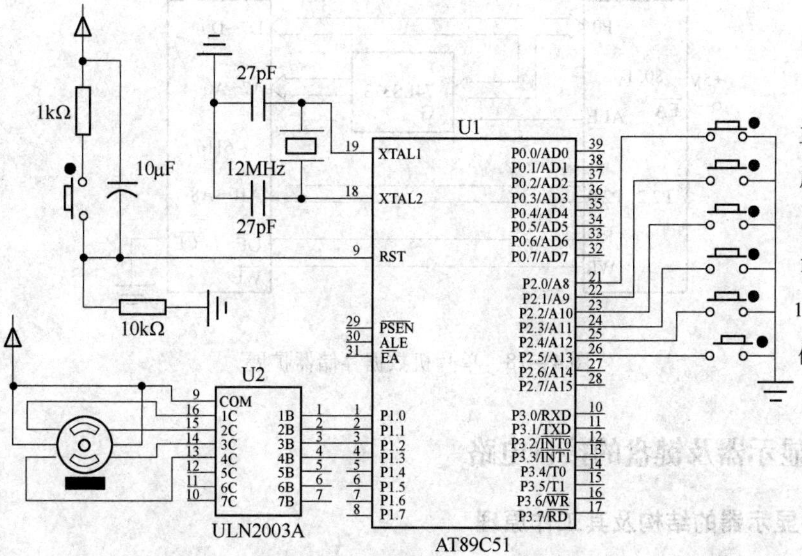

图 4-16 单片机最小应用系统

4.2.2.2 AT89C51 存储器扩展

AT89C51 单片机内部自带 4KB 可电擦除程序存储器,对于一般的小型控制系统而言已经够用,对于比较复杂的控制系统,程序长度可能超过 4KB,这时应该扩展外部程序存储器。图 4-17 所示为单片机程序存储器的扩展。

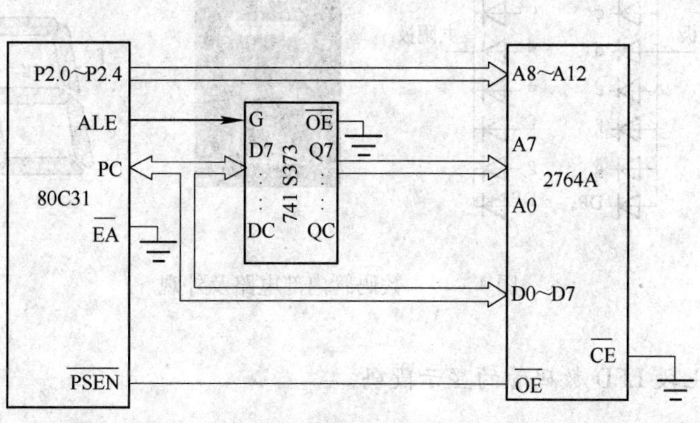

图 4-17 单片机程序存储器扩展

AT89C51 单片机内部自带 256B 数据存储器，其中高 128B 被特殊功能寄存器占用，低 128B 中 00H ~ 1FH 为工作寄存器，20H ~ 2FH 为位寻址区，用户数据区只有 80B 空间，如果应用系统的临时数据量大，自带的数据存储器往往不能满足需要，这时应该扩展外部数据存储器。图 4 – 18 所示为单片机数据存储器的扩展。

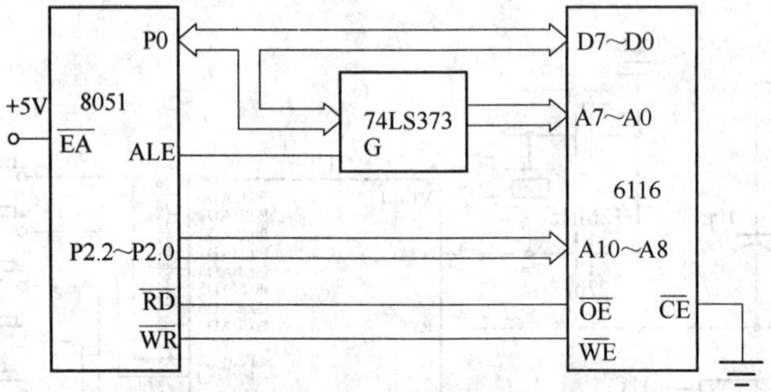

图 4 – 18　单片机数据存储器扩展

4.3　数字显示器及键盘的接口电路

4.3.1　数字显示器的结构及其工作原理

4.3.1.1　七段 LED 数码管的结构及工作原理

由七段 LED 发光二极管按数字“8”排列组成 LED 数码管，加上小数点，数码管的数据位共有 8 位，可以用来显示数字 0 ~ 9，也可以显示 A ~ F 等字符。LED 数码管有共阳极和共阴极两种结构，图 4 – 19 所示为数码管两种结构的内部电路和数码管外观图。

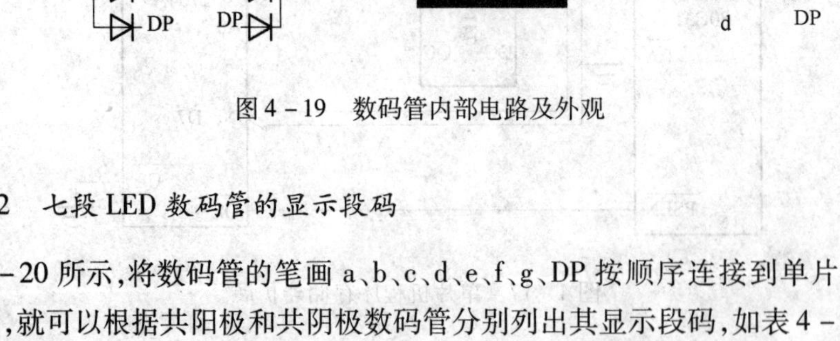

图 4 – 19　数码管内部电路及外观

4.3.1.2　七段 LED 数码管的显示段码

如图 4 – 20 所示，将数码管的笔画 a、b、c、d、e、f、g、DP 按顺序连接到单片机的 I/O 口 Pn.0 ~ Pn.7，就可以根据共阳极和共阴极数码管分别列出其显示段码，如表 4 – 2 所示。

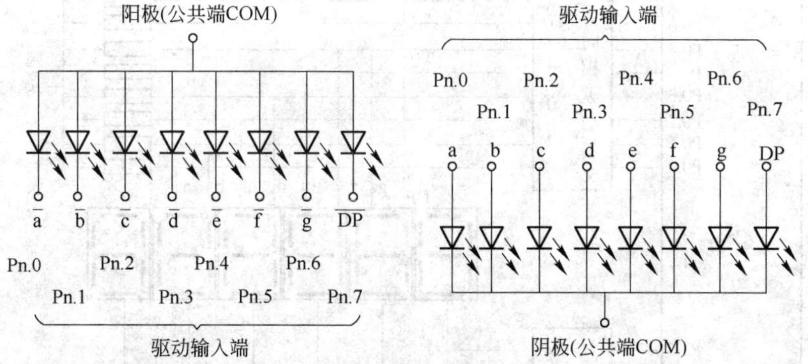

图 4-20 数码管与单片机 I/O 口连接

表 4-2 数码管十六进制显示段码表

字 符	共阳极段码	共阴极段码	字 符	共阳极段码	共阴极段码
0	C0H	3FH	9	90H	6FH
1	F9H	06H	A	88H	77H
2	A4H	5BH	B	83H	7CH
3	B0H	4FH	C	C6H	39H
4	99H	66H	D	A1H	5EH
5	92H	6DH	E	86H	79H
6	82H	7DH	F	8EH	71H
7	F8H	07H	空白	FFH	00H
8	80H	7FH	P	FCH	73H

4.3.1.3 七段 LED 数码管与单片机的连接

数码管与单片机的连接可以采用动态连接、静态连接和串口连接等方式。动态连接的优点是电路简单、所需元件少、能耗低、成本低,缺点是亮度不高,显示效果较静态连接差些。静态连接的优点是显示亮度高、效果好,缺点是电路复杂、所需元件多、能耗大、成本高。串口连接的优点是占用单片机的 I/O 口数量少,显示效果好,缺点是元件成本高,需使用锁存芯片和移位寄存器。图 4-21 ~ 图 4-23 所示为上述三种显示方式的电路图。

4.3.2 键盘的接口电路

键盘与单片机的连接可以采用独立式键盘和矩阵式键盘两种形式。按键数量少时可以采用独立式键盘,这样可以简化硬件电路和控制程序,按键数量多时应采用矩阵式键盘,这样可以节省 I/O 口线。

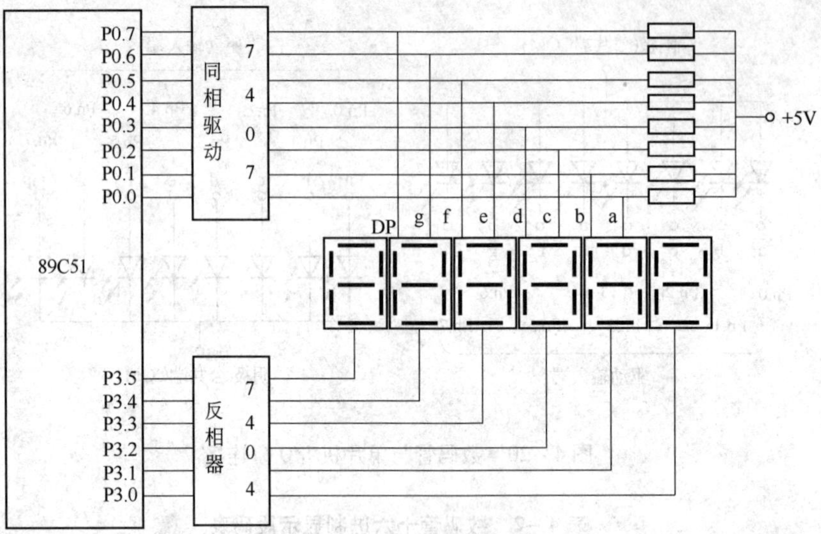

图 4 - 21　数码管动态连接

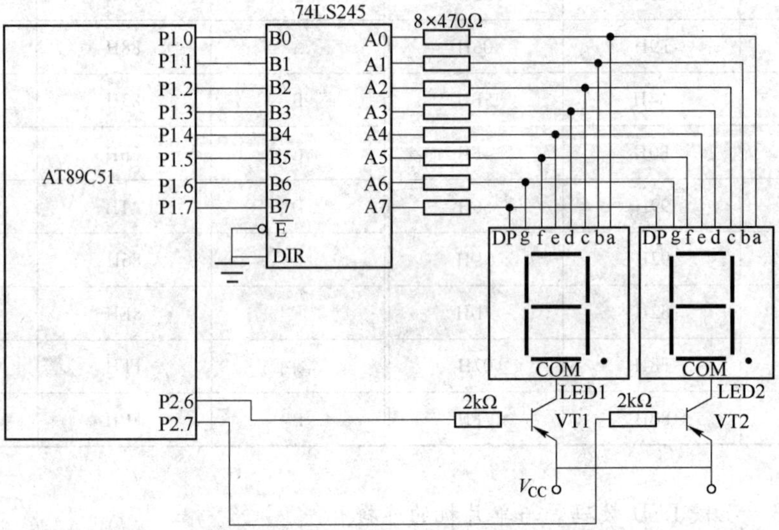

图 4 - 22　数码管静态连接

4.3.2.1　独立式按键

独立式按键的每一个按键占用单片机一个 I/O 点，注意芯片的 I/O 口内部如果没有上拉电阻，在外部就应该接上上拉电阻。如图 4 - 24 所示为独立式按键。

4.3.2.2　矩阵式按键

键盘中按键数量较多时，为了减少占用 I/O 口的数量，通常将按键排列成矩阵形式。在矩阵式键盘中，每条水平线和垂直线在交叉处不直接连通，而是通过一个按键连接。因此，一个端口（如 P1.0 口）就可以建构 4 × 4 = 16 个按键，比独立式按键多出一倍，而且线数越

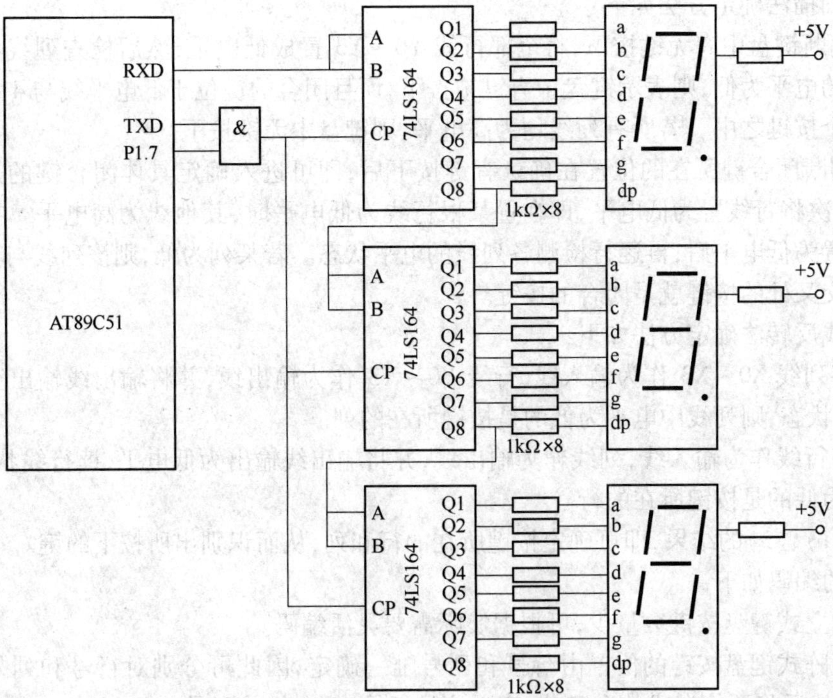

图 4-23 串行输出显示电路

多,增加越明显,比如再增加一条线就可以得到 20 键的键盘。由此可见,在需要的按键数比较多时,可采用图 4-25 所示的矩阵式键盘。

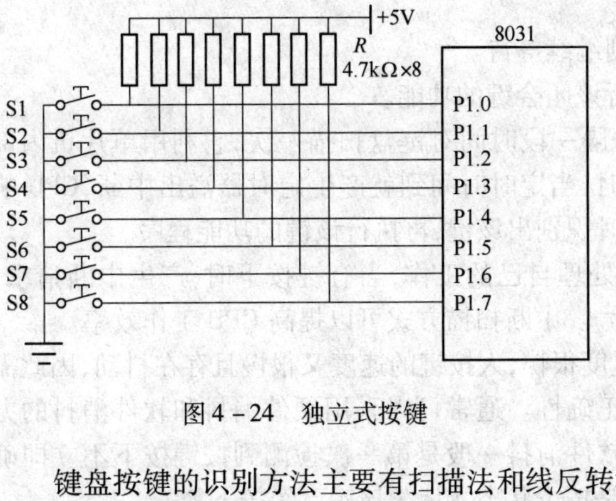

图 4-24 独立式按键

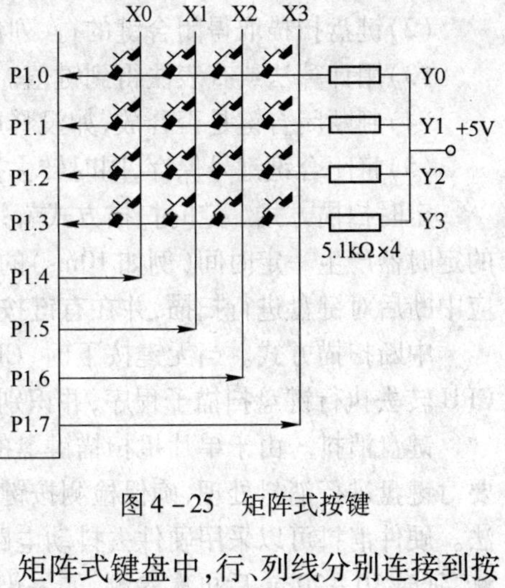

图 4-25 矩阵式按键

键盘按键的识别方法主要有扫描法和线反转法。矩阵式键盘中,行、列线分别连接到按键开关的两端,行线通过上拉电阻接到 +5V 上。当无键按下时,行线处于高电平状态;当有键按下时,行、列线将导通,此时,行线电平将由与此行线相连的列线电平决定,这一点是识别矩阵按键是否被按下的关键。然而,矩阵键盘中的行线、列线与多个键相连,各按键按下与否均影响该键所在行线和列线的电平,各按键之间会相互影响,因此,必须将行线、列线信号综合处理,才能确定闭合键的位置。

采用扫描法确定方法如下：

(1)判断键盘中有无键按下，将全部行线 Y0 ~ Y3 置成低电平，然后检查列线状态。只要有一列的电平为低，则表示键盘中有键被按下，而且闭合的键位于低电平线与 4 根行线相交叉的 4 个按键之中。若所有列线均为高电平，则键盘中无键按下。

(2)判断闭合键所在的位置在确认有键按下后，即可进入确定具体闭合键的过程。其方法是：依次将行线置为低电平，即在置某根行线为低电平时，其他线为高电平。在确定某根行线位置为低电平后，再逐行检测各列线的电平状态。若某列为低，则该列线与置为低电平的行线交叉处的按键就是闭合的按键。

采用线反转法确定方法如下：

(1)将列线 X0 ~ X3 作为输入线，行线 Y0 ~ Y3 作为输出线，并将输出线输出全为低电平，读列线状态，则列线中电平为低的是按键所在的列。

(2)将行线作为输入线，列线作为输出线，并将输出线输出为低电平，读行线状态，则行线中电平为低的是按键所在的行。

综合(1)、(2)的结果，即可确定按键所在的行和列，从而识别出所按下的键。

键盘的编码如下：

(1)独立式键盘按键数量少，可根据实际需要灵活编码。

(2)矩阵式键盘按键的位置由行号和列号唯一确定，因此可分别对行号和列号进行二进制编码，然后将两值合成一个字节，高 4 位是行号，低 4 位是列号。

编程扫描方式是利用 CPU 完成其他工作的空余调用键盘扫描子程序来响应键盘输入的要求。在执行键功能程序时，CPU 不再响应键输入要求，直到 CPU 重新扫描键盘为止。

键盘扫描程序一般应包括以下内容：

(1)判别有无键按下。

(2)键盘扫描取得闭合键的行、列值。

(3)用计算法或查表法得到键值。

(4)判断闭合键是否释放，如没释放则继续等待。

(5)将闭合键键号保存，同时转去执行该闭合键的功能。

定时扫描方式。定时扫描方式就是每隔一段时间对键盘扫描一次，它利用单片机内部的定时器产生一定时间(例如 10ms)的定时，当定时时间到就产生定时器溢出中断，CPU 响应中断后对键盘进行扫描，并在有键按下时识别出该键，再执行该键的功能程序。

中断扫描方式。当无键按下时，CPU 处理自己的工作，当有键按下时，产生中断请求，CPU 转去执行键盘扫描子程序，并识别键号。中断扫描方式可以提高 CPU 工作效率。

键盘消抖。由于单片机扫描键盘的速度很快，人按键的速度又很慢且存在抖动，因此需要对键盘进行消抖处理，确保检测按键的正确性。通常可以采用硬件消抖和软件消抖的方法。硬件消抖可以采用硬件去抖动电路，软件消抖一般是第一次检测到按键按下不立即确认，延时 10 ~ 20ms 后再次检测，如果仍然是按下状态才认为该键已经按下。

4.4 可编程控制器(PLC)的构成及应用举例

4.4.1 PLC 的结构及工作原理

使用可编程控制器(PLC)取代传统继电器控制系统是目前设备改造中广泛采用的方

法。可编程控制器因其强大的功能、高度灵活性、适应性,具有程序可变、抗干扰能力强、可靠性高、体积小、功耗低,特别易于编程,操作维修方便,性价比高等特点,其应用涵盖各行各业,已经成为现代工业首选的控制器。

PLC 实质上是一台面向用户的专用数字控制计算机,采用周期性循环扫描的工作方式:采集输入信号、处理应用程序、输出控制等。图 4 - 26 所示为 PLC 的工作原理示意图。触摸屏技术应用于 PLC 给操作者提供友好的人际交互界面。PLC 还具有强大的网络功能,可以建成设备级、车间级、工厂级的通信网络,从而对所有分散的生产设备进行集中管理,目前 PLC 的通信网络大都可以直接接入 Internet 网络,可以在全球任何一个有 Internet 网络的地方管理控制自己企业的运行。

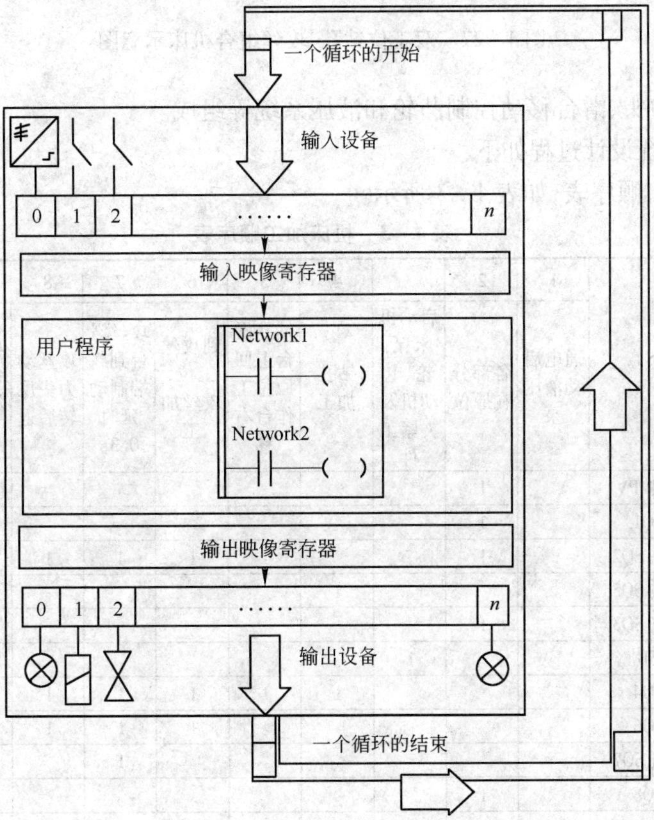

图 4 - 26 PLC 工作原理框图

目前越来越多的 PLC 的生产厂家提供了符合 IEC61131 - 3 标准的产品,很多不同厂家的扩展模块可以互相换用。编程语言也大都使用顺序功能图、功能块图、指令表、结构文本和梯形图,简单易学,使用维护方便。

4.4.2 PLC 应用举例

图 4 - 27 所示为双工位钻孔、攻丝组合机床,能自动完成工件的钻孔和攻丝加工,大大提高了自动化程度和生产效率。机床由床身、滑动工作台、夹具、钻孔滑台、钻孔动力头、攻

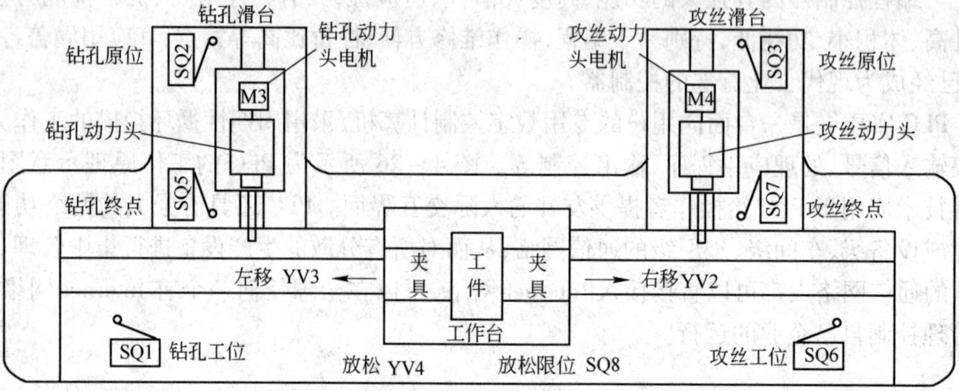

图 4－27　双工位钻孔、攻丝组合机床示意图

丝滑台、攻丝动力头、滑台移动控制凸轮和液压系统等组成。

PLC 控制系统设计过程如下：

(1)机床加工顺序表，如表 4－3 所示。

表 4－3　机床加工顺序表

	工步	1 通电启动液压泵	2 各部分在原位	3 启动机床、凸轮、电动机及夹紧工件	4 钻孔加工	5 钻孔滑台退回原位工作台右移	6 到攻丝工位，攻丝加工	7 攻丝滑台到终端制动延时 0.3s	8 攻丝动力头反转后退	9 攻丝滑台到原位延时 3s	10 工作台左移到钻孔工位，放松工件	11 放松，完成，原位指示灯亮
输入及检测元件	液压压力检测 PV		1									
	钻孔工位 SQ1		1								1	1
	钻孔滑台原位 SQ2		1			1	1	1	1	1	1	1
	钻孔滑台终点 SQ5				1							
	攻丝滑台原位 SQ3		1							1	1	1
	启动按钮 SB			1								
	夹紧限位 SQ4				1	1	1	1	1	1		
	攻丝工位 SQ6						1	1	1	1		
	攻丝滑台终点 SQ7							1				
	放松限位 SQ8		1									1
驱动元件	液压泵电动机 M1	1	1	1	1	1	1	1	1	1	1	
	凸轮电动机 M2			1	1	1	1	1	1	1		
	夹紧电磁阀 YV1			1	1	1	1	1	1	1		
	钻孔动力头 M3				1							
	冷却泵电动机 M5				1	1	1	1	1	1		
	工作台右移电磁阀 YV2					1						
	攻丝电动机 M4 正转						1					
	攻丝动力头制动 DL							1				
	攻丝电动机 M4 反转								1			
	工作台左移电磁阀 YV3									1		
	放松电磁阀 YV4										1	
	原位指示灯 HL1		1									1

(2)根据组合机床的输入输出,将 PLC 的 I/O 地址如表 4-4 所示分配。

表 4-4 I/O 地址分配

	元 件	分配地址
输入元件	压力检测 PV	I0.0
	钻孔工位 SQ1	I0.1
	钻孔滑台原位 SQ2	I0.2
	攻丝滑台原位 SQ3	I0.3
	夹紧限位 SQ4	I0.4
	钻孔滑台终点 SQ5	I0.5
	攻丝工位 SQ6	I0.6
	攻丝滑台终点 SQ7	I0.7
	方式限位 SQ8	I1.0
	系统启动 SB	I1.1
	手动/自动选择 SA	I1.2
	液压泵启动 SB1	手动控制
	凸轮电动机启动 SB2	
	钻孔 SB3	
	攻丝正转 SB4	
	攻丝反转 SB5	
	冷却泵启动 SB6	
	夹紧 SB7	
	工作台右移 SB8	
	工作台左移 SB9	
	放松 SB10	
输出元件	原点指示 HL1	Q2.4
	液压泵电动机 M1(KM1)	Q0.1
	凸轮电动机 M2(KM2)	Q0.2
	夹紧电磁阀 YV1	Q2.0
	钻孔动力头电动机 M3(KM3)	Q0.3
	冷却泵电动机 M5(KM6)	Q0.6
	工作台右移电磁阀 YV2	Q2.1
	攻丝电动机 M4 正转(KM4)	Q0.4
	制动 DL	Q0.0
	攻丝电动机 M4 反转(KM5)	Q0.5
	工作台左移电磁阀 YV3	Q2.2
	放松电磁阀 YV4	Q2.3
	自动指示灯 HL2	Q2.5
	手动指示灯 HL3	Q2.6
	手动控制电源	Q2.7

(3)I/O 接线图。由于使用的输入、输出点数超过了 S7－200 本机的点数,因此需要使用 I/O 扩展模块。由于要驱动机床上的交流电动机,因此应选用带交流输出的模块,考虑到以后增加其他功能的需要,I/O 点数还需要留出一定的余量。这里选用西门子 EM223 24VDC 8 输入/8 继电器输出。

I/O 接线图如图 4－28 所示。

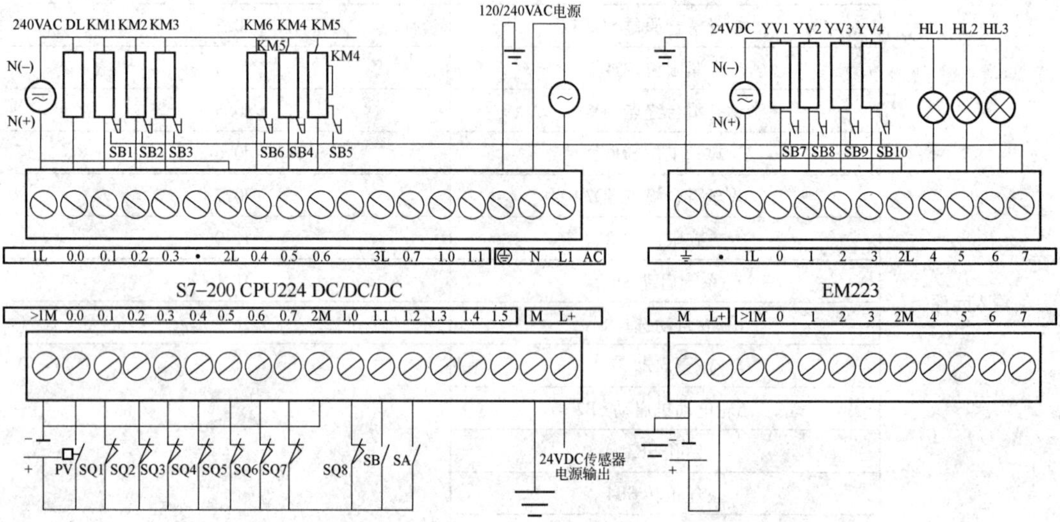

图 4－28　I/O 接线图

(4)绘制状态流程图。本实例做出顺序控制功能流程图后,很容易将其转换成 PLC 梯形图控制程序,限于篇幅,本书仅提供该实例的控制系统状态转移图,如图 4－29 所示。

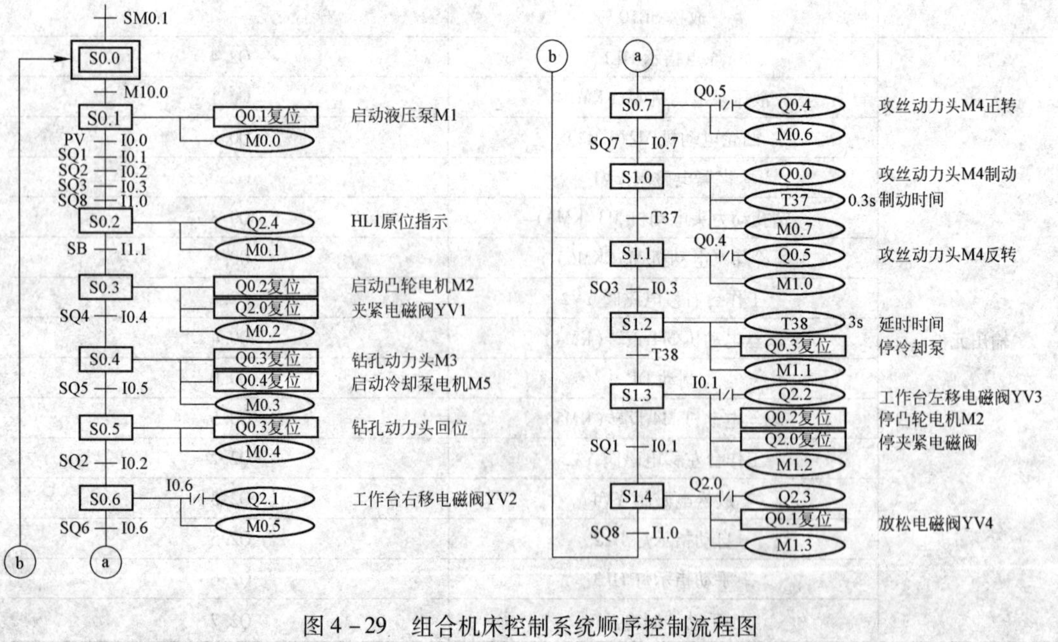

图 4－29　组合机床控制系统顺序控制流程图

(5)编写梯形图控制程序。根据状态流程图,使用步进指令编写梯形图程序,如图 4-30 所示。

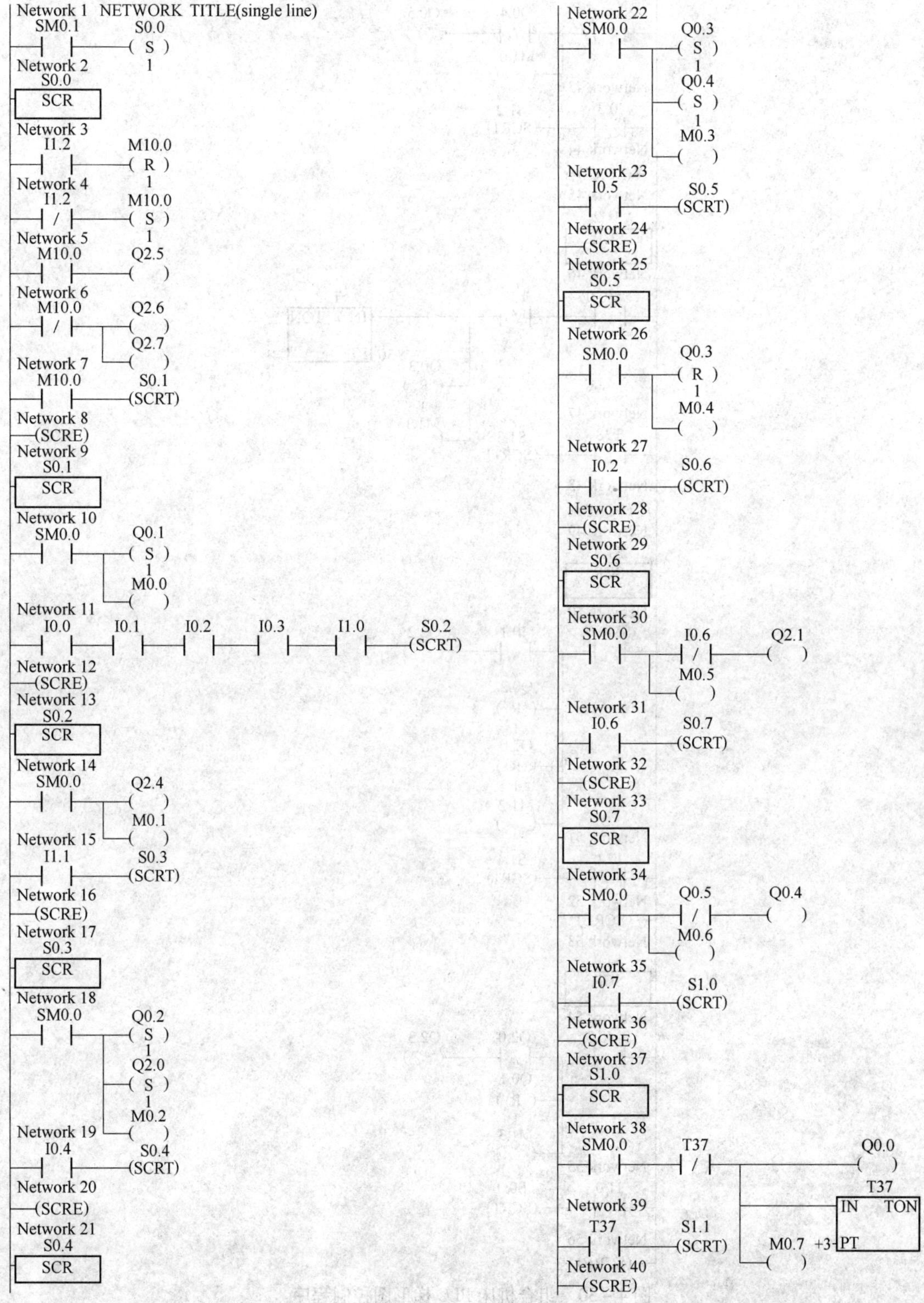

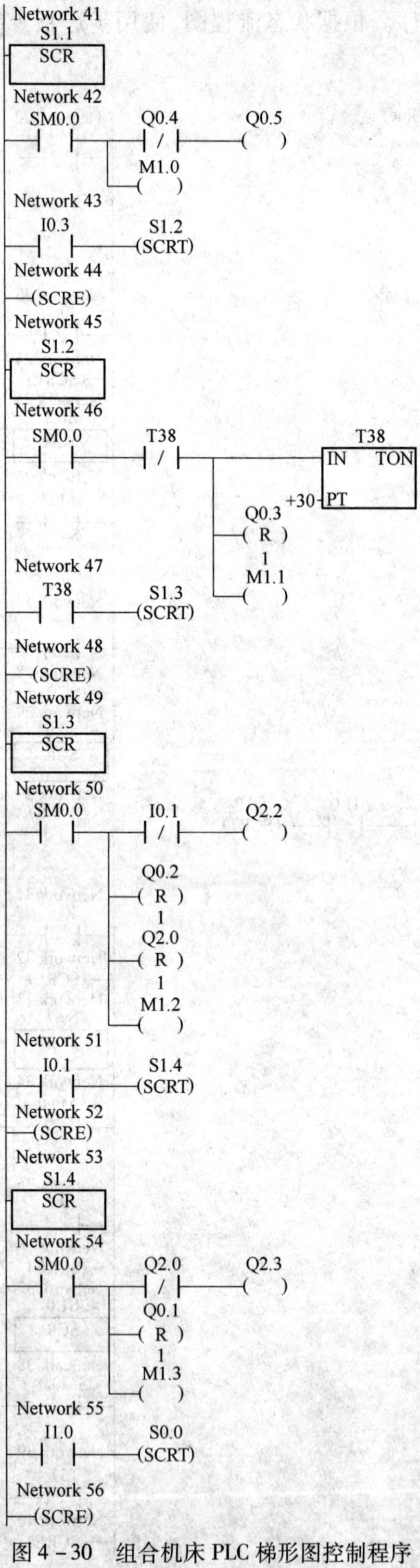

图 4－30　组合机床 PLC 梯形图控制程序

其中,图中中间继电器 M0.0 ~ M1.3 用于故障诊断,本书中故障诊断程序未列出。

4.5　微机应用系统输入/输出控制的可靠性设计

微机应用系统要获得高可靠性就必须对各种进入系统的干扰进行有效地克服。针对应用系统的干扰源主要有电网尖峰脉冲干扰,输入输出通道中电的磁场干扰,接地系统不良产生的干扰等。运行于工业现场的工业控制计算机必须解决对恶劣环境的适应性,并采用各种措施提高系统可靠性,这主要从电源、屏蔽、隔离、滤波、接地等方面消除干扰。

微机应用系统对硬件电路的要求是:

(1)准确可靠采集输入信息;

(2)对信息进行相应转换,以满足微机对输入输出信息的要求;

(3)有较强的阻断干扰信号进入微机控制系统的能力。

4.5.1　光电隔离电路设计

4.5.1.1　光电隔离电路

为了防止强电干扰进入计算机,在外界信号进入计算机之前,一般先进行滤波处理,对干扰信号进行抑制,然后采用光电隔离电路,使微机与强电部分不共地,阻断干扰信号传导的途径。

光电隔离电路主要由光电耦合器的光电元件组成,如图 4 - 31 所示。

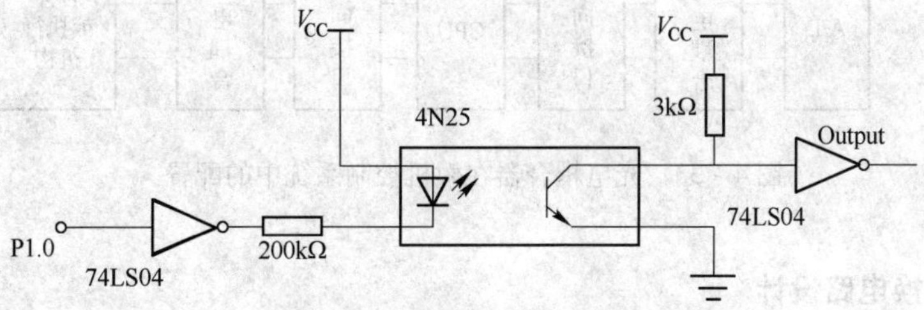

图 4 - 31　光电隔离电路

从图 4 - 31 可以看出,当 P1.0 为高电平时,经过反相器 74LS04 后输出低电平,发光二极管导通发光,光敏三极管导通,输出回路工作;反之,当 P1.0 为低电平时,发光二极管截止,光敏三极管无触发信号而截止,此时回路停止工作。

光电隔离电路的主要作用:

(1)信号隔离。将输入信号与输出信号进行隔离。

(2)电平转换。将输入信号与输出信号的幅值进行转换。

(3)驱动负载。一些隔离驱动用的光耦合器件,如晶闸管输出型和达林顿管输出型,不但具有隔离功能,而且还有较强的负载驱动能力。图 4 - 32 所示为晶闸管输出型光电隔离电路。

4.5.1.2　光电耦合隔离电路

光电耦合器是以光为媒介传输电信号的一种电 - 光 - 电转换器件,它由发光源和受光

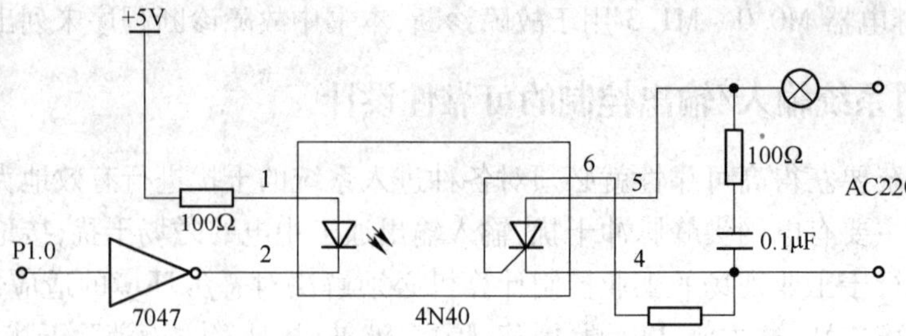

图 4 - 32　晶闸管输出型光电隔离电路

器组成。把发光源和受光器组装在同一密闭的壳体内，彼此间用透明绝缘体隔离。发光源的引脚为输入端，受光器的引脚为输出端，常见的发光源为发光二极管，受光器为光敏二极管、光敏三极管等。光电耦合器的种类较多，常见的有光电二极管型、光电三极管型、光敏电阻型、光控晶闸管型、光电达林顿型、集成电路型等。

采用光电耦合器可以切断微机前向、后向通道及其他相关部分与微机电路的联系，防止外界干扰的窜入。光电耦合器在微机电路中的配置如图 4 - 33 所示。

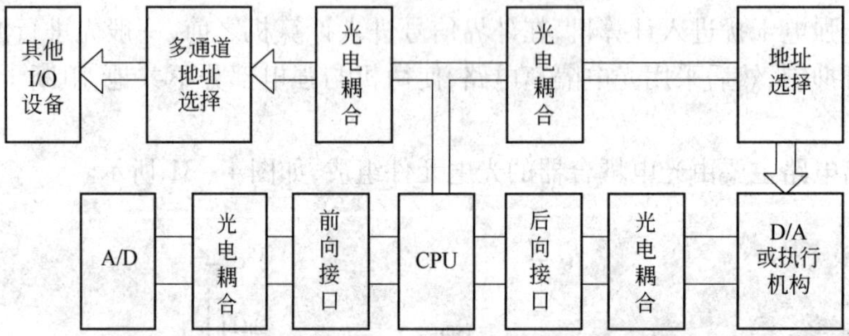

图 4 - 33　光电耦合器在微机控制系统中的配置

4.5.2　信息转换电路设计

4.5.2.1　弱电转换成强电电路

微机本身发出的控制信号一般都比较弱，只能驱动一些很小的负载，如果需要驱动大功率器件，往往需要大电压和大电流，这就需要用微机输出的弱电经过放大和转换后驱动被控对象的强电。若负载对象工作频率较低，可以采用继电器来转换；若对实时性要求高或工作频率高、负载大，可以采用光电耦合电路配合晶闸管或达林顿电路进行工作。

4.5.2.2　数字脉冲转换

微机能够直接接受数字量和开关量信号，要实现数字脉冲转换也很容易，只需要 CPU 每隔一定时间就将 I/O 口的某位置成高电平或清成低电平，持续下去就可以从该引脚输出连续脉冲信号。图 4 - 34 所示为三相步进电动机的驱动接口电路，微机通过程序设置定时间隔，并从 I/O 口生成需要的脉冲信号，再经过光电隔离电路、放大电路、环形分配器后变成步进电机 A、B、C 三相的驱动信号。

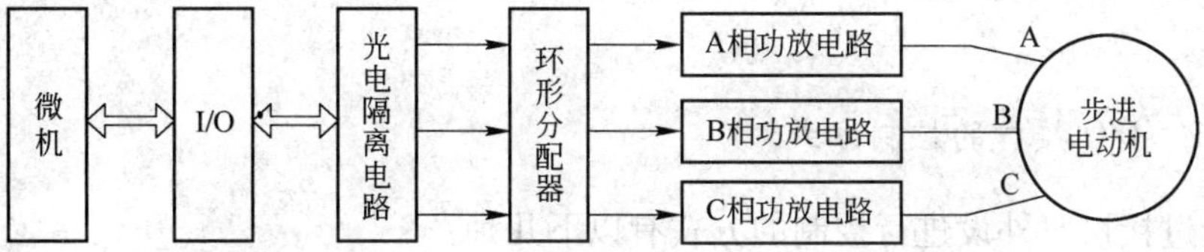

图4-34 步进电动机驱动接口电路

4.5.2.3 数模(D/A)、模数(A/D)转换

计算机只能识别数字信号,如果要控制用模拟量驱动的负载就得将数字量转换成模拟量。采集到外界的一些物理量如温度、压力、流量等往往是模拟量,如果要用计算机来处理就必须转换成数字量信号。

4.5.2.4 电量到非电量转换

在液压系统和气动系统中往往配置有电磁阀,计算机发出的控制信号经过放大后驱动电磁阀动作,从而改变液压和气动系统的工作状态。另外,电液伺服装置控制电路中,也需要将计算机的数字信号转换成模拟信号,经过放大后才能驱动电液伺服阀中的电磁元件。

4.6 计算机接口设计

I/O 接口是一种电子电路(以 IC 芯片或接口板形式出现),由若干专用寄存器和相应的控制逻辑电路构成,它是 CPU 和 I/O 设备之间交换信息的媒介和桥梁。

I/O 接口的基本功能:

(1)进行端口地址译码设备选择;

(2) 向 CPU 提供 I/O 设备的状态信息和进行命令译码;

(3)进行定时和相应时序控制;

(4) 对传送数据提供缓冲,以消除计算机与外设在"定时" 或数据处理速度上的差异;

(5)提供计算机与外设间有关信息格式的相容性变换;

(6)提供有关电气的适配;

(7)还可以中断方式实现 CPU 与外设之间信息的交换。

4.6.1 I/O 接口与系统的连接

4.6.1.1 I/O 接口的种类

按照电路和设备的复杂程度,I/O 接口的硬件主要分为两大类:

(1)I/O 接口芯片。这些芯片大都是集成电路,通过 CPU 输入不同的命令和参数,并控制相关的 I/O 电路和简单的外设作相应的操作,常见的接口芯片如定时/计数器、中断控制器、DMA 控制器、并行接口等。

(2)I/O 接口控制卡。由若干个集成电路按一定的逻辑组成一个部件,或者直接与 CPU 同在主板上,或是一个插件插在系统总线插槽上。

按照接口的连接对象来分，又可以将他们分为串行接口、并行接口、键盘接口和磁盘接口等。

4.6.1.2　I/O 接口的控制方式

CPU 通过接口对外设进行控制的方式有以下几种：

(1) 程序查询方式。在这种方式下，CPU 通过 I/O 指令询问指定外设当前的状态，如果外设准备就绪，则进行数据的输入或输出，否则 CPU 等待，循环查询。

这种方式的优点是结构简单，只需要少量的硬件电路即可；缺点是由于 CPU 的速度远远高于外设，因此通常处于等待状态，工作效率很低。

(2) 中断处理方式。在这种方式下，CPU 不再被动等待，而是可以执行其他程序，一旦外设为数据交换准备就绪，可以向 CPU 提出服务请求，CPU 如果响应该请求，便暂时停止当前程序的执行，转去执行与该请求对应的服务程序，完成后，再继续执行原来被中断的程序。

中断处理方式的优点是显而易见的，它不但为 CPU 省去了查询外设状态和等待外设就绪所花费的时间，提高了 CPU 的工作效率，还满足了外设的实时要求。但需要为每个 I/O 设备分配一个中断请求号和相应的中断服务程序，此外还需要一个中断控制器（I/O 接口芯片）管理 I/O 设备提出的中断请求，例如设置中断屏蔽、中断请求优先级等。

此外，中断处理方式的缺点是每传送一个字符都要进行中断，启动中断控制器，还要保留和恢复现场以便能继续原程序的执行，花费的工作量很大，这样如果需要大量数据交换，系统的性能会很低。

(3) DMA（直接存储器存取）传送方式。DMA 最明显的一个特点是它不是用软件而是采用一个专门的控制器来控制内存与外设之间的数据交流，无需 CPU 介入，大大提高了 CPU 的工作效率。

在进行 DMA 数据传送之前，DMA 控制器会向 CPU 申请总线控制权，CPU 如果允许，则将控制权交出，因此，在数据交换时，总线控制权由 DMA 控制器掌握，在传输结束后，DMA 控制器将总线控制权交还给 CPU。

4.6.1.3　I/O 接口与系统的连接

A　CPU 与 I/O 设备之间的信号

CPU 与 I/O 设备之间的信号类型有：

(1) 数据信号，包括数字量、开关量、模拟量。

(2) 状态信号，外设回馈给 CPU 的信号，如忙（Busy）、就绪（Ready）等。

(3) 控制信号，CPU 通过接口传送给外设的信号，如启动、停止等。

B　I/O 端口

I/O 端口包括数据端口、状态端口和控制端口。

CPU 和外设进行数据通信时，各类信息在接口中进入不同的寄存器，一般称这些寄存器为 I/O 端口，每个端口有一个端口地址。对来自 CPU 和内存的数据或者送往 CPU 和内存的数据起缓冲作用的端口，称为数据端口。用来存放外部设备或者接口部件本身的状态信息的端口，称为状态端口。用来存放 CPU 发出的命令，以便控制接口和设备动作的端口，称为控制端口，如图 4-35 所示。

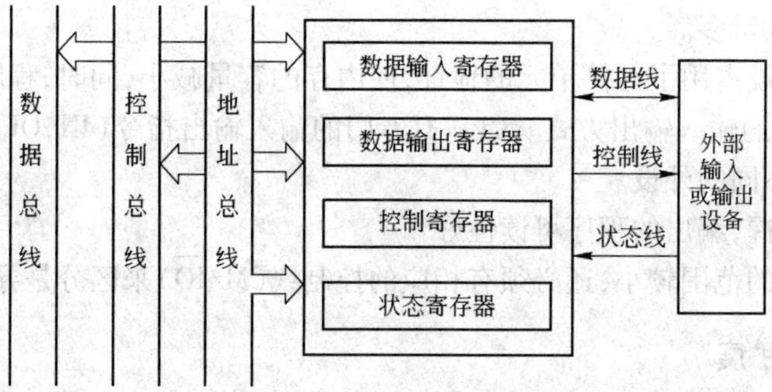

图4-35 I/O端口分类

C 接口与系统的连接

接口电路位于CPU与外设之间,从结构上看,可以把一个接口分为两个部分,其一用来和I/O设备相连;其二用来和系统总线相连,这部分接口电路结构类似,连在同一总线上。

图4-36是一个典型的I/O接口和外部电路的连接图。

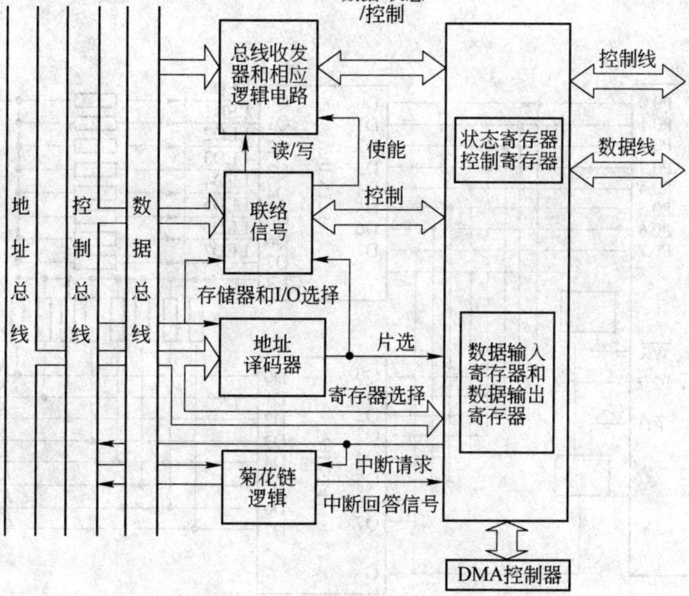

图4-36 I/O接口和外部电路的连接图

联络信号:读/写信号,决定数据传输方向。

地址译码器,片选信号:地址译码器除了接收地址信号外,还用来区分I/O地址空间和内存地址空间的信号(M/IO)用于译码过程。

注:(1)一个接口通常有若干个寄存器可读/写。(2)一般用1~2位低位地址结合读/写信号来实现对接口内部寄存器的寻址。

输入输出的寻址方式:CPU对外设的寻址方式通常有两种:

(1)存储器对应输入输出方式。每一个外设端口占有存储器的一个地址。

优点:CPU对外设的操作可使用全部的存储器操作指令,寻址方式多,使用方便灵活,且可寻址的外设数量多。

缺点：由于外设占用了存储单元的地址，使内存的容量减小，同时，程序的可读性下降。

(2)端口寻址的输入输出方式。CPU 有专门的输入输出指令(IN,OUT)，通过这些指令中的地址来区分不同的外设。

优点：容易掌握，编出的程序可读性好。

缺点：可寻址的范围较小，还必须有相应的控制线($M/\overline{IO}$)来区分是寻址内存还是外设。

4.6.2　I/O 接口扩展

4.6.2.1　简单 I/O 接口芯片的扩展电路

在单片机应用系统中，常用的 I/O 接口扩展芯片有 74LS273、74LS373、74LS374、74LS377 等，常用的缓冲器有 74LS244、74LS245、74LS240 等。这种 I/O 口一般通过 P0.0 口扩展，不占用单片机的 I/O 口资源，只需一根地址线作片选信号线。这种方法具有电路简单、成本低、配置灵活方便等特点。

图 4－37 是采用 74LS244 作扩展输入，74LS273 作扩展输出的简单 I/O 接口扩展电路。

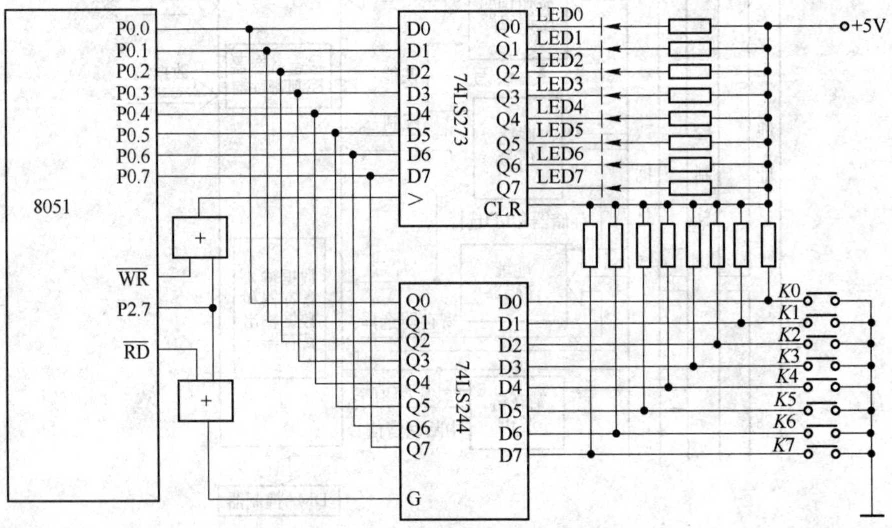

图 4－37　简单 I/O 口扩展电路

图 4－37 中 P0.0 口为双向数据总线，既能从 74LS244 输入数据，又能将数据送给 74LS273 输出。输入控制信号由 P2.7 和$\overline{RD}$两相或成，当两者同时输出为 0 电平时，或门输出为 0，选通 74LS244，使外部信息进入到总线。无按键按下时，输入为全 1；当有一键按下时，则该键所在线输入为 0。

输出控制信号由 P2.7 和$\overline{WR}$两相或成，当两者同时为 0 电平时，或门输出为 0，将 P0.0 口的数据锁存到 74LS273，其输出控制着发光二极管 LED。当某线输出 0 电平时，该线上的发光二极管点亮。

可见，输入和输出都是在 P2.7 为低电平时有效，所以 74LS244 和 74LS273 的口地址均为7FFFH(实际上只要保证P2.7=0即可,与其他地址位无关),即占有相同的地址空间,但由于分别受$\overline{RD}$和$\overline{WR}$信号控制,因此不会发生冲突。

对于图4-37,若要实现的功能是按下任意键,对应的LED发光,则程序段如下:

```
LOOP:MOVDPTR,#7FFFH;装载外部地址
       MOVX   A,@DPTR     ;读按键
       MOVX   @DPTR,A     ;送显示
       SJMP   LOOP
```

4.6.2.2 可编程I/O接口芯片的扩展电路

A 8255A可编程并行I/O口扩展

8255A是Intel公司生产的可编程输入输出接口芯片,具有A、B、C三个8位并行I/O口,提供三种工作方式。方式0为基本输入输出,方式1为选通输入输出,方式2为双向传送。8255A能对端口C的任意一位进行置位/复位操作。

8255A与CPU的典型连接方式如图4-38所示。

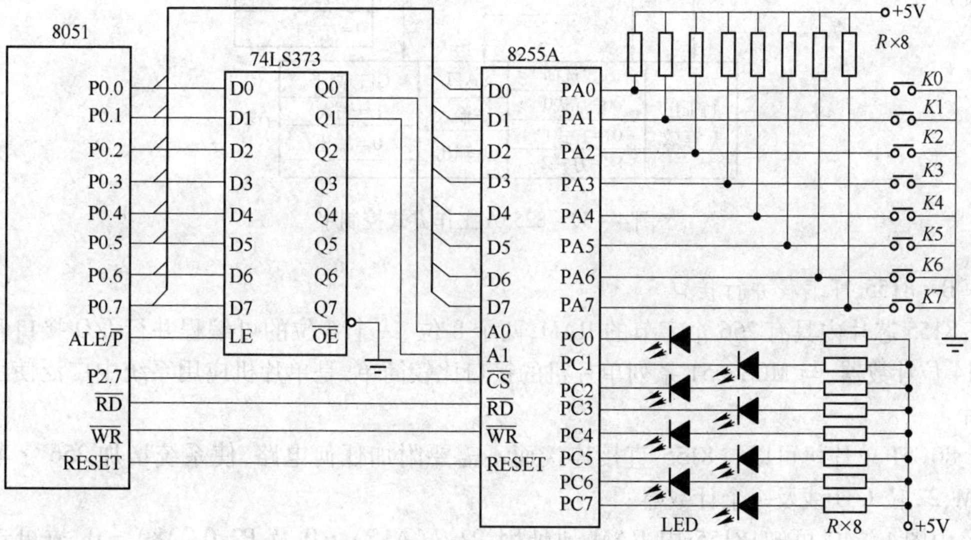

图4-38 8255A与CPU的典型连接

根据图4-37,下面介绍8255A的编程方法。问题:按下PA口的某些键,对应于PC口上的LED点亮。

第一,从图中算出8255A个端口的地址分别为:命令口:7FFFH;PA口7FFCH;PB口7FFDH;PC口7FFEH,这些地址可以使用"MOVX"指令来访问。

第二,确定控制字。根据题意,PA口是输入口,PB口是输出口,因此选用工作方式0,由图4-39即可算出控制字为90H。

第三,编写控制程序如下:

```
ORG 0000H
        AJMP   MAIN
        ORG    0030H
```

```
MAIN:MOV      A,#90H      ;方式 0,A 口输入 C 口输出
MOVDPTR,#7FFFH            ;控制寄存器地址→DPTR
MOVX       @DPTR,A        ;写入控制寄存器
MOVDPTR,#7FFCH            ;A 口地址→DPTR
MOVX       A,@DPTR        ;接收 A 口数据
MOVDPTR,#7FFEH            ;C 口地址→DPTR
MOVX       @DPTR,A        ;将 A 口读入数据送 C 口输出
END
```

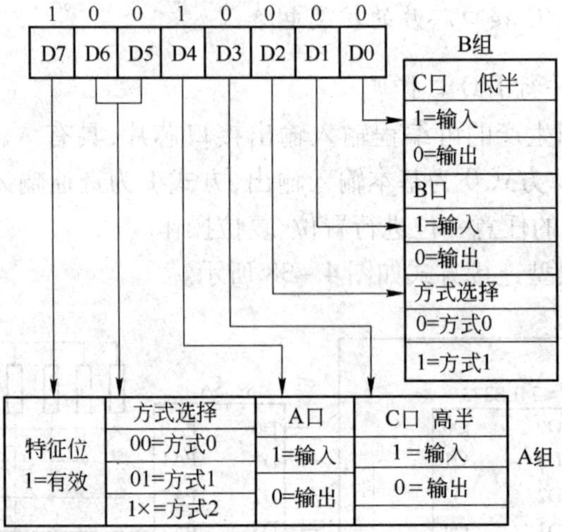

图 4－39　8255A 工作方式控制字

B　8155 可编程并行接口

8155 芯片内具有 256 个字节的 RAM,两个 8 位、一个 6 位的可编程并行 I/O 接口和一个 14 位计数器,与 MCS－51 系列单片机的接口比较简单,是单片机应用系统中广泛使用的芯片。

80C51 单片机可以与 8155 直接连接而不需要附加任何电路,使系统增加 256 字节的 RAM,22 位 I/O 线及一个计数器。

由图 4－40 可知,8155 中 RAM 地址因 P2.7(A15)＝0 及 P2.0(A8)＝0,故可选为 01111110 00000000B(7E00H)～01111110 11111111B(7EFFH);从而得到 8155 各端口的地址为 7F00H～7F05H,如图 4－41 所示。

下面说明针对 8155 的编程方法。如图 4－42 所示按下 PA 口的某些键,对应于 PB 口上的 LED 点亮。

第一,算出 PA 口、PB 口的地址:PA 口 7F01H;PB 口 7F02H。

第二,由图 4－43 可以算出控制字为 02H。

第三,编写控制程序如下:

```
ORG 0000H
AJMP      MAIN
ORG 0030H
MAIN:MOVDPTR,#7F00H     ;指向命令字端口
MOVA,#02H               ;A 口为输入,B 口、C 口为输出
```

```
MOVX      @DPTR,A    ;送命令字
MOVDPTR,#7F01H       ;指向 A 口地址
MOVX      A,@DPTR    ;读入 A 口的数据
INCDPTR              ;指向 B 口
MOVX      @DPTR,A    ;数据送入 B 口
AJMP      MAIN
END
```

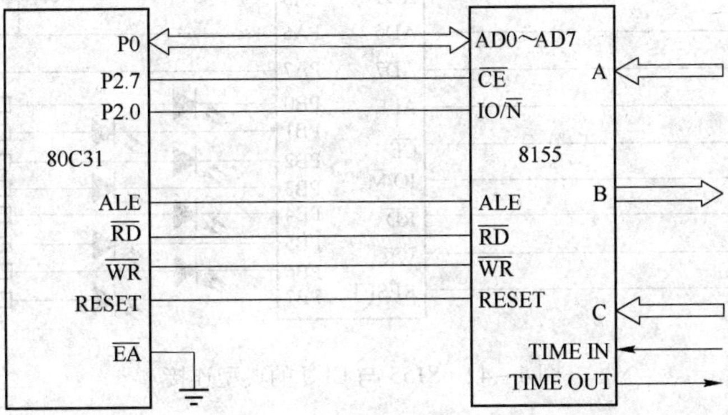

图 4-40 8155 与 CPU 直连

A15	A14	A13	A12	A11	A10	A9	A8	A7	A6	A5	A4	A3	A2	A1	A0	I/O口
0	×	×	×	×	×	×	1	×	×	×	×	×	0	0	0	命令/状态口
0	×	×	×	×	×	×	1	×	×	×	×	×	0	0	1	A口
0	×	×	×	×	×	×	1	×	×	×	×	×	0	1	0	B口
0	×	×	×	×	×	×	1	×	×	×	×	×	0	1	1	C口
0	×	×	×	×	×	×	1	×	×	×	×	×	1	0	0	计数器低8位
0	×	×	×	×	×	×	1	×	×	×	×	×	1	0	1	计数器高6位及方式

图 4-41 8155 编址

4.6.3 模拟量的采样与处理

模拟量输入通道的任务是完成模拟量的采集并转换成数字量送入到计算机。依据被控对象的特点和控制要求的不同,模拟量输入通道的结构形式有所不同。目前普遍采用的是集成运算放大器和 A/D 转换器的结构形式,其组成方框图如图 4-44 所示。

模拟量输入通道主要由信号处理装置、采样单元、采样保持器、信号放大器、A/D 转换器和控制电路等部分组成。

4.6.3.1 信号处理装置

信号处理装置一般包括敏感元件、传感器、滤波电路、线性化处理及电参量间的转换电路等。转换电路是把各种传感器送来的不同种类和不同电平的被测模拟信号变换(电桥和信号放大)成统一的标准信号,为后端数据采集做准备。

在生产现场,由于各种干扰源的存在,所采集的模拟信号中可能夹杂着干扰信号。根据

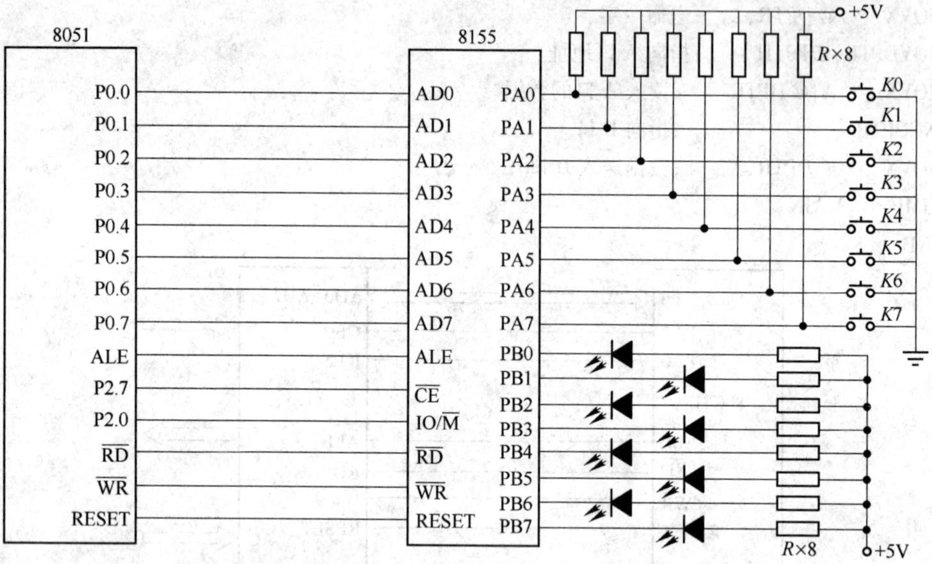

图 4－42　8155 与 CPU 的典型连接

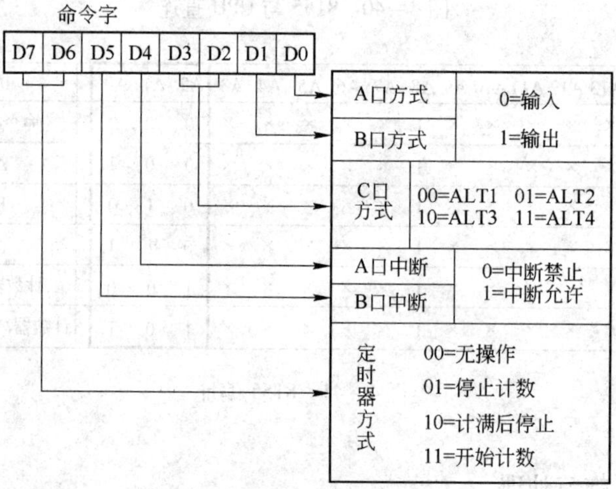

图 4－43　8155 命令字

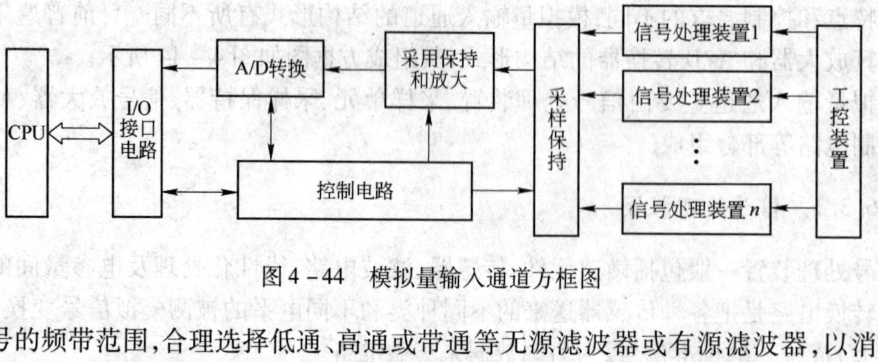

图 4－44　模拟量输入通道方框图

检测信号的频带范围,合理选择低通、高通或带通等无源滤波器或有源滤波器,以消除干扰信号。

此外,如果换后的电信号与被测参量呈非线性,就要做适当的线性化处理,否则难以满足控制精度的要求。通常可以在硬件上可采用加负反馈放大器或采用线性化处理电路(如冷端补偿)的办法达到此目的,或在软件上也可以用计算机进行分段线性化数字处理的办法来解决。

4.6.3.2 采样单元

采样单元也称为多路转换器或多路转换开关,它可以把多个已变换成统一电压信号(0~40mV)的测量信号按序或随机地接到采样保持器或直接接到数据放大器上。如在模拟量输入通道中,多路模拟输入量共用一个 A/D 转换器,借助采样单元把各路模拟量分时接到 A/D 转换器进行转换,实现 CPU 对各路模拟量分时采样的目的。

4.6.3.3 计算机采样与量化

模拟信号的计算机数据采集过程实质是将连续信号转换成离散信号。因此,需要解决用离散数据表达连续信号的精度问题。理论上,当信号采集时间间隔越短,计算机获取的模拟信号信息越接近实际信号。

A 采样过程

所谓采样过程(简称采样)是用采样开关(或采样单元)将模拟信号按一定时间间隔抽样成离散信号的过程,如图 4-45 所示。

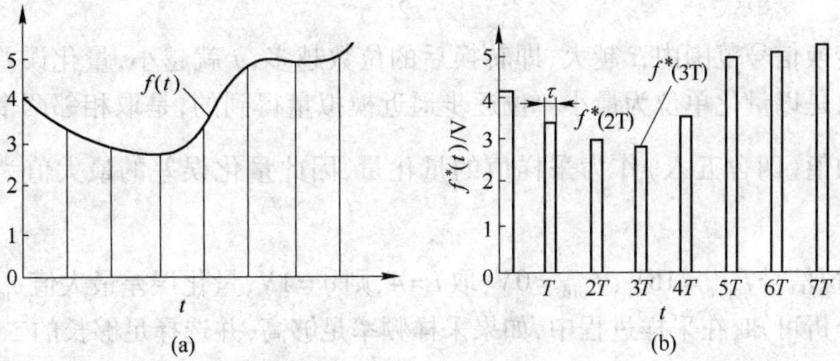

图 4-45 采样过程
(a)模拟信号;(b)离散模拟信号

图 4-45(a)是被采样的模拟信号 $f(t)$,$f(t)$ 是时间上连续且幅值上也连续的信号。$f(t)$ 被按一定时间间隔 T 周期开、闭的采样开关分割成如图 4-45(b)所示的时间上离散而幅值上连续的离散模拟信号 $f^*(t)$。离散模拟信号 $f^*(t)$ 是一连串的脉冲信号,也称为采样信号。采样开关两次采样(闭合)的间隔时间为 T,称为采样周期。采样开关闭合的时间,称为采样时间 0、T、$2T$…,各时间点,称为采样时刻。

采样是计算机控制的重要特点之一。一个控制系统中的模拟输入量可能有多个,甚至上百个,计算机利用采样开关对各输入量逐个采样,依次处理,再逐个输出,实现对各通道和控制回路分时控制。

B 量化过程

因采样后得到的离散模拟信号本质上还是模拟信号,未数字化,不能直接送入计算机,还需经数字化处理,变成数字信号才能被计算机接受。

量化过程(简称量化)就是用一组数码(如二进制码)来逼近离散模拟信号的幅值,该组二进制码就是转换后的数字信号,如图 4－46 所示。

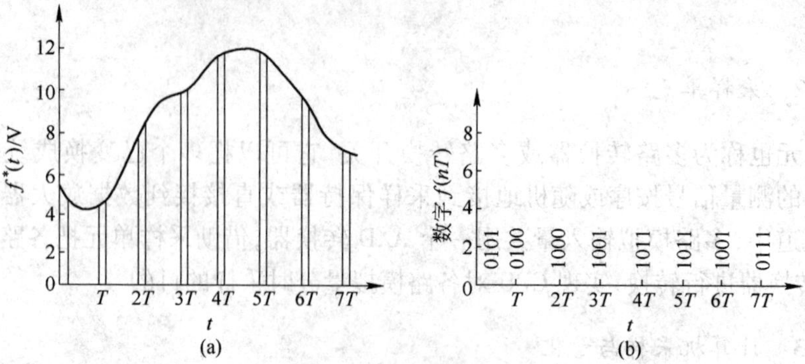

图 4－46　量化过程

(a)离散模拟信号;(b)数字信号

由于计算机数字信号的位数是有限的,因此用数码来逼近模拟信号是近似的处理方法。

量化单位 q 是指量化后二进制数的最低位所对应的模拟量的值。设 $f_{\max}$ 和 $f_{\min}$ 分别为转换信号的最大值和最小值,i 为转换后二进制数的位数,则量化单位为:

$$q = \frac{f_{\max} - f_{\min}}{2^i} \tag{4-1}$$

在同一转换信号范围内,i 越大,即转换后的位数越多,q 就越小,量化误差越小。由于量化后的数值是以量化单位为最小单位逐步逼近模拟量得到的,是取相邻两个数字量中更接近的一个数值(四舍五入)作为采样值的量化量,因此量化误差的最大值为 $\pm \frac{q}{2}$,而不是 q。

例如,模拟信号 $f_{\max} = 16\text{V}$、$f_{\min} = 0\text{V}$,取 $i = 4$,则 $q = 1\text{V}$,量化误差最大值 $e_{\max} = \pm 0.5\text{V}$。

由以上分析可知,在采样过程中,如果采样频率足够高,并选择足够长的二进制位数,使得量化误差足够小,就能保证采样处理的精度。因此,我们可以用采样量化后得到的一系列离散的二进制数字量来表示某一时间上连续的模拟信号,从而满足计算机计算、处理和控制的需要。

4.6.4　输入输出通道

在微机控制系统中,为了实现对生产过程的控制,需要获取对象的各种测量参数,并送入微机。微机经过运算、处理后,将结果以数字量的形式输出,此时也要把该输出变换为适合于对生产过程进行控制的量,所以在微机和生产过程之间,必须设置信息传递和变换的连接通道,该连接通道被称为输入与输出通道,它包括模拟量输入通道、模拟量输出通道、数字量输入通道和数字量输出通道,其组成如图 4－47 所示。

4.6.4.1　模拟量输入通道

模拟量输入一般由信号处理装置、多路转换器、采样保持和 A/D 转换器等组成。它

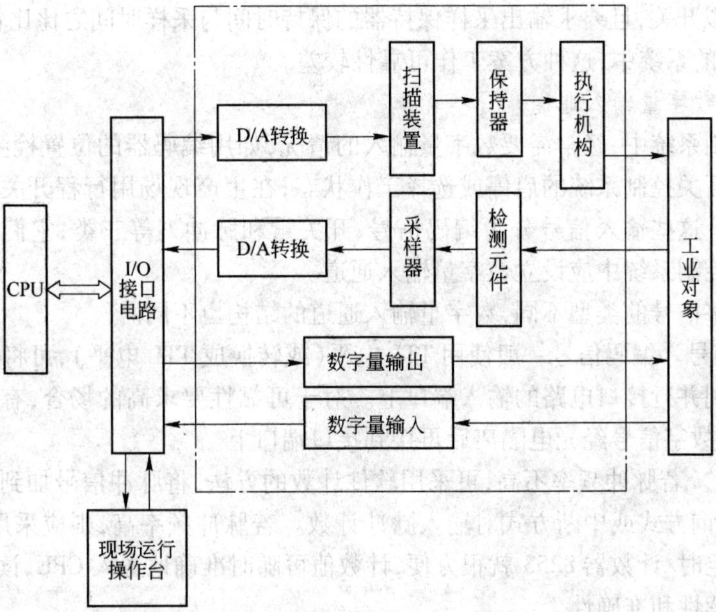

图 4-47 输入与输出通道的组成

的任务是把从控制对象检测到的模拟信号,转换成二进制数字信号,经 I/O 接口送入微机。

4.6.4.2 模拟量输出通道

模拟量输出通道主要由 D/A 转换器和输出保持器组成,它们的任务是把微机输出的数字量信号转换成模拟量。多路模拟量输出通道的结构形式,主要取决于输出保持器的结构形式。保持器一般有数字保持和模拟保持两种方式。

A 一个通道设置一个 D/A 转换器的形式

微机和通道之间通过独立的接口缓冲器传送信息,这是一种数字保持的方案,如图 4-48所示。这种结构通常用于混合计算,测试自动化和模拟量显示的应用中,其特点是速度快、精度高、工作可靠,即使某一路 D/A 转换器有故障,也不会影响其他通路的工作。但是,如果输出通道的数量较多,就要使用较多的 D/A 转换器,因此这种结构的硬件成本较高。随着大规模集成电路技术的飞速发展,D/A 转换器价格的下降,这种方式已得到广泛的应用。

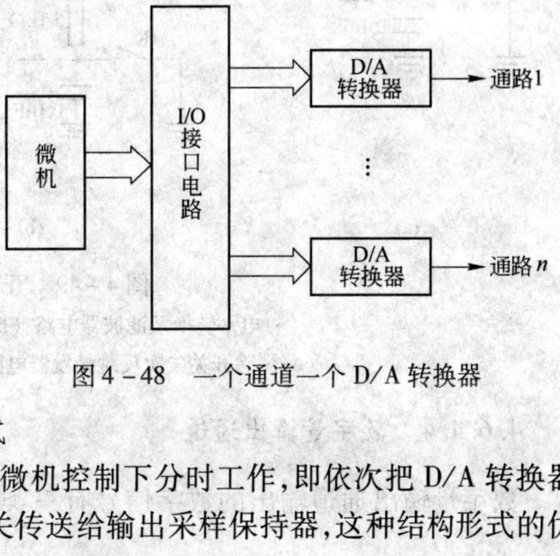

图 4-48 一个通道一个 D/A 转换器

B 多个通道共用一个 D/A 转换器的形式

这种结构的转换器共用一个 D/A,它是在微机控制下分时工作,即依次把 D/A 转换器转换成的模拟电压(或电流)通过多路模拟开关传送给输出采样保持器,这种结构形式的优点是节省了 D/A 转换器,但因为分时工作,只适用于通路数量多且速度要求不高的场合。它需要多路模拟开关,且要求输出采样保持器的保持时间与采样时间之比比较大,通常应用在监控和 DDC 的系统中,这种方案工作可靠性较差。

4.6.4.3　数字量输入通道

在微机控制系统中,经常需要数字量输入的情况,如用编码器的位置检测和速度检测;用按钮或转换开关控制系统的启停或选择工作状态;在生产现场用行程开关反映生产设备的运行状态等。这些输入信号分为编码信号、开关量和脉冲列等三类,它们都属于数字信号,因此,微机控制系统中应设立数字量输入通道。

随输入数字信号的类型不同,数字量输入通道的结构也不同。

(1)编码信号。编码信号一般使用 TTL 电平(或转换成 TTL 电平),可将 TTL 电平的编码数字直接接到并行接口电路的输入端口上。对于可靠性要求高的场合,有时也加上光电隔离电路,输入数字信号经光电隔离后再接到接口端口上。

(2)脉冲列。若脉冲频率不高,可采用软件计数的方法,将脉冲信号加到并行接口的一个输入端,用查询方式或中断方式对输入脉冲计数。若脉冲频率高,则应采用硬件计数器,如使用可编程定时/计数器 8253 就很方便,计数值可随时准确地送入 CPU,读取计数值时不影响计数器连续性和准确性。

(3)开关信号。来自操作台或控制箱的按钮、转换开关、拨码开关、继电器或来自现场的行程开关等等的触点接通或断开的信号输入,首先必须经过电平转换电路,将触点的通断转换成高电平或低电平,同时要考虑滤波,防触头抖动以及采用光电隔离或继电器隔离等特殊措施,最后将一个个开关信号接到并行接口的输入端口上去。图 4-49 为几种微机系统中常用的电平转换、滤波、去抖动及光电隔离和继电器隔离电路。

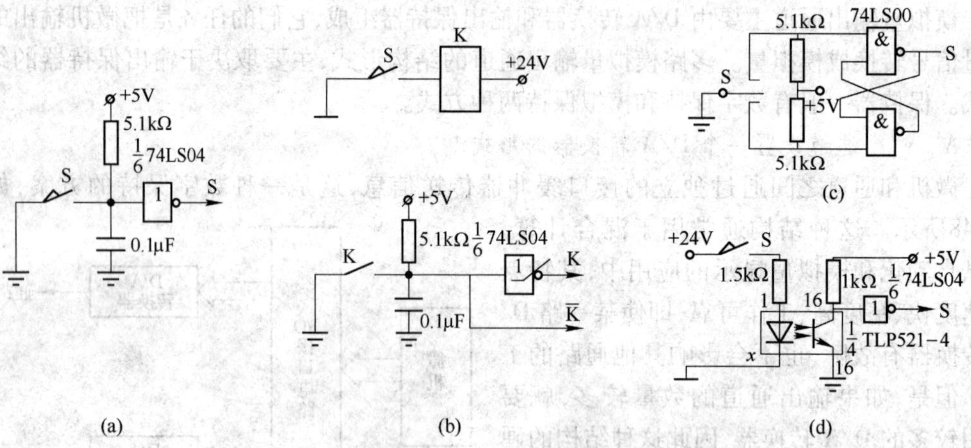

图 4-49　开关量输入电路

(a)电平转换及滤波器电路;(b)继电器隔离及电平转换电路;
(c)消除开关二次反跳触发器电路;(d)光电隔离及电平转换电路

4.6.4.4　数字量输出通道

数字量输出通道输出的数字信号有三类:二进制编码数字、“1”或“0”的开关信号和脉冲信号。计算机计算的设定值、控制量以及从现场采样的物理参量(经 A/D 转换后的数字量)等都是编码数字,常常要送至操作面板上的数字显示器上显示;电动机启停、阀门开关等控制要求 CPU 送出“1”或“0”的开关控制信号;步进电动机控制要求送出脉冲列。

编码数字可直接从 I/O 接口电路的输出端口送出,一般输出数据需要锁存。当编码数字送出的距离较长时,为节省传输线路和提高可靠性,可采用串行发送的方式,数据接收端再采用串-并转换电路(如 74LS164)将其转换成并行输出形式,供外部(如 LED 显示器)使用。

对于步进电动机这类要求输出脉冲列的对象,输出通道应加脉冲产生及其控制电路,如使用 8253 就很方便,让它工作于方波发生器的模式,输出脉冲的频率及个数都可通过程序设置来控制,具体电路如图 4-50 所示。

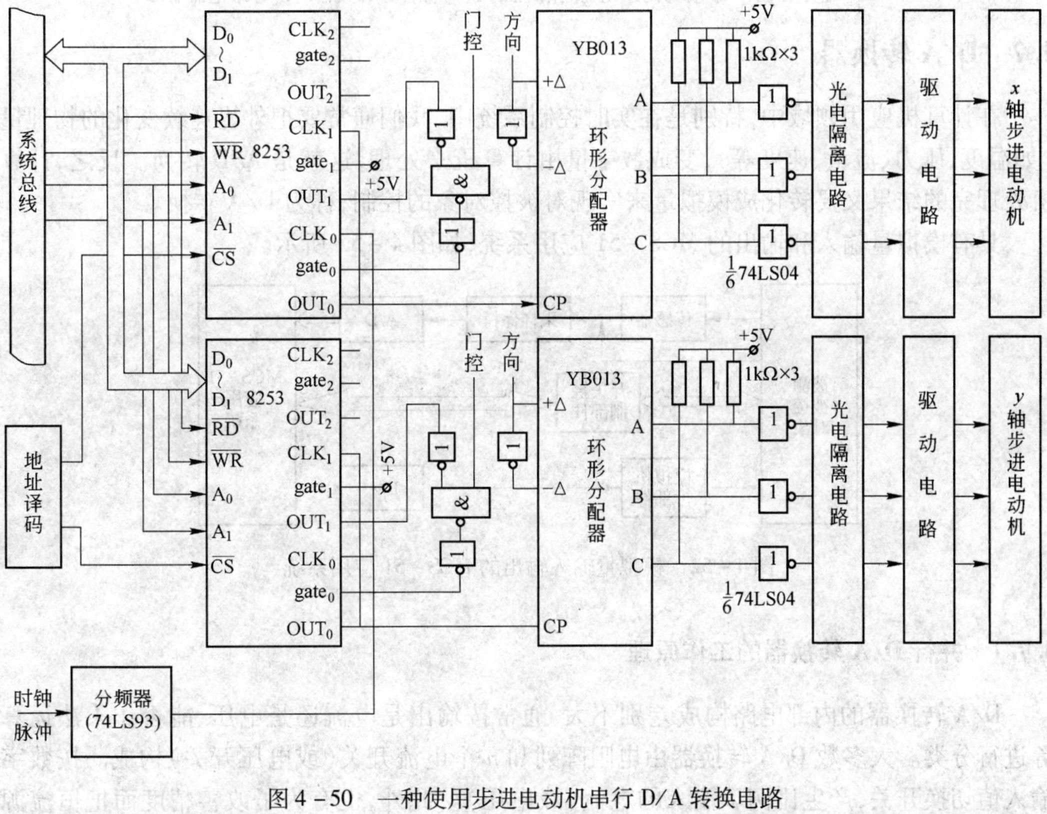

图 4-50 一种使用步进电动机串行 D/A 转换电路

开关量输出通常有 TTL 电平逻辑信号输出、电子无触点开关输出和继电器输出几种形式。为保证计算机安全、可靠地工作,输出部分要加光电隔离电路,同时为驱动继电器或其他执行部件,输出通道一般都要加功率放大电路。图 4-51 为几种开关量输出的具体电路。

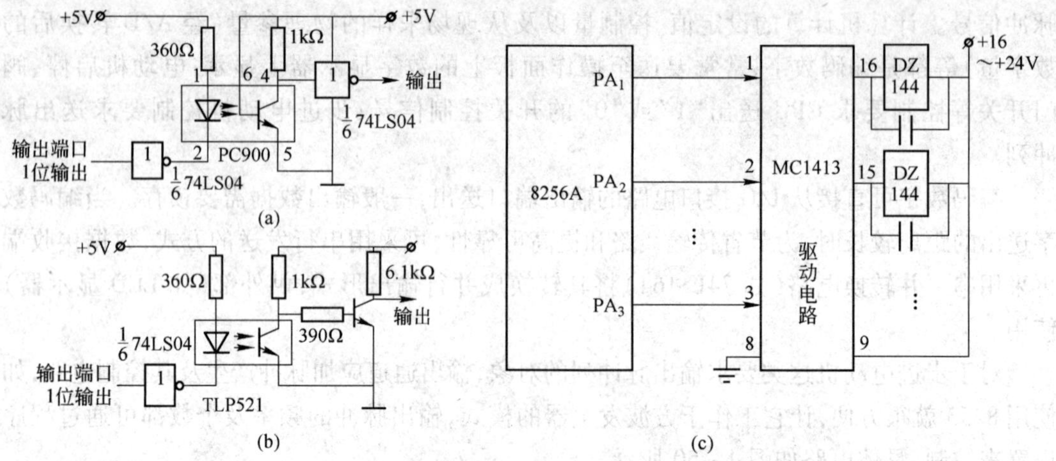

图 4 - 51　开关量输出电路

(a) TTL 电平输出(PC900 为高速光电隔离电路);(b) 晶体管开关输出;(c) 继电器输出

4.7　D/A 转换器

在计算机应用领域中,特别是在实时控制系统中,我们通常要把外界连续变化的物理量(如温度、压力、流量、速度等),变成数字量由计算机来处理,这就是 A/D 转换。反之,计算机处理完的结果又要转化成模拟量来实现对被控对象的控制,称为 D/A 转换。

具有模拟量输入和输出的 MCS - 51 应用系统,如图 4 - 52 所示。

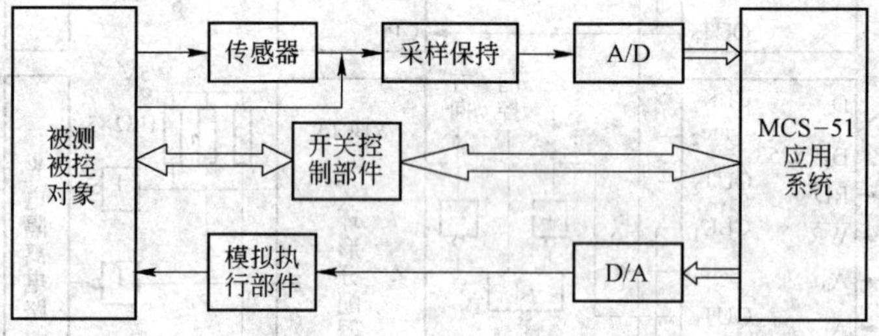

图 4 - 52　模拟量输入输出的 MCS - 51 应用系统

4.7.1　并行 D/A 转换器的工作原理

D/A 转换器的内部电路构成差别不大,通常按输出是电流还是电压、能否作乘法运算等进行分类。大多数 D/A 转换器由电阻阵列和 n 个电流开关(或电压开关)构成。按数字输入值切换开关,产生比例于输入的电流(或电压)。此外,也有为了改善精度而把恒流源放入器件内部的。一般来说,由于电流开关的切换误差小,大多采用电流开关型电路,电流开关型电路如果直接输出生成的电流,则为电流输出型 D/A 转换器。此外,电压开关型电路为直接输出电压型 D/A 转换器。图 4 - 53 所示为 T 型电阻网络 D/A 转换器。

由于 I_{OUT2} 接地,I_{OUT1} 为虚地,所以:

$$I = \frac{V_{\mathrm{REF}}}{\sum R} \tag{4-2}$$

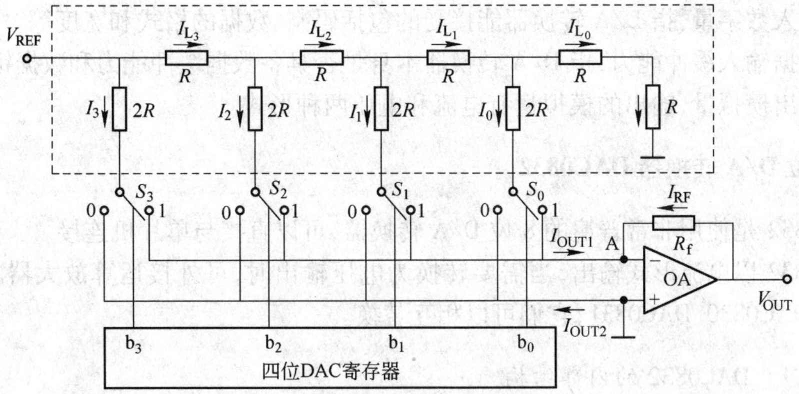

图 4－53 T 型电阻网络 D/A 转换器

流过每个加权电阻的电流依次为：

$$I_1 = (1/2^n) \times (V_{REF}/\sum R)$$

$$I_2 = (1/2^{n-1}) \times (V_{REF}/\sum R)$$

$$\vdots$$

$$I_n = (1/2^1) \times (V_{REF}/\sum R) \qquad (4-3)$$

由于 I_{OUT1} 端输出的总电流是置“1”各位加权电流的总和，I_{OUT2} 端输出的总电流是置“0”各位加权电流的总和，所以当 D/A 转换器输入为全“1”时，I_{OUT1} 和 I_{OUT2} 分别为：

$$I_{OUT1V} = (V_{REF}/\sum R) \times (1/2 + 1/2^2 + \cdots + 1/2^n) \qquad (4-4)$$

$$I_{OUT2} = 0$$

当运算放大器的反馈电阻 R_{fb} 等于反相端输入电阻 $\sum R$ 时，其输出模拟电压：

$$U_{OUT1} = -I_{OUT1} \times R_{fb}$$

$$= -V_{REF}(1/2^1 + 1/2^2 + \cdots + 1/2^n) \qquad (4-5)$$

对于任意二进制码，其输出模拟电压为：

$$U_{OUT} = -V_{REF}(a_1/2^1 + a_2/2^2 + \cdots + a_n/2^n) \qquad (4-6)$$

式中，$a_i = 1$ 或 $a_i = 0$，由上式便可得到相应的模拟量输出。

4.7.2 D/A 转换器的主要技术参数

D/A 转换器的主要技术参数包括：

(1)分辨力。分辨力用于表征 D/A 转换器对输入微小量变化所能产生的最小模拟量增量，即数字量最低位所对应的模拟量值。输入数字量位数愈多，输出电压可分离的等级愈多，即分辨力愈高。所以在实际应用中，往往用输入数字量的位数表示 D/A 转换器的分辨力。n 位 D/A 转换器的分辨力可表示为 $1/2^n$（n 为二进制的位数），它表示 D/A 转换器在理论上可以达到的精度。

(2)转换精度，指 D/A 转换器实际输出的模拟值与理论值之间的偏差。

(3)线性度，指 D/A 转换器实际转换特性与理想转换特性之间的误差。

(4)建立时间，指从数字量输入到稳定的模拟量输出所需要的时间。

(5)输入数字量,指 D/A 转换器能接受的包括码制、数据的格式和宽度等。

(6)数据输入缓冲能力,指 D/A 转换器本身是否具备数据缓冲能力和数据锁存器。

(7)输出模拟量,输出的模拟量有电流和电压两种形式。

4.7.3　8 位 D/A 转换器 DAC0832

DAC0832 是使用非常普遍的 8 位 D/A 转换器,可以直接与单片机连接。

DAC0832 以电流形式输出,当需要转换为电压输出时,可外接运算放大器。该系列的芯片还有 DAC0830、DAC0831,它们可以相互替换。

4.7.3.1　DAC0832 的内部结构

DAC0832 的内部结构如图 4-54 所示。

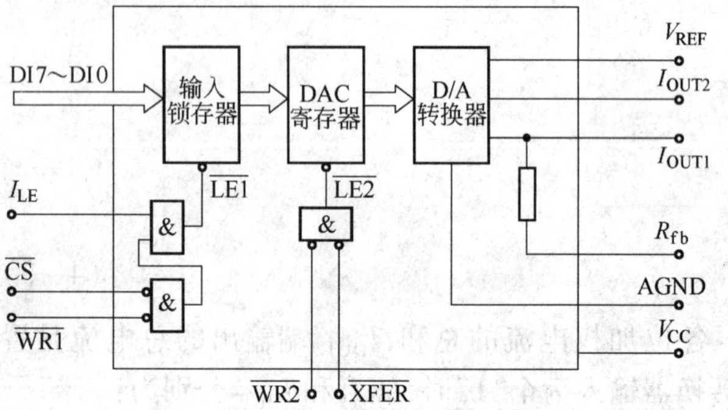

图 4-54　DAC0832 内部结构

4.7.3.2　DAC0832 的主要技术特性

DAC0832 的主要技术特性为:

(1)分辨力 8 位;

(2)电流建立时间 1μs;

(3)数据输入可采用双缓冲、单缓冲或直通方式;

(4)输出电流线性度可在满量程下调节;

(5)逻辑电平输入与 TTL 电平兼容;

(6)单一电源供电(+5 ~ +15V);

(7)低功耗,20mW。

4.7.3.3　DAC0832 与单片机的接口

A　单缓冲工作方式

此方式适用于只有一路模拟量输出,或有几路模拟量输出但并不要求同步的系统,如图 4-55 所示。

B　双缓冲工作方式

多路 D/A 转换输出,如果要求同步进行,就应该采用双缓冲器同步方式,如图 4-56 所示。

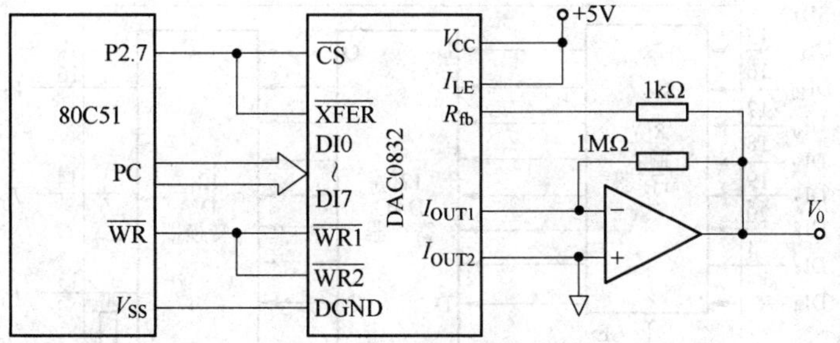

图 4-55 单缓冲工作方式

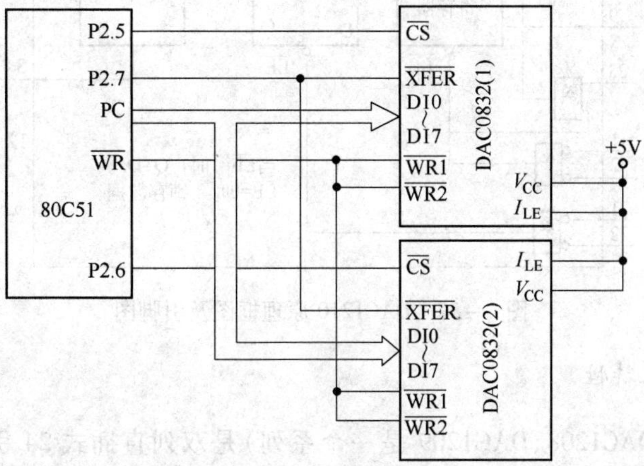

图 4-56 双缓冲工作方式

根据图 4-56,完成两路 D/A 同步输出的程序如下:

```
MOV   DPTR,#0DFFFH      ;指向 0832(1)输入锁存器
MOV   A,#data1
MOVX  @DPTR,A           ;data1 送入 0832(1)输入锁存器
MOV   DPTR,#0BFFFH      ;指向 DAC0832(2)输入锁存器
MOV   A,#data2
MOVX  @DPTR,A           ;data2 送入 0832(2)输入锁存器
MOV   DPTR,#7FFFH       ;同时启动 0832 (1)、0832(2)
MOVX  @DPTR,A           ;完成 D/A 转换输出
```

C 直通工作方式

当 DAC0832 芯片的片选信号、写信号及传送控制信号的引脚全部接地,允许输入锁存信号 I_{LE} 引脚接 +5V 时,DAC0832 芯片就处于直通工作方式,数字量一旦输入,就直接进入 DAC 寄存器,进行 D/A 转换。

4.7.4 12 位 D/A 转换器 DAC1210

4.7.4.1 内部结构

如图 4-57 所示,DAC1210 的内部有两级缓冲器,左对齐方式输入数据内部结构与 DAC0832 类似。

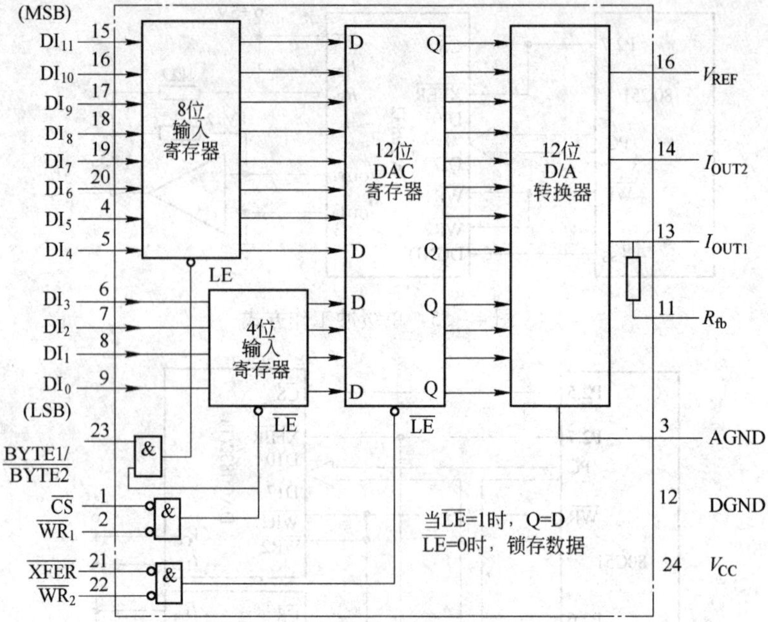

图 4－57　DAC1210 原理框图及引脚图

4.7.4.2　技术特性

DAC1210（与 DAC1208、DAC1209 是一个系列）是双列直插式 24 引脚集成电路芯片。输入数字为 12 位二进制数字；分辨率 12 位；电流建立时间 1μs；供电电源 ＋5～＋15V（单电源供电）；基准电压 V_{REF} 范围 －10～＋10V。

DAC1210 的特点是：线性规范只有零位和满量程调节；与所有的通用微处理机直接接口；单缓冲、双缓冲或直通数字数据输入；与 TTL 逻辑电平兼容；全四象限相乘输出。

4.7.4.3　DAC1210 的输入与输出

DAC1210 有 12 位数据输入线，当与 8 位的数据总线相接时，因为 CPU 输出数据是按字节操作的，那么送出 12 位数据需要执行两次输出指令，比如第一次执行输出指令送出数据的低 8 位，第二次执行输出指令再送出数据的高 4 位。为避免两次输出指令之间在 D/A 转换器的输出端出现不需要的扰动模拟量输出，就必须使低 8 位和高 4 位数据同时送入 DAC1210 的 12 位输入寄存器。为此，往往用两级数据缓冲结构来解决 D/A 转换器和总线的连接问题。工作时，CPU 先用两条输出指令把 12 位数据送到第一级数据缓冲器，然后通过第三条输出指令把数据送到第二级数据缓冲器，从而使 D/A 转换器同时得到 12 位待转换的数据。

DAC1210 是电流相加型 D/A 转换器，有 I_{OUT1} 和 I_{OUT2} 两个电流输出端，通常要求转换后的模拟量输出为电压信号，因此，外部应加运算放大器将其输出的电流信号转换为电压输出。加一个运算放大器可构成单极性电压输出电路，加两个运算放大器则可构成双极性电压输出电路。图 4－58 中绘出 DAC1210 单缓冲单极性电压输出电路原理图。

由上面分析可知，DAC1210 与 DAC0832 有许多相似之处，其主要差别在于分辨率不同，DAC1210 具有 12 位的分辨率，而 DAC0832 只有 8 位分辨率。例如，若取 $V_{REF}=10V$，按单

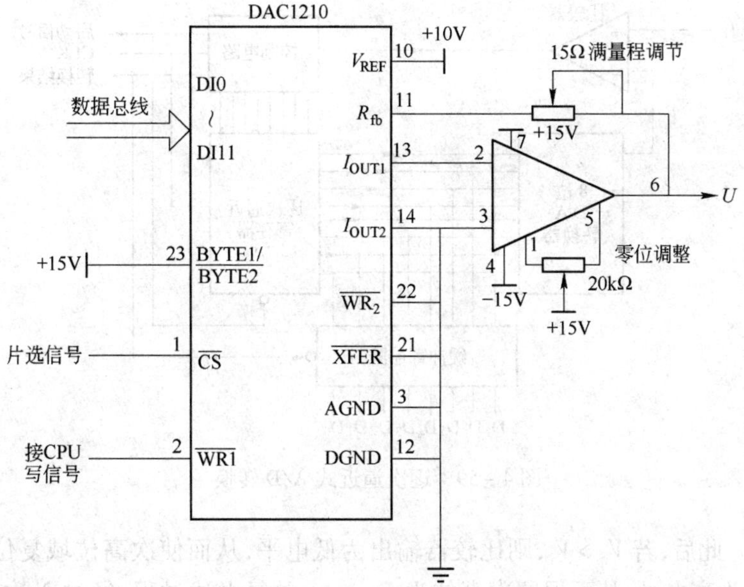

图 4-58 DAC1210 单缓冲单极性电压输出电路

极性输出方式,当 DAC0832 输入数字 0000,0001 时其输出电压约为 39.06mV,而 DAC1210 输入数字 0000,0000,0001 时,其输出电压约为 2.44mV。可见,DAC1210 的分辨率比 DAC0832 的分辨率高 16 倍,因此转换精度更高。

4.8 A/D 转换器

A/D 转换是指通过转换电路将模拟量转变为数字量。实现 A/D 转换的方法比较多,常见的有计数法、双积分法和逐次逼近法。由于逐次逼近式 A/D 转换具有速度快、分辨率高等优点,而且采用该法的 ADC 芯片成本较低,因此得到广泛的应用。下面仅以逐次逼近式 A/D 转换器为例,说明 A/D 转换器的工作原理。

4.8.1 A/D 转换器的工作原理

逐次逼近式 A/D 转换器的原理如图 4-59 所示。它由逐次逼近寄存器、D/A 转换器、比较器和缓冲寄存器等组成。当启动信号由高电平变为低电平时,逐次逼近寄存器清 0,这时,D/A 转换器输出电压 V_o 也为 0,当启动信号变为高电平时,转换开始,同时,逐次逼近寄存器进行计数。

逐次逼近寄存器工作时与普通计数器不同,它不是从低位往高位逐一进行计数和进位,而是从最高位开始,通过设置试探值来进行计数。具体讲,在第一个时钟脉冲到来时,控制电路把最高位送到逐次逼近寄存器,使它的输出为 10000000,这个输出数字一出现,D/A 转换器的输出电压 V_o 就成为满量程值的 128/255。这时,若 $V_o > V_i$,则作为比较器的运算放大器的输出就成为低电平,控制电路据此清除逐次逼近寄存器中的最高位;若 $V_o \leqslant V_i$,则比较器输出高电平,控制电路使最高位的 1 保留下来。

若最高位被保留下来,则逐次逼近寄存器的内容为 10000000,下一个时钟脉冲使次低位 D_6 为 1。于是,逐次逼近寄存器的值为 11000000,D/A 转换器的输出电压 V_o 到达满量程

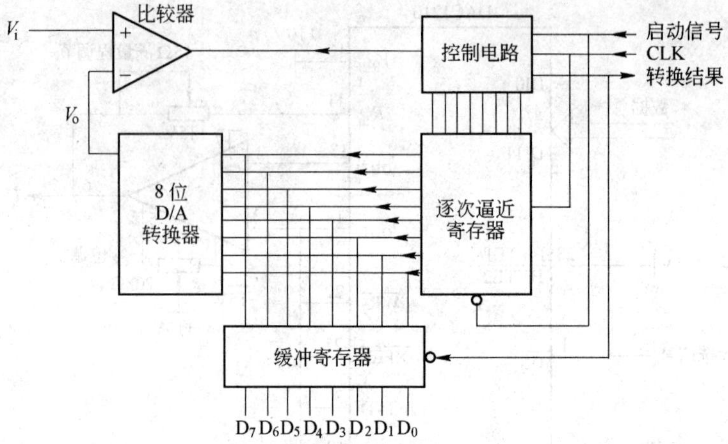

图 4－59　逐次逼近式 A/D 转换

值的 192/255。此后，若 $V_o > V_i$，则比较器输出为低电平，从而使次高位域复位；若 $V_o < V_i$，则比较器输出为高电平，从而保留次高位为 1……。重复上述过程，经过 N 次比较以后，逐次逼近寄存器中得到的值就是转换后的数值。

转换结束以后，控制电路送出一个低电平作为结束信号，这个信号的下降将逐次逼近寄存器中的数字量送入缓冲寄存器，从而得到数字量输出。

目前，绝大多数 A/D 转换器都采用逐次逼近的方法。

4.8.2　A/D 转换器的主要技术参数

A/D 转换器的种类很多，按转换二进制的位数分类包括：8 位的有 ADC0801、0804、0808、0809；10 位的有 AD7570、AD573、AD575、AD579；12 位的有 AD574、AD578、AD7582；16 位的有 AD7701、AD7705 等。A/D 转换器的主要技术参数如下。

4.8.2.1　分辨力

分辨力通常用转换后数字量的位数表示，如 8 位、10 位、12 位、16 位等。分辨力为 8 位表示它可以对满量程的 $1/2^8 = 1/256$ 的增量作出反应。分辨率是指能使转换后数字量变化为 1 的最小模拟输入量。

4.8.2.2　量程

量程是指所能转换的电压范围，如 5V、10V 等。

4.8.2.3　转换精度

转换精度是指转换后所得结果相对于实际值的准确度，有绝对精度和相对精度两种表示法。绝对精度常用数字量的位数表示，如绝对精度为 ±1/2LSB。相对精度用相对于满量程的百分比表示，如满量程为 10V 的 8 位 A/D 转换器，其绝对精度为 $1/2 \times 10/2^8 = \pm 19.5\text{mV}$，而 8 位 A/D 的相对精度为 $1/2^8 \times 100\% \approx 0.39\%$。

精度和分辨力不能混淆，即使分辨力很高，但温度漂移、线性不良等原因可能造成精度并不高。

4.8.2.4 转换时间

转换时间是指启动 A/D 到转换结束所需的时间。不同型号、不同分辨率的器件，转换时间相差很大。一般几 μs ~ 几百 ms，逐次逼近式 A/D 转换器的转换时间为 1 ~ 200μs。在设计模拟量输入通道时，应满足实际应用的需要和成本因素来确定这一项参数的选择。

4.8.2.5 工作温度范围

较好的 A/D 转换器的工作温度为 -40 ~ +85℃，较差的为 0 ~ 70℃。应根据具体应用要求查器件手册，选择适用的型号。超过工作温度范围，将不能保证达到额定精度指标。

4.8.3 8 位 A/D 转换器 ADC0809

ADC0809 是单片双列直插式集成电路芯片，是 8 通路 8 位 A/D 转换器，其主要特点是：分辨率 8 位；总的不可调误差 ±1LSB；当模拟输入电压范围为 0 ~ 5V 时，可使用单一的 +5V 电源；转换时间 100μs；温度范围 -40 ~ +85℃；不需另加接口逻辑可直接与 CPU 连接；可以输入 8 路模拟信号；输出带锁存器；逻辑电平与 TTL 兼容。

4.8.3.1 电路组成及转换原理

ADC0809 是一种带有 8 位转换器、8 位多路切换开关以及与微处理机兼容的控制逻辑的 CMOS 组件。8 位 A/D 转换器的转换方法为逐次逼近法。在 A/D 转换器的内部含有一个高阻抗斩波稳定比较器，一个带有模拟开关树组的 256R 分压器，以及一个逐次逼近的寄存器。8 路的模拟开关由地址锁存器和译码器控制，可以在 8 个通道中任意访问一个单边的模拟信号，其原理框图如图 4 - 60 所示。

ADC0809 无需调零和满量程调整，又由于多路开关的地址输入能够进行锁存和译码，而且它的三态 TTL 输出也可以锁存，所以易于与微处理机进行接口。

由图 4 - 60 可以看出，ADC0809 由两大部分组成，第一部分为八通道多路模拟开关，它的基本原理与 CD4051 类似。它由 C、B、A 端子和地址锁存允许端子控制，每次只能选中一个通道，如 CBA 为 000 时选中 0 通道。第二部分为一个逐次逼近型 A/D 转换器，它由比较器、控制逻辑、输出缓冲锁存器、逐次逼近寄存器以及开关树组和 256R 电阻分压器组成。后两种电路（即开关树组和 256R 电阻分压器）组成 D/A 转换器。控制逻辑用来控制逐次逼近寄存器从高位到低位逐次取“1”，然后将此数字量送到开关树组（8 位开关），用来控制开关 $S_7 \sim S_0$ 与参考电平相连接。参考电平经 256R 电阻分压器，则输出一个模拟电压 U_0，U_0、U_i 在比较器中进行比较。当 $U_0 > U_i$ 时，本位 $D=0$；当 $U_0 \leqslant U_i$ 时，则本位 D = 1。因此，从 $D_7 \sim D_0$ 比较 8 次，即可逐次逼近寄存器中的数字量，即与模拟量 U_i 所相当的数字量相等。此数字量送入输出锁存器，并同时发转换结束脉冲。

4.8.3.2 ADC0808/0809 的外引脚功能

ADC0808/0809 的管脚排列如图 4 - 61 所示，其主要管脚的功能如下：

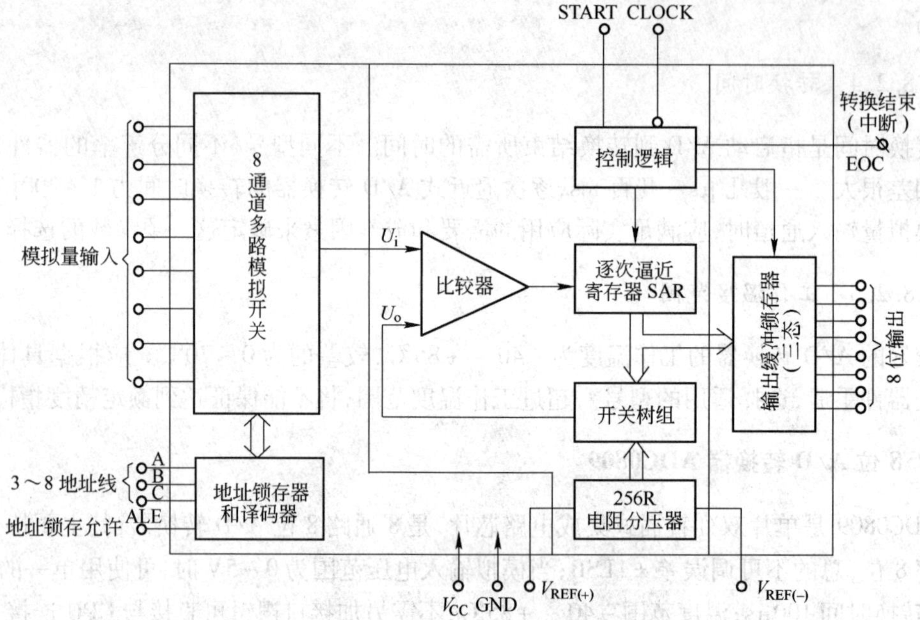

图 4－60　ADC0808/0809 原理框图

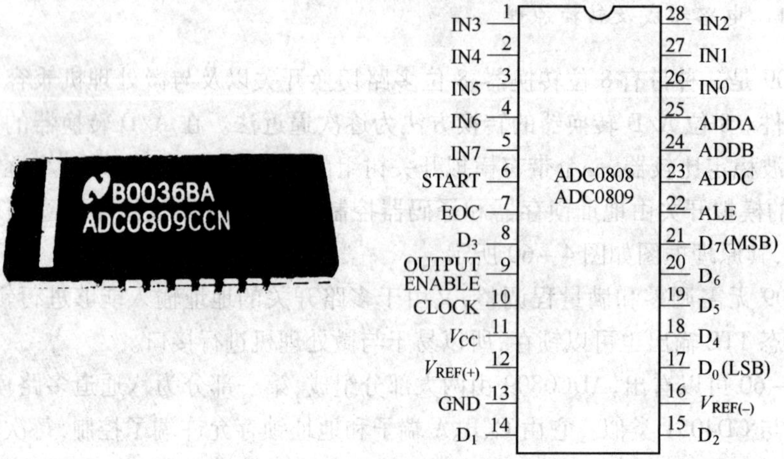

图 4－61　ADC0808/0809 管脚排列图

IN0～IN7——8 个模拟量输入端。

START——启动 A/D 转换器，当 START 为高电平时，开始 A/D 转换。

EOC——转换结束信号。当 A/D 转换完毕之后，发出一个正脉冲，表示 A/D 转换结束。此信号可用作为 A/D 转换是否结束的检测信号或中断申请信号。

OUTPUT ENABLE——输出允许信号。如此信号被选中时，允许从 A/D 转换器锁存器中读取数字量。

CLOCK——时钟信号。

ALE——地址锁存允许，高电平有效。当 ALE 为高电平时，允许 C、B、A 所示的通道被选中，并将该通道的模拟量接入 A/D 转换器。

ADDA、ADDB、ADDC——通道号地址选择端,C 为最高位,A 为最低位。当 C、B、A 全零(000)时,选中 IN0 通道接入;为 001 时,选中 IN1 通道接入;为 111 时,选中 IN7 通道接入。

$D_7 \sim D_0$——数字量输出端。

$V_{REF(+)}$、$V_{REF(-)}$——参考电压输入端,分别接 +、- 极性的参考电压,用来提供 D/A 转换器权电阻的标准电平。在模拟量为单极性输入时;$V_{REF(+)} = 5V$,$V_{REF(-)} = 0V$,当模拟量为双极性输入时,$V_{REF(+)} = 5V$,$V_{REF(-)} = -5V$。

4.8.4 12 位 A/D 转换器 AD574

AD574 是一个完整的 12 位逐次逼近式带三态缓冲器的 A/D 转换器,它可以直接与 8 位或 16 位微机总线进行接口。AD574 的分辨率为 12 位,转换时间 15 ~ 35μs。AD574 有六个等级,其中 AD574AJ、AD574AK 和 AD574AL 适用于 0 ~ +70℃ 温度范围内工作;AD574AS、AD574AT 和 AD574AV 可用在 -55 ~ +125℃ 温度范围内工作。

4.8.4.1 AD574 的电路组成

AD574 的原理框图如图 4-62 所示。AD574 由模拟芯片和数字芯片两部分组成,其中模拟芯片由高性能的 AD565(12 位 D/A 转换器)和参考电压模块组成。它包括高速电流输出开关电路、激光切割的膜片式电阻网络,故其精度高,可达 $\pm\frac{1}{4}$LSB。数字芯片是由逐次逼近寄存器(SAR)、转换控制逻辑、时钟、总线接口和高性能的锁存器、比较器组成。逐次逼近的转换原理前已述及,此处不再重复。

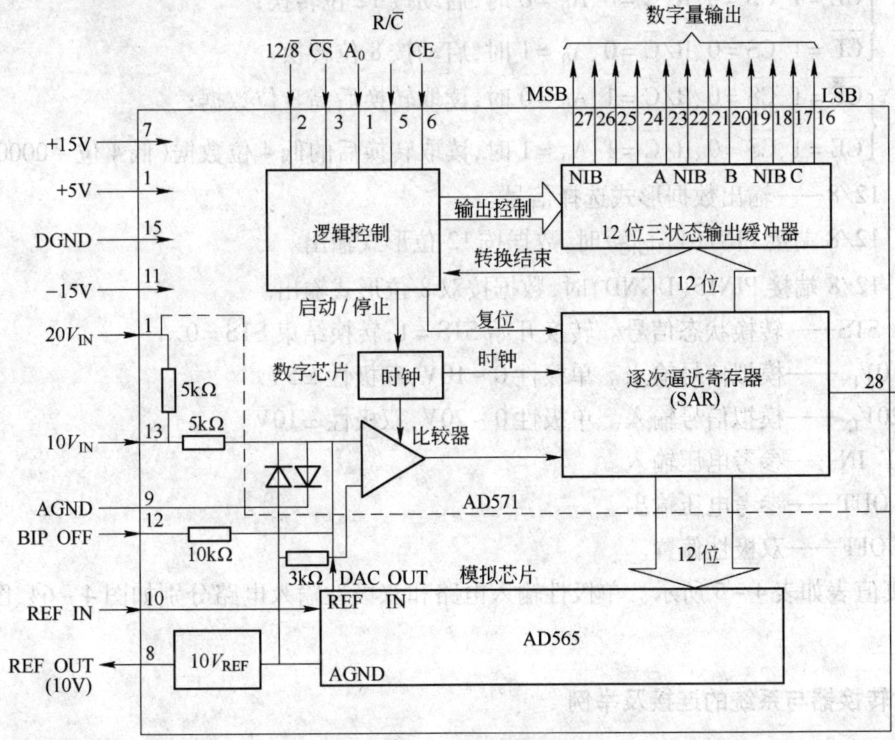

图 4-62 AD574 原理框图

4.8.4.2　AD574 引脚功能说明

AD574 各个型号都采用 28 引脚双列直插式封装，引脚图如图 4－63 所示。

$DB_0 \sim DB_{11}$——12 位数据输出，分三组，均带三态输出缓冲器。

V_{LOGIC}——逻辑电源 +5V（+4.5～+5.5V）。

V_{CC}——正电源 +15V（+13.5～+16.5V）。

V_{EE}——负电源 －15V（－13.5～－16.5V）。

AGND，DGND——模拟、数字地。

$\overline{CE}$——片允许信号，高电平有效。简单应用中固定接高电平。

$\overline{CS}$——片选择信号，低电平有效。

$R/\overline{C}$——读/转换信号。$\overline{CE}=1$，$\overline{CS}=0$，$R/\overline{C}=0$ 时，转换开始，启动负脉冲，400ns。

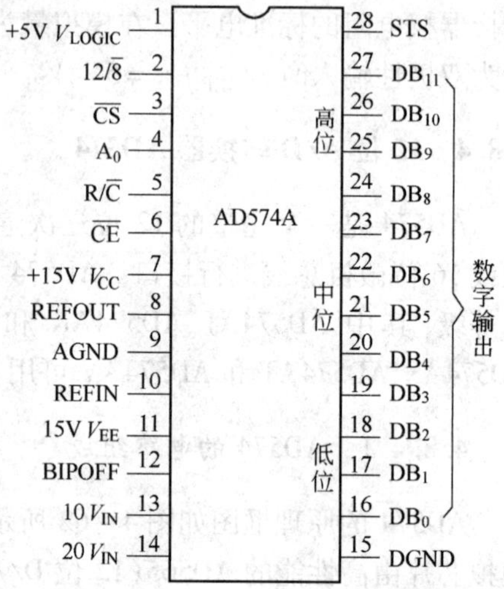

图 4－63　AD574A 引脚图

$\overline{CE}=1$，$\overline{CS}=0$，$R/\overline{C}=1$ 时，允许读数据。

A_0——转换和读字节选择信号。

$$\begin{cases}\overline{CE}=1、\overline{CS}=0、R/\overline{C}=0、A_0=0 \text{ 时，启动按 12 位转换；}\\ \overline{CE}=1、\overline{CS}=0、R/\overline{C}=0、A_0=1 \text{ 时，启动按 8 位转换；}\end{cases}$$

$$\begin{cases}\overline{CE}=1、\overline{CS}=0、R/\overline{C}=1、A_0=0 \text{ 时，读取转换后高 8 位数据；}\\ \overline{CE}=1、\overline{CS}=0、R/\overline{C}=1、A_0=1 \text{ 时，读取转换后的低 4 位数据（低 4 位 +0000）。}\end{cases}$$

$12/\overline{8}$——输出数据形式选择信号。

$12/\overline{8}$ 端接 PIN1（V_{LOGIC}）时，数据按 12 位形式输出。

$12/\overline{8}$ 端接 PIN15（DGND）时，数据按双 8 位形式输出。

STS——转换状态信号。转换开始 STS＝1；转换结束 STS＝0。

$10V_{IN}$——模拟信号输入。单极性 0～10V，双极性 ±5V。

$20V_{IN}$——模拟信号输入。单极性 0～20V，双极性 ±10V。

REF IN——参考电压输入。

REF OUT——参考电压输出。

BIP OFF——双极性偏置。

AD574 真值表如表 4－5 所示。单极性输入电路和双极性输入电路分别如图 4－64、图 4－65 所示。

4.8.5　A/D 转换器与系统的连接及举例

A/D 转换器对外的信号连接涉及模拟输入信号、数据输出信号、启动转换信号、转换结

表 4-5 A/D574 真值表

CE	$\overline{CS}$	$R/\overline{C}$	$12/\overline{8}$	A_0	操 作
0	×	×	×	×	禁 止
×	1	×	×	×	禁 止
1	0	0	×	0	启动 12 位转换
1	0	0	×	1	启动 8 位转换
1	0	1	V_{LOGIC}	×	一次读取 12 位输出数据
1	0	1	DGND	0	读取高 8 位输出数据
1	0	1	DGND	1	读取低 4 位输出数据尾随 4 个 0

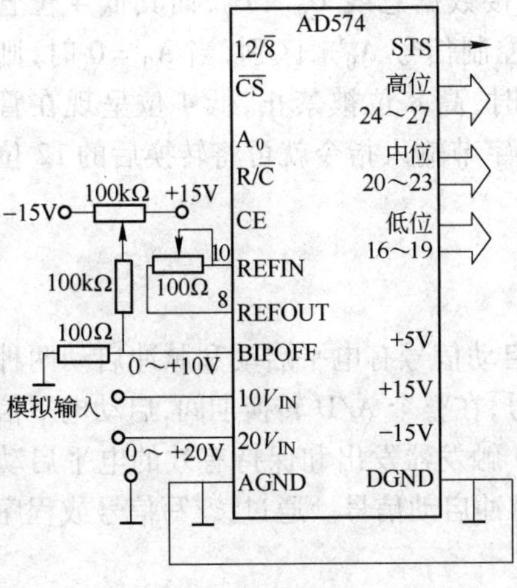

图 4-64 AD574 单极性输入电路

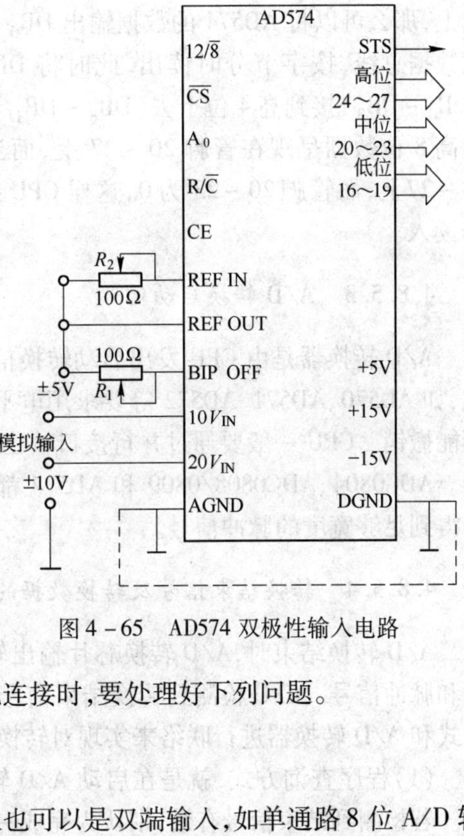

图 4-65 AD574 双极性输入电路

束信号和数据的读取等内容。A/D 转换器和系统连接时，要处理好下列问题。

4.8.5.1 输入模拟电压的连接

A/D 转换器的输入模拟电压可以是单端输入也可以是双端输入，如单通路 8 位 A/D 转换器 ADC0804 的两个输入端为 $V_{IN(-)}$、$V_{IN(+)}$，如果用单端输入的正向信号，则把 $V_{IN(-)}$ 接地，信号加到 $V_{IN(+)}$ 端；如果用单端输入的负向信号，则把 $V_{IN(+)}$ 接地，信号加到 $V_{IN(-)}$ 端。如果用双端输入，则模拟信号加在 $V_{IN(-)}$ 端和 $V_{IN(+)}$ 端之间。

ADC0808/0809 可以从 IN0 ~ IN7 接 8 路模拟电压输入，通常接成单端、单极性输入，这时 $V_{REF(+)}=5V$、$V_{REF(-)}=0V$，也可以接成双极性输入，这时 $V_{REF(+)}$ 和 $V_{REF(-)}$ 应分别接 +、- 极性的参考电压。

AD574 是单端输入模拟电压，在 $10V_{IN}$ 和 $20V_{IN}$ 中任一端和 AGND 之间输入，可输入单极性电压或双极性电压，输入模拟电压的极性不同，其输入电路也不同。

4.8.5.2　数据输出和系统总线的连接

A/D 转换器数据输出有两种方式:一种是 A/D 芯片内部带有三态输出门,其数据输出线可以直接挂到系统数据总线上去;另一种是 A/D 芯片内部不带三态输出门,或虽有三态输出门,但它不受外部信号控制,而是当转换结束时自动开门的,如 AD570 就是这种芯片,这类 A/D 转换器芯片的数据输出线都不能和系统数据总线直接连接,而应外加输入缓冲器(如 74LS244)或通过并行 I/O 接口的输入端口才能和 CPU 之间交换数据。

ADC0804、ADC0808/0809 等的数据输出线都具有三态输出门,其 8 位数据输出线可以直接接到系统数据总线上去。

AD574 的数据输出线也有三态输出门,可直接接数据总线,但是,它是 12 位输出,就有一个 A/D 输出数位和总线数位的对应关系问题。如果 AD574 直接接到 16 位的系统数据总线上,那么可以将 AD574 的数据输出 DB_0 ~ DB_{11} 按位接到数据总线 D_0 ~ D_{11} 上,也可以接 8 位数据总线,按字节分时读出,此时将 DB_4 ~ DB_{11} 接数据总线 D_0 ~ D_7,而其低 4 位管脚(DB_0 ~ DB_3)接到高 4 位上去(DB_8 ~ DB_{11})。通过控制信号 A_0 来区别,当 $A_0=0$ 时,则允许高 8 位数据呈现在管脚 20 ~ 27 上,而当 $A_0=1$ 时,高 8 位被禁止,低 4 位呈现在管脚 24 ~ 27 上,而管脚 20 ~ 23 为 0,这样 CPU 执行两条字节输入指令就可将转换后的 12 位数据读入。

4.8.5.3　A/D 转换启动信号

A/D 转换器是由 CPU 发出启动转换信号的。启动信号有电平启动和脉冲启动两种方式,如 AD570、AD571、AD572 等要求用电平启动信号,在整个 A/D 转换期间,启动电平信号不能撤销。CPU 一般要通过并行接口输出端或用 D 触发器发出和保持有效的电平启动信号。ADC0804、ADC0808/0809 和 AD574 都要求用脉冲启动信号。通过读/写信号或程序控制得到足够宽度的脉冲信号。

4.8.5.4　转换结束信号及转换数据的读取

A/D 转换结束时,A/D 转换芯片输出转换结束信号。转换结束信号也有两种:电平信号和脉冲信号。CPU 检测到转换结束信号即可读取转换后数据。CPU 一般可以采用三种方式和 A/D 转换器进行联络来实现对转换数据的读取:

(1)程序查询方式,就是在启动 A/D 转换器工作以后,程序不断读取 A/D 转换结束信号。若检测到结束信号有效,则认为完成一次转换,即可用输入指令读取转换后数据。

(2)中断方式,即把 A/D 转换器送出的转换结束信号作为中断申请信号(有时可能要外加一个反相器),送到 CPU 或中断控制器的中断请求输入端。

(3)固定的延迟程序方式。用这种方式时,要预先精确地知道完成一次 A/D 转换需要的时间。CPU 发出启动 A/D 命令之后,执行一个固定的延迟程序,然后发出读取数据的指令。延迟时间应略大于完成一次 A/D 转换所需的时间。

上述三种方式中,A/D 转换时间较长和响应要求快的复杂系统,一般选用中断方式。当 A/D 转换时间较短时,可用查询方式或延迟方式。实际运用中要根据具体情况选定。

[例 4-1]　8 位 A/D 转换器 ADC0808/0809 和 CPU 的连接。

若指定 8 路模拟电压输入端口地址为 78H ~ 7FH。转换结束信号以中断方式与 CPU 联络。采用 74LS138 做输入通道地址译码器,那么,可画出 ADC0808/0809 和 8086CPU 的连接原理电路图,如图 4 - 66 所示。

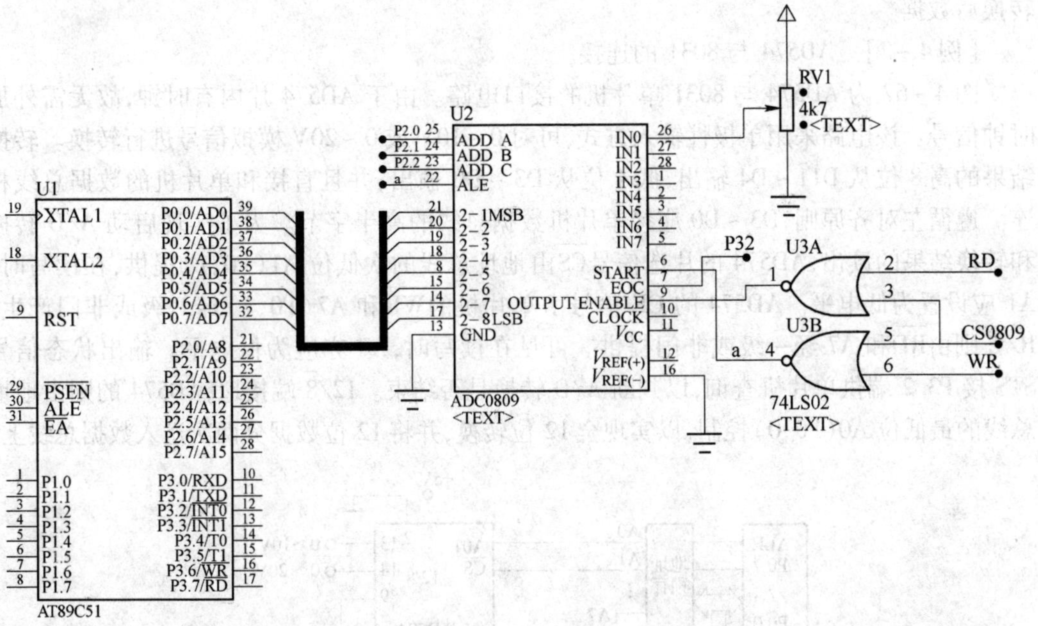

图 4 - 66 ADC0808/0809 与 CPU 连接

由于 ADC0808/0809 的数据输出带三态输出门,故可直接接到 CPU 数据总线上。按图 4 - 66 所示接线,P2.0 口低 3 位地址线 A_{10} ~ A_8 直接分别接到 ADC0808/0809 的采样地址输入端 C、B、A 上,用于选通 8 路输入通路中的其中一路。那么用一条输出指令即可启动某一通路开始转换(使 ADC0808/0809 的 START 端和 ALE 端得到一个启动正脉冲信号)。

```
ORG 0000H
            LJMP   START ;跳转到主程序
            ORG 0030H
START:MOV   DPTR,#0F800H   ;指向
            MOVX @DPTR,A
WAIT: MOV A,P3
            JB   ACC.2,NEXT   ;EOC 接 P3.2
            SJMP WAIT
NEXT: MOV DPTR,#0F800H
            MOVX   A,@DPTR
            MOV DPTR,# 0F800H
            MOVX @DPTR,A
            JMP WAIT
            END
```

转换结束,ADC0808/0809 从 EOC 端发出一个正脉冲信号,通过中断控制器 8259A 向 CPU 发出中断请求,CPU 响应中断后,转去执行中断服务程序。中断服务程序中,执行一条

输入指令，即可读取转换后数据，如执行 INAL，78H，即可将已启动转换的 IN0 通路的转换数据读入 ALE 中。因为执行这条指令时，使片选信号 Y_7 和读信号 $\overline{RD}$ 同时出现有效低电平，ADC0808/0809 的输出允许信号 $\overline{OE}$ 端出现一正脉冲，使输出三态门开启，CPU 即可读取转换后数据。

［**例 4 - 2**］　AD574 与 8031 的连接。

图 4 - 67 为 AD574 与 8031 单片机的接口电路。由于 AD574 片内有时钟，故无需外加时钟信号。该电路采用单极性输入方式，可对 0 ~ 10V 或 0 ~ 20V 模拟信号进行转换。转换结果的高 8 位从 D11 ~ D4 输出，低 4 位从 D3 ~ D0 输出，并且直接和单片机的数据总线相连。遵循左对齐原则，D3 ~ D0 应接单片机数据总线的高半字节。为了实现启动 A/D 转换和转换结果的读出，AD574 的片选信号 $\overline{CS}$ 由地址总线的次低位 A1（P0，1）提供，在读写时，A1 应设置为低电平。AD574 的 CE 信号由单片机的 $\overline{WR}$ 和 A7（P0，7）经一级或非门产生。R/$\overline{C}$ 则由 $\overline{RD}$ 和 A7 经一级或非门提供。可见在读写时，A7 亦应为低电平。输出状态信号 STS 接 P3.2 端供单片机查询，以判断 A/D 转换是否结束。12/$\overline{8}$ 端接地，AD574 的则由地址总线的最低位 A0（P0，0）控制，以实现全 12 位转换，并将 12 位数据分两次送入数据总线上。

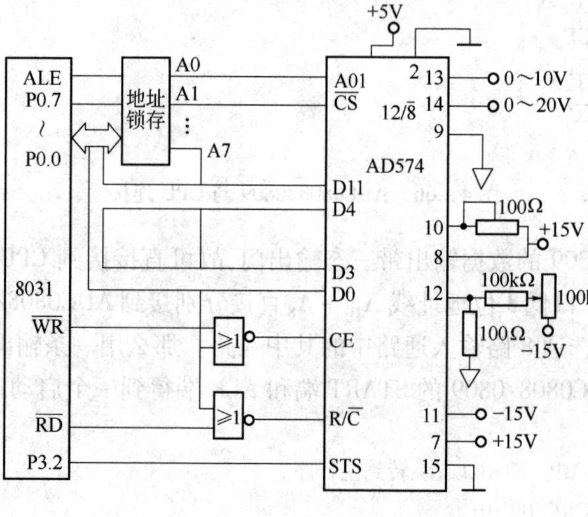

图 4 - 67　AD574 与 8031 的接口

利用该接口电路完成一次 A/D 转换，并把转换结果高 8 位放入 R_2 中、低 8 位放入 R_3 中的工作程序如下（R_2、R_3 在下面程序中）：

```
MAIN:   MOV    R0,#7CH       ;选择 AD574,并令 A0 = 0
        MOVX   @R0,A         ;启动 A/D 转换,全 12 位
LOOP:   NOP
        JB     P3.2,LOOP     ;查询转换是否结束
        MOVX   A,@R0         ;读取高 8 位
        MOV    R2,A          ;存入 R2 中
        MOV    R0,#7DH       ;令 A0 = 1
        MOVX   A,@R0         ;读取低 4 位,尾随 4 个 0
        MOV    R3,A          ;存入 R3 中
        ⋮
```

思考与练习

4-1　何谓I/O接口,计算机控制过程中为什么需要I/O接口?

4-2　试分析家用变频空调的计算机控制原理(重点分析输入/输出通道)。

4-3　试举例说明几种工业控制计算机的应用领域。

4-4　计算机I/O过程中的编址方式有哪些,各有什么特点?

4-5　若12位A/D转换器的参考电压是±2.5V,试求出其采样量化单位q。若输入信号为1V,问转换后的输出数据值是多少。

4-6　用ADC0809测量某环境温度,其温度范围为30~50℃,线性温度变送器输出0~5V,试求测量该温度环境的分辨率和精度。

4-7　中断和查询是计算机控制中的主要I/O方式,试论述其优、缺点。

4-8　计算机的输入/输出通道中通常设置有缓冲器,请问该通道中的缓冲器通常起到哪些作用?

4-9　有下列两个程序段,其中X、N、M、RESULT均为存储器单元,且N和M中分别存放数据n和$2n$:

```
(1)      XOR   AK,AX              (2) SUB    AK,AX
         MOV   BX,M                   LEA    BX,K
         SUU   BX,2                   MOV    CK,N
LOP1:    ADD   AX,X[BX]         LOP2: ADD    AX,[BX]
         SUB   BX,2                   ADD    BX,2
         JGE   LOP1                   DEC    CX
         MOV   RESULT,AX              JG     LOP2
         RET                          MOV    RESULT,AX
                                      RET
```

问:(1)这两个程序段各完成什么工作?

(2)定义一个适合这两段程序的数据段。

4-10　8086/8088在什么时候及什么条件下可以响应一个外部INTR中断请求,中断向量表在存储器的什么位置,向量表的内容是什么,8086如何将控制转向中断服务程序?

4-11　有一单片机系统的外部晶体振荡器频率为8MHz,现启动单片机的定时器。工作于定时方式,请计算:

(1)该单片机系统的机器周期为多少?

(2)定时器0计时15ms所对应的定时器计数值为多少?

(3)在方式1下,要达到15ms的定时时间,装入定时器的初值为多少?

(4)在方式1下,要达到15ms的定时时间,TH0、TL0中装入的初值数据分别是多少?

5 机电一体化伺服控制系统

5.1 概述

伺服系统就是一种能够跟随输入指令信号而动作，从而获得精确的位置、速度或力输出的自动控制系统。在机电一体化系统中，伺服系统就是信息与机械运动之间的主要部分。要求快速精确、稳定地实现控制信号所要输出的结果。因此，整个机电一体化系统的运动功能很大程度上取决于伺服系统的性能。研究与开发性能优良的伺服系统是现代机电一体化的关键技术。

许多机电一体化产品（如数控机床、工业机器人等），需要对输出量进行跟踪控制，因而伺服系统是机电一体化产品的一个重要组成部分，而且往往是实现某些产品目的功能的主体。伺服系统中离不开机械技术和电子技术的综合运用，其功能是通过机电结合才得以实现的，因此，伺服系统本身就是一个典型的机电一体化系统。

伺服系统一般由控制信号单元、驱动功能单元、执行单元三部分组成。控制信号单元有标准控制信号、检测反馈信号、计算机自动控制输出信号；驱动功能单元有功能信号控制器，变频调速控制器，步进电机驱动控制器，液压、气压控制器；执行单元有步进电动机、直流伺服电动机、交流伺服电动机、静电电动机、力矩电动机、伺服液压缸及电磁铁等。本章重点讲述了各驱动单元的结构组成、控制原理及控制方法。

5.2 伺服系统的结构及组成

图 5－1 是由各功能元件组成的伺服系统基本结构方框图，下面对各功能元件的作用加以说明，来介绍伺服系统。

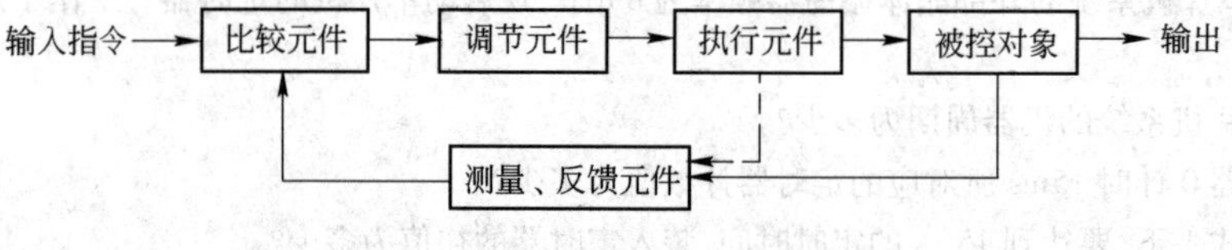

图 5－1　伺服系统基本结构方框图

5.2.1 比较元件

比较元件通常由电子线路或由软件实现，是将输入的指令信号与系统检测的反馈信号进行比较，以获得偏差信号，再以偏差信号近一步修正执行元件的运动，使执行元件的实际运动不断趋近于指令信号的要求。

5.2.2 控制元件

控制元件是将比较元件输出的偏差信号进行相应变换、放大，使输出信号符合执行元件所需,以控制执行元件按要求动作。控制元件是伺服系统的重要组成部分,对伺服系统的性能有着重要的影响。一般由软件算法和硬件电路实现或单独由软件电路实现。

5.2.3 执行元件

执行元件是以运动形式实现伺服系统控制目的单元。其功能是在控制元件控制信号作用下,将输出的各种形式的能量转换成机械能。多采用步进电动机、伺服电动机、液压缸、气压电动机、压电元件作为执行元件。

5.2.4 测量、反馈元件

测量、反馈元件是通过各种传感器和测量方法将执行元件的运动参数变换成电信号,并将此电信号反馈到伺服系统的输入端并与指令进行比较,得出误差信号的大小,然后按照减小误差大小的方向控制驱动电路,直到误差减小到0为止。此元件多采用各种传感器、检测仪器和信号处理电子线路构成。

5.3 伺服系统的分类

5.3.1 按控制方式分类

按控制方式分,伺服系统可分为开环伺服系统、闭环伺服系统和半闭环伺服系统。

(1)开环伺服系统中无检测反馈信号,执行元件多采用步进电动机。此类系统结构简单,价格低廉,调试和维修比较方便,但无反馈信号,精度主要取决于步进电动机及传动机构的精度,故而精度不高。

(2)半闭环伺服系统只检测执行元件的位移而不检测传动机构的间隙,所以精度比开环高,且调试比较容易,稳定性较好。

(3)闭环伺服系统是直接检测被控制部分的实际值,通过反馈,可调节全部传动环节造成的误差,故其精度很高,检测装置的精度对系统的精度影响大。

5.3.2 按控制执行元件分类

按所采用执行元件不同可分为:电气伺服系统、液压伺服系统、气压伺服系统等。电气伺服系统多采用步进电动机、直流伺服电动机和交流伺服电动机作为执行元件。在机电一体化产品中应用广泛。

5.3.3 按被控制参数分类

根据实际控制的需要,按被控制参数不同可分为位置伺服系统、速度伺服系统和功率伺服系统等,其中最常见的是位置伺服系统。

5.3.4 按反馈比较控制不同方式分类

在伺服系统中,由于采用的位置检测元件不同,位置指令信号与反馈信号比较方式通常可分为三种:脉冲比较、相位比较和幅值比较。所以伺服系统按反馈比较控制方式可分为脉冲数字比较伺服系统、相位比较伺服系统和幅值比较伺服系统。

5.4　伺服系统的技术要求

用最大超调量、过渡过程时间、振荡次数等特征作为衡量指标。频域工程上对伺服系统的技术要求都很具体。由于伺服系统的种类很多,用途各异,技术要求也不尽相同。总体上可归纳为以下几个方面:

(1)对伺服系统稳态性能的要求如下:

1)系统静态误差:指系统输入指令为常值时,输入与输出之间的误差。对闭环系统而言,理论上应是无静态误差,但实际上由于系统检测装置分辨有限以及系统输出轴承干摩擦,造成死区,均可造成系统静态误差。

2)系统速度误差:当伺服控制系统处于等速跟踪状态时,系统输出轴与其输入轴运动时,两轴之间最大的转速差。

3)系统加速度误差:当系统输出轴在一定的加速度范围内跟踪输入轴运动时,两轴之间最大的加速度差值。

(2)对伺服系统动态性能的要求。系统应是渐进稳定的,并留有一定的稳定余量。在典型信号输入下,系统的时域响应特性要满足规定的要求,一般响应用最大振荡指标、系统的频带宽特征作为衡量指标。

(3)对系统工作环境的要求,如对温度、湿度、抗振动、抗冲击,以及对防水、防腐、防辐射等方面的要求。

(4)对系统制造成本、运行的经济性、标准化程度、能源条件等方面的要求。

5.5　执行元件

执行装置是机电一体化系统的重要组成部分,是各类工业机器人、数控机床、自动化机械车辆电子设备、医疗器械及各种光学装置等机电一体化系统必不可少的驱动部分。该元件能在微电子装置的控制下,将输入的各种形式的能量转换为机械能。

5.5.1　执行元件的种类及特点

按照使用能量的不同,可将执行元件分为电气式、液压式和气动式等几种类型。

5.5.1.1　电气式执行元件

电气式执行元件主要以电动机控制技术为基础。控制用电动机驱动系统一般由电源供给电力,使电动机做回转(或直线)运动,驱动负载运动,并在指令信号的控制下工作。对控制电动机的性能除了要求稳定运转之外,还要有良好调速和伺服性能等动态性能。

电气执行元件包括控制电动机、直线电动机、静电电动机、超声波电动机及电磁铁等。控制用伺服电动机分为步进电动机、直流伺服电动机、交流伺服电动机。步进伺服电动机主要用于数控机床伺服系统、办公自动化机械、计算机终端设备、测试装置等。直流伺服电动机响应速度快、可控性好,用于高精度伺服系统中。交流伺服电动机又分感应电动机和同步电动机。同步电动机主要用于机床进给机构,而感应电动机主要用于机床主轴驱动。由于交流伺服电动机控制技术的发展,采用向量控制的感应电动机可以取代直流电动机用于伺服系统。

5.5.1.2 液压式执行元件

液压式执行元件的能量来自于液体的压力。由液压马达产生所需要的力和运动,通过控制阀进行控制。液压式执行装置具有重量轻、惯量小、快速等优点。它通常不用减速器便可以直接驱动机构进行平滑的运动,且无死区,它适用于驱动中大型规模的机器。液压式执行元件主要包括油缸、回转油缸、各类阀门、液压马达等,液压系统也有一些缺点,如对管道的安装、调整以及整个油路的污染及维护等性能要求较高。管道中不可避免的泄漏、输油管引起的动态延迟等使控制特性变坏。

5.5.1.3 气压执行元件

气压执行元件除了用压缩空气作为工作介质外,与液压式执行元件无其他区别,其驱动的功率在液压和电动机之间,具有代表性的气压执行元件有气缸、气压马达等,具有结构简单、可靠性高、价格低等优点。气动的驱动装置由于它的控制特性不好,一般只用在点到点的简单固定动作,且对中间位置无要求的机器中。气压驱动虽可得到较大的驱动力、行程和速度,但由于空气黏性差,具有可压缩性,故不能在定位精度较高的地方使用。

5.5.2 步进电动机及其驱动

步进电动机是将电脉冲信号转换成位移(或线位移)的一种机电式数/模转换器,其转子的转角(或位移)与输入的电脉冲数成正比,它的速度与脉冲频率成正比,而运动方向是由步进电动机通电的顺序所决定的。

5.5.2.1 步进电动机的基本结构及其工作原理

A 基本结构

步进电动机是一种使用电脉冲信号进行控制,并将电脉冲信号转换成相应角位移的执行器。其转子角位移量与电脉冲数成正比,其转速与电脉冲频率成正比,只要通过控制输入脉冲的数量、频率及电动机绕组通电相序就可获得所需的转角、转速及转向。所以通过计算机很容易实现步进电动机的开环数字控制,如步进电动机在经济性数控机床的进给驱动,一般采用开环的控制结构,也有的采用步进电动机驱动的数控机床,同时采用位置检测元件,构成反馈补偿型的控制结构。

但是,近年发展起来的恒流斩波驱动、PWM驱动、微步驱动、超微步驱动及其综合运用,使得步进电动机的高频输出功率得到很大提高,低频振荡得到显著改善,特别是随着智能超微步驱动技术的发展,必将把步进电动机性能提高到一个新水平。它将以极佳的性能价格比,获得更广泛的应用,在许多领域将取代直流伺服电动机及其相应伺服系统。

步进电动机的最大缺点在于其容易失步,特别是在大负载和较高快速的情况下,失步更容易发生。但步进电动机每转一周都有固定的步数,从理论上说其步距误差不会积累。

步进电动机按励磁方式分为反应式(也称变磁阻式)、永磁式和感应式。反应式又分为单段反应式和多段反应式。最常见的是单段反应式。

目前,我国使用的步进电动机多为反应式步进电动机,如图5-2所示。这是一台典型的单定子、径向分相、反应式伺服步进电动机结构原理图。这种步进电动机可分为定子和转子两部分,其中定子又分为定子铁芯和定子绕组。定子铁芯由硅钢片叠压而成,定子绕组是绕置在定子铁芯六个均匀分布的齿上的线圈,在直径方向上相对的两个齿上的线圈串联在一起,构成一相控制绕组。图5－2所示的步进电动机可构成三相控制绕组,故也称为三相步进电动机。当任一相绕组通电时,形成一组定子磁极,其方向如图中所示的N极、S极。在定子的每个磁极上,即定子铁芯的每个齿上又开了五个小齿,齿槽等宽,齿间夹角为9°,转子上没有绕组,只有均匀分布的40个小齿,齿槽也是等宽的,齿间夹角也是9°,与磁极上的小齿一致。此外,三相定子磁极上的小齿在空间位置上依次错开1/3齿距,如图5－3所示,当A相磁极上的小齿与转子上的齿对齐时,B相磁极上的齿刚好超前(或滞后)转子齿1/3齿距角,C相磁极齿超前(或滞后)转子齿2/3齿距角。

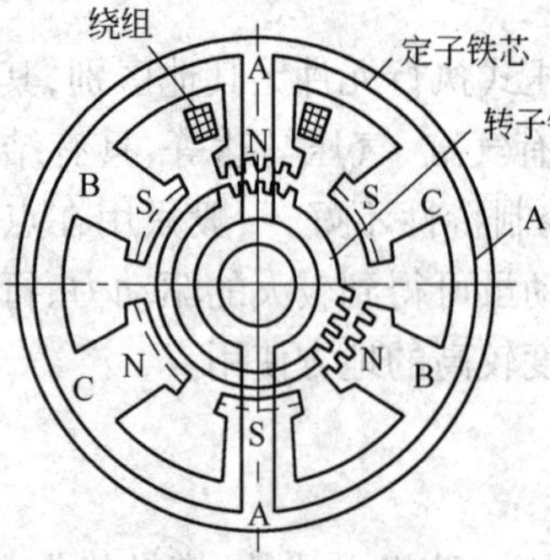

图5－2　反应式伺服步进电动机结构原理图

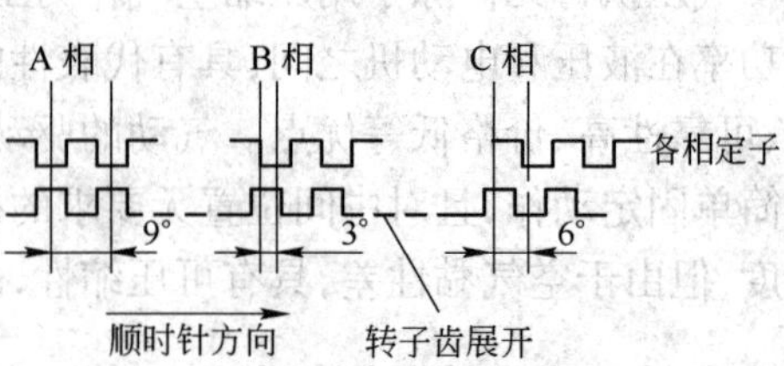

图5－3　步进电动机的齿距

图5－4所示是一种五定子、轴向分相、反应式伺服步进电动机的结构图。从图中看出步进电动机的定子和转子在轴向可分为五段,每一段都形成独立的一相定子铁芯、定子绕组和转子。各段定子铁芯上的齿就像内齿轮的齿形,由硅钢片叠成。转子的形状像一个外齿轮,由硅钢片制成,定子铁芯和转子上的齿都没有开小齿。这种步进电动机各段定子上的齿在圆周方向均匀分布,彼此之间错开1/5齿距,其转子齿彼此不错位。

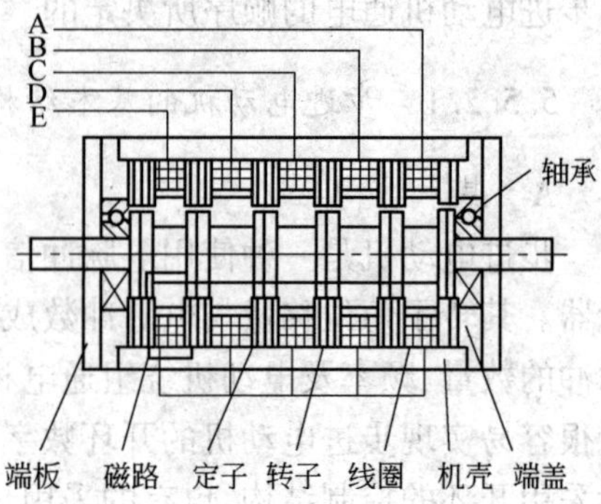

图5－4　五定子、轴向分相、反应式伺服步进电动机

常见的步进电动机,除了反应式步进电动机之外,还有永磁式步进电动机和永磁反应式(混合式)步进电动机,虽然它们的结构各不相同,但工作原理是相同的。

B　步进电动机的工作原理

图5－5所示为一种三相反应式步进电动机的工作原理示意图,其定子、转子是用硅钢片或其他软磁材料制成,定子上有6个极,每极上都装有控制绕组,每两个相对的极组成一相,即A－A、B－B、C－C三相。步进电动机可制成四相、五相或六相,个别也有制成八相或更多相数的。转子是4个均匀分布的齿,转子上没有绕组。

当某相定子励磁后,它吸引转子,使转子的齿与该相定子磁极上的齿对齐。因此,步进电动机的工作原理实际上是电磁铁的作用原理。如图5－5所示,是一种最简单的五定子、轴向分相、反应式伺服步进电动机。现以它为例来说明步进电动机的工作原理。

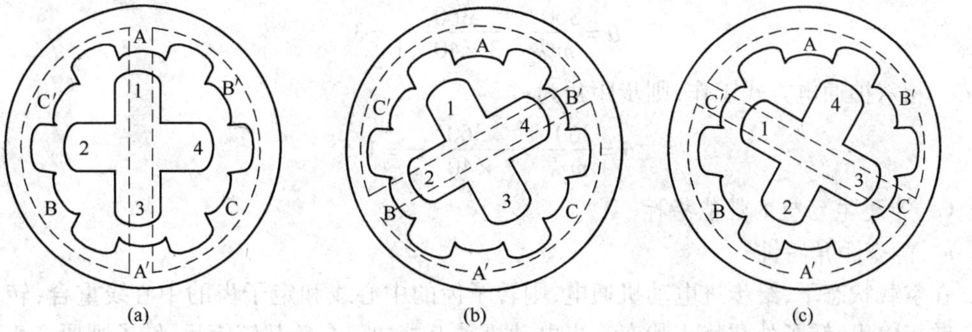

图5-5 三相反应式步进电动机的工作原理示意图

图5-5(a)所示的步进电动机有A、B、C三组,每相有两对磁极,转子也有两对磁极(四个齿)。当A相绕组通以直流电流时,转子的两极与A相的两个磁极齿对齐,使该相磁路的导磁最大。磁通回路如虚线所示。若A相断电,B相通电,为了使B相磁路的导磁最大,电磁力又使转子的两极与B相磁极齿对齐,即电磁力使转子沿逆时针方向转过30°。通常称步进电动机绕组的通电状态每改变一次,其转子转过的角度为步距角。因此,如图5-5(a)所示,步进电动机的步距角θ等于30°,如果控制线路能不停地按A→B→C→A……的顺序送入电流脉冲,步进电动机的转子便不停地沿逆时针方向转动。如果通电顺序为A→C→B→A……,同理,步进电动机的转子就不停地沿顺时针方向转动,这种通电方式称为三相三拍。还有一种三相六拍的通电方式,它的通电顺序是,逆时针转动为A→AB→B→BC→C→CA→A→……;顺时针转动为A→AC→C→CB→B→BA→A→……。若以三相六拍通电方式工作,当A相通电转为A、B相同时通电时,转子的磁极将同时受到A相磁极和B相磁极的吸引力,因此,转子的磁极只好停在A、B两相磁极之间,这时它的步距角θ等于15°。当由A、B相同时通电转为B相通电时,转子磁极再沿逆时针方向转15°与B相磁极对齐时。其余以此类推。采用三相六拍通电方式,可使步距角θ缩小一半。

综上所述,可以得出如下结论:

(1)步进电动机定子绕组的通电状态每改变一次,它的转子便转过一个确定的角度,即步进电动机的步距角θ。

(2)改变步进电动机定子绕组的通电顺序,转子的旋转方向也随之改变。

(3)步进电动机定子绕组通电状态的改变速度越快,其转子旋转的速度越快,即通电状态的变化频率越高,转子的转速越高。

(4)步进电动机的步距角θ与定子绕组的相数m、转子的齿数z、通电方式k有关,可以用下式表示:

$$\theta=\frac{360°}{mzk}$$

式中,三相三拍(单拍)时,$k=1$;三相六拍(即双拍)时,$k=2$;其他依此类推。

对图5-2所示的单定子径向分相反应伺服步进电动机,当它以三相三拍通电方式工作时,其步距角为:

$$\theta = \frac{360^\circ}{mzk} = \frac{360^\circ}{3 \times 40 \times 1} = 3^\circ$$

若按三相六拍通电方式工作，则步距角为：

$$\theta = \frac{360^\circ}{mzk} = \frac{360^\circ}{3 \times 40 \times 2} = 1.5^\circ$$

C　步进电动机的性能指标

a　静态距角特性

在空载状态下，给步进电动机通电，则转子齿的中心线和定子齿的中心线重合，转子上没有转矩输出，转子处在静止状态。当电动机轴上外加一个负载转矩后，转子则要产生一个抗衡负载的电磁力矩，此时转子相对与定子按一定方向转动一个角度，该角度称为失调角。失调角 θ 和静态电磁转矩 T_j 之间满足：

$$T_j = T_{j\max} \sin\theta$$

式中　$T_{j\max}$——最大静转矩，N·m；

θ——失调角，$\theta = \frac{2\pi}{m}$（m 为一个通电顺序内的拍数）。

图5-6为步进电动机的单相距角特征。图5-7为三相步进电动机的距角特性曲线族。静态转矩越大，自锁力越大，静态误差越小。当失调角 θ 在 $-\pi \sim \pi$ 之间，如果去掉外载，则转子仍然能够回到初始稳定平衡位置。因此，称 $-\pi < \theta < \pi$ 的区域为步进电动机的静态稳定区。在图5-7所示的距角特性曲线族中，曲线 A 和曲线 AB 的交点所对应的力矩称为步进运行状态的最大启动转矩。采用不同的运行方式和增加步进电动机相数可以提高启动转矩。分析可知，最大负载力矩不能超过 T_q，否则电动机不能启动。不同相数的电动机，启动转矩不同。

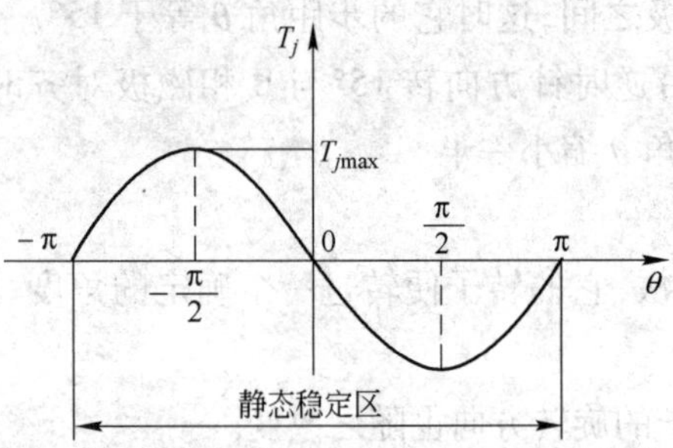

图5-6　步进电动机的单相距角特征

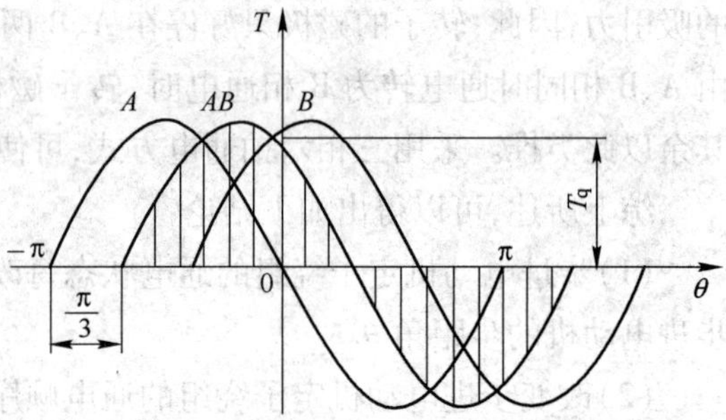

图5-7　三相步进电动机的距角特性曲线族

b　动态转矩和矩频特性

在不同频率下步进电动机产生的转矩，称为动态转矩。随着输入脉冲的增加，步进电动机的转矩减小。图5-8为步进电动机的矩频特性曲线。

c　启动频率和惯频特性

步进电动机从静止状态突然启动而不失步的频率，称为启动频率，它反映了电动机跟踪的快速性。若控制脉冲频率大于启动频率，则电动机会出现失步，不能正常工作。目前，步进电动机的启动频率为1000~3000Hz。电动机启动频率与转子和负载的惯性有关。图5-9是步进电动机的惯频特性曲线。从图5-9中可知，惯性越大，则启动频率越小。

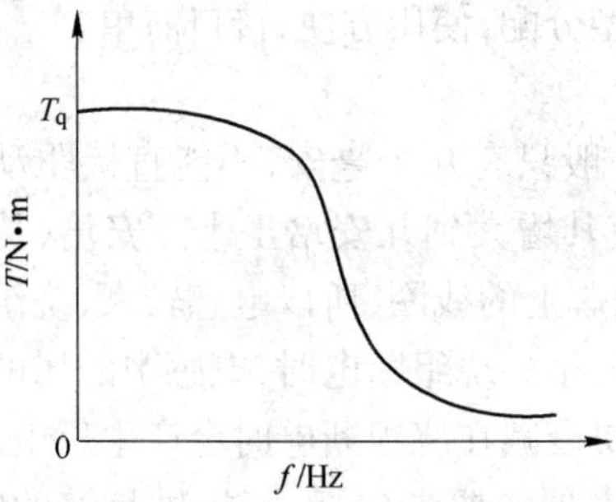

图 5-8 步进电动机的矩频特性曲线

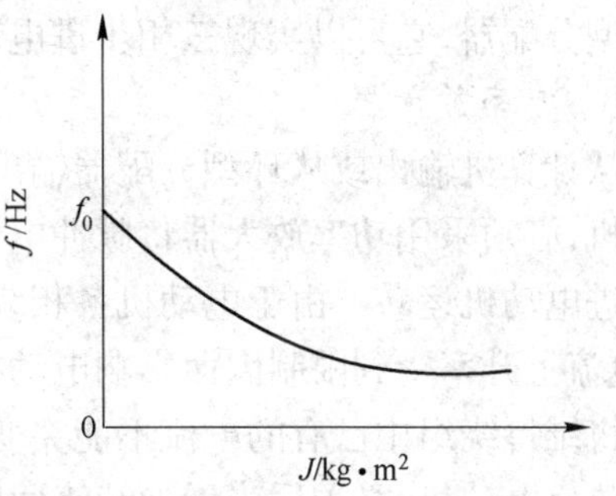

图 5-9 步进电动机的惯频特性曲线

d 最高运行频率

运行频率是指电动机在额定状态下逐渐升速,达到不失步的连续工作频率。一般情况下,连续运行频率远远大于启动频率。因此,步进电动机在以较低的启动频率启动后,应采用升速控制策略达到运行频率。同样,采用降速策略从运行频率降到启动频率以下,再停止控制脉冲。

5.5.2.2 步进电动机的驱动

步进电动机的运行特性与配套使用的驱动电源有密切关系。驱动电源由脉冲分配器和功率放大器组成,如图 5-10 所示。变频信号源是一个脉冲频率能由几赫兹到几十千赫兹连续变换的脉冲信号发生器,常见的有多谐振荡器和单结晶体器构成的弛张振荡器,它们都是通过调节 R 和 C 的大小,改变充放电的时间常数,得到各种频率的脉冲信号。

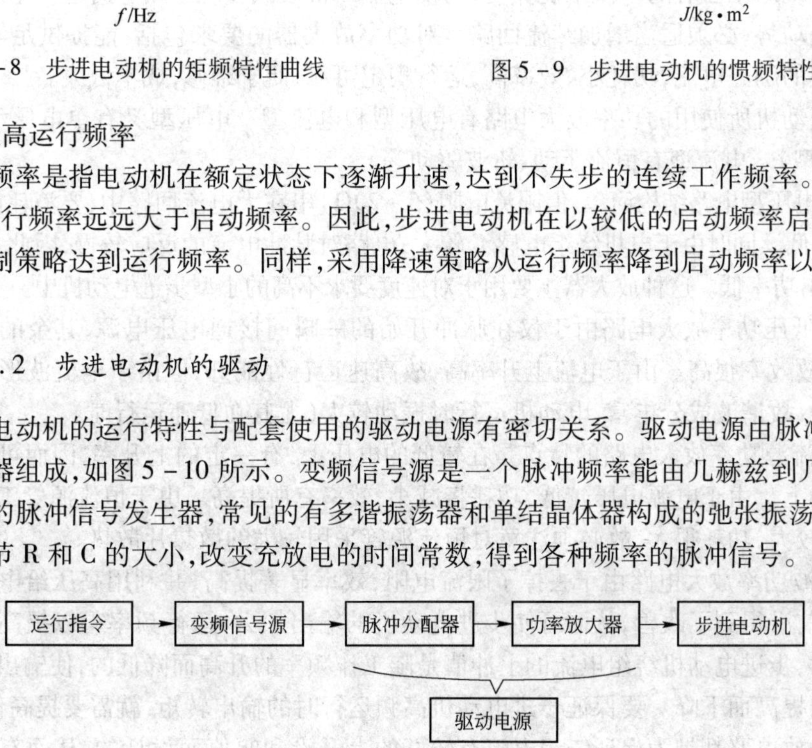

图 5-10 步进电动机驱动组成框图

驱动电源是将变频信号源(微机或数控装置等)送来的脉冲信号和方向信号,按要求的配电方式自动地循环供给电动机各相绕组,以驱动电动机转子正反向旋转。因此,只要控制输入电脉冲的数量和频率,就可以精确控制步进电动机的转角和速度。

A 环型脉冲分配器

步进电动机的各相绕组必须按一定的顺序通电才能正常工作,这种使电动机绕组的通电顺序按一定规律变化的部分称为脉冲分配器,又称为环型脉冲分配器。实现环型分配方法有三种:一种是采用计算机软件,利用查表或计算方法来进行脉冲的环型分配,简称软环分。该方法能充分利用计算机软件资源,以降低硬件成本,尤其是对多相电动机的脉冲分配具有很大的优点。但由于软环分占用计算机的运算时间,故会使插补一次的时间增加,易影响步进电动机的运行速度。另一种是采用小规模集成电路搭接而成的三相六拍环型脉冲分配器。这种方式灵活性很大,可搭接任意通电顺序的环型分配器,同时在工作时不占用计算机的工作时间。第三种是采用专用环型分配器器件,如 CH250,即为一种三相步进电动机专用环型分配器,它可以实现三相步进电动机的各种环型分配,使用方便,接口简单。

B 功率放大器

从计算机输出或从环型分配器输出的信号脉冲一般只有几个毫安,不能直接驱动步进电动机,必须采用功率放大器将脉冲电流进行放大,使其增大到几安培至十几安培,从而驱动步进电动机运转。由于电动机各相绕组都是绕在铁芯上的线圈,所以电感较大,绕组通电时,电流上升率受到限制因而影响电动机绕组电流的大小。绕组断电时,电感中磁场的储能元件将维持绕组中已有的电流不能突变,为使电流尽快衰减在绕组断电时会产生反电动势。为释放反电动势,必须适当增加续流回路。对功率放大器的要求包括:能提供足够的幅值,前后沿较陡的励磁电流,功耗小、效率高,运行稳定可靠,便于维修,成本低廉。

步进电动机所使用的功率放大电路有电压型和电流型。电压型又有单电压型、双电压型(高低压型)。电流型有恒流驱动、斩波驱动等。

(1)单电压型电路结构简单,但限流电阻(5~20Ω)串在大电流回路中,要消耗能量,使放大器功率降低。同时由于电机绕组电感 L 较大,电路对脉冲电流的反应较慢,因此,输出脉冲波形差、输出功率低。这种放大器主要用于对速度要求不高的小型步进电动机中。

(2)高低压功率放大电路由于仅在脉冲开始的一瞬间接通电压电源,其余的时间均由低压供电,故效率很高。由于电流上升率高,故高速运行性能好,但由于电流波形陡有时还会产生过冲,故谐波成分丰富,电动机运行时振动较大(尤其在低速运行时)。

(3)恒流源功率放大电路的特点是在较低的电压上,有一定的上升率,因而可用在较高频率的驱动上。由于电源电压较低,功耗将减小,效率有所提高。由于恒流源管工作在放大区,管压降较大,功耗很大,故必须注意对恒流源管采用较大的散热片散热。

(4)斩波功率放大电路由于去掉了限流电阻,效率显著提高,并利用高压给电动机绕组储能,波的前沿得到了改善,从而可使步进电动机的输出加大,运行频率得以提高。在电源电压一定时,步进电动机绕组电流的上冲值是随工作频率的升高而降低的,使输出转矩随电动机转速的提高而下降。要保证步进电动机高频运行时的输出转矩,就需要提高供电电压。上述各种功放电路都是为保证绕组电流有较好的上升沿和幅值而设计的,从而有效地提高了步进电动机的工作频率。但在低频运行时,会给绕组中注入过多的能量,从而引起电动机的低频振荡和噪声。为解决此问题,便产生了调频调压功放电路。调频调压电源的基本原理是当步进电动机在低频运行时,供电电压降低,当运行在高频段时,供电电压也升高,即供电电压随着步进电动机转速的增加而升高。这样,既解决了低频振荡问题,也保证了高频运行时的输出转矩。

C 细分驱动

上面提到的步进电动机的各种功率放大电路,都是由安装环型分配器决定的分配方式来控制电动机各相绕组的导通或截止,从而使电动机产生步进运动。步距角的大小只有两种,即整步工作和半步工作。步距角由步进电动机结构所确定。如果要求步进电动机有更小的步距角或者减小电动机振动、噪声,可以在每次输入脉冲切换时,不是将绕组电流全部通入或切除,而是只改变相应绕组中额定的一部分,则电动机转子的每步运动也只有步距角的一部分。这里绕组电流不是一个方波,而是阶梯波,额定电流是台阶式的投入或切除,电流分成多少个台阶,则转子就以同样的个数转过一个步距角。这样将一个步距角细分成若干步的驱动方法称为细分驱动。细分驱动的特点是:在不改动电动机结构参数的情况下,使步进距角减小。细分后的步距角精度不高,功率放大驱动电路也相当复杂;但细分技术能解决低速时易出现低频振动带来的低频振荡现象,使步进电动机运行平稳,匀速性提高,振荡得到减弱或消除。

D 步进电动机的微机控制

步进电动机的工作过程一般由控制器控制,控制器按照设计者的要求完成一定的控制过程,使功率放大电路按照要求的规律,驱动步进电动机运行。简单的控制过程可以用各种逻辑电路来实现,但其缺点是线路复杂,控制方案改变困难。微处理器的问世给步进电动机控制设计开辟了新的途径。各种单片机的迅速发展和普及,为设计功能很强且价格低廉的步进电动机控制器提供了条件。使用微型计算机对步进电动机进行控制有串行和并行两种方式。

(1)串行控制:具有串行控制功能的单片机系统与步进电动机驱动电源之间有较少的连线,将信号送入步进电动机驱动电源的环型分配器(在这种系统中,驱动电源必须含有环型分配器)。

(2)并行控制:用微型计算机系统的数个端口直接去控制步进电动机各相驱动电路的方法,称为并行控制。在电动机驱动电源内,不包括环型分配器,而其功能必须由微型计算机系统完成。由系统实现脉冲分配器的功能有两种方法:一种是软件方法,即完全用软件来实现相序的分配,直接输出各相导通或截止的信号;另一种是软、硬件相结合的方法,在这种接口中,计算机向接口输入简单形式的代码数据,而后接口输出步进电动机各相导通或截止的信号。

E 步进电动机速度控制

控制步进电动机的运行速度,实际上就是控制系统发出时钟脉冲的频率或者换相的周期。系统可用两种办法来确定时钟脉冲的周期,一种是软件延时,另一种是用定时器。软件延时的方法是通过调用延时子程序的方法来实现的,它占用 CPU 时间。定时器方法是通过设置时间常数的方法来实现的。

F 步进电动机的加减速控制

对于点位控制系统,从起点至终点的运行速度都有一定要求。如果要求运行的速度小于系统的极限启动频率,则系统可以按照要求的速度直接启动,运行至终点后可以立即停发脉冲串而令其停止。系统在这样的运行方式下速度可认为是恒定的。但在一般情况下,系统的极限启动频率是比较低的,而要求的运行速度往往较高。如果系统以要求的速度直接启动,若该速度超过极限启动频率则不能正常启动,可能发生丢步或不能运行的情况。系统运行后,如果到达终点时突然停发脉冲串,令其立即停止,则因为系统的惯性原因,会发生冲过终点的现象,使点位控制发生偏差。因此在点位过程中,运行速度都需要有一个加速→恒速→减速→(低恒速)→停止的过程,如图 5-11 所示。各种系统在工作过程中,都要求加、减速过程时间尽量短,而恒速时间尽量长。特别是在要求快速响应的工作中,从起点至终点运行的时间要求最短,这就必须要求加速、减速的过程最短,而恒速时的速度最高。

加速规律一般可有两种选择:一是按照直线规律加速;二是按指数规律加速。按直线规律加速时加速度为恒值,因此要求步进电动机的转矩为恒值。从电动机本身的矩频特性来看,在转速不是很高的范围内,输出的转矩可基本认定为恒定。但实际上电动机转速升高时,输出转矩将有所下降,如按指数规律升速,加速度是逐渐下降的,接近电动机输出转矩随转速变化的规律。用微机对步进电动机进行加减速控制，实际上就是改变输出时钟脉冲的时间间隔。加速时使脉冲串逐渐加密，减速时使脉冲串逐渐稀疏，微机用定时器中断方式来控制电动机变速时，实际上就是不断改变定时器装载值的大小。一般用离散办法来逼近理想的升速度曲线。为了减少每步计算装载值的时间，系统设计时就把各离散点速度所需的装载值固化在系统的 EPROM 中，系统运行中用查表方法查出所需的装载值，从而大大减少占用 CPU 时间，提高系统反应速度。

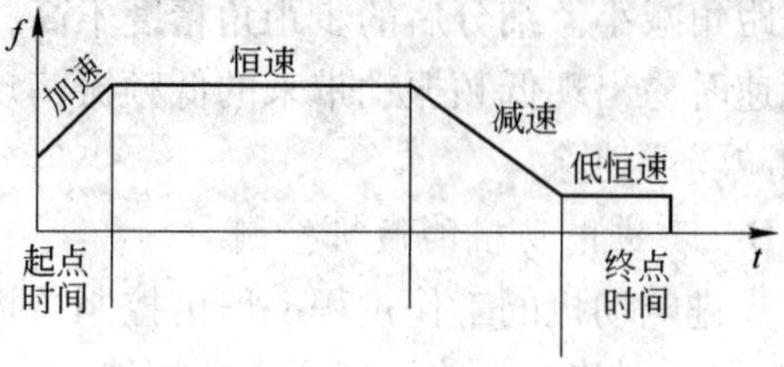

图 5－11　点位控制的加、减速过程

5.5.2.3　步进电动机的应用

随着步进电动机在各方面的广泛应用，步进电动机的驱动装置也从分立元件电路发展到了集成元件电路，目前已发展到了系列化、模块化的步进电动机驱动器，对步进电动机控制系统的设计，提供了模块化的选择，简化了设计过程，提高了可靠性。

各生产厂家的步进电动机驱动器虽然标准不统一，但其接口定义基本相同，只要了解接口中接线端子、标准接口及拨动开关的定义和使用，即可利用驱动器构成步进电动机控制系统。下面具体介绍上海开通数控有限公司 KT350 系列混合式步进电动机驱动器及其应用。图 5－12 为步进电动机驱动器的外形及接口图。其接线端子的定义如表 5－1所示。

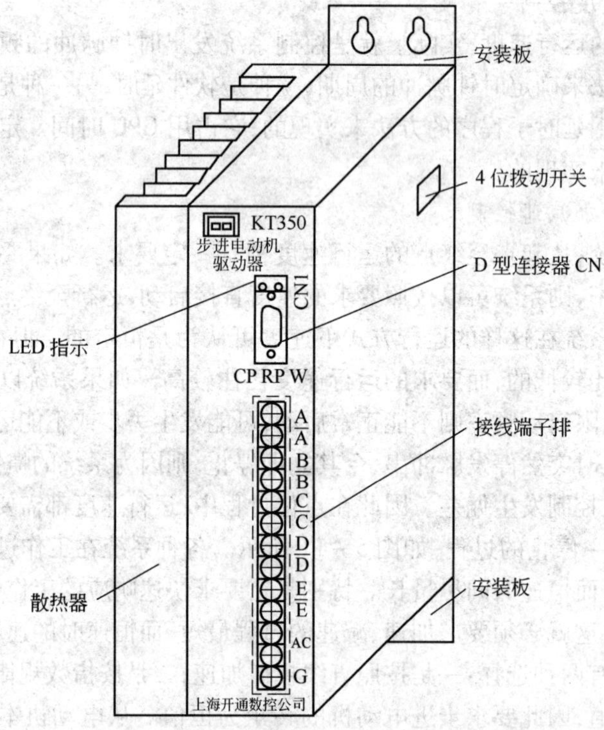

图 5－12　步进电动机驱动器的外形及接口图

表 5-1 步进电动机驱动器接线端子定义

端子记号	名 称	意 义	线 径
A、$\overline{A}$、B、$\overline{B}$、C、$\overline{C}$、D、$\overline{D}$、E、$\overline{E}$	电动机的端子	接至电动机 A、$\overline{A}$、B、$\overline{B}$、C、$\overline{C}$、D、$\overline{D}$、E、$\overline{E}$ 端子	≥1mm²
AC	电源进线	1ϕ 交流电源 80V(±15%) 50Hz	≥1mm²
G	接 地	接 地	≥0.75mm²

其中,连接器 CN1 为一个 9 芯连接器,各脚号定义如表 5-2 所示。

表 5-2 连接器各脚号定义

脚号	记号	名 称	意 义	线 径
CN1-1 CN1-2	F/H $\overline{F/H}$	整步/半步控制端(输入信号)	F/H 与 $\overline{F/H}$ 间电压为 4~5V 时:整步,步距角 0.7°/P F/H 与 $\overline{F/H}$ 间电压为 0~0.5V 时:半步,步距角 0.36°/P	0.15mm² 以上
CN1-3 CN1-4	CP(CW) $\overline{CP}$($\overline{CW}$)	E/反转运行脉冲信号(或正转脉冲信号)(输入信号)	单脉冲方式时,正、反转运行脉冲(CP/$\overline{CP}$)信号;双脉冲时,正转脉冲(CW、$\overline{CW}$)信号	0.15mm² 以上
CN1-5 CN1-6	DIR(CCW) $\overline{DIR}$($\overline{CCW}$)	正、反转运行方向信号(或反转脉冲信号)(输入信号)	单脉冲方式时,正、反转运行方向(DIR、$\overline{DIR}$)信号;双脉冲方式时,反转脉冲(CCW、$\overline{CCW}$)信号	
CN1-7	RDY	控制回路正常(输出信号)	当控制电源、回路正常时,输出低电平信号	
CN1-8	COM	输出信号公共点	RDY、ZERO 输出信号的公共点	
CN1-9	ZERO	电气循环原点(输出信号)	半步运行时,第二十拍送出一电气循环原点。整步运行时,第十拍送出一电气循环原点,原点信号为低电平信号	

拨动开关 SW 是一个四位开关,如图 5-13 所示。

通过拨动开关可设置步进电动机的控制方式，四位的定义如下：

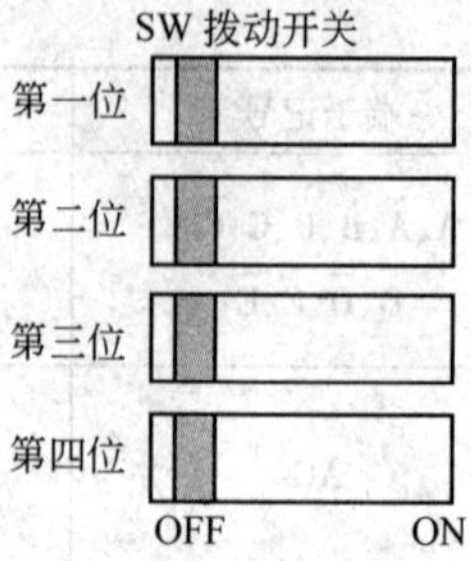

图 5－13 四位拨动开关

第一位：脉冲控制模式的选择。OFF 位置为单脉冲控制方式，ON 位置为双脉冲控制方式。在单脉冲控制方式下，CP 端子输入正、反转运行脉冲信号，而 DIR 端子输入正、反转运行方向信号。在双脉冲控制方式下，CW 端子输入正转运行脉冲信号，而 CCW 端子输入反转运行脉冲信号。

第二位：运行方向的选择（仅在单脉冲控制方式时有效）。OFF 位置为标准设定，ON 位置为单方运转，与 OFF 位置转向相反，不受正、反转方向信号的影响。

第三位：整/半步运行模式选择。OFF 位置时，电动机以半步方式运行；ON 位置时，电动机以整步方式运行。

第四位：自动试机运行。OFF 位置时，驱动器接受外部脉冲控制运行；ON 位置时，自动试机运行，此时电动机以 50r/min 速度（半步控制）自动运行，或以 100r/min 速度（整步控制）自动运行，而不需要外部脉冲输入。

由此可知，该步进电动机驱动装置主要是通过拨动开关控制设置步进电动机的控制方式，而控制步进电动机的信号主要是通过 D 型连接器 CN1 输入，其典型的接线如图 5－14 所示。

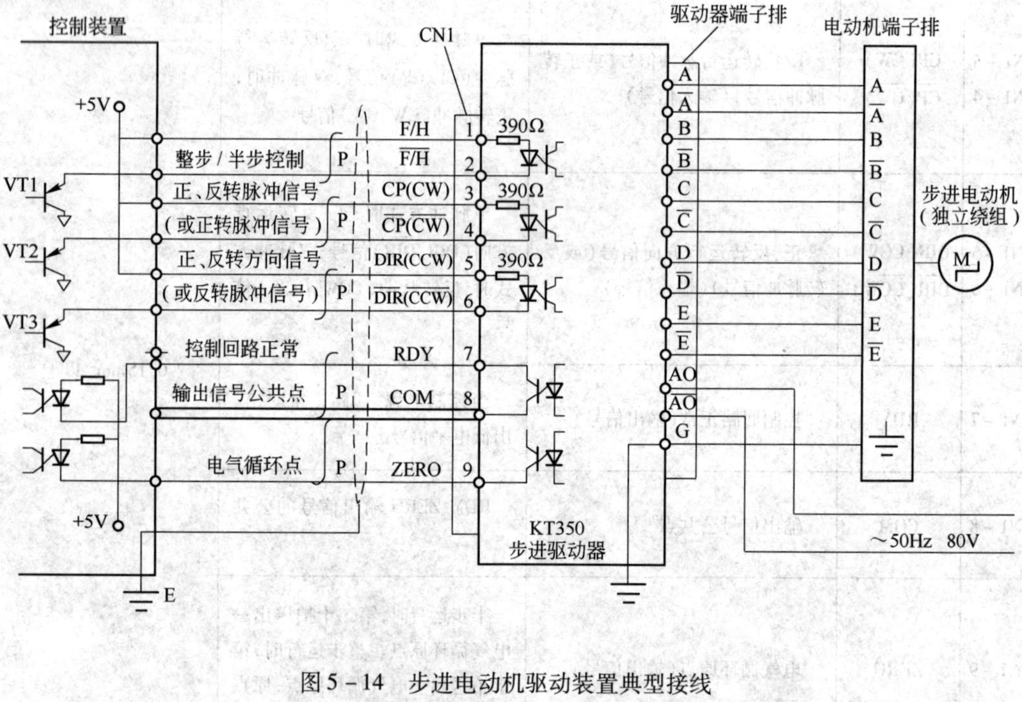

图 5－14 步进电动机驱动装置典型接线

此外，在驱动器面板上还有两个 LED 指示灯：PWR 和 CP。

PWR：驱动器电源指示灯，驱动器通电时亮。

CP：电动机运行时闪烁，其闪烁频率等于电气循环原点信号的频率。

5.5.3 直流伺服电动机及其驱动

直流伺服电动机是伺服系统应用最早的,也是应用最为广泛的执行元件。直流伺服电动机有永磁式和电磁式两种测量类型。随着磁性材料的发展,用稀土材料制作的永磁式直流伺服电动机的性能超过了电磁式直流伺服电动机,目前广泛应用于机床进给驱动、工业机器人、计算机外围设备和高精度伺服系统。直流伺服电动机的工作原理同普通直流电动机完全相同,但工作状态和性能差别很大,直流伺服电动机具有启动转矩大、体积小、质量轻和转速容易控制、效率高等优点。其缺点是转子上安装了具有机械性质的电刷和换向器,需要定期维修更换电池,使用寿命短、噪声大。伺服系统对直流伺服电动机的基本要求如下:

(1)转动惯量尽可能小、相应频率高、转矩-惯量比大。

(2)良好的低速平稳性。

(3)机械特性较强。

(4)调速范围宽。

(5)过载能力强。

(6)换向器和电刷间的接触火花尽可能小,以减小伺服噪声。

5.5.3.1 直流伺服电动机的基本结构及其分类

A 基本结构

直流伺服电动机的基本结构与普通直流电动机相同,主要包括以下三部分:

(1)定子。定子磁极磁场由定子的磁极产生。根据产生磁场的方式,直流伺服电动机可分为永磁式和他励式。永磁式磁极由永磁材料制成,他励式磁极由冲压硅钢片叠压而成,外绕线圈,通以直流电便可产生恒定磁场。

(2)转子,又叫电枢,由硅钢片叠压而成,表面嵌有线圈,通以直流电时,在定子磁场作用下产生带动负载旋转的电磁转矩。

(3)电刷与换向器。为使所生产的电磁转矩保持恒定方向,转子能沿固定方向均匀地连续旋转,电刷与外加直流电源相接,换向片与电枢导体相接。

B 分类

在伺服系统中使用的直流伺服电动机,按照转动速的高低可分为高速直流伺服电动机和低速大转矩宽调速直流伺服电动机两种。高速直流电动机有普通直流伺服电动机和高性能直流伺服电动机。20 世纪 60 年代,发展了两种高性能的小惯量无槽电枢直流伺服电动机和小惯量空心杯电枢直流伺服电动机。

小惯量无槽电枢直流伺服电动机,其电枢无槽,绕组直接粘接在电枢铁芯上,因而转动惯量小、反应灵敏、动态特性好,应用在高速且负载惯量小的场合。如果负载惯量大,直流电动机需通过精密齿轮副增矩减速来匹配。无槽电枢直流伺服电动机是一种大功率的直流伺服电动机,主要应用于需要快速动作,功率大的伺服系统中,如自行火炮、计算机外围设备等。

无槽电枢直流伺服电动机存在电枢铁芯,在实现快速动作的电子设备中仍嫌其转动惯量太大,空心杯电枢直流伺服电动机则是转动惯量更小的直流伺服电动机。因此又称为“超低惯量伺服电动机”。空心杯电枢直流伺服电动机有以下特点:

(1)转动惯量小,启动时间在 1ms 以下。

(2)高速性能好,灵敏度高。

(3)绕组散热条件好。

(4)损耗小、效率高,转子中无磁滞和涡流造成的铁耗,其效率高达 80%。

(5)转子无铁芯,电枢电感很小,因此换向性能很好。

(6)绕组在气隙中均匀分布,不存在齿槽效应。因此低速运行平稳、转矩波动小,噪声小。

20 世纪 70 年代又研制了大惯量宽调速直流电动机,尽量提高转矩,改善动态特性,既具有一般直流伺服电动机的优点,又具有小惯量直流伺服电动机的快速响应功能,易与大惯量负载匹配,能较好地满足伺服驱动的要求,因而在高精度数控机床和工业机器人等机电一体化产品中得到广泛应用。

5.5.3.2　直流伺服电动机工作原理

直流电动机的构造如图 5-15 所示,由永磁体定子、线圈转子(电枢)、电刷和换向器组成。当电流通过电刷、换向器流入处于永磁体磁场中的转子线圈时,产生的电磁力驱动转子转动。为得到连续运动,必须不断地改变电流的方向,因此需要换向器和电刷。

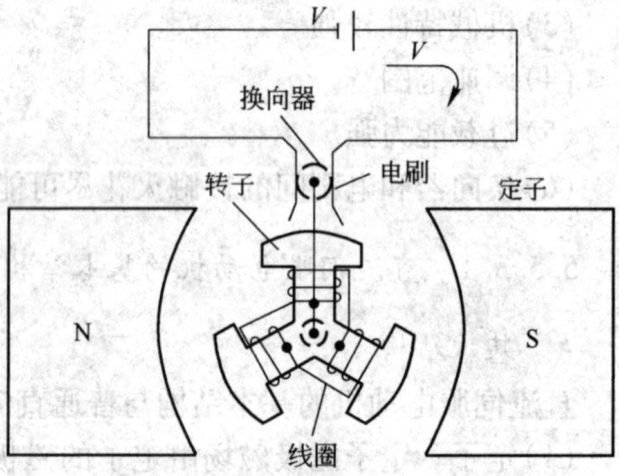

图 5-15　直流伺服电动机工作原理

电动机的基本控制就是转矩和转速控制。对于直流电动机改变电压或者电流,就可以控制转速或转矩。根据电工学原理,永磁式直流电动机的转矩与流过电枢回路的电流强度成正比:

$$T = K_t I_m \qquad (5-1)$$

式中　T——直流电动机输入的转矩;

K_t——直流电动机的转矩常数,N·m/A;

I_m——通过电枢回路的电流,A。

在正常状态下,电枢回路的电压是平稳的。

$$u_m = E_b + I_m R \qquad (5-2)$$

式中　u_m——转子绕组上的电压,V;

R——电枢回路的总电阻,Ω;

E_b——转子在定子磁场中转动时转子绕组产生的反电势,V。

反电势 E_b 又与转子的转速成正比,即:

$$E_b = K_b n \qquad (5-3)$$

式中　K_b——反电势常数,V(r/min);

n——直流电机的工作转速,r/min。

将式(5-1)~式(5-3)连立求解,得:

$$n = \frac{u_m}{K_b} - \frac{TR}{K_t K_b} \qquad (5-4)$$

进行电流控制时，由式(5－1)可得到恒转矩控制；进行电压控制时，由式(5－4)可知，随着转速的增加而转矩减小的理想下降特性。

5.5.3.3 直流伺服电动机的控制及驱动

A 直流伺服电动机PWM控制原理

直流伺服电动机用直流电供电。实现直流电动机转速控制，只要灵活控制加在直流电动机电枢上的电压即可。常用的驱动方式有SCR驱动和PWM驱动。

PWM是脉冲宽度调制的英文缩写，它是利用大功率晶体管的开关作用，将恒定的直流电源电压斩成一定的频率的方波电压，并加在直流电动机的电枢上，通过对方波脉冲宽度的控制，改变电枢的平均电压来控制电动机的转速。图5－16示出了PWM降压斩波器原理及输出的波形。图5－16(a)中的晶体管VT工作在“开”和“关”状态。VT先导通一段时间t_1，这时全部电压加在电动机的电枢上，然后关断VT，时间为t_2，这时电压全部加在VT上，电枢回路的电压为0。反复导通和关闭晶体管TV，在电动机上得到图5－16(b)所示的电压波形。在$t = t_1 + t_2$时间内，加在电动机电枢回路的平均电压为：

$$\overline{U}_a = \frac{t_1}{t_1 + t_2}U = aU$$

式中，$a = \frac{t_1}{t_1 + t_2}$，称为占空比，$0 \leqslant a \leqslant 1$。$\overline{U}_a$的变化范围在$0 \sim U$之间，均为正值，即电动机只能在某一个方向调速，称为不可逆调速。当需要电动机在正、反两个方向上都能调速时，需要使用桥式(H型)降压斩波电路，如图5－17所示。桥式电路中VT_1、TV_4同时导通同时关断，TV_2、TV_3同时导通同时关断，但同一桥臂的晶体管(如TV_1和TV_3、TV_2和TV_4)不允许同时导通，否则将使直流电源短路。设先使TV_1、TV_4同时导通t_1时间后关断，间隔一定的时间后，在使用TV_2、TV_3同时导通一段时间t_2后关断，如此反复，则在电动机上的输出电压波形如图5－17(b)所示。

电动机上的平均电压：

$$U_a = \frac{t_1 - t_2}{t_1 + t_2}U_d = (2a - 1)U_d$$

当$0 \leqslant a \leqslant 1$时，$U_a$值的范围是$-U_d \sim U_d$。因此电动机可以在正、反两个方向上调速。

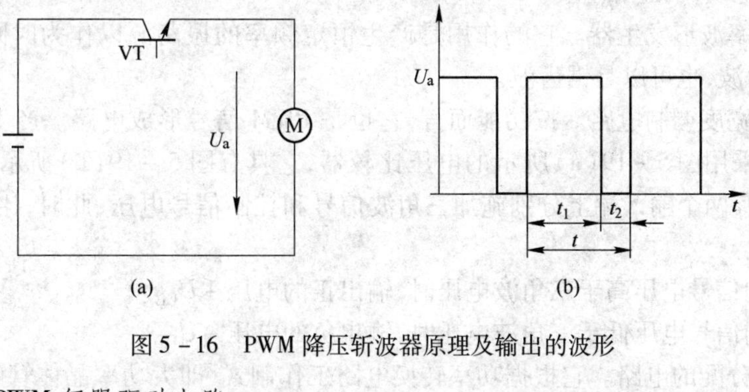

图5－16 PWM降压斩波器原理及输出的波形

B 直流PWM伺服驱动电路

图5－18所示为桥式PWM驱动装置的控制原理框图。

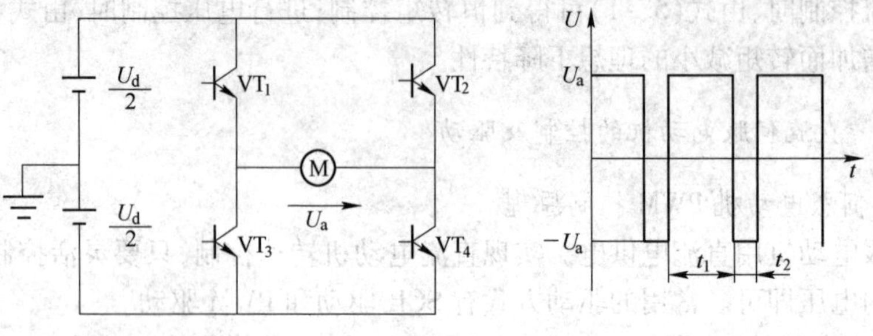

(a)　(b)

图5－17　H桥PWM降压斩波器原理及输出的波形

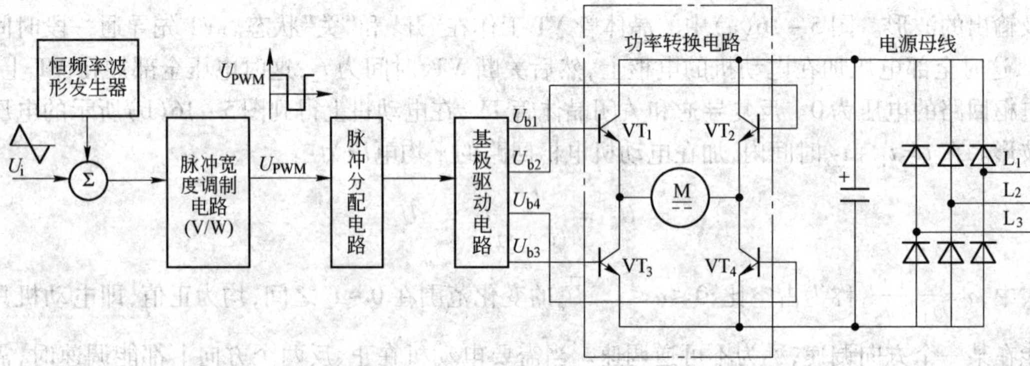

图5－18　PWM驱动装置控制原理框图

PWM驱动控制结构可分为两大部分：从主电源将能量传递给电动机的电路称为功率转换电路；其余部分称为控制电路。控制电路通常由恒频率波形发生器、脉冲宽度调制电路、脉冲分配电路基极驱动电路、保护电路等基本电路组成。

工频电网经三相整流得到控制直流电动机所需的直流电压 U_s，被施加到由4个大功率晶体管(GTR) VT_1、VT_2、VT_3、VT_4组成的桥式(H型)功率转换电路上，大功率晶体管由控制电路给 VT_1、VT_4和 VT_2、VT_3提供相位差为180°的矩形波基极激励电压，而使 VT_1、VT_4和 VT_2、VT_3交替导通，将直流电压 U_i 调制成与给定频率相同的方波脉冲电压，作用到电动机电枢两端，为电动机提供能量。

(1)恒频率波形发生器。它的作用是产生恒定频率的振荡源以作为时间比较的基准，它可以是三角波，也可以是锯齿波。

(2)脉冲宽度调制电路。按功能而言，它也是PWM信号形成电路。产生PWM信号有多种方法，常采用图5－19(a)所示的电压比较器，它具有图5－19(b)所示的继电控制特性。这样，在其两个输入端上分别施加三角波信号和控制信号电压，此时，比较器输出将按下述规律变化：

1)当控制信号电压高于三角波电压时，输出正的电压 $+U_{CC}$。

2)当控制信号电压低于三角波电压时，输出负的电压 $-U_{DD}$。

(3)脉冲分配的电路。它根据功率转换电路工作制式，即大功率晶体管的导通次序，双脉冲宽度调制电路产生的信号进行适当的逻辑转换，分配给基极驱动电路以满足功率转换电路工作制式“通”、“断”时序的脉冲电压。

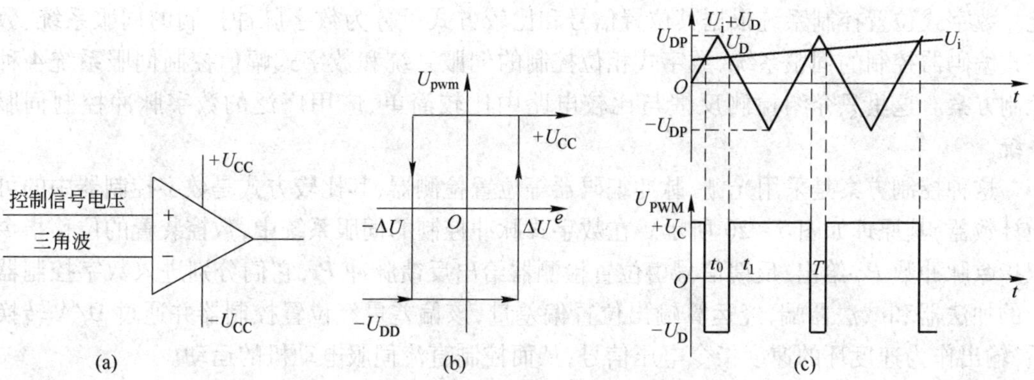

图 5 – 19 利用比较器的 PWM 信号形成原理

(a)比较器示意;(b)比较器的继电特性;(c)输入 – 输出波形

(4)基极驱动电路。对脉冲分配电路提供的脉冲进行前置功率放大,使之激励转换电路的大功率晶体管。

(5)保护电路。和晶闸管控制电路一样,PWM 驱动电路的保护显得更为重要,必须设置过电流、过电压、欠电压保护电路,一旦发生电压、欠电压、过电流时,立即中断功率转换电路,有时也要对大功率晶体管的局部发热和电动机的温升进行监控,以提供过热保护。

综上所述,当控制信号电压 U_i 增加时,它与固定频率的三角波电压 U_D 相比较,产生一个宽度与 U_i 成正比例的调制脉冲电压,经脉冲转换分配使基极驱动电路激励主电路大功率晶体管的正向导通时间增加,则电动机两端的平均电压增加,电动机转速上升至控制信号电压 U_i 所要求的数值。这便是 PWM 驱动装置的基本工作原理。

C 直流伺服系统的应用

在实际应用中直流伺服系统根据完成功能的不同,又可划分为速度伺服系统和位置伺服系统。

a 速度伺服系统

速度控制是伺服系统中的一个重要内容。它由速度控制单元、伺服电动机、速度检测装置等构成。速度控制单元用于控制电动机的转速,是速度控制系统的核心。在可控硅构成的直流电动机驱动电路中,只要改变可控硅的触发角,就可以调节电枢电压,从而达到调节电动机转速的目的;在 PWM 构成的驱动电路中,只要改变脉冲的宽度,即可以调节电动机的转速。但这样的调速系统是开环的,由于直流电动机本身的机械特性比较弱,直流开环伺服系统不能满足机电一体化系统的要求,在实际应用中一般都采用闭环伺服系统。在闭环直流调速系统中,目前用得最多的是晶闸管直流调速系统和 PWM 直流脉宽调速系统。这两种调速系统一般都是用永磁直流伺服电动机的电枢电压,达到调节速度的目的。

b 位置伺服系统

位置控制伺服系统是应用领域非常广泛的一类系统,如数控机床、工业机器人、雷达天线和电子望远镜的瞄准系统等。在速度伺服系统的基础上增加位置反馈就可构成直流位置控制伺服系统。在位置伺服系统中,随着计算机控制技术的发展,越来越多地采用数字式,而速度环常采用模拟式,构成混合式的伺服系统。在这里只讨论数字式的位置控制伺服系统。数字式位置控制系统根据其位置信号和比较方式可分为数字脉冲控制的伺服系统、数字式编码器控制的伺服系统、数字式相位控制的伺服系统和数字式幅值控制伺服系统4种控制方案。这里只介绍检测反馈与比较电路中比较简单、应用广泛的数字脉冲控制伺服系统。

这种控制方案是采用光栅、脉冲编码器等位置检测器,其比较方式是数字控制器中的可逆计数器,其原理如图5-20所示。在数字式脉冲控制的伺服系统中,数控装置的位移指令以指令脉冲数 P_p 给出,反馈信号由位置检测器给出反馈脉冲 P_f,它们分别进入数字控制器中的加法器和减法器端,经运算输出位置偏差量,该偏差量经位置控制器并通过D/A转换后,输出作为速度环的速度指令电压信号,从而控制直流伺服电动机的运动。

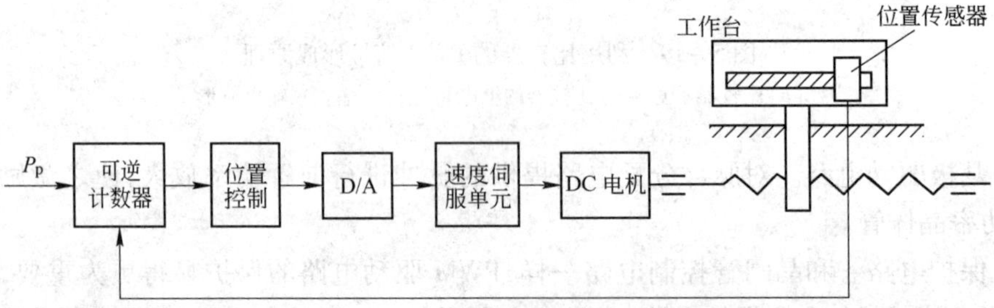

图5-20　数字式脉冲控制的伺服系统

5.5.4　交流伺服电动机及其驱动

直流伺服电动机具有良好的控制特性,因此在伺服系统中一直占据主导地位。直流伺服电动机具有电刷和整流子,尺寸大且必须经常维修,单机容量、最高转速以及使用的环境都受到一定的限制。随着生产的发展,直流电动机的缺点越来越突出。于是人们将目光转向结构简单、运行可靠、维修方便、价格便宜的交流异步电动机,但是异步电动机的调速特性不如直流电动机。从20世纪30年代开始,人们就致力于研究异步电动机的交流调速,收效甚微。直到20世纪的70年代,随着电力电子技术的发展,出现了各种可控电力开关器件(如晶闸管、GTR、GTO、MOSFET、IGBT等),从此交流变频技术得到了飞速的发展。

在变频技术日新月异的同时,交流电动机的控制理论也取得了很大的进展。1971年德国科学家提出了矢量控制理论。矢量控制理论的基本思想就是利用产生同样旋转磁场的等效原则将三相交流异步电动机等效为二相直流电动机来实现转矩的控制,从而获得和直流电动机一样优良的静、动态特性。交流调速也进入了同直流调速相媲美的时代,在高速、大功率的场合有取代直流调速的趋势。

矢量控制理论在交流电动机的控制中得到了长足的发展,但矢量控制理论也存在一定的缺陷,主要表现在矢量控制理论采用矢量变换实现交流电动机的转速和磁链控制的完全解耦,而在实践中,转子的磁链是很难准确测量的,电动机控制系统的特性受电动机参数的影响很大,矢量交换比较复杂。1985年,德国科学家首先提出直接转矩控制理论,其基本思路是将电动机的逆变器当做一个整体,在定子坐标系下分析交流电动机的数学模型,直接控制电动机的磁链和转矩。因此,无需对定子电流进行解耦,免去了矢量交换的复杂计算,控制结构简单,易于实现数字化。同矢量控制技术相比,直接转矩控制技术受电动机参数影响小。在某种程度上讲,直接转矩控制克服了矢量控制技术的缺陷,因而具有广阔的发展和应用前景。

近年来,电动机控制系统通过引入微处理器芯片实现模拟控制向数字控制的转变。数字控制系统促进了各种现代控制理论的应用,非线性解耦控制、人工神经网络自适应控制、模糊控制等控制策略纷纷引入电动机控制中。由于微处理器的处理速度和存储容量都有大幅度的提高,一些复杂的算法也能实现。原来由硬件实现的任务现在通过算法实现,不仅提高了可靠度,还降低了成本。

5.5.4.1 交流伺服电动机的分类和特点

A 异步型交流伺服电动机

异步型交流伺服电动机(IM)指的是交流感应电动机,它有三相和单相之分,也有笼型和绕转子之分,通常多用笼型三相感应电动机。其结构简单,与同容量的直流电动机相比,重量约轻1/2,价格仅为直流电动机的1/3。缺点是不能经济地实现范围较广的平滑调速,必须从电网吸收滞后的励磁电流,因而令电网功率因数变差。这种笼型异步型交流伺服电动机简称为异步型交流伺服电动机,用IM表示。

B 同步型交流伺服电动机

同步型交流伺服电动机(SM)虽较异步电动机复杂,但比直流电动机简单。它的定子与异步电动机一样,都在定子上装有对称三相绕组。而转子却不同,按不同的转子结构又分电磁式与非电磁式两大类。非电磁式又分磁滞式、永磁式和反应式等多种,其中磁滞式和反应式同步电动机存在效率低、功率因数较差、制造容量不大等缺点。数控机床中多使用永磁式同步电动机,与电磁式相比,永磁式同步电动机具有结构简单、运行可靠、效率较高等优点;缺点是体积大、启动特性欠佳。但永磁式同步电动机采用高剩磁感应、高矫顽力的稀土类磁铁后,可比直流电动机外形尺寸约小1/2,质量减轻60%,转子惯量减到直流电动机的1/5。它与异步电动机相比,由于采用了永磁铁励磁,消除了励磁损耗及有关的杂散损耗,所以效率高。

5.5.4.2 交流伺服电动机的工作原理

在这里以感应交流电动机为例来介绍交流伺服电动机的工作原理。感应交流电动机有一个能产生旋转磁场的定子和一个金属圆筒形(或金属圆条形)转子。当转子处在旋转磁场中时,相当于转子不断地切割磁场(更确切地说,是旋转磁场不断地切割转子),设定子的磁场以逆时针方向旋转,如图5-21所示,则转子相当于以顺时针方向切割磁力线。若把金属圆筒形转子看成由很多金属条组成,则根据电磁感应定律可知,圆筒的上半周金属条中产生向里的感应电势,下半周金属条产生向外的感应电势(均垂直于纸面),在金属条中形成的感应电流和感应电势方向相同。此感应电流与磁场产生磁力,由右手定理,电磁力 F 的方向在转子的上半周向左,下半周向右,转子在此电磁力作用下,

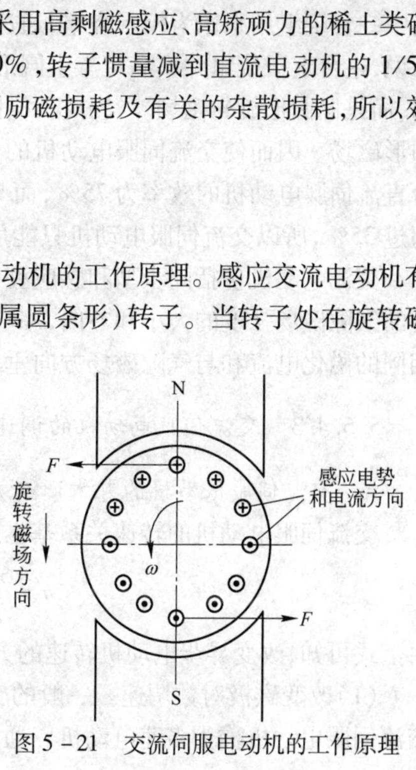

图5-21 交流伺服电动机的工作原理

也将以逆时针方向旋转。

转子的旋转方向与旋转磁场的方向相同,其旋转速度 n 可表达为:

$$n=\frac{60f(1-s)}{p}=(1-s)n_0$$

式中　f——交流电源频率,Hz;

p——磁极对数;

n_0——电动机空载转速,r/min;

s——转差率,$s=(n_0-n)/n_0$。

由图 5－21 所示的交流电动机的简单原理可以看出,交流伺服电动机有以下几个特点:

(1)交流伺服电动机首先要有一个旋转磁场。旋转磁场是由定子上两个在空间上互相垂直交流的绕组中通以相位上相差 90°的交流电产生的。

(2)使转子旋转的电磁力是转子在旋转磁场中感应电流与旋转磁场产生的,所以这种原理的交流电动机通常称为感应电动机。

(3)转子的旋转速度总是“跟不上”旋转磁场的速度。因为如果“跟上了”,则转子和旋转磁场之间就没有相对运动,也就不再切割磁力线,感应电流和推动转子旋转的电磁力矩也将消失,转子在负载力矩及摩擦力等作用下将会慢下来,转子一慢下来,又将切割磁力线,产生感应电流和电磁力矩,使转子又快速旋转起来,直至产生的电磁力矩与负载力矩相平衡。这时转子达到稳定转速,该转速与旋转磁场的旋转速度总有一个差值。因此,这种原理的交流电机常称为异步电动机。

从交流伺服电动机的原理可知,两个在空间上互相垂直的定子绕组通以幅值相等(当两个绕组的匝数相同时)、相位相差 90°的交流电,就可以产生圆形旋转磁场。实际应用时,其中一台绕组用来作为控制绕组,通过改变绕组中的电压或电流来实现其控制。因此,一般来说,这台定子绕组并不满足产生圆形磁场的条件,也就是说,它产生的并不是圆形旋转磁场,而是椭圆形旋转磁场。经分析,椭圆形旋转磁场可以分解成方向相反、大小不同的两个圆形磁场。因而使交流伺服电动机的各种关系更为复杂,非线性更严重,效率也更低。如某台直流伺服电动机的效率为 75%,而与之输入功率差不多的交流伺服电动机的最高效率不超过 35%,所以交流伺服电动机只能用在小功率系统中,带动小的负载。

交流电动机包括同步型和感应型电动机,其基本原理是检测 SM(同步)型和 IM(感应)型的气隙磁场强度的大小和方向,用电力电子变换器代替整流子电刷,并通过气隙磁场方向相同的磁化电流和与气隙磁场方向垂直的有效电流来控制其主要磁通量和转矩。

5.5.4.3　交流伺服电动机的调速原理

A　交流伺服电动机的基本调速方法

交流伺服电动机的转速关系基本式为:

$$n=\frac{60f}{p}(1-s)=n_0(1-s)$$

由上式可知,改变异步电动机转速的方法有以下三种:

(1)改变磁极对数调速。一般的交流伺服电动机磁极对数不能改变,磁极对数可变的交流伺服电动机称为多速电动机。通常,磁极对数设计成 4/2、8/4、6/4、8/6 等几种。显然,磁极对数只能成对地改变,转速只能成倍地改变,因此采用这种方法速度不可能平滑调节。

(2)改变转差率调速。这种方法只适用于绕线转子异步电动机,在转子绕组回路中串入电阻使电动机机械特性变弱,转差率增大。串入电阻越大,转速越低,调速范围通常为3:1。

(3)改变频率调速。如果异步笼型电动机的供电电源频率能平滑调节,即改变电动机的同步转数 n,那么速度也就可能平滑改变,这就是变频调速的基本原理。目前,高性能的调速系统大都采用这种方法。

B 变频调速原理

过去采用旋转变频发电机组作为变频电源,这种电源无法实际应用;随着晶闸管的问世,逆变器的生产,静止式的变频电源即晶闸管式变频器应运而生,近年随着功率晶体管的出现,微机控制技术的成熟,变频调速技术得到迅猛发展。

从表面来看,似乎改变定子电压的频率 f_1 就可调节转速大小,但是实际只改变 f_1 并不能正常调速,且可能会引起电动机过电流烧毁,这是由异步电动机的特性决定的。

现从基频以下与基频以上两种调速情况进行分析。

(1)基频以下恒磁通(恒转矩)变频调速。恒磁通变频调速即是调速时要保证电动机的电磁转矩恒定不变。这是因为电磁转矩与磁通成正比。

三相异步电动机的定子电压方程为:

$$U_1 = E_1 \approx 4.44 f_1 W_1 K_1 \Phi_m$$

式中 U_1——定子相电压;

E_1——定子相电动势;

W_1——定子绕组匝数;

K_1——定子绕组系数;

Φ_m——定子与转子间气隙磁通最大值。

当采用变频调速时,若定子电动势 E_1 保持恒定,则随着频率 f_1 的上升,气隙磁通 Φ_m 势必下降,根据电磁转矩关系:

$$T = CM\Phi_m I_2 \cos\varphi_2$$

式中 I_2——转子电流;

φ_2——转子电流的相位角。

由上可知,如果磁通 Φ_m 减小,铁芯利用不充分,在同样的转子电流下,电磁转矩就小,电动机的负载能力下降,要想使负载能力恒定就需加大转子电流,这会引起电动机过流发热而烧毁。相反,若频率 f_1 下降,导致磁通 Φ_m 增强,电动机会处于过励磁状态,使励磁电流过大,同样会引起电动机过流发热,所以变频调速一定要保持磁通恒定。

从式 $U_1 = E_1 \approx 4.44 f_1 W_1 K_1 \Phi_m$ 可知,每极磁通 $\Phi_1 = E_1/4.44 N_1 f_1$ 的值是由 E_1 和 f_1 共同决定的,对 E_1 和 f_1 进行适当控制,就可使气隙磁通 Φ_1 保持额定值不变,由于 $4.44N_1$ 是一个固定常数,所以只要保持 $E_1/f_1 = C$,即保持电动势与频率之比为常数进行控制即可。但定子电动势 E_1 难以直接检测和直接控制,当 E_1 和 f_1 的值较高时,定子的漏阻抗压降相对较小,如忽略不计,即认为 U_1 和 E_1 相等,这样可近似地保持定子相电压 U_1 和频率 f_1 值为常数,也即 U_1/f_1 为常数。这种恒压频比的控制方式称为恒磁通方式控制,又称为压频比的比例控制。

由上可知,异步笼型电动机的变频调速必须按照一定的规律同时改变其定子电压和频率，即所谓 VVVF(variable voltage variable freqency)调整控制。

(2)基频以上恒功率(恒电压)变频调速。恒功率变频调速又称为弱磁通变频调速。这是考虑由基频 f_{1N} 开始向上调速的情况，频率由额定值 f_{1N} 向上增大，如果按照 $U_1/f_1=C$ 规律控制，电压也必须由额定值 U_{1N} 向上增大，但实际电压 U_1 受额定电压 U_{1N} 的限制不能再升高，只能保持 $U_1=U_{1N}$ 不变。根据公式 $\Phi_1=U_1/4.44f_1N_1$ 分析主磁通 Φ_1 随着 f_1 的上升而应减小，这相当于直流电动机弱磁调速的情况，属于近似的恒功率调速方式，在 $f_1>f_{1N}$ $U_1=U_{1N}$ 时，$E_1=4.44f_1N_1\Phi_1$ 近似为 $U_{1N}\approx4.44f_1N_1\Phi_1$。

可见随着 f_1 的升高，即转速升高，W_1 越大，主磁通 Φ_1 下降越大，且调频倍数越大，转速就越高，而电磁转矩也就越低，这样 T 与 W 可以近似为乘积不变，即：

$$P_N=TW_1\approx\text{常数}$$

也就是随着转数的提高，电压恒定，磁通就自然下降，当转子电流不变时，其电磁转矩就会减小，而电磁功率却保持恒定不变，异步笼型电动机在基频以上进行变频控制时的机械特性如图 5－22 所示。其控制条件为 $E_1^2/f_1\approx C$。

综合上述异步电动机基频以下与基频以上两种调整情况，变频调速的控制特性如图 5－22 所示。

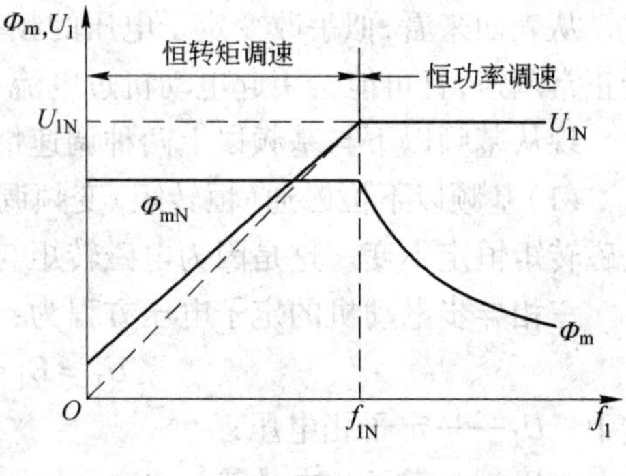

图 5－22 异步电动机的变频调速特性

5.5.4.4 交流变频调速的分类及特点

对交流电动机实现变频调速的装置称为变频器，其功能是将电网电压提供的恒压恒频交流电转换为变压变频交流电。从交流变频调速的系统结构上来分，变频调速技术可分为交－交直接变频系统和交－直－交间接变频系统，两种变频系统结构如图 5－23 所示。

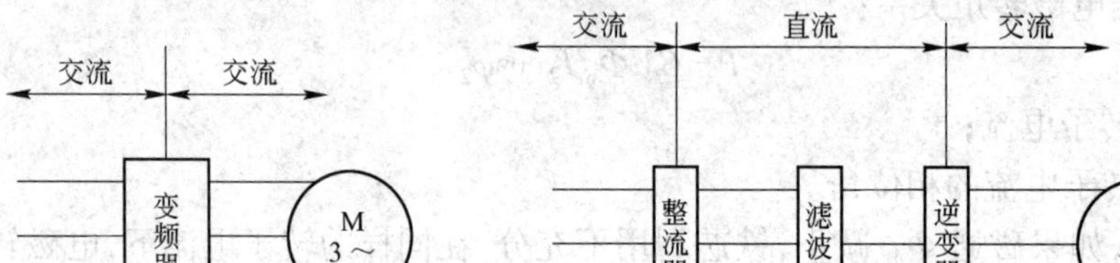

图 5－23 交流变频系统结构

(a)交－交变频系统；(b)交－直－交变频系统

A 交－交变频系统

交－交变频系统是一种可直接将某固定频率交流转换成可调频率交流的电路系统，无需中间直流环节。与交－直－交变频相比，提高了系统转换效率。又由于整个变频电路直接与电网连接，各晶闸管器件上承受的是交流电压，故可采用电网电压自然变频，无需强迫变流装置，简化了变频器主电路结构，提高了变流能力。

交－交变频电路广泛应用于大功率低转速的交流电动机调速传动、交流励磁变速恒频发电机的励磁电源等。实际使用的交－交变频器多为三相输入、三相输出电路，但其基础是三相输入、单相输出电路。

交－交变频电路根据输出电压波形不同可分为方波型和正弦波型。方波型控制简单，但其输出波形不好，低次谐波大，用于电动机调速传动时会增大电动机损耗，降低运行效率，特别增大了转矩脉动，在实际中很少采用。

B 交－直－交变频系统

在交－直－交变频调速系统中，变频器有三种主要结构形式。

(1)图5－24(a)所示为电压型变频器采用可控整流器调压和电容滤波，这种装置结构简单，控制方便。但是，由于输入环节采用可控整流器，当电压或转速调得较低时，电网端的功率因数较低；输出环节多采用由功率开关器件组成的三相六拍逆变器(每周变流6次)，输出的谐波较大。这是该种调压控制方法的缺点。

(2)图5－24(b)所示为采用不可控制整流器整流，斩波器调压，这种调压控制方法是在主回路增设的斩波器上用脉宽调压，而整流环节采用二极管不可控整波器。这样显然多增加了一个功率环节，但输入功率因数高，克服了前种方法的一个缺点，而逆变器输出信号的谐波仍较大。

(3)图5－24(c)所示为用不可控整流器整流，PWM型逆变器调压，在这种控制方法中，由于采用不可控整流器整流，故输入功率因数高；采用PWM型逆变器则输出谐波可以减少。这样前两种调压控制方法中存在的缺点都克服了。谐波能减少的程度取决于功率开关器件的开关频率，而开关频率则受器件开关时间的限制。如果仍采用普通功率开关器件，其开关频率比六拍逆变器也高不了多少。只有采用可控关断的全控式功率开关器件后，开关频率才可大大提高，逆变器的输出波形近似正弦波，成为当前有发展前途的一种调压控制方法。

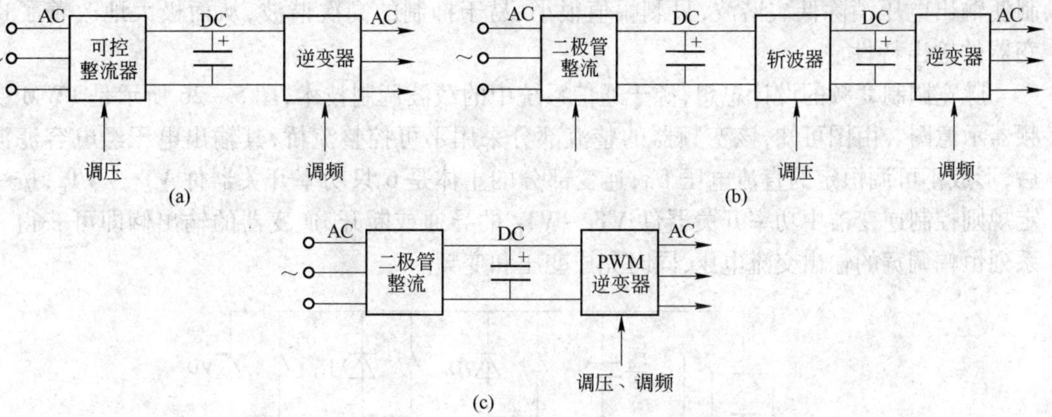

图5－24 交－直－交变频调速系统的三种结构形式

5.5.4.5 交流伺服电动机变频调速装置

A 脉冲幅度调制PAM

异步电动机变频调速所要求的变频和变压功能(VVVF)是通过变频器完成的。变频器实现VVVF控制技术有脉冲幅度调制PAM和脉冲宽度调制PWM两种方式。PAM方式如

图5-25所示。它将VV和VF分开完成，在可控整流电路中将交流电整流为直流电，同时进行相控调压，而后再将直流电逆变为频率可调的交流电。早期VVVF控制技术都使用PAM方式，因为当时只有开关频率不高的晶闸管等半导体器件。使用晶闸管等半控器件作为整流元件，逆变器输出的交流电波形只能是方波。若要使方波电压的有效值随频率的变化而改变，则只能改变方波的幅值。随着电力电子技术的发展，出现了全控型快速半导体开关器件，如GTO、IGBT、IPM等。PWM方式才应运而生。

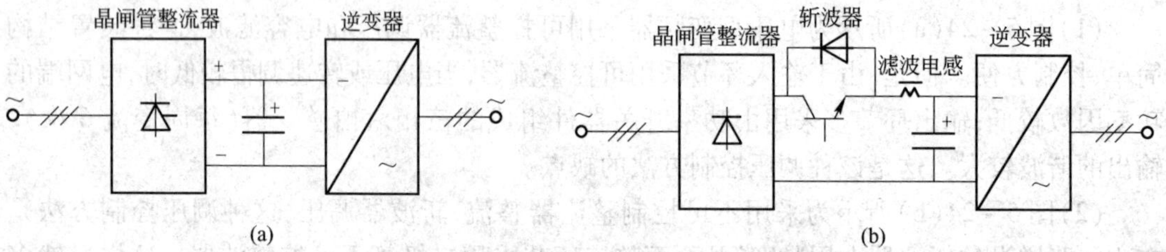

图5-25 PAM方式

B 脉冲宽度调制PWM

交-直-交变频调速系统输出都含有矩形波，含有较大的谐波分量。在工业应用中许多负载对逆变器的输出特性有严格要求，除频率可变、电压大小可调外，还要求输出电压基波尽可能大、谐波含量尽可能小。

变频调速时，需要对逆变器的输出电压进行相关处理，对输出电压的调节主要有两种方式，即PAM方式和PWM方式。随着现代电力电子器件的发展，PAM方式已逐渐被PWM方式取代，PWM是目前直流-交流转换中最重要的转换技术，它使用自关断器件作高频通、断的开关控制，将台阶电压输出变为等幅不等宽的脉冲电压输出，并通过调制控制使输出电压消除低次谐波，只剩幅值很小、易于抑制的高次谐波，从而极大地改善了逆变器的输出特性。

脉宽调制变频的设计思想，源于通信系统中的载波调制技术，图5-26所示是PWM变频器示意图。由图可知，该变频器的整流部分采用不可控整流桥，其输出电压经电容滤波后，形成不可调恒定的直流电压U_d，逆变部分的主体是6只功率开关器件$VT_1 \sim VT_6$，按一定规则控制逆变器中功率开关器件$VT_1 \sim VT_6$的导通或断开，逆变器的输出侧即可获得一系列恒幅调宽的输出交流电压，同时完成变压和变频。

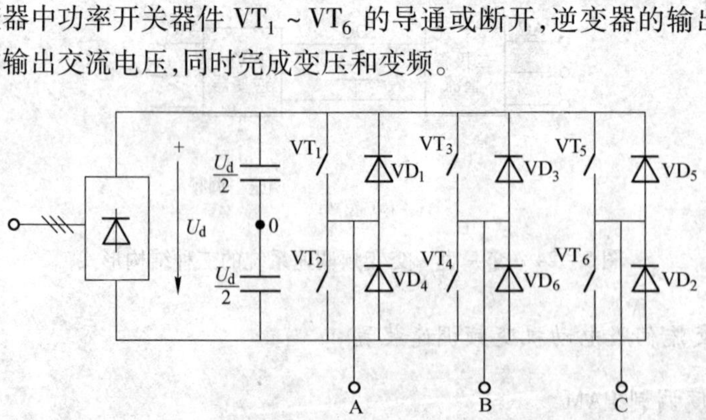

图5-26 PWM变频器示意图

图 5-26 中功率开关器件 $VT_1 \sim VT_6$ 如采用双极晶体管,则可得到脉冲宽度调制方式最常见的主电路,如图 5-27 所示。

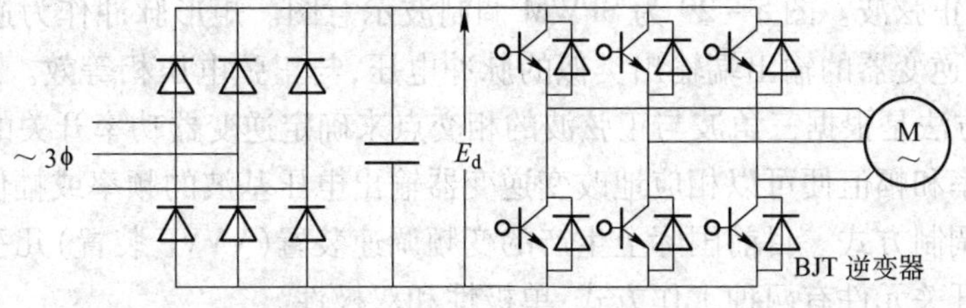

图 5-27 PWM 型变频器主电路

PWM 型变频器的主要特点如下:

(1)主电路只有一个可控的功率环节,开关器件少,控制线路结构得以简化。

(2)整流侧使用了不可控整流器,电网功率因数与逆变器输出电压无关且接近于1。

(3)VVVF 在同一环节实现,与中间储能元件无关,变频器的动态响应加快。

(4)通过对 PWM 控制方式的控制,能有效地抑制或消除低次谐波,实现接近正弦形的输出交流电压波形。

C 正弦波脉宽调制 SPWM

根据控制思想划分,PWM 控制技术分为等脉宽 PWM 法、正弦波 PWM 法、磁链追踪型 PWM 法和电流跟踪型 PWM 法四种。等脉宽 PWM 法是为了克服 PAM 只能输出频率可调的方波电压,而不能调压的缺点发展起来的,是最简单的 PWM 法。等脉宽 PWM 法在输出的电压中含有较大的谐波成分。SPWM 法则是为了克服等脉宽 PWM 法的缺点而发展起来的新的 PWM 法。本节将重点介绍 SPWM 法。

SPWM 法可由模拟电路和数字电路等硬件电路来实现,也可以用微机软件或软件和硬件结合的方法来实现。用硬件电路实现 SPWM 法,就是用一个正弦波发生器产生可以调频调幅的正弦波信号(调制波),用三角波发生器生成幅值恒定的三角波信号(载波),将它们在电压比较器中进行比较,输出 PWM 调制电压脉冲。图 5-28 是 SPWM 法调制 PWM 脉冲的原理图。

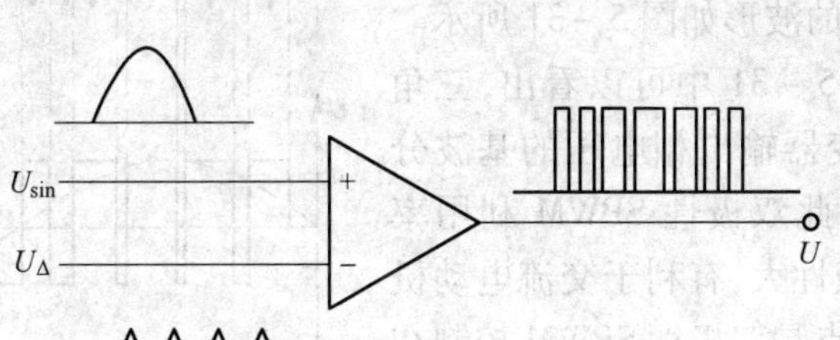

图 5-28 SPWM 法调制 PWM 脉冲的原理图

三角波电压和正弦波电压分别接电压比较器的“-”、“+”输入端。当三角波电压小于正弦波电压时,电压比较器输出高电平;反之则输出低电平。PWM 脉冲宽度(电平持续时间长短)由三角波和正弦波交点之间的距离决定,两者的交点随正弦波电压的大小而改变。因此,在电压比较器输出端就输出幅值相等而脉冲宽度不等的 PWM 电压信号。当逆变器输出电压的每半周由一组等幅而不等宽的矩形脉冲构成,近似等效于正弦波。这种脉宽调制波是由控制电路按一定的规律控制半导体开关元件的通断而产生的,这一定的规律是指

PWM 信号。生成 PWM 信号的方法有很多种,最基本的方法是利用正弦波与三角波相交来产生 PWM 信号,三角波和正弦波相交的交点与横轴包围的面积用幅值相等、脉宽不同的矩形来近似,模拟正弦波。图 5 – 29 为 SPWM 调制波示意图。矩形脉冲作为逆变器开关元件的控制信号,在逆变器的输出端输出类似的脉冲电压,与正弦电压相等效。工程上获得 SPWM 调制波的方法是根据三角波与正弦波的相交点来确定逆变器功率开关的工作时刻。调节正弦波的频率和幅值便可以相应地改变逆变器输出电压基波的频率或幅值。SPWM 是一种比较完善的调制方式。目前国际上生产的变频调速装置(VVVF 装置)几乎全部采用这种方法。逆变器开关元件有两种工作方式:单极性和双极性。

单极性控制是在逆变器输出波形的半个周期内,逆变器同一桥臂上一个元件导通,另一个始终处于截止状态。单极性 SPWM 波形如图 5 – 30 所示,为了使逆变器输出一个交变电压,必须是一个周期内的正负半周分别使上下桥臂交替工作,在负半周,利用倒相信号,得到负半周的触发脉冲,作为驱动下桥臂开关元件的信号。

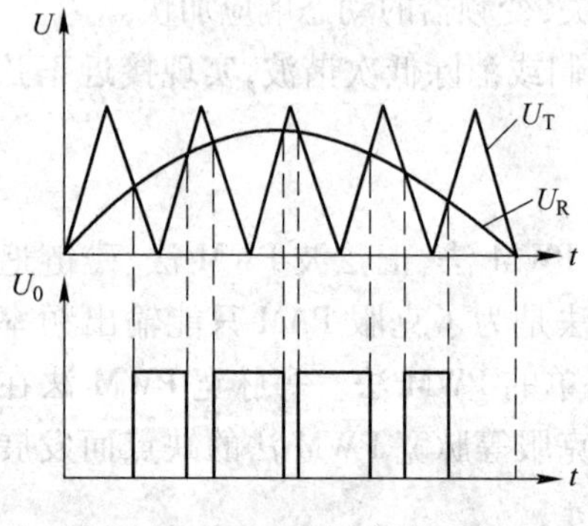

图 5 – 29　SPWM 调制波示意图

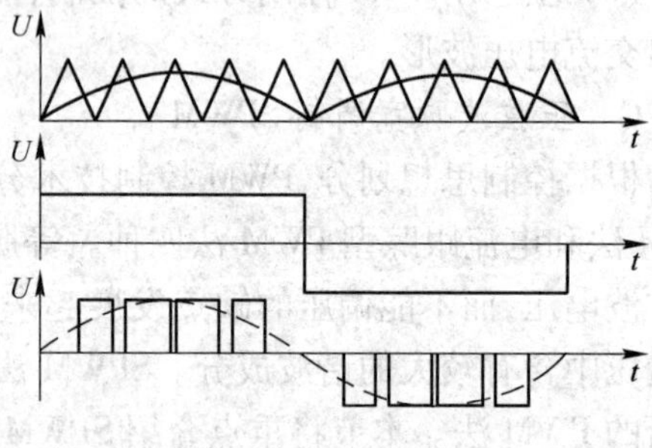

图 5 – 30　单极性 SPWM 波形

双极性控制在逆变器输出波形的半个周期内,上下桥臂的两个开关元件处于互补工作状态,从而在一个周期内得到交变的正弦波电压输出。双极性 SPWM 的波形如图 5 – 31 所示。

从图 5 – 30 和图 5 – 31 中可以看出,三角波双极性变化时,逆变器输出相电压的基波分量要比单极性大。因此双极性 SPWM 利用率高,谐波分量也比单极性大,有利于交流电动机低速运行的稳定。缺点是双极性 SPWM 控制在半个周期内的开关次数是单极性的 2 倍,开关损耗增加。

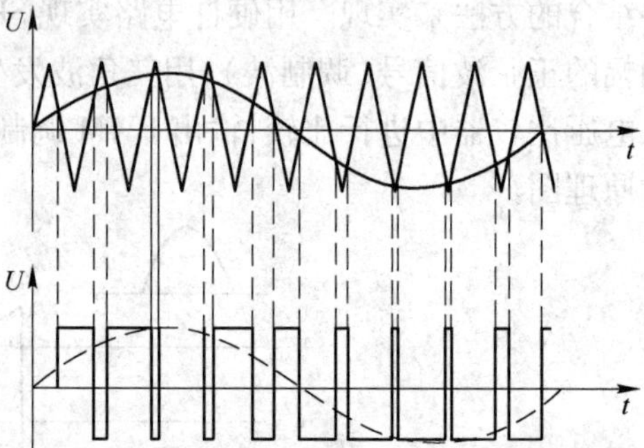

图 5 – 31　双极性 SPWM 波形

思考与练习

5 – 1　步进电动机的主要特点是什么?

5 – 2　步进电动机的主要性能指标有哪些?

5-3 步进电动机绕组的相数与启动转矩 M_q 有何关系？

5-4 阐述步进电动机的硬件环形分配、软件环形分配工作原理。

5-5 提高开环进给伺服系统精度的措施有哪些？

5-6 简述 SPWM 的工作原理与特点。

5-7 简述 SPWM 脉宽调制的原理与特点。

6 机电一体化抗干扰技术

6.1 概述

随着现代科学技术的发展,电气及电子设备的数量及种类不断增加,使电磁环境日益复杂。在这种复杂的电磁环境中,如何减少相互间的电磁干扰,使各种设备正常运转,是一个亟待解决的问题;另外,恶劣的电磁环境还会对人类及生态环境产生不良的影响。任何机电一体化系统都是在一定的电磁环境中工作,要使机电一体化系统正常工作,达到预期的功能,必须保证设备具有较高的抗干扰性能。

抗干扰技术就是研究电子设备及系统抵抗外部和内部电磁干扰,同时不产生超过规定限度的电磁干扰。

6.2 产生干扰的因素

6.2.1 干扰的基本概念

电磁干扰一般是指系统在工作过程中出现的一些与有用信号无关的,并且对系统性能或信号传输有害的电气变化现象。这些有害的电气变化现象使得有用信号的数据发生瞬态变化,增大误差,出现假象,甚至使整个系统出现异常信号而引起故障。例如,几毫伏的噪声可能淹没传感器输出的模拟信号,构成严重干扰,影响系统正常运行。

6.2.2 干扰的三要素

干扰形成的三个要素:干扰源、传播途径和接收载体。

6.2.2.1 干扰源

任何产生电磁干扰的元件、器件、装置、设备、系统或自然现象,按干扰源性质分,有自然干扰源和人为干扰源。图6-1为电磁干扰源的分类。

A 自然干扰源

自然电磁干扰源存在于地球和宇宙,自然电磁现象会产生电磁噪声(一种明显不传送信息的时变电磁现象,它可能与有用信息叠加或组合)。由自然界的电磁现象产生的电磁噪声,比较典型的有大气噪声,如雷电;太阳噪声,太阳黑子活动时产生的磁暴;宇宙噪声,来自银河系;静电放电。

B 人为干扰源

人为干扰分别来自有意发射干扰源和无意发射干扰源。

有意发射干扰源是专用于辐射电磁能的设备,如广播、电视、通信、雷达、导航等发射设备,是通过向空间发射有用信号的电磁能量来工作的,它们对不需要这些信号的电子系统或

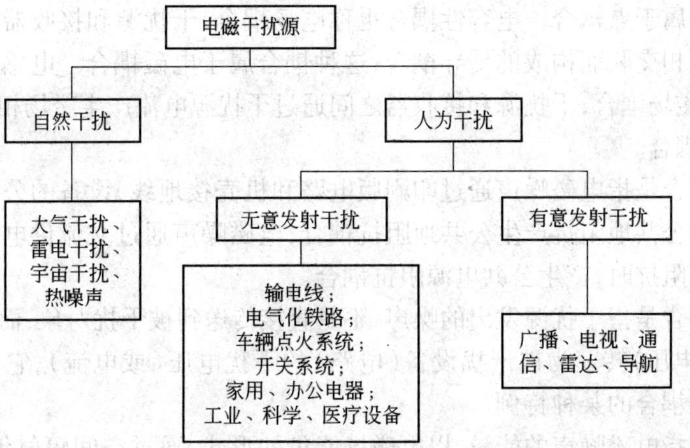

图6-1 电磁干扰源的分类

设备构成功能性干扰，而且是电磁环境的重要污染源。

有许多装置都无意地发射电磁能量，如汽车的点火系统，各种不同的用电装置和带电动机的装置，照明装置，霓虹灯广告，高压电力线，工业、科学和医用设备，以及接收机的本机振荡辐射等。这种发射可能是向空间的辐射，也可能是沿导线的传导发射，所发射的电磁能是随机的或是有规则的，一般占有非常宽的频带或离散频谱，所发射的功率可以从皮瓦量级到兆瓦量级。

6.2.2.2 传播途径

干扰源对电子设备的干扰是通过一定耦合形式进行的，无论是内部干扰还是外部干扰，都是通过“路”（传输线路或电路）或“场”（静电场或交变电磁场）耦合到被干扰对象（电子设备）的。

电磁干扰源将电磁噪声能量耦合到被干扰对象有传导干扰和辐射干扰两种方式，如图6-2所示，传导耦合是指电磁噪声的能量在电路中以电压或电流的形式，通过金属导线或其他元件（如电容器、电感器、变压器等）耦合到被干扰设备（电路）。按电磁噪声耦合特点，传导耦合可分为直接传导耦合、公共阻抗耦合和转移耦合三种。

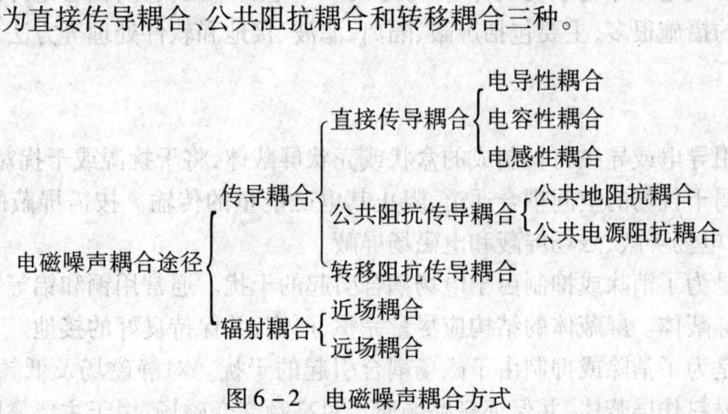

图6-2 电磁噪声耦合方式

直接传导耦合是指电磁噪声直接通过导线、金属地、电阻器、电感器或变压器等实际元件耦合到被干扰设备（电路），直接传导耦合常分电导性耦合、电容性耦合和电感性耦合三种。电导性耦合属于点耦合。电容性耦合也称电场耦合,干扰源和接收器之间通过导线以及部件的电容互相交联而构成的传导耦合,这种耦合属于电磁耦合。电感性耦合也称互感耦合,实际上是磁场耦合,干扰源和接收器之间通过干扰源电流产生磁场相互交联而成的传导耦合,属于磁耦合。

公共阻抗耦合是指电磁噪声通过印刷版电路和机壳接地线、设备的公共安全接地线以及接地网络中的公共地阻抗产生公共地阻抗耦合;电磁噪声通过交流供电电源和直流供电电源的公共电源阻抗时,产生公共电源阻抗耦合。

转移阻抗耦合是指干扰源发出的噪声,不是直接传送到被干扰对象,而是通过转移阻抗将噪声电流(或电压)转变为被干扰设备(电路)的干扰电压(或电流),它是直接传导耦合和公共阻抗传导耦合的某种特例。

辐射耦合是指电磁噪声的能量,以电磁场能量的形式,通过空间辐射传播,耦合到被干扰设备(电路)。根据电磁噪声的频率、电磁干扰源与被干扰设备(电路)的距离,辐射耦合可分为近场耦合和远场耦合两种情况。机电一体化系统的电磁干扰问题大多数是"近场"或感应场的耦合问题。

6.2.2.3　接收载体

接收载体是指受影响的设备的某个环节,该环节吸收了干扰信号,并转化为对系统造成影响的电器参数。

6.3　抗干扰的措施

机电一体化系统抗干扰能力的提高必须从设计阶段开始,并贯穿在制造、调试和使用维护的全过程。实践证明,若在系统设计时就考虑到如何抑制干扰的问题,则可消除可能出现的大多数干扰,而且技术难度小、成本低。如果待系统做好开始使用时,再去考虑解决干扰的问题,则将事倍功半,难度大、成本高。

在设计中,考虑所设计的设备或系统在预定的工作场所运行时,既不受周围的电磁干扰的影响,又不对周围的设备施加干扰,这种设计方法叫电磁兼容性设计。电磁兼容性设计是目前电子设备及机电一体化系统设计时,考虑的一个重要原则,它的核心是抑制电磁干扰。

抑制干扰的措施很多,主要包括屏蔽、隔离、滤波、接地和软件处理等方法。

6.3.1　屏蔽

屏蔽是利用导电或导磁材料制成的盒状或壳状屏蔽体,将干扰源或干扰对象包围起来,从而割断或削弱干扰场的空间耦合通道,阻止其电磁能量的传输。按需屏蔽的干扰场的性质不同,可分为电场屏蔽、磁场屏蔽和电磁场屏蔽。

电场屏蔽是为了消除或抑制由于电场耦合引起的干扰。通常用铜和铝等导电性能良好的金属材料作屏蔽体。屏蔽体的结构应尽量完整、严密,并保持良好的接地。

磁场屏蔽是为了消除或抑制由于磁场耦合引起的干扰。对静磁场及低频交变磁场,可用高磁导率的材料作屏蔽体,并保证磁路畅通。对高频交变磁场,由于主要靠屏蔽壳体上感生的涡流所产生的反磁场起排斥原磁场的作用,因此,应选用良导体材料,如铜、铝等作屏蔽体。

屏蔽的例子很多,例如,在电子仪器内部,最大的工频磁场来自电源变压器,对变压器进行屏蔽是抑制其干扰的有效措施,如图6-3所示。在变压器绕组线包的外面包一层铜皮作为漏磁短路环。当漏磁通穿过短路环时,在铜环中感生涡流,因此会产生反磁通以抵消部分漏磁通,使变压器外的磁通减弱。一般采用包一层铁皮来作屏蔽盒。包的层数越多,短路环越厚,屏蔽效果越好。

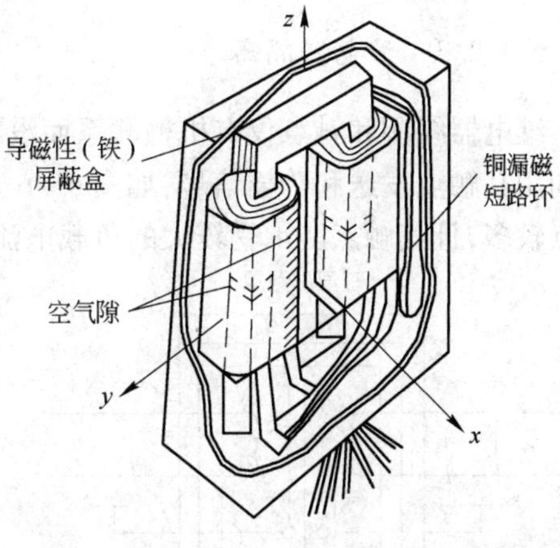

图6-3　变压器的屏蔽

再例如电缆的屏蔽,电缆是传送信息的途径,也是干扰的传送途径。电缆可在各种电磁环境敷设,高电平电缆辐射干扰,低电平电缆感受干扰,而且电缆又是成束敷设的,其耦合干扰也不小。为了衰减辐射干扰和降低感受度,对电缆要进行屏蔽。

6.3.2　隔离

隔离是指把干扰源与接收系统隔离开来,使有用信号正常传输,而干扰耦合通道被切断,以达到抑制干扰的目的。常见的隔离方法有光电隔离、变压器隔离和继电器隔离等。

6.3.2.1　光电隔离

光电隔离是以光作媒介在隔离的两端间进行信号传输的,所用的器件是光耦合器,如图6-4所示。光电耦合器的输入端配置发光源,输出端配置受光器,在传输信号时,借助于光作媒介质后进行耦合而不是通电,因此具有较强的隔离和抗干扰的能力。

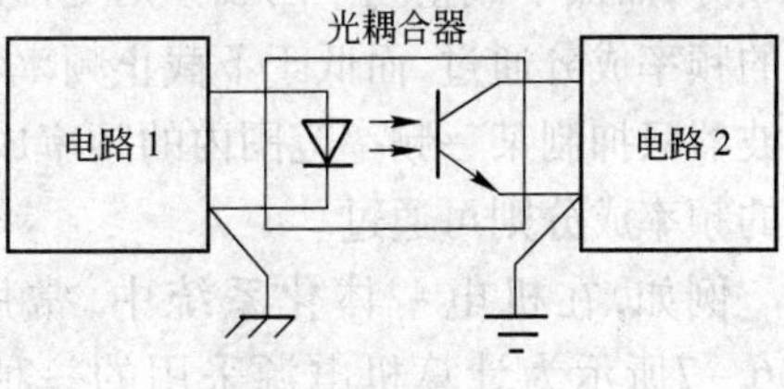

图6-4　光电隔离

由于光耦合器共模抑制比大、无触点、寿命长、易与逻辑电路配合、响应速度快、小型耐冲击,且稳定可靠,因此在机电一体化系统特别是数字系统中得到了广泛的应用。

6.3.2.2　变压器隔离

对于交流信号的传输,一般使用变压器隔离干扰信号的办法。图6-5所示为一种多层屏蔽的隔离变压器。当含有直流或低频干扰的交流信号从一次侧端输入时,根据变压器原理,二次侧输出的信号滤掉了直流干扰,且低频干扰信号幅值也被大大衰减,从而达到了抑制干扰的目的。另外,在变压器的一次侧和二次侧线圈外设有静电隔离层 S_1 和 S_2,其目的是防止一次和二次绕组之间的相互耦合干扰。变压器外的三层屏蔽密封体的内、外两层用铁,起磁屏蔽的作用;中间层用铜,与铁芯相连,并直接接地,起静电屏蔽作用。这三层屏蔽层是为了防止外界电磁场通过变压器对电路形成干扰。这种隔离变压器具有很强的抗干扰能力。

6.3.2.3 继电器隔离

继电器线圈和触点仅有机械联系而没有直接电联系,因此可利用继电器线圈接受信号,而利用其触点发送和传输信号,如图 6-6 所示,从而可实现强电和弱电的隔离。继电器的触点较多,且其触点能承受较大的负载电流,因而应用非常广泛。

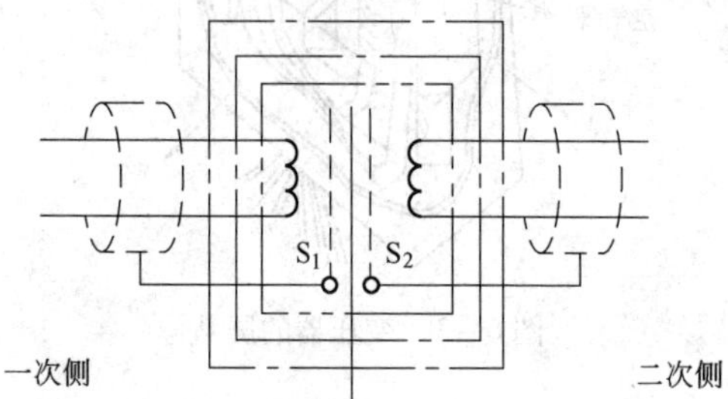

图 6-5 多层隔离变压器

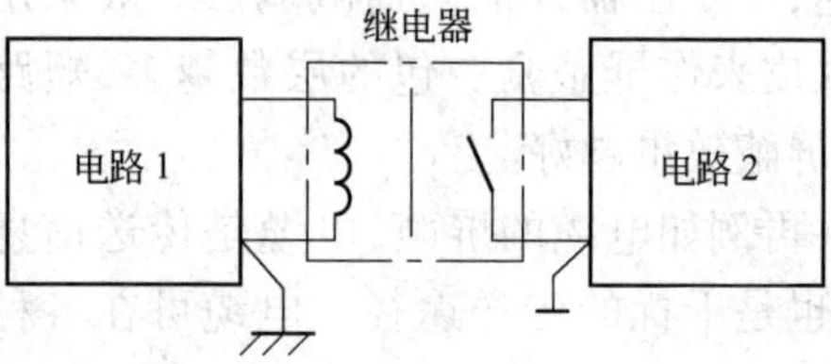

图 6-6 继电器隔离

6.3.3 滤波

滤波是抑制干扰传导的一种重要方法。由于干扰源发出的电磁干扰的频谱往往比要接收的信号的频谱宽得多,因而当接收器接收有用信号时,也会接收到那些不希望有的干扰。这时可采用滤波的方法,只让所需要的频率成分通过,而将干扰频率成分加以抑制、剔除。

常用滤波器根据其频率特性又可分为低通、高通、带通、带阻等滤波器。低通滤波器只让低频成分通过,而高于截止频率的成分则受抑制、衰减,不让通过。高通滤波器只通过高频成分,而低于截止频率的成分则受抑制、衰减,不让通过。带通滤波器只让某一频带范围内的频率成分通过,而低于下截止频率和高于上截止频率的成分均受抑制,不让通过。带阻滤波器只抑制某一频率范围内的频率成分,不让其通过,而低于下截止频率和高于上截止频率的频率成分则可通过。

例如,在机电一体化系统中,常用低通滤波器抑制由交流电网侵入的高频干扰。图 6-7所示为计算机电源采用的一种 LC 低通滤波器的接线图。含有瞬间高频干扰的 220V 工频电源通过截止频率为 50Hz 的滤波器,其高频信号被衰减,只有 50Hz 的工频信号通过滤波器到达电源变压器,保证正常供电。

图 6-8 所示为一种双 T 形带阻滤波器,可用来消除工频(电源)串模干扰。图中输入信号 U_1 经过两条通路送到输出端。当信号频率较低时,C_1、C_2 和 C_3 容抗较大,信号主要通

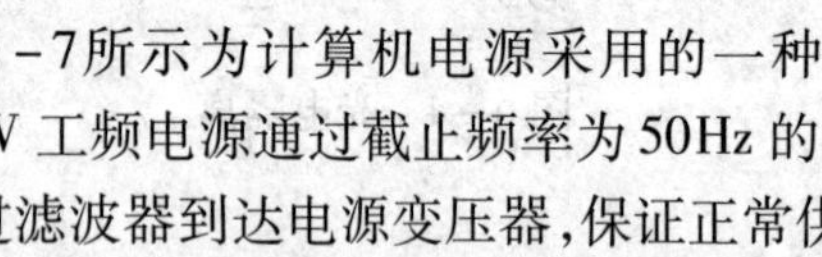

图 6-7 低通滤波器

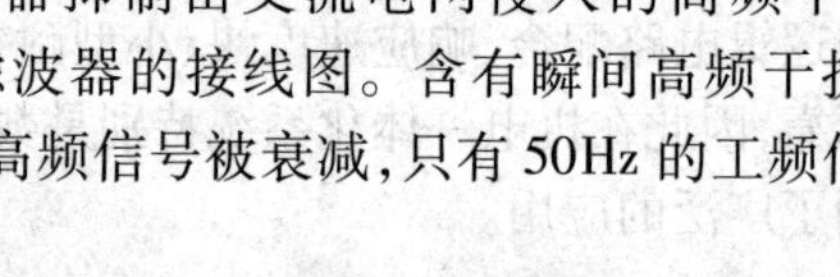

图 6-8 双 T 形滤波器

过 R_1、R_2 传送到输出端；当信号频率较高时，C_1、C_2 和 C_3 容抗很小，接近短路，信号主要通过 C_1、C_2 传送到输出端。只要参数选择得当，就可以使滤波器在某个中间频率 f_0 时，由 C_1、C_2 和 R_3 支路传送到输出端的信号 U_2' 与由 R_1、R_2 和 C_3 支路传送到输出端的信号 U_2'' 大小相等，相位相反，互相抵消，于是总输出为零。f_0 为双 T 形带阻滤波器的谐振频率。在参数设计时，使 $f_0 = 50$Hz，双 T 形带阻滤波器就可滤除工频干扰信号。

6.3.4 接地

将电路、设备机壳等与作为零电位的一个公共参考点（大地）实现低阻抗的连接，称为接地。接地的目的有两个：一是为了安全，例如把电子设备的机壳、机座等与大地相连，当设备中存在漏电时，不致影响人身安全，这种接地称为安全接地；二是为了给系统提供一个基准电位，例如脉冲数字电路的零电位点等；或为了抑制干扰，如屏蔽接地等，这种接地称为工作接地。机电一体化系统常用的工作接地方式有以下两种。

6.3.4.1 一点接地

一点接地主要有两种接法：串联接地（或称共同接地）和并联接地（或称分别接地）。

图 6－9 所示为串联一点接地，由于地电阻 r_1、r_2 和 r_3 是串联的，所以各电路间相互发生干扰，虽然这种接地方式很不合理，但由于比较简单，用的地方仍然很多。

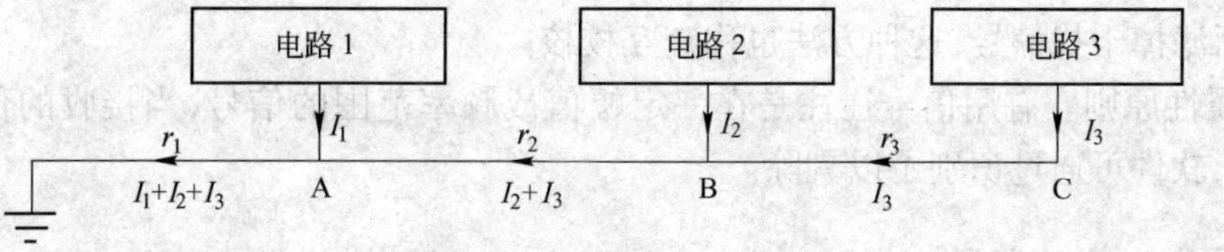

图 6－9 串联一点接地

并联一点接地的方式如图 6－10 所示。这种方式在低频时是最适用的，因为各电路的地电位只与本电路的地电流和地线阻抗有关，不会因地电流而引起各电路间的耦合。这种方式的缺点是，需要连很多根地线，用起来比较麻烦。

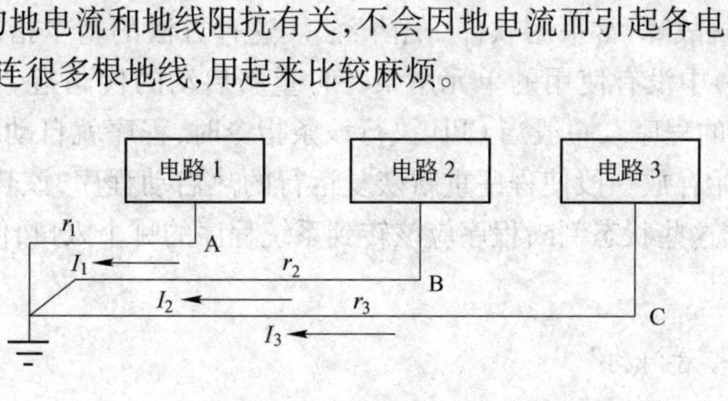

图 6－10 并联一点接地

6.3.4.2 多点接地

单点接地所需地线较多，在低频时适用。若电路工作频率较高，电感分量大，各地线间的互感耦合会增加干扰，因此常用多点接地，如图 6－11 所示，各接地点就近接于接地汇流排或底座、外壳等金属构件上。

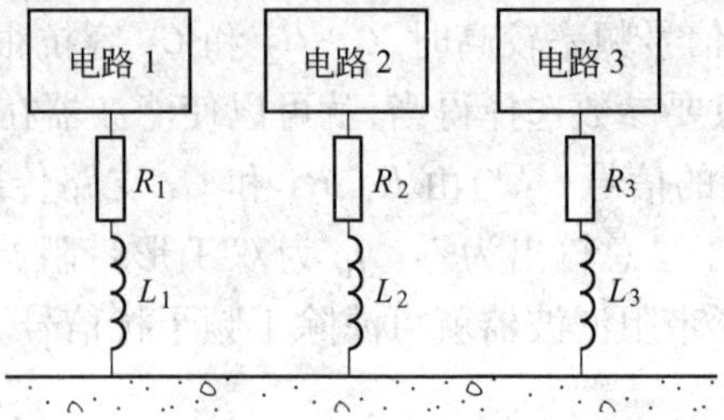

图 6 – 11　多点接地

6.3.5　软件抗干扰设计

6.3.5.1　软件滤波

用软件识别有用信号和干扰信号,并滤除干扰信号的方法,称为软件滤波。识别信号的原则有三种:

(1)时间原则。如果掌握了有用信号和干扰信号在时间上出现的规律,在程序设计上就可以在该接收有用信号的时区打开输入口,而在可能出现干扰信号的时区封闭输入口,从而滤掉干扰信号。

(2)空间原则。在程序设计上为保证接收到的信号正确无误,可将从不同位置、用不同检测方法、经不同路线或不同输入口接收到的同一信号进行比较,根据既定逻辑关系来判断真伪,从而滤掉干扰信号,这种方法也称交互校核。

(3)属性原则。有用信号往往是在一定幅值或频率范围的信号,当接收的信号远离该信号区时,软件可通过识别予以剔除。

6.3.5.2　软件"陷阱"

从软件的运行来看,瞬时电磁干扰可能会使 CPU 偏离预定的程序指针,进入未使用的 RAM 区和 ROM 区,引起一些莫名其妙的现象,其中死循环和程序"飞掉"是常见的。为了有效地排除这种干扰故障,常采用软件"陷阱"法。这种方法的基本指导思想是,把系统存储器(RAM 和 ROM)中没有使用的单元用某一种重新启动的代码指令填满,作为软件"陷阱",以捕获"飞掉"的程序。一般当 CPU 执行该条指令时,程序就自动转到某一起始地址,从这一起始地址开始存放一段使程序重新恢复运行的热启动程序,该热启动程序扫描现场的各种状态,并根据这些状态判断程序应该转到系统程序的哪个入口,使系统重新投入正常运行。

6.3.5.3　软件"看门狗"

"看门狗"(WATCHDOG)就是用硬件(或软件)的办法使用监控定时器定时检查某段程序或接口,当超过一定时间系统没有检查这段程序或接口时,可以认定系统运行出错(干扰发生),可通过软件进行系统复位或按事先预定的方式运行。"看门狗"是工业控制机械普遍采用的一种软件抗干扰措施。当侵入的尖峰电磁干扰使计算机程序"飞掉"时,WATCHDOG 能够帮助系统自动恢复正常运行。

思考与练习

6－1　简述干扰的三个组成要素。

6－2　机电一体化系统中的计算机接口电路通常使用光电耦合器,请问光电耦合器的作用有哪些?

6－3　控制系统接地通常要注意哪些事项?

6－4　计算机控制系统中,如何用软件进行干扰的防护?

7 机电一体化自动化制造系统

7.1 概述

制造，从广义概念讲，是人类按照市场需求，运用知识和技能，借助于物质工具，采用有效的方法，将原材料转化为所需产品并投放市场的过程。广义制造就是从市场到市场的全过程。

制造系统是为了达到预定的制造目的，将制造过程所涉及的硬件、软件和人员组成一个具有特定功能的有机整体；其功能是将制造资源有效地转变成有用的产品。广义的制造自动化，就是在制造过程的各个环节采用自动化技术，实现制造全过程的自动化。

本章所涉及的制造系统不包含广义的制造全过程（例如市场分析和预测、投放市场过程及其信息反馈等），因此，这里机械制造和柔性制造所涉及的制造自动化重点在于产品加工过程中与之相关的制造自动化技术。

自动化制造系统是指在较少的人工直接或间接干预下，将原材料加工成零件或将零件组装成产品，在加工过程中实现管理过程和工艺过程自动化。管理过程包括产品的优化设计；程序的编制及工艺的生成；设备的组织及协调；材料的计划与分配；环境的监控等。工艺过程包括工件的装卸、储存和输送；刀具的装配、调整、输送和更换；工件的切削加工、排屑、清洗和测量；切屑的输送、切削液的净化处理等。图 7－1 所示为日本丰田汽车制造厂的制造车间和自动化制造系统照片。

图 7－1　日本丰田汽车制造厂的制造车间和自动化制造系统

随着经济的发展和消费水平的提高，中小批量、多品种生产已成为当今机械制造业的一个重要的特征，随之而起的柔性自动化制造技术得到了迅速的发展。其具体应用就是柔性制造单元（FMC）、柔性制造系统（FMS）、柔性制造线（FML）和柔性制造工厂（FMF）等。

7.1.1 刚性自动化生产

自动化制造系统包括刚性制造和柔性制造,“刚性”的含义是指该生产线只能生产某种或生产工艺相近的某类产品,表现为生产产品的单一性。刚性制造主要包括:

(1)刚性半自动化单机;

(2)刚性自动化单机;

(3)刚性自动化生产线。

刚性自动化生产线生产率高,但柔性较差,当加工工件变化时,需要停机、停线并对机床、夹具、刀具等工装设备进行调整或更换(如更换主轴箱、刀具、夹具等),通常调整工作量大,停产时间较长。

刚性自动化单机是在刚性半自动化单机的基础上增加自动上、下料等辅助装置而形成的自动化机床。辅助装置包括自动工件输送、上料、下料、自动夹具、升降装置和转位装置等;切屑处理一般由刮板器和螺旋传送装置完成。这种机床实现的也是单个工艺过程的全部加工循环。

刚性自动化生产线是多工位生产过程,用工件输送系统将各种自动化加工设备和辅助设备按一定的顺序连接起来,在控制系统的作用下完成单个零件加工的复杂大系统。图7-2所示为一条刚性自动化生产线,由组合机床、专用机床和检测设备组成。

图7-2 刚性自动化生产线

7.1.2 柔性制造系统(FMS)

“柔性”是相对于“刚性”而言的,传统的“刚性”自动化生产线主要实现单一品种的大批量生产。其优点是生产率很高,由于设备是固定的,所以设备利用率也很高,单件产品的成本低。但价格相当昂贵,且只能加工一个或几个类似的零件,难以应付多品种、中小批量的生产。随着批量生产时代正逐渐被适应市场动态变化的生产所替换,一个制造自动化系统的生存能力和竞争能力在很大程度上取决于它是否能在很短的开发周期内,生产出较低成本、较高质量的不同品种产品的能力,柔性已占有相当重要的位置。柔性制造技术是对各种不同形状加工对象实现程序化柔性制造加工的各种技术的总和。柔性制造技术是技术密集型的技术群,我们认为凡是侧重于柔性,适应于多品种、中小批量的加工技术都属于柔性制造技术。

柔性制造系统(FMS)由多台数控机床、加工中心和自动上下料装置与输送系统组成,在计算机的控制下,实现自动化加工,是具有高效率、高精度、高柔性的加工系统。图7-3所示为日本丰田汽车制造厂的无人生产装配车间,是一种典型的柔性制造系统。图7-4所示为由FMC组成的柔性制造系统(FMS)。

图7-3　柔性制造系统

一般地,用于切削加工的FMS具有以下功能:

(1)能自动完成多品种、多工序零件的加工,这是靠由计算机控制的数控机床群来实现的(包括自动更换刀具、自动安装工件、冷却液的自动供应和切屑的自动处理等)。

(2)自动输送和储料。由各种自动输送设备(如环形输送拖板、传输装置、无轨小车、工业机器人等)和自动化储料仓库(如毛坯仓库、中间仓库、零件仓库和夹具、刀具仓库等)组成。

(3)自动诊断,包括系统工况监视功能(如对零件加工精度的检测、刀具磨损或破损的检测)和指令、恢复功能(如加工精度的自动补偿、磨损或破损刀具的自动更换等)。

(4)信息处理,即对所需信息进行综合控制(由生产计划和生产管理程序、数控机床、输送装置、储料装置及其他设备的工作程序、生产工程信息的论证及其数据库来完成)。

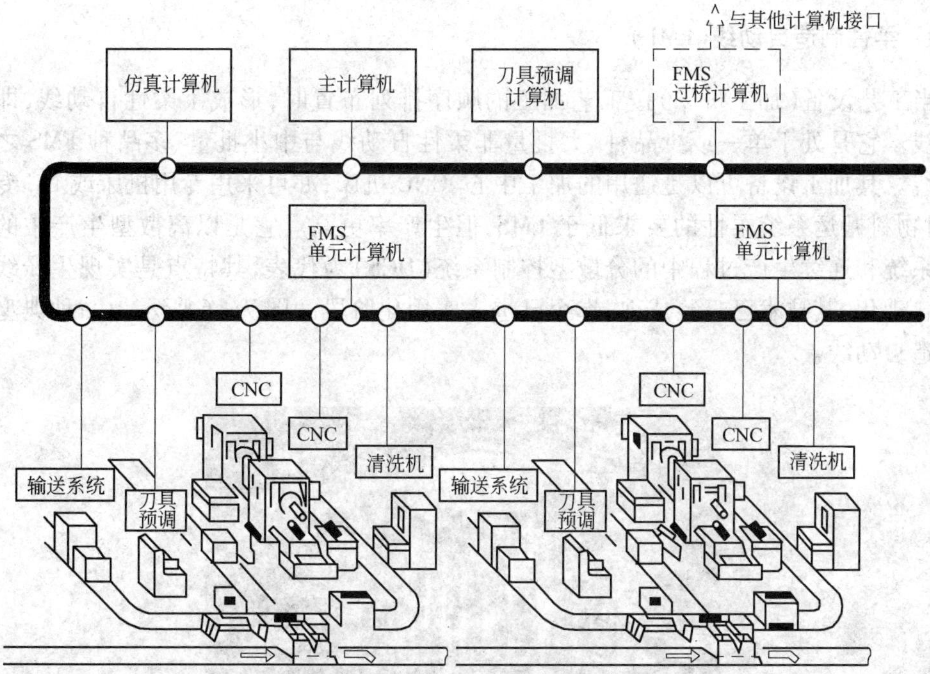

图 7－4　由 FMC 组成的柔性制造系统(FMS)

7.1.3　柔性制造单元(FMC)

FMC 的问世并在生产中使用约比 FMS 晚 6 ~ 8 年，FMC 可视为一个规模最小的 FMS，是 FMS 向廉价化及小型化方向发展的一种产物，它是由 1 ~ 2 台加工中心、工业机器人、数控机床及物料运送存贮设备构成，它们之间用工件输送设备连接起来，并且整个单元由计算机控制，能够完成整套加工工艺内容，有相对的独立性。图 7－5 所示为一种典型的柔性制造单元，其特点是实现单机柔性化及自动化，具有适应加工多品种产品的灵活性。

图 7－5　柔性制造单元系统

7.1.4　柔性制造自动线(FML)

当工艺设备(加工机床)按工艺加工的顺序排列布置时,形成了柔性自动线,即柔性制造线。它是处于单一或少品种、大批量非柔性自动线与中小批量、多品种 FMS 之间的生产线。其加工设备可以是通用的加工中心、CNC 机床;亦可采用专用机床或 NC 专用机床,对物料搬运系统柔性的要求低于 FMS,但生产率更高。它是以离散型生产中的柔性制造系统和连续生产过程中的分散型控制系统(DCS)为代表,其特点是实现生产线柔性化及自动化,其技术已日臻成熟,迄今已进入实用化阶段。图 7－6 所示为一种典型的柔性制造自动线。

图 7－6　柔性制造自动线

7.1.5　柔性制造工厂(FMF)

FMF 是将多条 FMS 连接起来,配以自动化立体仓库,用计算机系统进行联系,采用从订货、设计、加工、装配、检验、运送至发货的完整 FMS,它包括了 CAD/CAM,并使计算机集成制造系统(CIMS)投入实际,实现生产系统柔性化及自动化,进而实现全厂范围内的生产管理、产品加工及物料贮运进程的自动化应用技术。它是将制造、产品开发及经营管理的自动化连成一个整体,以信息流控制物质流的智能制造系统(IMS)为代表,其特点是实现工厂柔性化及自动化。图 7－7 是日本 FANUC 公司柔性制造工厂的系统原理图。图 7－8 是日本丰田汽车制造厂外景。

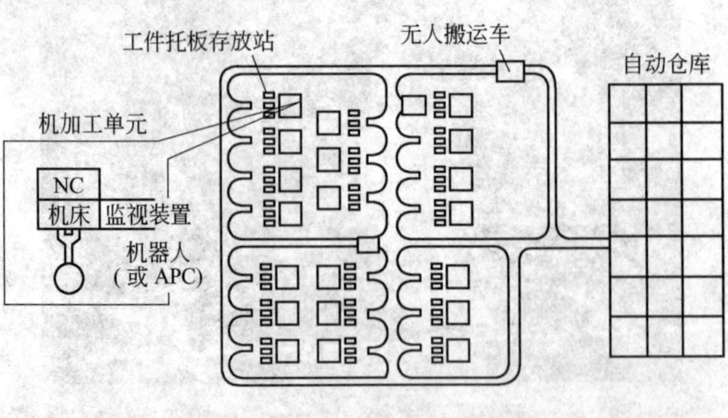

图 7－7　FANUC 公司柔性制造工厂系统原理图

图 7-8 日本丰田汽车制造厂外景

7.1.6 计算机集成制造系统(CIMS)

7.1.6.1 CIMS 的含义

计算机集成制造(CIM)的概念在 1974 年首先由美国提出。其基本观点是:

(1)企业的各个生产环节是一个不可分割的整体,需要统一考虑。

(2)整个生产制造过程实质上是对信息的采集、传递和加工处理的过程,最终形成的产品可看做是信息的物质表现。

计算机集成制造系统(CIMS)是基于 CIM 的思想而形成的系统,是 CIM 的具体实现,是应用现代管理技术、制造技术、信息技术、自动化技术、系统工程技术于一体的系统工程。它综合并发展了企业生产各环节有关的计算机辅助技术,即计算机辅助经营决策与生产管理(MIS、OA、MRPⅡ)、计算机辅助分析和设计技术(CAD、CAE、CAPP)、计算机辅助制造技术(CAM、CNC、DNC、FMC、FMS)、计算机信息辅助技术(网络、数据库)、计算机辅助质量管理与控制等。

CIMS 的核心在于集成,在于企业内的人、生产经营和技术这三者之间的信息集成,以便在信息集成的基础上使企业组成一个统一的整体,保证企业内的工作流程、物质流和信息流畅通无阻。

7.1.6.2 CIMS 的构成

从系统的功能角度考虑,一般认为 CIMS 可由经营管理信息系统、工程设计自动化系统、制造自动化系统和质量保证信息系统四个功能分系统,以及计算机网络和数据库两个支撑分系统组成,即:

(1)经营管理信息系统。

(2)工程设计自动化系统。

(3)制造自动化系统。

制造自动化系统的目标可归纳为:1)实现多品种、小批量产品制造的柔性自动化。2)实现优质、低成本、短周期及高效率生产,提高企业的市场竞争能力。3)为作业人员创造舒适而安全的劳动环境。

(4)质量保证系统。

(5)CIMS 数据库系统。

(6)CIMS 计算机网络系统。

7.2　数控机床

随着科学技术的飞速发展,社会对产品多样化的要求日益强烈,产品更新越来越快,多品种、中小批量生产的比重明显增加;同时,随着航空工业、汽车工业和轻工消费品生产的高速增长,复杂形状的零件越来越多,精度要求也越来越高;此外,激烈的市场竞争要求产品研制生产周期越来越短,传统的加工设备和制造方法已难以适应这种多样化、柔性化与复杂零件的高效高质量加工要求。因此,近半个世纪以来,能有效解决复杂、精密、小批多变零件加工问题的数控加工技术得到了迅速发展和广泛应用。

7.2.1　数控机床的基本概念

数控机床是数字控制机床(numerically controlled machine tool)的简称,亦称 NC 机床,就是通过数字化的信息对机床的运动及其加工过程进行控制,实现要求的机械动作,自动完成加工任务的机床。数控机床是典型的技术密集且自动化程度很高的机电一体化加工设备,是为了满足单件、小批、多品种自动化生产的需要而研制的一种灵活、通用的能够适应产品频繁变化的柔性自动化机床,具有适应性强、加工精度高、加工质量稳定、生产效率高、降低加工成本、改善工人劳动条件等优点。它综合应用了电子计算机、自动控制、伺服驱动、精密测量和新型机械结构等多方面的技术成果。随着机床数控技术的迅速发展,数控机床在机械制造业中的地位也越来越重要。

计算机数字控制(computer numerically controlled machine tool)与 NC 系统的主要区别是该系统采用微处理器 CPU 作为数控装置的核心,由于 CPU 的出现,使数控系统的软件功能大幅度提高。

作为一类典型的机电一体化产品,数控机床主要由程序载体、人机交互装置、数控装置、伺服系统和机床体等部分组成,如图 7－9 所示。

7.2.1.1　程序载体

在数控机床上加工零件,首先要对零件图样上的几何形状、尺寸和技术条件进行工艺分析,并在此基础上确定加工顺序和走刀路线,确定主运动和进给运动的工艺参数,确定加工过程中的各种辅助操作,之后用标准格式和代码编制出零件的加工程序。要对数控机床进行控制,就必须把加工程序、各种参数和数据等相关信息通过输入设备送到数控装置。这就需要在人机之间建立某种联系,这种联系的中间物就是控制介质,也称为程序载体,如穿孔纸带、磁盘、键盘(MDI)、手摇脉冲发生器等。

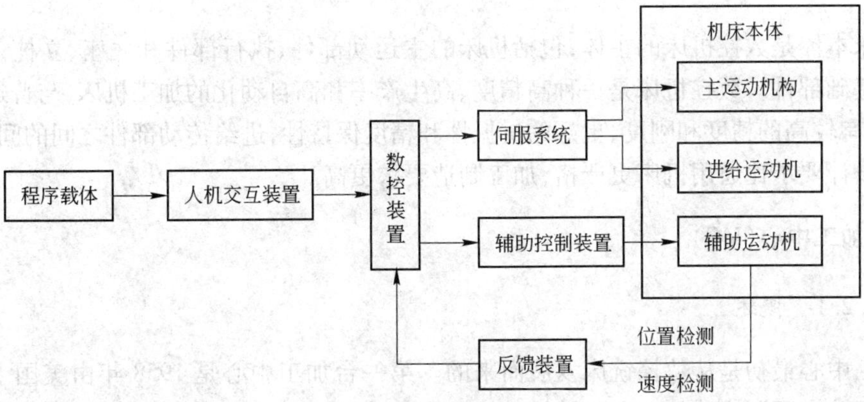

图 7-9 数控机床的组成框图

目前常用的方法是用手动数据输入(MDI)方式将加工程序输入到数控装置中,也可以将加工程序存储在程序载体上。

7.2.1.2 人机交互装置

数控机床的操作人员通过人机交互装置对数控系统进行操作和控制。人机交互装置的作用是:将程序载体上的数控代码信息转换成电脉冲信号传送到数控装置的内存储器;对输入的加工程序进行编辑和调试;显示数控机床运行状态;显示机床参数及坐标轴位置等。键盘和显示器是数控系统不可缺少的人机交互装置,现代数控机床,可以利用机床上的显示器及键盘以手动方式输入加工程序,也可以通过计算机用通信方式将自动编程产生的加工程序传送到数控装置。

根据程序载体的不同方式,人机交互装置还可以是光电阅读机、磁带机或软盘驱动器等。

7.2.1.3 数控装置

数控装置是一种专用计算机,是数控机床最重要的组成部分,一般由中央处理器(CPU)、存储器、总线和输入输出接口等组成。数控装置的作用是将人机交互装置输入的信息,通过内部的逻辑电路或系统的控制软件进行译码、存储、运算和处理,将加工程序转换成控制机床运动的信号和指令,以控制机床的各部件完成加工程序中规定的动作。数控装置是整个数控机床数控系统的核心,决定了机床数控系统功能的强弱。

7.2.1.4 伺服驱动及检测装置

伺服系统是由伺服控制电路、功率放大电路和伺服电动机组成的数控机床执行机构,其作用是把来自数控装置的位置信息转变为各坐标轴方向的进给运动和定位运动。检测装置随时检测伺服电动机或工作台的实际运动情况,进行严格的速度和位置反馈控制。伺服驱动及检测反馈是数控机床的关键部分,其控制精度和相应动态特性,对机床的工作性能、加工精度和加工效率有直接的影响。

7. 2. 1. 5　机床本体

机床本体是数控机床的主体，包括机床的主运动部件、执行部件和底座、立柱、刀架、工作台等基础部件。数控机床是一种高精度、高生产率和高自动化的加工机床，与普通机床相比，应具有较高的精度和刚度，更好的抗振性和精度保持性，进给传动部件之间的间隙要小，所以其设计要求比通用机床更严格，加工制造要求更高。

7. 2. 2　加工中心（MC）

7. 2. 2. 1　概述

加工中心最初是从数控铣床发展而来的。第一台加工中心是 1958 年由美国卡尼－特雷克公司首先研制成功的。它在数控卧式镗铣床的基础上增加了自动换刀装置，从而实现了工件一次装夹后即可进行铣削、钻削、镗削、铰削和攻丝等多种工序的集中加工。

20 世纪 70 年代以来，加工中心得到迅速发展，出现了可换主轴箱加工中心，它备有多个可以自动更换的装有刀具的多轴主轴箱，能对工件同时进行多孔加工。

工件在加工中心上经一次装夹后，数字控制系统能控制机床按不同工序自动选择和更换刀具，自动改变机床主轴转速、进给量和刀具相对工件的运动轨迹及其他辅助机能，依次完成工件几个面上多工序的加工，并且有多种换刀或选刀功能，从而使生产效率大大提高。

加工中心由于工序的集中和自动换刀，减少了工件的装夹、测量和机床调整等时间，使机床的切削时间达到机床开动时间的 80% 左右（普通机床仅为 15% ~20%）；同时也减少了工序之间的工件周转、搬运和存放时间，缩短了生产周期，具有明显的经济效果。加工中心适用于零件形状比较复杂、精度要求较高、产品更换频繁的中小批量生产。

与数控铣床相同的是，加工中心同样是由计算机数控系统（CNC）、伺服系统、机械本体、液压系统等各部分组成。

但加工中心又不等同于数控铣床，加工中心与数控铣床的最大区别在于加工中心具有自动交换刀具的功能，通过在刀库安装不同用途的刀具，可在一次装夹中通过自动换刀装置改变主轴上的加工刀具，实现钻、镗、铰、攻螺纹、切槽等多种加工功能。

加工中心的自动换刀装置由存放刀具的刀库和换刀机构组成。刀库种类很多，常见的有盘式和链式两类。链式刀库存放刀具的容量较大。

换刀机构在机床主轴与刀库之间交换刀具，常见的为机械手；也有不带机械手而由主轴直接与刀库交换刀具的，称无臂式换刀装置。

加工中心刀库分为圆盘式刀库及机械手刀库两种：

（1）圆盘式刀库。圆盘式刀库应该称为固定地址换刀刀库，即每个刀位上都有编号，一般从 1 编到 12、18、20、24 等，即为刀号地址。操作者把一把刀具安装进某一刀位后，不管该刀具更换多少次，总是在该刀位内。

1）制造成本低。主要部件是刀库体及分度盘，只要这两样零件加工精度得到保证即可，运动部件中刀库分度使用的是非常经典的“马氏机构”，前后、上下运动主要选用气缸。装配调整比较方便，维护简单。一般机床制造厂家都能自制。

2）每次机床开机后刀库必须“回零”，刀库在旋转时，只要挡板靠近（距离为 0. 3mm 左右)无触点开关,数控系统就默认为1号刀,并以此为计数基准,"马氏机构"转过几次,当前就是几号刀。只要机床不关机,当前刀号就被记忆。刀具更换时,一般按最近距离旋转原则,刀号编号按逆时针方向,如果刀库数量是18,当前刀号位8,要换6号刀,按最近距离换刀原则,刀库是逆时针转。如要换10号刀,刀库是顺时针转。机床关机后刀具记忆清零。

3)固定地址换刀刀库换刀时间比较长,国内的机床一般要8s以上(从一次切削到另一次切削)。

4)圆盘式刀库的总刀具数量受限制,不宜过多,一般40号刀柄的不超过24把,50号的不超过20把,大型龙门机床也有把圆盘转变为链式结构,刀具数量多达60把。

(2)机械手刀库。机械手刀库换刀是随机地址换刀。每个刀套上无编号,它最大的优点是换刀迅速、可靠。

1)制造成本高。刀库由一个个刀套链式组合起来,机械手换刀的动作有凸轮机构控制,零件的加工比较复杂。装配调试也比较复杂,一般由专业厂家生产,机床制造商一般不自制。

2)刀号的计数原理。与固定地址选刀一样,它也有基准刀号:1号刀。但我们只能理解为1号刀套,而不是零件程序中的1号刀:T1。系统中有一张刀具表,它有两栏:一栏是刀套号;另一栏是对应刀套号的当前程序刀号。假如我们编一个三把刀具的加工程序,刀具的放置起始是1号刀套装T1(1号刀),2号刀套装T2,3号刀套装T3,我们知道当主轴上T1在加工时,T2刀即准备好,换刀后,T1换进2号刀套,同理,在T3加工时,T2就装在3号刀套里。一个循环后,前一把刀具就安装到后一把刀具的刀套里。数控系统对刀套号及刀具号的记忆是永久的,关机后再开机刀库不用"回零"即可恢复关机前的状态。如果"回零",那必须在刀具表中修改刀套号中相对应的刀具号。

3)机械手刀库换刀时间一般为4s(从一次切削到另一次切削)。

4)刀具数量一般比圆盘刀库多,常规有18、20、30、40、60等。

5)刀库的凸轮箱要定期更换起润滑、冷却作用的齿轮油。

7.2.2.2 加工中心的分类

A 按工艺用途分类

按工艺用途分为:

(1)镗铣加工中心如图7-10所示。镗铣加工中心是机械加工行业应用最多的一类加工设备,其加工范围主要是铣削、钻削和镗削,适用于箱体、壳体以及各类复杂零件特殊曲线和曲面轮廓的多工序加工,适用于多品种、小批量加工。

(2)钻削加工中心。钻削加工中心的加工以钻削为主,刀库形式以转塔头为多,适用于中小零件的钻孔、扩孔、铰孔、攻螺纹等多工序加工。

(3)车削加工中心如图7-11所示。车削加工中心以车削为主,主体是数控车床,机床上配备有转塔式刀库或由换刀机械手和链式刀库组成的刀库。机床数控系统多为二、三轴伺服配制,即X、Z、C轴,部分高性能车削中心配备铣削动力头。

(4)复合加工中心如图7-12所示。在一台设备上可以完成车、铣、镗、钻等多工序加工的加工中心称为复合加工中心,可代替多台机床实现多工序加工。这种方式既能减少装卸时间提高生产效率,又能保证和提高形位精度。复合加工中心指五面复合加工中心,它的

图 7 – 10　镗铣加工中心

图 7 – 11　车削加工中心

主轴头可自动回转,进行立卧转换加工。

B　按主轴特征分类

按主轴特征分为:

(1)立式加工中心,指主轴为垂直状态的加工中心,其结构形式多为固定立柱,工作台为长方形,无分度回转功能,适合加工盘、套、板类零件。它一般具有三个直线运动坐标轴,并可在工作台上安装一个沿水平轴旋转的回转台,用以加工螺旋线类零件。立式加工中心装夹方便,便于操作,易于观察加工情况,高度程序化容易,应用广泛。但受立柱高度及换刀装置的限制,不能加工太高的零件,在加工型腔或下凹的型面时,切屑不易排出,严重时会损坏刀具,破坏已加工表面,影响加工的顺利进行。

(2)卧式加工中心如图 7 – 13 所示,指主轴为水平状态的加工中心。卧式加工中心通常都带有自动分度的回转工作台,有的还带有自动交换工作台装置。它一般具有 3 ~ 5 个运动坐标,常见的是三个直线运动坐标加一个回转运动坐标,在工件一次装夹后,能完成除安装面和顶面以外的其余四个表面的加工。它最适合加工箱体类零件。与立式加工中心比较,卧式加工中心加工时排屑容易,对加工有利,但结构复杂,价格较高。

(3)龙门式加工中心,形状与数控龙门铣床相似。龙门式加工中心主轴多为垂直设置,

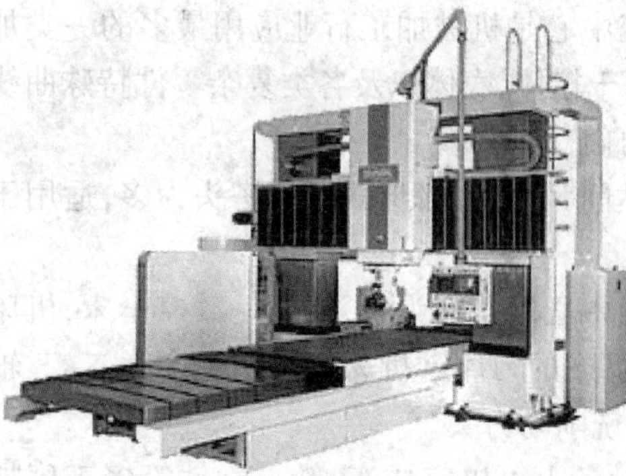

图 7 – 12　复合加工中心

图 7 – 13　卧式加工中心

除自动换刀装置以外，还带有可更换的主轴头附件，数控装置的功能也较齐全，能够一机多用，尤其适用于大型和形状复杂的工件加工。

(4)五轴加工中心，具有立式加工中心和卧式加工中心的功能。五轴加工中心，工件一次安装后能完成除安装面以外的其余五个面的加工。常见的五轴加工中心有两种形式，一种是主轴可以旋转90°，可以进行立式和卧式加工；另一种是主轴不改变方向，而由工作台带着工件旋转90°，完成对工件五个面的加工。

7.2.3 电火花加工

电火花加工又称放电加工，通常用于加工导电的材料，是特种加工技术的一种。

电火花加工机床主要用于加工各种传统切削方法难以加工的高硬度的材料（如硬质合金和淬火钢等）和复杂形状的模具、零件，以及切割、开槽和去除折断在工件孔内的工具（如钻头和丝锥）等。

电火花加工是在如图7-14所示的加工系统中进行的。加工时，脉冲电源的一极接工具电极，另一极接工件电极，两极均浸入具有一定绝缘度的液体介质（常用煤油或矿物油或去离子水）中。在导电的工具电极和工件之间施加周期性快速变化的电压脉冲，通过浸没在绝缘介质中的工具电极与工件之间的脉冲性放电所产生的局部高温使工件表面金属熔化、气化，从而蚀除金属。因此在加工过程中几乎不存在切削力。

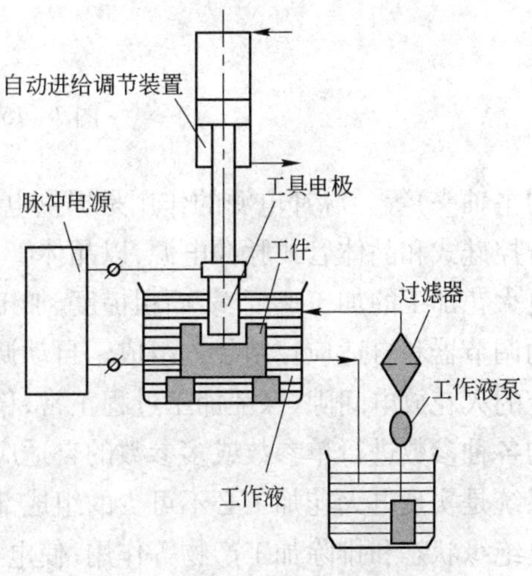

图7-14 电火花加工原理图

应用这种加工方法的机床主要有：

(1)电火花成形加工机床：工具电极一般采用石墨或紫铜，工具和工件浸没在煤油基工作液中，通过放电把工具电极上的形状复制到工件上。

(2)电火花线切割加工机床：采用去离子水（deionized water）作为绝缘介质，采用黄铜丝或黄铜镀锌丝作为工具电极（我国发明的往复走丝电火花加工线切割机床通常采用乳化液，以钼丝作为工具电极）。

图7-15所示为电火花加工机床。

电火花成形机床是电火花加工机床的主要品种，根据机床结构分为龙门式、滑枕式、悬臂式、框形立柱式和台式电火花成形机床，此外还可根据加工精度分为普通、精密和高精度电火花成形机床。

电火花成形机床一般由本体、脉冲电源、自动控制系统、工作液循环过滤系统和夹具附件等部分组成。机床本体包括床身、立柱、主轴头和工作台等部分，其作用主要是支承、固定工件和工具电极，并通过传动机构实现工具电极相对于工件的进给运动。主轴头是机床的关键部分。主轴头应有一定的轴向和侧向刚度；灵敏度高，无爬行现象；运动的直线性和防扭转性好；有一定的承载能力。主轴头有多种结构形式，如电-液式主轴头（包括喷嘴挡板式液压头、伺服阀液压头）和电-机式主轴头（包括伺服电机、步进电机和宽调速电机驱动

图 7－15　电火花加工机床

的主轴头）等。脉冲电源的作用是提供电火花加工的能量，有弛张式、闸流管式、电子管式、可控硅式和晶体管式脉冲电源，以晶体管式脉冲电源使用最广。脉冲电源的性能直接影响电火花加工的加工速度、表面粗糙度、加工精度和电极损耗等工艺指标。自动控制系统由自动调节器和自适应控制装置组成。自动调节器及其执行机构用于电火花加工过程中维持一定的火花放电间隙，保证加工过程正常、稳定地进行。自适应控制装置主要对间隙状态变化的各种参数进行单参数或多参数的自适应调节，以实现最佳的加工状态。工作液循环过滤系统是实现电火花加工必不可少的组成部分，它主要起着集中放电能量、冷却放电通道、恢复绝缘状态和排除加工产物等作用，使电火花加工持续进行，一般采用煤油、变压器油等作为工作液。工作液循环过滤系统由储液箱、过滤器、泵和控制阀等部件组成。过滤方法有介质过滤、离心过滤和静电过滤等。夹具附件包括电极的专用夹具、油杯、轨迹加工装置（平动头）、电极旋转头和电极分度头等。

电火花线切割加工是在电火花加工基础上发展起来的一种新的工艺形式，是用线状电极（钼丝或铜丝）靠火花放电对工件进行切割，故称为电火花线切割，有时简称线切割。电火花线切割加工机床的运动由数控装置控制时，称为数控线切割加工。

控制系统是进行电火花线切割加工的重要组成部分，控制系统的稳定性、可靠性、控制精度及自动化程度都直接影响到加工工艺指标和工人的劳动强度。

数控电火花线切割机床利用连续移动的金属导线（钼丝或铜丝）作为工具电极，在金属丝与工件之间施加脉冲电流，产生放电腐蚀，对工件进行切割加工。工件的形状由数控系统控制工作台（工件）相对电极丝的运动轨迹决定的，因此不需制造专用电极，就可以加工形状复杂的模具零件。工件接脉冲电源的正极，电极丝接负极，加上高频脉冲电源后，在工件与电极丝之间产生很强的脉冲电场，使其间的介质被电离击穿，产生脉冲放电。电极丝在贮丝筒的作用下做反向交替（或单向）运动，在电极丝和工件之间浇注工作介质，在机床数控系统的控制下，工作台相对电极丝按预定的程序运动，从而切割出需要的工件形状。

图 7－16 所示为北京迪蒙卡特机床有限公司生产的 CTW250 型数控电火花线切割机床。该机床在一般的线切割机床上增加了间隙补偿功能和锥度补偿功能，能方便地切割出不同间隙要求的凹模和凸模，根据要求切割出锥度。钼丝采用快速走丝，并配有高频晶体管脉冲电源。工作台拖板导轨及贮丝筒拖板导轨均采用滚动导轨形式，移动灵活、轻巧，工作台的纵横向移动丝杠均采用精密的滚珠丝杠，由步进电动机带动。本机床具有切割速度快、加工精度高等特点。该系统采用微型计算机线切割机床控制系统，可同时控制 X、Y、U、V 四轴进行锥度切割。采用圆弧、直线两种插补方式，控制精度小于 1μm，最大圆弧控制半径为 10m，最大锥度为 ±4°。

图 7－16　CTW250 型数控电火花线切割机床

7.3　工件储运设备

在自动化制造系统的制造过程中，离不开工件运输设备和存储设备来完成各种物料的流动和仓储。存储是指将工件毛坯、在制品或成品在仓库中暂时保存起来，以便根据需要取出，投入制造过程。立体仓库是典型的自动化仓储设备。运输是指工件在制造过程中的流动，例如工件在仓库或托盘站与工作站之间的输送，以及在各工作站之间的输送等。广泛应用的自动输送设备有传送带、运输小车等 。

7.3.1　有轨小车（RGV）

有轨小车（rail guide vehicle）是一种沿着铁轨行走的运输工具，如图 7－17 所示，有自驱和它驱两种驱动方式。

自驱动有轨小车是通过车上小齿轮和安装在铁轨一侧的齿条啮合，利用交、直流伺服电动机驱动。

它驱式有轨小车由外部链索牵引，在小车底盘的前后各装一导向销，地面上修有一组固定路线的沟槽，导向销嵌入沟槽内，保证小车行进时沿着沟槽移动。前面的销杆除作定向用外，还作为链索牵动小车的推杆。推杆是活动的，可在套筒中上、下滑动。链索每隔一定距离有一个推头，小车前面的推杆可灵活地插入或脱开链索的推头，由埋设在沟槽内适当地点的接近开关和限位开关控制。推杆脱开链索的推头，小车就停止。采用空架导轨和悬挂式机械手或机器人作为运输工具，也是一种发展趋势，其主要优点是充分利用空间，适合于运送中、大型工件，如汽车车架、车身等。

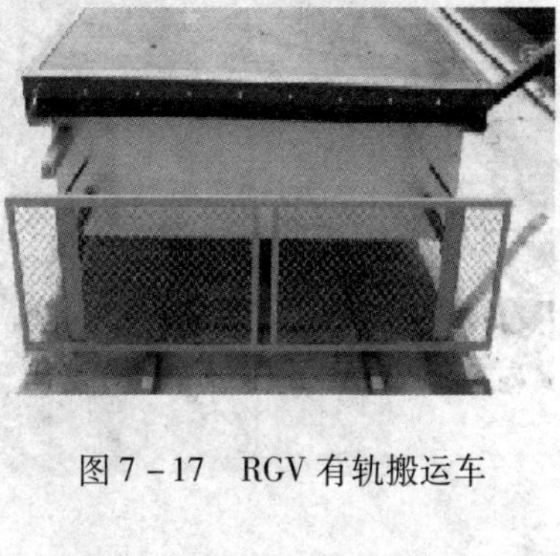

图 7－17　RGV 有轨搬运车

有轨小车的特点是：加速和移动速度都比较快，适合运送重型工件；因导轨固定，行走平稳，停车位置比较准确；控制系统简单、可靠性好、制造成本低、便于推广应用；行走路线不便改变，转弯角度不能太小；噪声较大，影响操作工监听加工状况及保护自身安全。

7.3.2　自动导向小车(AGV)

自动导向小车(automatic guide vehicle)是一种无人驾驶的,以蓄电瓶驱动的物料搬运设备,其行驶路线和停靠位置是可编程的。20 世纪 70 年代以来,电子技术和计算机技术推动了 AGV 技术的发展,如具有磁感应、红外线、激光、语言编程、语音等功能等。AGV 技术仍在发展中,目前有些语音控制的 AGV 能识别 4000 个词汇。

7.3.2.1　AGV 的结构

在自动化制造系统中使用的 AGV 大多数是磁感应式 AGV。

小车驱动电动机由安装在车上的工业级蓄电池供电,通常供电周期为 20h 左右,因此必须定期到维护区充电或更换。蓄电池的更换一般是手工进行的,充电可以是手工的或者自动的,有些小车能按照程序自动接上电插头进行充电。

为了实现工件的自动交接,小车装有托盘交换装置,以便与机床或装卸站之间进行自动连接。交换装置可以是辊轮式,利用辊轮与托盘间的摩擦力将托盘移进移出,这种装置一般与辊式传送带配套。交换装置也可以是滑动叉式,它利用往复运动的滑动叉将托盘推出或拉入,两边的支承辊子是为了减少移动时的摩擦力。升降台式交换装置是利用升降台将托盘升高,物料托架上的托物叉伸入托盘底部,升降台下降,托物叉回缩,将托盘移出。托盘移入的工作过程相反。小车还装有升降对齐装置,以便消除工件交接时的高度差。

AGV 小车上设有安全防护装置,小车前后有黄色警示信号灯,当小车连续行走或准备行走时,黄色信号灯闪烁。每个驱动轮带有安全制动器,断电时,制动器自动接上。小车每一面都有急停按钮和安全保险杠,其上有传感器,当小车轻微接触障碍物时,保险杠受压,小车停止。

图 7－18 所示为两种自动导向小车。

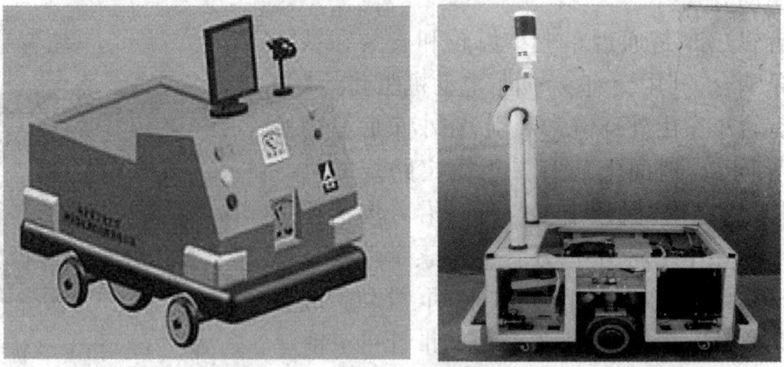

图 7－18　自动导向小车

7.3.2.2　AGV 的自动导向

图 7－19 是磁感应 AGV 自动导向原理图,小车底部装有弓形天线 3,跨设于以感应线 4 为中心且与感应线垂直的平面内。感应线通以交变电流,产生交变磁场。当天线 3 偏离感应线任何一侧时,天线的两对称线圈中感应电压有差值,误差信号经过放大,驱动左、右电动

机2;左、右电动机有转速差,经驱动轮1使小车转向,使感应线重新位于天线中心,直至误差信号为零。

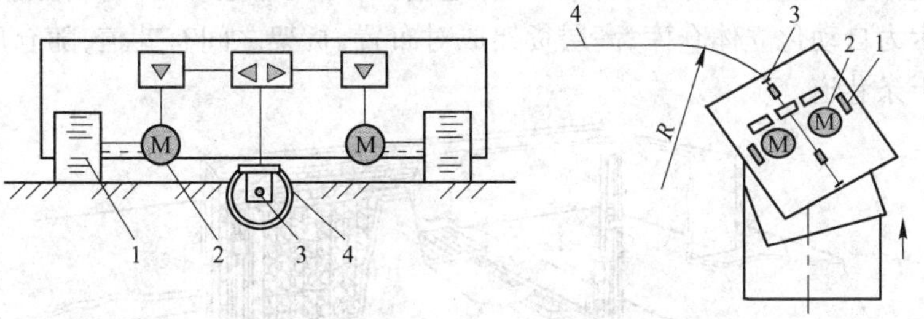

图7-19　磁感应AGV自动导向原理图
1—驱动轮;2—驱动电动机;3—天线;4—感应线

7.3.2.3　路径寻找

路径寻找就是自动选取岔道,AGV在车间的行走路线比较复杂,有很多分岔点和交汇点。地面上由中央控制计算机负责车辆调度控制,AGV小车上带有微处理器控制板,AGV的行走路线以图表的格式存储在计算机内存中。

7.3.3　自动化立体仓库

自动化立体仓库是现代物流系统中迅速发展的一个重要组成部分,它具有节约用地、减轻劳动强度、消除差错、提高仓储自动化水平及管理水平、提高管理和操作人员素质、降低储运损耗、有效地减少流动资金的积压、提高物流效率等诸多优点。与厂级计算机管理信息系统联网以及与生产线紧密相连的自动化立体仓库更是当今CIMS(计算机集成制造系统)及FMS(柔性制造系统)必不可少的关键环节。如图7-20所示为自动化立体仓库及其控制室。

(a)　(b)

图7-20　自动化立体仓库及控制室
(a)自动化立体仓库;(b)自动化立体仓库控制室

7.3.3.1 自动化立体仓库的组成

自动化立体仓库主要由库房、货架、堆垛起重机、外围输送设备、自动控制装置等组成。图7－21所示为自动化立体仓库，高层货架成对布置，货架之间有巷道，随仓库规模大小可以有一到若干条巷道。

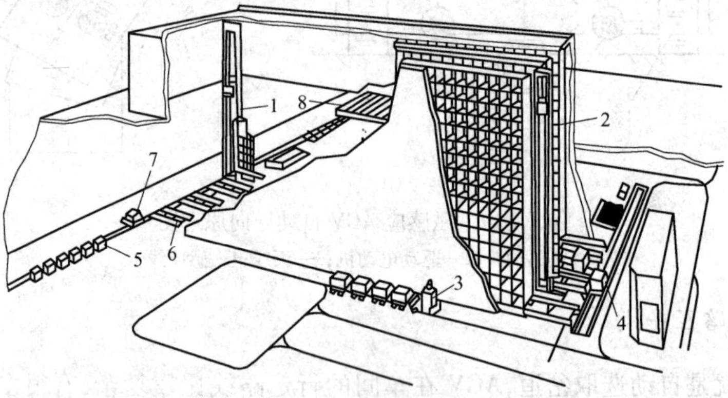

图7－21 自动化立体仓库

1—堆垛起重机；2—高层货架；3—场内AGV；4—场内有轨小车；5—中转货位；6—出入库传送滚道；7—场外AGV；8—中转货场

7.3.3.2 堆垛起重机

堆垛起重机是立体仓库内部的搬运设备。堆垛起重机可采用有轨或无轨方式，其控制原理与运输小车相似。仓库高度很高的立体仓库常采用有轨堆垛起重机。为增加稳定性，采用两条平行导轨，即天轨和地轨，如图7－22所示。

7.3.3.3 自动化仓库的分类

自动化仓库按以下方式分类：

(1)按建筑形式分为整体和分离式。

(2)按货物存取形式分为单元货架式、移动货架式和拣选货架式。

(3)按货架构造形式分为单元货架式、贯通式、水平循环式和垂直循环式仓库。

(4)按所起的作用分为生产性仓库和流通性仓库。

(5)按自动化仓库与生产连接的紧密程度分为独立式、半紧密式和紧密式仓库。

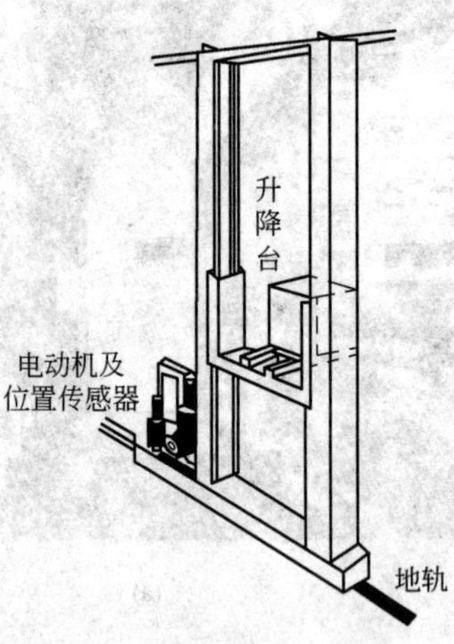

图7－22 堆垛起重机

7.3.3.4 自动化立体仓库的管理与控制

自动化立体仓库的管理与控制如下：

(1)货物的自动识别与存取。

(2)计算机管理。

(3)计算机控制。

7.4 工业机器人

7.4.1 工业机器人概况

工业机器人是最典型的机电一体数字化装备，技术附加值很高，应用范围很广，作为先进制造业的支撑技术和信息化社会的新兴产业，将对未来生产和社会发展起着越来越重要的作用。国外专家预测，机器人产业是继汽车、计算机之后出现的一种新的大型高技术产业。据联合国欧洲经济委员会(UNECE)和国际机器人联合会(IFR)的统计，世界机器人市场前景看好，从20世纪下半叶起，世界机器人产业一直保持着稳步增长的良好势头。进入20世纪90年代，机器人产品发展速度加快，年增长率平均在10%左右。2004年增长率达到创纪录的20%。其中，在亚洲机器人增长幅度最为突出，高达43%。

工业机器人是一种可编程的智能型自动化设备，是应用计算机控制的代替人进行工作的高度自动化系统。

机器人是从初级到高级逐步完善起来的，它的发展过程可以分为两代。

第一代机器人是目前工业中大量使用的示教再现型机器人，它主要由夹持器、手臂、驱动器和控制器组成。

第二代机器人是带感觉的机器人，它具有一些对外部信息进行反馈的能力，诸如力觉、触觉、视觉等。

7.4.2 工业机器人的结构

工业机器人一般由主构架(手臂)、手腕、驱动系统、测量系统、控制器及传感器等组成。

图7-23是工业机器人的典型结构。

图7-24为工业机器人的基本结构形式。

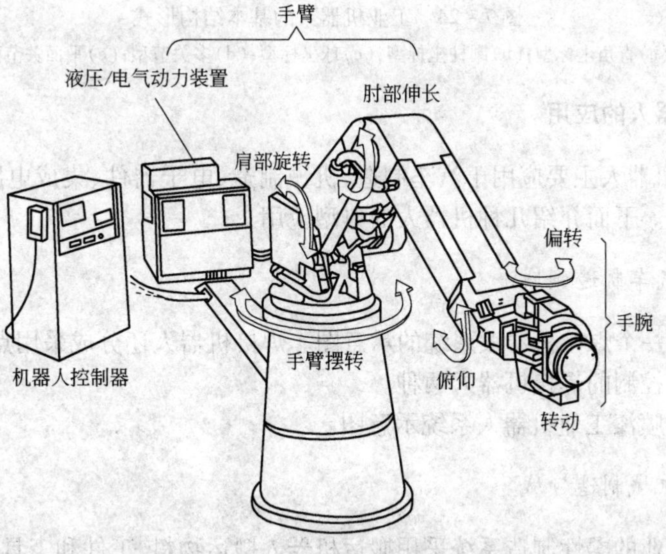

图7-23 工业机器人的典型结构

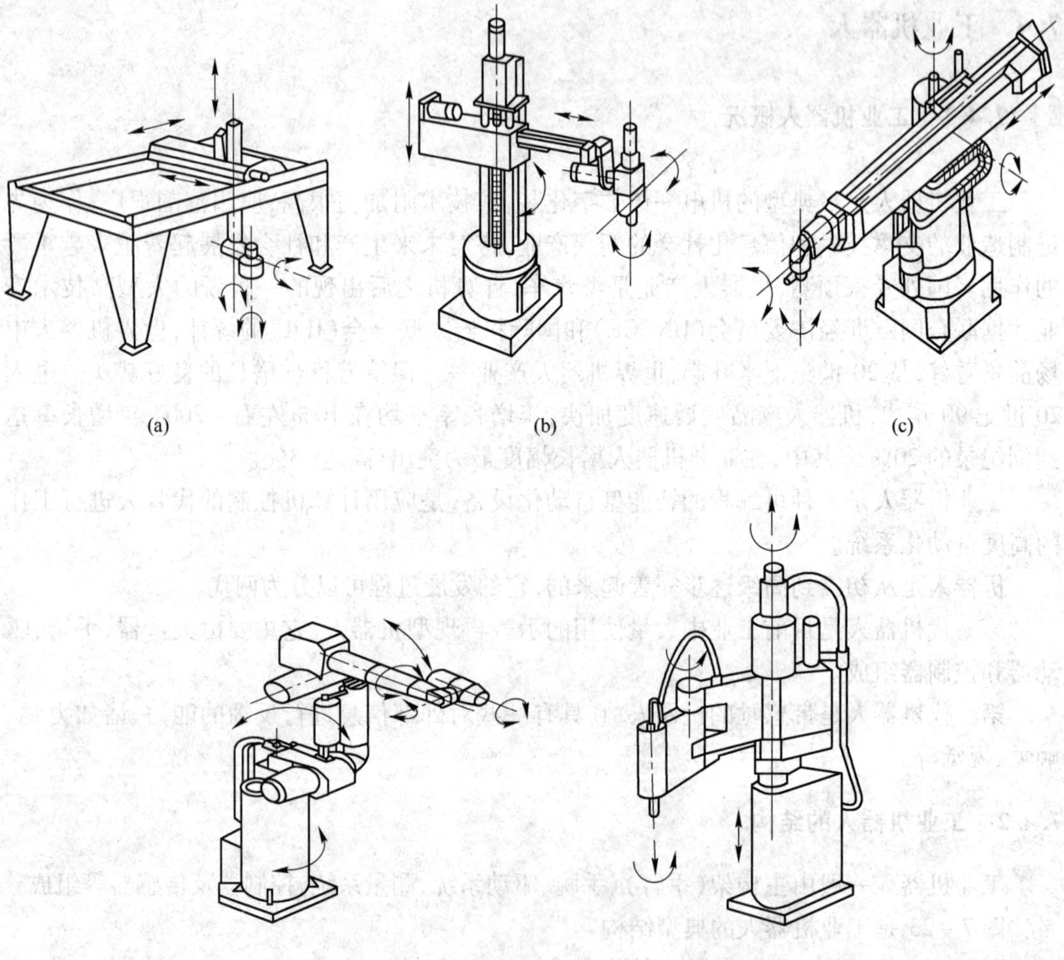

图 7 - 24　工业机器人的基本结构形式

(a)直角坐标型;(b)圆柱坐标型;(c)球坐标型;(d)多关节型;(e)平面关节型

7.4.3　工业机器人的应用

目前,工业机器人主要应用于汽车制造、机械制造、电子器件、集成电路、塑料加工等较大规模生产企业。下面介绍几种机器人的典型应用。

7.4.3.1　汽车制造领域

图 7 - 25 是一个焊接机器人系统的示意图。焊接机器人还分成采用点位控制的点焊机器人和采用轨迹控制的焊接机器人两种。

图 7 - 26 为喷漆工业机器人系统示意图。

7.4.3.2　机械制造领域

机械制造企业的柔性制造系统采用搬运机器人搬运物料、工件和工具,装配机器人完成设备的零件装配,测量机器人进行在线或离线测量。

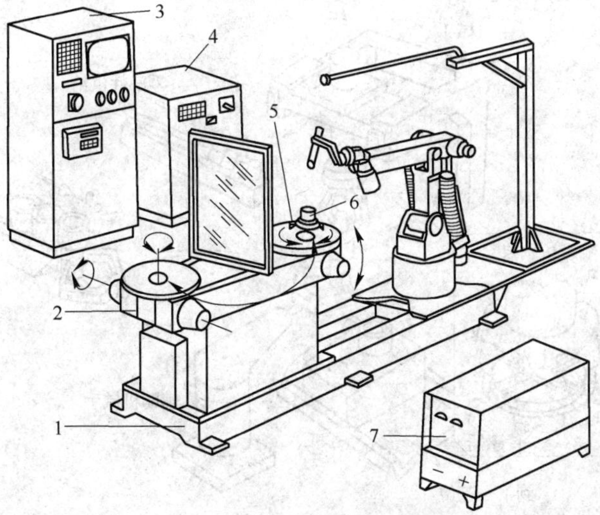

图 7－25　焊接机器人系统示意图

1—总机座;2—轴旋转换位器;3,4—控制装置;

5—工件夹具;6—工件;7—焊接电源

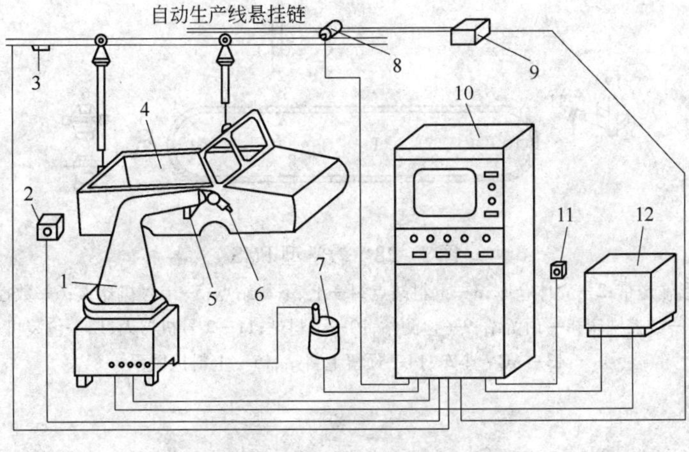

图 7－26　喷漆工业机器人系统示意图

1—操作机;2—识别装置;3—外启动;4—喷漆工件;5—示教手把;6—喷枪;7—漆罐;

8—外同步控制;9—生产线停线控制;10—控制系统;11—遥控急停开关;12—油源

图 7－27 所示是两台机器人用于自动装配的情况。

图 7－28 是一教学型 FMS,加工单元由一台铣床和一台车床组成;1 号机器人可在小车与加工设备间搬运工件;环形轨道上有两辆小车,可单向运行;工件毛坯存放于立体仓库,加工结束后由包装机包装并退出系统。

7.4.3.3　其他领域

机器人在其他领域的应用也非常广泛,如工业机器人可以取代人去完成一些危险环境(如放射线、火灾、海洋、宇宙等)中的作业。例如,2004 年 1 月 4 日,美国“勇气”号火星探测机器人实现了人类登陆火星的梦想,图 7－29 为美国“勇气”号的图片。

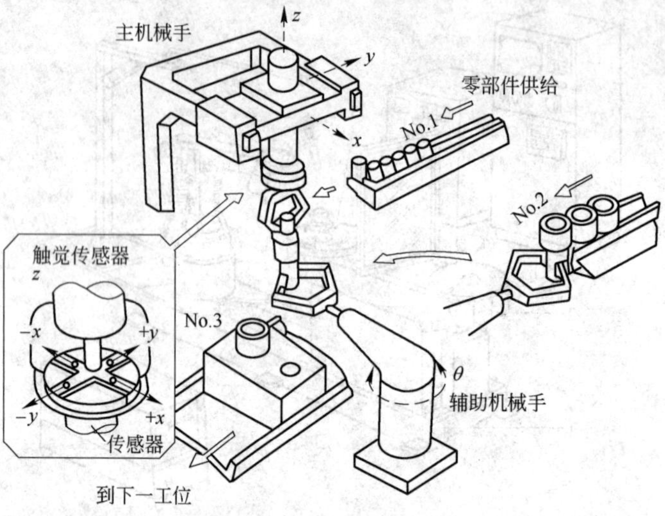

图 7 - 27　机器人用于零件装配

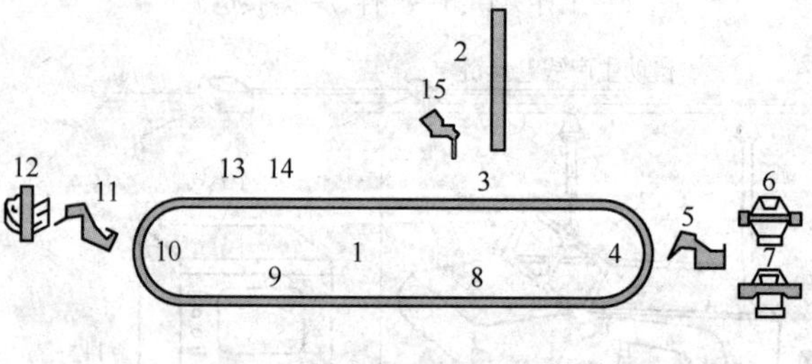

图 7 - 28　教学型 FMS

1—环形输送带;2—立体仓库;3—上料站点;4—上、下料站点;5—1 号机器人;6—数控车床;
7—数控铣床;8—预留站;9—检测站;10—下料站;11—2 号机器人;12—包装机;
13—AGV 小车;14—预留上料站;15—上料机械手

图 7 - 29　美国“勇气”号火星探测器

7.5 检测与监控系统

7.5.1 检测与监控原理

在自动化制造系统的加工过程中，为了保证加工质量和系统的正常运行，需要对系统运行状态和加工过程进行检测与监控，如图7－30所示。

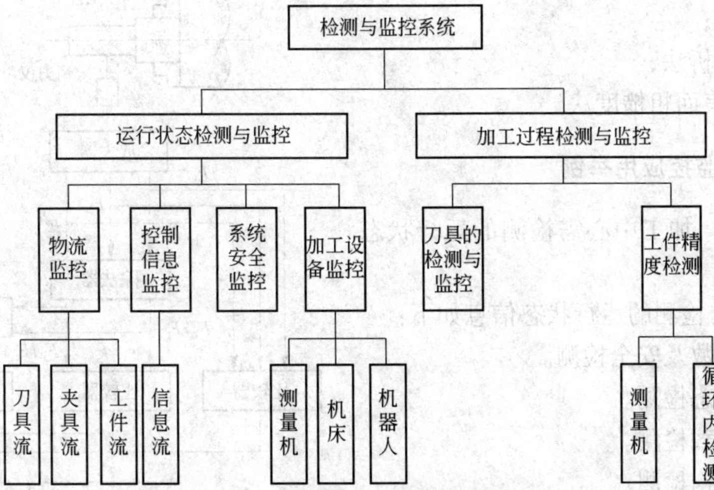

图7－30 检测与监控系统的组成

7.5.1.1 运行状态检测与监控

自动化制造系统中，需要检测与监控的运行状态通常包括：

(1)刀具信息。

(2)机床状态信息。

(3)系统运行状态信息。

(4)在线尺寸测量信息。

(5)系统安全情况信息。

(6)仿真信息。仿真信息包括以下内容：零件的数控程序是否准确；有无碰撞干涉情况；仿真综合结果情况等。

7.5.1.2 工件尺寸精度检测方法

工件尺寸精度检测方法如下：

(1)直接测量与间接测量；

(2)接触测量和非接触测量；

(3)在线测量和离线测量。

7.5.1.3 刀具磨损和破损的检测方法

刀具磨损和破损的检测方法有：

(1)刀具、工件尺寸及相对距离测定法；

(2)放射线法;
(3)电阻法;
(4)光学图像法;
(5)切削力法;
(6)切削温度法;
(7)切削功率法;
(8)振动法;
(9)噪声分析法;
(10)加工表面粗糙度法。

7.5.2　检测与监控应用举例

[**例 7-1**]　加工中心需检测的运行状态信息。

加工中心需检测的运行状态信息如下:
(1)环境参数及安全检测。
(2)刀库状态检测。
(3)机床负载检测。
(4)换刀机构检测。
(5)交换工作台检测。
(6)工作台振动检测。
(7)冷却与润滑系统检测。
(8)CNC/PC 系统检测。

图 7-31 所示为根据切削力的变化判别刀具磨损和破损的系统原理图。

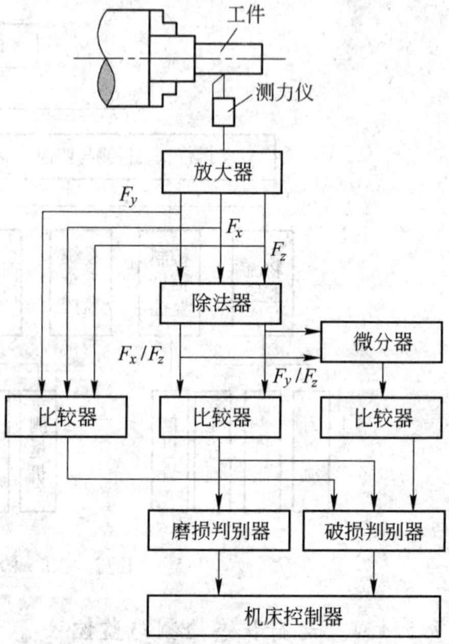

图 7-31　用切削力检测刀具状态原理图

7.5.3　检测设备

7.5.3.1　坐标测量机(CMM)

坐标测量机(coordinate measuring machine)又叫做三坐标测量机,是一种检测工件尺寸误差、形位误差以及复杂轮廓形状的自动化制造系统的基本测量设备。

图 7-32 为用切削力检测刀具状态原理图。

CMM 和数控机床一样,其结构布局有立式和卧式两类。立式 CMM 有时是龙门式结构,卧式 CMM 有时是悬臂式结构。两种结构形式的 CMM 都有不同的尺寸规格,从小型台式到大型落地式。图 7-33 是一悬臂式 CMM,由安放工件的工作台、立柱、三维测量头、位置伺服驱动系统、计算机控制装置等组成。

7.5.3.2　利用数控机床进行测量

在数控机床上进行测量有如下特点:不需要昂贵的 CMM,但会损失机床的切削加工时间;可以针对尺寸偏差自动进行机床及刀具补偿,加工精度高;不需要工件来回运输和等待。

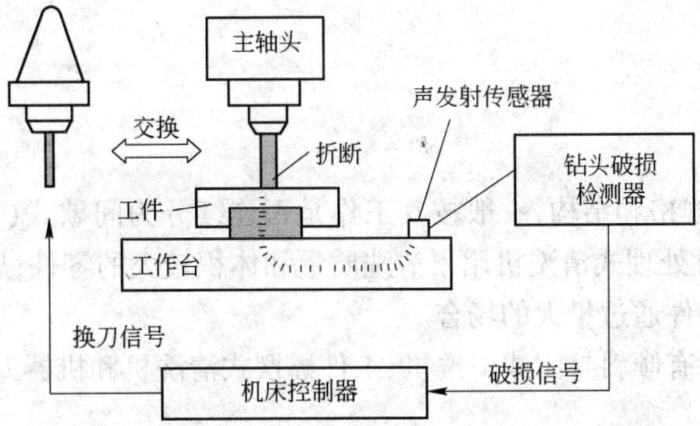

图 7-32 用切削力检测刀具状态原理图

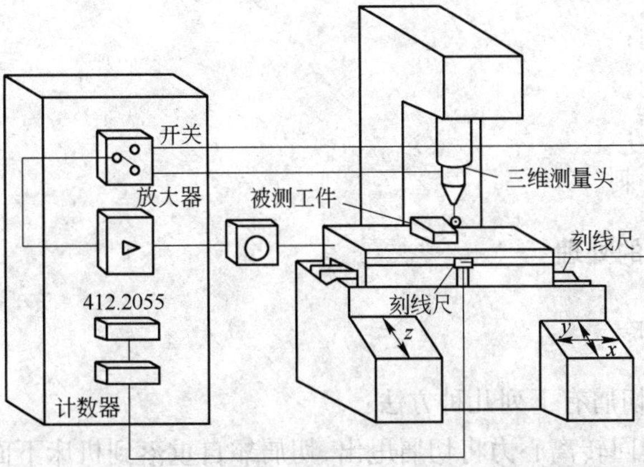

图 7-33 悬臂式坐标测量机

7.5.3.3 测量机器人

随着工业机器人的发展，机器人在测量中的应用也越来越受到重视。机器人测量具有在线、灵活、高效等特点，可以实现对零件100%的测量，因此特别适合于自动化制造系统中的工序间测量和过程测量。同坐标测量机相比，机器人测量造价低，使用灵活。

7.5.3.4 专用的主动测量装置

在大规模生产条件下，常将专用的自动检测装置安装在机床上，不必停机就可以在加工过程中自动检测工件尺寸的变化，并能根据测得的结果发出相应的信号，控制机床的加工过程（如变换切削用量、刀具补偿、停止进给、退刀和停机等）。图 7-34 所示为磨床上工件外径自动测量及反馈控制装置的原理图。

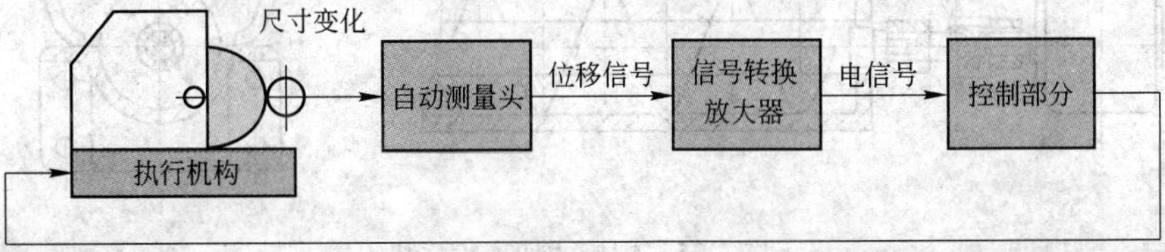

图 7-34 磨床上工件外径自动测量及反馈控制装置原理

7.6　辅助设备

7.6.1　清洗站

清洗机有许多种类、规格和结构，一般按其工作是否连续分为间歇式（批处理式）和连续通过式（流水线式）。批处理式清洗机用于清洗质量和体积较大的零件，属中、小批量清洗；流水线式清洗机用于零件通过量大的场合。

批处理式清洗机有倾斜封闭式清洗机、工件摇摆式清洗机和机器人式清洗机。

7.6.2　去毛刺设备

去毛刺设备有：

（1）机械法去毛刺；

（2）振动法去毛刺；

（3）热能法去毛刺；

（4）电化学法去毛刺。

7.6.3　切削和冷却液的处理

7.6.3.1　切屑排除

从加工区域清除切屑有下列几种方法：

（1）靠重力或刀具回转离心力将切屑甩出，切屑靠自重落到机床下面的切屑输送带上。

（2）用大流量冷却液冲洗加工部位，将切屑冲走，然后用过滤器把切屑从冷却液中分离出来。

（3）采用压缩空气吹屑。

（4）采用真空吸屑，此方法最适合于干式磨削工序和铸铁等脆性材料在加工时形成的粉末状切屑。在每一加工工位附近，安装与主吸管相通的真空吸管。

（5）螺旋式切屑输送机。图 7－35 所示为螺旋式切屑输送机，电动机经减速装置驱动安装在排屑槽中的螺旋杆。螺杆转动时，槽中的切屑由螺旋杆推动连续向前运动，最终排入切屑收集箱内。螺旋杆有两种形式：一种用扁形钢条卷成螺旋弹簧状；另一种是在轴上焊接紧密贴合的螺旋片。

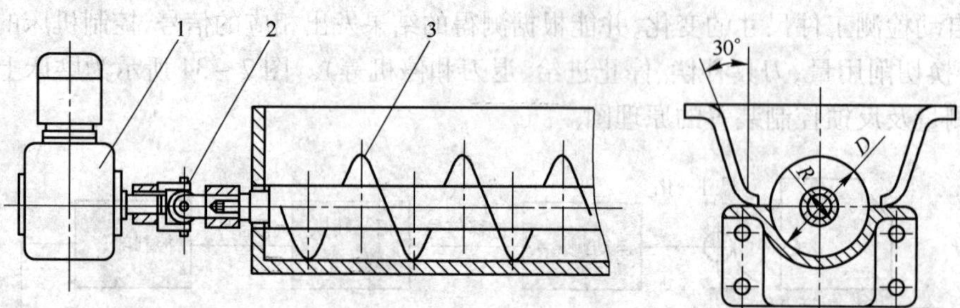

图 7－35　螺旋式切屑输送机

1—减速器；2—万向接头；3—螺旋杆

7.6.3.2 切屑分离

切屑分离为：

(1)将切屑连同冷却液一起排送到冷却站。

(2)切屑和冷却液一起直接送入沉淀池，然后用输屑装置将切屑运出池外。这种方法适用于冷却液冲洗切屑的自动排屑场合。图7－36所示为带刮板式输屑装置的单独冷却站。

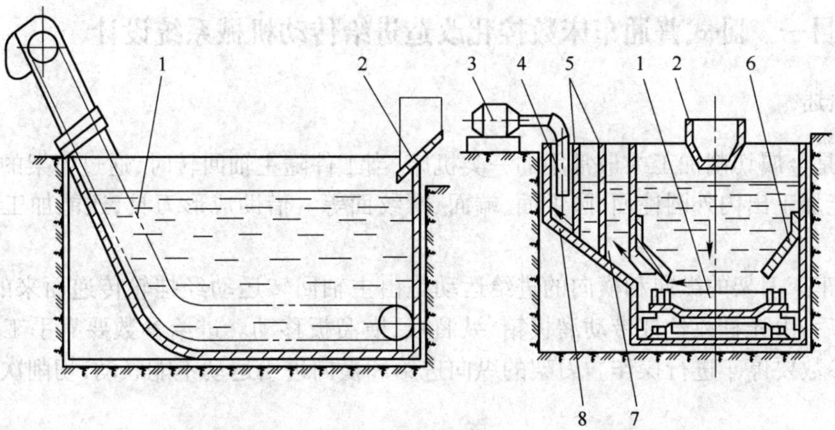

图7－36 带刮板式输屑装置的单独冷却站

1—输屑装置；2—斜槽；3—泵；4—吸管；5—隔板；6—挡板；7，8—液室

思考与练习

7－1 试述柔性制造技术的基本概念。

7－2 一个柔性制造系统一般由哪几个部分组成？

7－3 为什么说加工设备的自动化是实现零件加工自动化的基础？

7－4 请简述数控车床的主要特点。

7－5 按导向方式的不同，可将自动导向小车分为哪几种类型？

7－6 试分析加工中心与一般数控机床的主要区别。

7－7 试述柔性制造系统的优缺点。

7－8 什么是自动化制造系统？

7－9 系统和柔性制造单元的本质区别是什么？

7－10 柔性制造单元的基本控制功能是什么？

7－11 什么是柔性制造系统及其基本组成部分？

7－12 什么是柔性制造线FML？

7－13 什么是计算机集成制造系统？

7－14 什么是电火花加工技术？

7－15 什么是RGV和AGV技术？

7－16 分析加工中心和数控车床所适宜加工零件的特征。

7－17 一个车间货物运输用的柔性小车，包括哪些内容？

7－18 参阅相关资料，叙述立体汽车车库（可以自动存取和停放多辆汽车）的工作原理，并绘制出原理示意图。

8 机电一体化项目案例教学

8.1 项目一 卧式普通车床数控化改造进给传动机械系统设计

8.1.1 概述

卧式车床是金属切削加工中最常用的一类机床，当工件随主轴回转时，通过刀架的纵向和横向移动，能加工出内外圆柱面、圆锥面、端面、螺纹面等。借助成形刀具，还能加工各种成形回转表面。

卧式车床刀架的纵向和横向的进给运动是由主轴回转运动经挂轮传递而来的，通过进给箱变速后，由光杠或丝杠带动溜板箱、纵溜板、横溜板移动。进给参数要靠手工预先调整好，改变参数要停车进行操作。刀架的纵向进给和横向进给运动不能联动，切削次序也由人工控制。

对卧式车床进行数控化改造，主要是将纵向和横向进给系统改造成为 CNC 装置控制的，能独立运动的进给伺服系统；刀架改造成为能自动换刀的回转刀架，这样，利用 CNC 装置，车床就可以按预先输入的加工程序进行切削加工。由于切削参数、切削次序和刀具选择都可以由程序控制和调整，再加上纵向进给和横向进给运动联动的功能，数控改造后的车床就可以加工出各种形状复杂的回转零件，并能实现多工序自动切削，从而提高生产率和加工精度，也能适应小批量、多品种复杂零件的加工。

改造的总体方案包括：机床数控系统的运动方式、伺服系统的类型、CNC 装置的选择以及传动方式的选择等。

8.1.1.1 数控系统的选择

卧式车床数控化改造后应具有定位、快速进给、直线插补、圆弧插补、暂停、循环加工和螺纹加工等功能，因此，卧式车床数控化改造所选用的数控系统应该为连续控制系统。目前，市场上适用于卧式车床数控化改造的数控系统较多，如 SIEMENS 802S、华中数控的“世纪星”21/22 型系统、广州数控 980T 型系统等。

8.1.1.2 伺服系统的选择

卧式车床数控化改造后一般为经济型数控机床。在保证具有一定加工精度的前提下，从改造的成本考虑，应简化结构，降低成本，因此，进给伺服系统采用以步进电动机为驱动装置的开环系统为宜。当然，也可以采用以伺服电动机为驱动装置的半闭环系统，这主要取决于加工精度的要求。

8.1.1.3 功能部件的选择

功能部件的选择主要是滚珠丝杠及其支承方式的选择、电动回转刀架的选择等。

8.1.1.4 结构设计与电气设计

结构设计与电气设计主要是纵向进给传动系统、横向进给传动系统的设计和机床导轨的维护,一般采用贴塑导轨以减小摩擦力。机床电气设计包括机床原理图设计和 PLC 梯形图设计等。

在上述方案的基础上,若条件允许,可以进一步对卧式车床的主传动系统进行改造,以实现车床主传动系统的自动调速与控制,使加工过程实现全自动化。

8.1.2 设计参数

设计参数包括车床的部分技术参数和车床拟实施数控化改造所需要的参数。以 CA6140 改造为例,设计参数如下:

最大加工直径:在床面上 400mm,在床鞍上 210mm。

最大加工长度:1000mm。

行程:纵向 1000mm,横向 200mm。

快速进给:纵向 2400mm/min,横向 1200mm/min。

最大切削进给速度:纵向 500mm/min,横向 250mm/min。

溜板及刀架质量:纵向 81.63kg,横向 61.22kg。

主动电动机功率:7.5kW。

定位精度:0.040mm/全行程。

重复定位精度:0.016mm/全行程。

程序输入方式:增量值、绝对值通用。

控制坐标数:2。

脉冲当量:纵向 0.01mm/脉冲,横向 0.005mm/脉冲。

8.1.3 实施方案

进给系统数控改造的主要部位有:交换齿轮架、进给箱、溜板箱、溜板、刀架等。拟定以下改造方案:

(1)交换齿轮架系统:全部拆除,在原挂轮主动轴处安装光电脉冲编码器。

(2)进给箱部分:全部拆除,在该处安装纵向进给步进电动机与齿轮减速箱总成。丝杠、光杠和操纵杠(三杠)拆去,齿轮箱连接滚珠丝杠。滚珠丝杠的另一端支承座安装在车床尾座端原来装轴承座的部位。

(3)溜板箱部分:全部拆除,在原处安装滚珠丝杠的螺母座,丝杠螺母固定在其上。在该处还可以安装部分操作按钮。

(4)横溜板部分:将原横溜板中的滚珠丝杠、螺母拆除,该处安装横向进给滚珠丝杠副,横向进给步进电动机与齿轮减速箱总成安装在横溜板后部并与滚珠丝杠相连。

(5)刀架部分:拆除原刀架,该处安装自动回转四方刀架总成。

数控改造后的机床总体布局如图 8-1 所示。

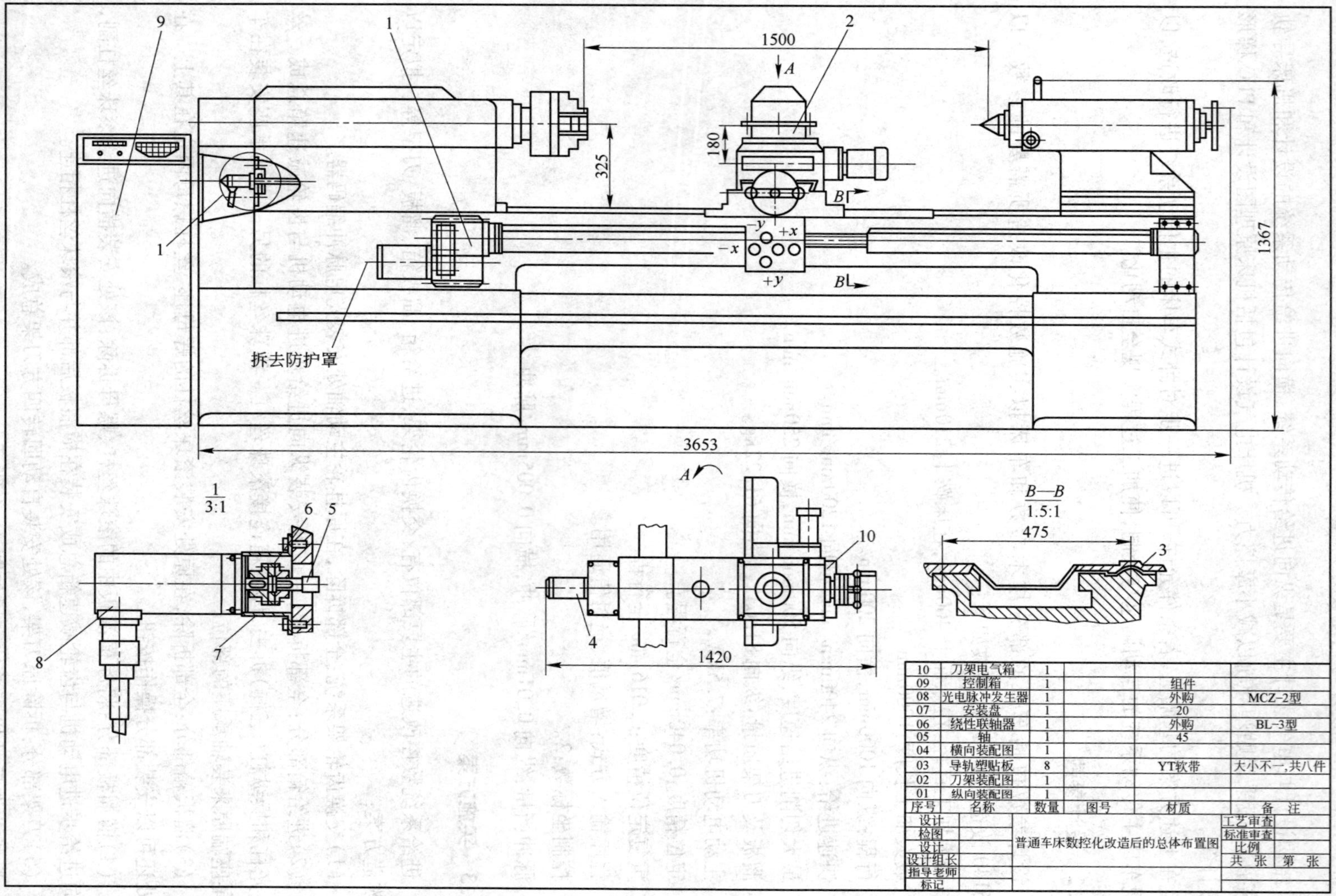

序号	名称	数量	图号	材质	备注
10	刀架电气箱	1			
09	控制箱	1		组件	
08	光电脉冲发生器	1		外购	MCZ-2型
07	安装盘	1		20	
06	绕性联轴器	1		外购	BL-3型
05	轴	1		45	
04	横向装配图	1			
03	导轨塑贴板	8		YT软带	大小不一,共八件
02	刀架装配图	1			
01	纵向装配图	1			

设计		普通车床数控化改造后的总体布置图	工艺审查
检图			标准审查
设计			比例
设计组长			共　张　第　张
指导老师			
标记			

图 8 – 1　车床数控化改造后的总体布局图

8.1.4 横向进给传动链的设计计算

8.1.4.1 主切削力及其切削分力计算

(1)计算主切削力 F_z。已知机床主电动机的额定功率 P_m 为7.5kW,最大工件直径 $D=400$mm,主轴计算转速 $n=85$r/min,在此转速下,主轴具有最大转矩和功率,在该转速下刀具的切削速度为:

$$v=\frac{\pi Dn}{60}=\frac{3.14\times400\times10^{-3}\times85}{60}=1.78\text{m/s}$$

取机械效率 $\eta=0.8$,则有:

$$F_z=\frac{\eta P_m}{v}\times10^3=\frac{0.8\times7.5}{1.78}\times10^3=3370.79\text{N}$$

(2)计算各切削分力。走刀方向的切削分力 F_x 和垂直走刀方向的切削分力 F_y 的计算:

$$F_x=0.25F_z=0.25\times3370.79=842.7\text{N}$$
$$F_y=0.4F_z=0.4\times3370.79=1348.32\text{N}$$

8.1.4.2 导轨摩擦力的计算

(1)计算在切削状态下的导轨摩擦力 F_u。此时导轨受到的垂向切削分力 $F_v=F_z=3370.79$N,横向切削分力 $F_c=F_x=842.7$N,移动部件的全部重量(包括机床夹具和工件的质量)$W=600$N,镶条紧固力可查得 $f_g=2000$N,取导轨动摩擦因素 $u=0.15$,则:

$$F_u=u(W+f_g+F_v+F_c)=0.15\times(600+2000+3370.79+842.7)=1022.02\text{N}$$

(2)计算在不切削状态下的导轨摩擦力 F_{u0} 和导轨静摩擦力 F_0。取导轨静摩擦因素 $u_0=0.2$,则有:

$$F_{u0}=u(W+f_g)=0.15\times(600+2000)=390\text{N}$$

8.1.4.3 滚珠丝杠副的轴向负载力计算

(1)最大轴向负载力 F_{amax} 的计算。

$$F_{amax}=F_y+F_u=1348.32+1022.02=2370.34\text{N}$$

(2)最小轴向负载力 F_{amin} 的计算。

$$F_{amin}=F_{u0}=390\text{N}$$

8.1.4.4 进给传动链的传动比 i 和传动级数的确定

取步进电动机的步距角 $\alpha=1.5°$,滚珠丝杠的基本导程 $L_0=6$mm,该进给传动链的脉冲当量取 $\delta_P=0.005$,则:

$$i=\frac{\alpha L_0}{360°\delta_P}=\frac{1.5°\times6}{360°\times0.005}=5$$

按最小惯量条件,从图2-15和图2-16中查得该减速器应采用2级传动,传动比可以分别取 $i_1=2$,$i_2=2.5$。根据结构需要,确定各传动齿轮的齿数分别为 $z_1=20$、$z_2=40$、$z_3=$

20、$z_4 = 50$，模数 $m = 2\text{mm}$，齿宽 $b = 20\text{mm}$。

8.1.4.5　滚珠丝杠的动负荷计算与直径估算

（1）按预定工作时间估算滚珠丝杠预期的额定动负荷 C_{am}。已知机床的预期工作时间 $L_h = 15000\text{h}$，滚珠丝杠的当量载荷 $F_m = F_{amax} = 2370.34\text{N}$，取负荷系数 $f_w = 1.3$，初步选择滚珠丝杠的精度等级为3级，得精度系数 $f_a = 1$，得可靠系数 $f_c = 1$，滚珠丝杠的基本导程 $L_0 = 6\text{mm}$，则：

$$n_{max} = \frac{1000v_{max}}{L_0} = \frac{1000 \times 0.25}{6} = 41.67\text{r/min}$$

$$C_{am} = \sqrt[3]{60n_{max}L_h} \times \frac{F_m f_w}{100 f_a f_c} = \sqrt[3]{60 \times 41.67 \times 15000} \times \frac{2370.34 \times 1.3}{100 \times 1 \times 1} = 10314.37\text{N}$$

（2）按精度要求确定允许的滚珠丝杠的最小螺纹底径 d_{2m}。

1）根据定位精度和重复定位精度的要求估算允许的滚珠丝杠的最大轴向变形。已知工作台的定位精度为 $40\mu\text{m}$，重复定位精度为 $16\mu\text{m}$，则有：

$$\delta_{max\,1} = \left(\frac{1}{2} \sim \frac{1}{3}\right) \times 16 = 5.33 \sim 8\mu\text{m}$$

$$\delta_{max\,2} = \left(\frac{1}{4} \sim \frac{1}{5}\right) \times 40 = 8 \sim 10\mu\text{m}$$

取上述计算结果的较小值，即 $\delta_{max} = 5.33\mu\text{m}$。

2）估算允许的滚珠丝杠的最小螺纹底径 d_{2m}。滚珠丝杠副的安装方式拟采用一端固定一端游动支承方式，滚珠丝杠两个固定支承之间的距离为：

$$L = \text{行程} + \text{安全行程} + 2 \times \text{余程} + \text{螺母长度} + \text{支承长度} \approx (1.2 \sim 1.4)\text{行程} + (25 \sim 30)$$

$$L = 1.4 \times 200 + 30 \times 6 = 460\text{mm}$$

则有：

$$d_{2m} \geqslant 2 \times 0.039 \times \sqrt{\frac{F_0 L}{\delta_{max}}} = 0.078 \times \sqrt{\frac{520 \times 460}{5.33}} = 16.52\text{mm}$$

（3）初步确定滚珠丝杠副的规格型号。根据上式计算所得的 L_0、C_{am}、d_{2m} 和结构的需要，初步选择国产FFZL型内循环垫片预紧螺母式滚珠丝杠副，型号为：FFZL2506－3，其公称直径 $d_0 = 25\text{mm}$，基本导程 $L_0 = 6\text{mm}$，额定动负荷 C_a 和底径 d_2 为：

$C_a = 11300\text{N} > C_{am} = 10314.37\text{N}$；　　$d_2 = 21.9\text{mm} > d_{2m} = 16.52\text{mm}$

故满足要求。将以上计算结果用于该部件装配图设计（图略），其计算简图如图8－2所示。

8.1.5　滚珠丝杠副的承载能力校验

8.1.5.1　滚珠丝杠副临界压缩载荷 F_c 的校验

滚珠丝杠副的螺纹底径 $d_2 = 21.9\text{mm}$，最大受压长度由图8－2得 $L_1 = 313\text{mm}$，丝杠水平安装时取 $K_1 = 1/3$、$K_2 = 2$，则：

$$F_c = K_1 K_2 \frac{d_2^4}{L_1^2} \times 10^5 = \frac{1}{3} \times 2 \times \frac{21.9^4}{313^2} \times 10^5 = 156529.6\text{N}$$

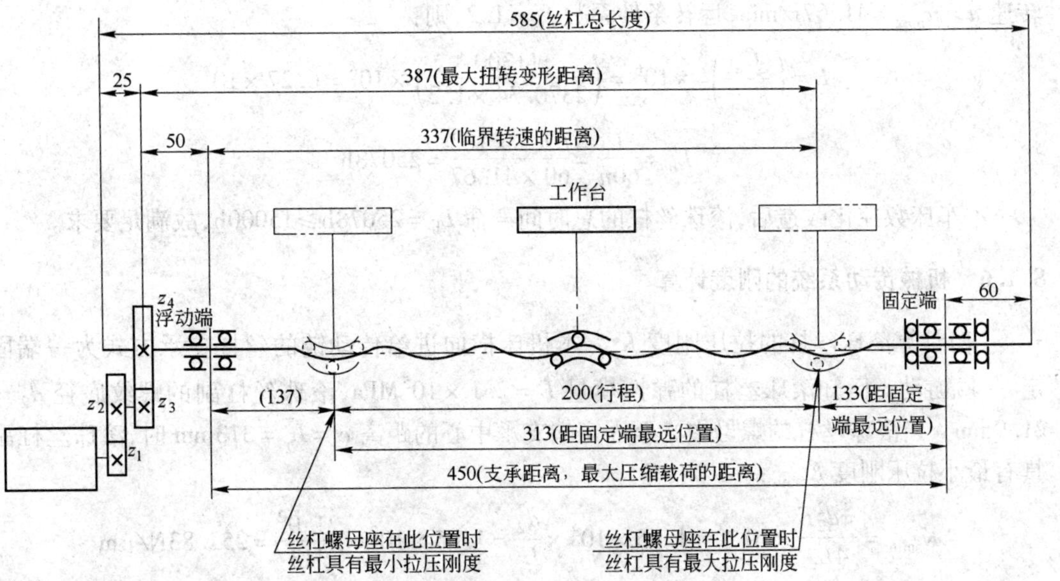

图 8-2 普通车床数控化改造计算简图

本车床横向进给传动链滚珠丝杠副的最大轴向压缩载荷为 $F_{amax}=2370.34\text{N}$，远小于其临界压缩载荷 F_c 的值，故满足要求。

8.1.5.2 滚珠丝杠副临界转速 n_c 的校验

由图 8-2 得临界转速的计算长度 $L_2=337\text{mm}$，弹性模量 $E=2.1\times10^5\text{MPa}$，钢的密度 $\rho=7.8\times10^{-5}\text{kg/mm}^3$，重力加速度 $g=9.8\times10^3\text{mm/s}^2$。

滚珠丝杠的最小惯性矩为：

$$I=\frac{\pi}{64}d_2^4=\frac{3.14}{64}\times21.9^4=11285.64\text{mm}^4$$

滚珠丝杠的最小截面积为：

$$A=\frac{\pi}{4}d_2^2=\frac{3.14}{4}\times21.9^2=376.49\text{mm}^2$$

取 $K_1=0.8$，由表查得 $\lambda=3.927$，则：

$$n_c=K_1\frac{60\lambda^2}{2\pi L_2^2}\sqrt{\frac{EIg}{\rho A}}$$

$$=0.8\times\frac{60\times3.927^2}{2\times3.14\times337^2}\sqrt{\frac{2.1\times10^5\times11285.64\times9.8\times10^3}{7.8\times10^{-5}\times376.49}}$$

$$=29188\text{r/min}$$

本车床横向进给传动链滚珠丝杠副的最高转速为 41.67r/min，远远小于其临界转速，故满足要求。

8.1.5.3 滚珠丝杠副额定寿命的校验

查表得滚珠丝杠的额定载荷 $C_a=11300\text{N}$，轴向载荷 $F_a=F_{amax}=2370.34\text{N}$，滚珠丝杠的

转速 $n=n_{\max}=41.67\text{r/min}$，运转条件系数 $f_w=1.2$，则：

$$L=\left(\frac{C_a}{F_a f_w}\right)^3\times 10^6=\left(\frac{11300}{2370.34\times 1.2}\right)\times 10^6=6.27\times 10^7$$

$$L_h=\frac{L}{60n}=\frac{62.7\times 10^6}{60\times 41.67}=25078\text{h}$$

本车床数控化改造后，滚珠丝杠的总时间寿命 $L_h=25078\text{h}\geqslant 15000\text{h}$，故满足要求。

8.1.6 机械传动系统的刚度计算

(1)计算滚珠丝杠的拉压刚度 K_s。本机床横向进给传动链的丝杠支承方式为一端固定，一端游动。已知滚珠丝杠的弹性模量 $E=2.1\times 10^5\text{MPa}$，滚珠丝杠副的螺纹底径 $d_2=21.9\text{mm}$。当滚珠丝杠的螺母中心至固定端支承中心的距离 $\alpha=L_y=313\text{mm}$ 时，滚珠丝杠副具有最小拉压刚度 $K_{s\min}$：

$$K_{s\min}=\frac{\pi d_2^2 E}{4L_y}\times 10^{-3}=1.65\times 10^2\times\frac{d_2^2}{L_y}=1.65\times 10^2\times\frac{21.9^2}{313}=252.83\text{N}/\mu\text{m}$$

当 $\alpha=L_J=113\text{mm}$ 时，滚珠丝杠副具有最大拉压刚度 $K_{s\max}$：

$$K_{s\max}=\frac{\pi d_2^2 E}{4L_J}\times 10^{-3}=1.65\times 10^2\times\frac{21.9^2}{113}=700.32\text{N}/\mu\text{m}$$

(2)计算滚珠丝杠副支承轴承的刚度 K_b。已知滚动体直径 $d_Q=5.953\text{mm}$，滚动体个数 $N=15$，轴承的最大轴向工作载荷 $F_{b\max}=F_{a\max}=2370.34\text{N}$，则：

$$K_b=2\times 1.95\times\sqrt[3]{d_Q N^2 F_{b\max}}=2\times 1.95\times\sqrt[3]{5.953\times 15^2\times 2370.34}=573.2\text{N}/\mu\text{m}$$

(3)计算滚珠与滚道的接触刚度 K_c。查表得滚珠与滚道的接触刚度 $K=636\text{N}/\mu\text{m}$，滚珠丝杠的额定载荷 $C_a=11300\text{N}$，滚珠丝杠上所承受的最大轴向工作载荷 $F_{a\max}=2370.34\text{N}$，则：

$$K_c=K\left(\frac{F_{a\max}}{0.1C_a}\right)^{\frac{1}{3}}=636\times\left(\frac{2370.34}{0.1\times 11300}\right)^{\frac{1}{3}}=814.14\text{N}/\mu\text{m}$$

(4)计算进给传动系统的综合拉压刚度 K。进给传动系统综合拉压刚度最大值的计算关系为：

$$\frac{1}{K_{\max}}=\frac{1}{K_{s\max}}+\frac{1}{K_b}+\frac{1}{K_c}=\frac{1}{700.32}+\frac{1}{537.2}+\frac{1}{814.14}=0.0044$$

故 $K_{\max}=227\text{N}/\mu\text{m}$。

进给传动系统综合拉压刚度最小值的计算关系为：

$$\frac{1}{K_{\min}}=\frac{1}{K_{s\min}}+\frac{1}{K_b}+\frac{1}{K_c}=\frac{1}{252.83}+\frac{1}{537.2}+\frac{1}{814.14}=0.0069$$

故 $K_{\min}=144\text{N}/\mu\text{m}$。

(5)计算滚珠丝杠副的扭转刚度 K_Φ。

如图 8-2 所示的转矩作用点之间的距离 $L_2=387\text{mm}$，已知滚珠丝杠的剪切模量 $G=8.1\times 10^4\text{MPa}$，滚珠丝杠副的螺纹底径 $d_2=21.9\text{mm}$，则：

$$K_\Phi=\frac{\pi d_2^4 G}{32L_2}=\frac{3.14\times(21.9\times 10^{-3})^4\times 8.1\times 10^4\times 10^6}{32\times 387\times 10^{-3}}=4724.22\text{N}\cdot\text{m/rad}$$

8.1.7 驱动电动机的选型与计算

8.1.7.1 折算到电动机轴上的负载惯量的计算

(1)计算滚珠丝杠的转动惯量 J_r。已知滚珠丝杠的密度(钢)$\rho = 7.8 \times 10^{-5}\text{kg/mm}^3$,$D$ 为滚珠丝杠各段回转体的直径(cm),L 为滚珠丝杠各段回转体的长度(cm),j 为滚珠丝杠各段回转体的序号 $j = 1,2,\cdots,n$。对 $J = mR^2/2$ 进行变形处理和单位换算,则有如下简化计算:

$$\begin{aligned} J_r &= \sum_{i=1}^{n} 0.78 \times 10^{-3} D_j^4 L_j \\ &= \sum_{j=1}^{n} 0.78 \times 10^{-3} \times (2.0^4 \times 10 + 2.5^4 \times 36 + 2.0^4 \times 12.5) \\ &= 1.38\text{kg} \cdot \text{cm}^2 \end{aligned}$$

(2)计算折算到丝杠轴上的移动部件的转动惯量 J_s。机床执行部件(即横向溜板及刀架)的总质量 $m = \dfrac{W}{g} = \dfrac{600}{9.8} = 61.22\text{kg}$;丝杠轴每转一圈,机床执行部件在轴向移动的距离 $L = 0.6\text{cm}$,则:

$$J_s = m\left(\frac{L}{2\pi}\right)^2 = 61.22 \times \left(\frac{0.6}{2 \times 3.14}\right)^2 = 0.56\text{kg} \cdot \text{cm}^2$$

(3)计算各齿轮的转动惯量:

$$J_{z1} = J_{z3} = 0.78 \times 10^{-3} \times 4^4 \times 2 = 0.4\text{kg} \cdot \text{cm}^2$$

$$J_{z2} = 0.78 \times 10^{-3} \times 8^4 \times 2 = 6.4\text{kg} \cdot \text{cm}^2$$

$$J_{z4} = 0.78 \times 10^{-3} \times 10^4 \times 2 = 15.6\text{kg} \cdot \text{cm}^2$$

(4)计算加在电动机轴上总负载转动惯量 J_L:

$$\begin{aligned} J_L &= J_{z1} + \frac{1}{i_1^2}(J_{z2} + J_{z3}) + \frac{1}{i^2}(J_{z4} + J_r + J_s) \\ &= 0.4 + \frac{1}{4} \times (6.4 + 0.4) + \frac{1}{25} \times (15.6 + 1.38 + 0.56) \\ &= 2.8\text{kg} \cdot \text{cm}^2 \end{aligned}$$

8.1.7.2 折算到电动机轴上的负载力矩的计算

(1)折算到电动机轴上的切削负载力矩 T_c 的计算。在切削状态下轴向负载力 $F_a = F_{amax} = 2370.34\text{N}$,丝杠每转一圈机床执行部件在轴向移动的距离 $L = 6\text{mm} = 0.006\text{m}$,进给传动系统的传动比 $i = 5$,进给传动系统的总效率 $\eta = 0.85$,则:

$$T_c = \frac{F_a L}{2\pi\eta i} = \frac{2370.34 \times 0.006}{2 \times 3.14 \times 0.85 \times 5} = 0.53\text{N} \cdot \text{m}$$

(2)折算到电动机轴上的摩擦负载力矩 T_u 的计算。在不切削状态下轴向负载力(即为空载时的导轨摩擦力)$F_{u0} = 390\text{N}$,则:

$$T_u = \frac{F_{u0}L}{2\pi\eta i} = \frac{390 \times 0.006}{2 \times 3.14 \times 0.85 \times 5} = 0.088\text{N} \cdot \text{m}$$

(3)计算由滚珠丝杠预紧力 F_P 产生的并折算到电动机轴上的附加负载力矩 T_f。滚珠丝杠副的效率 $\eta = 0.94$，滚珠丝杠副的预紧力 F_P 为：

$$F_P = \frac{1}{3}F_{amax} = \frac{1}{3} \times 2370.34 = 790.11\text{N}$$

则：

$$T_f = \frac{F_P L_0}{2\pi\eta i}(1 - \eta_0^2) = \frac{790.11 \times 0.006}{2 \times 3.14 \times 0.85 \times 5} \times (1 - 0.94^2) = 0.021\text{N} \cdot \text{m}$$

(4)计算折算到电动机轴上的负载力矩 T。

1)空载时(快进力矩)：

$$T_{KJ} = T_u + T_f = 0.088 + 0.021 = 0.11\text{N} \cdot \text{m}$$

2)切削时(工进力矩)：

$$T_{GJ} = T_c + T_f = 0.42 + 0.021 = 0.44\text{N} \cdot \text{m}$$

8.1.7.3 折算到电动机轴上的加速力矩 T_{ap} 的计算

初选 130BF001 型反应式步进电动机，其转动惯量 $J_m = 4.6\text{kg} \cdot \text{cm}^2$，进给传动系统的负载惯量 $J_d = 2.8\text{kg} \cdot \text{cm}^2$，对开环系统加速时间一般取 $t_a = 0.05\text{s}$。当机床执行部件以最快速度 $v = 1200\text{mm/min}$ 运动时，电动机的最高转速为：

$$n_{max} = \frac{1200}{6} \times 5 = 1000\text{r/min}$$

所以

$$T_{ap} = \frac{2\pi i n_{max}}{60 \times 980 t_a}(J_m + J_d) = \frac{2 \times 3.14 \times 5 \times 1000}{60 \times 980 \times 0.05} \times (4.6 + 2.8)$$
$$= 79.03\text{kgf} \cdot \text{cm} = 7.74\text{N} \cdot \text{m}$$

8.1.7.4 横向进给系统所需的折算到电动机轴上的各种力矩的计算

(1)空载启动力矩 T_q 的计算。

$$T_q = T_{ap} + T_u + T_f = 7.74 + 0.088 + 0.021 = 7.85\text{N} \cdot \text{m}$$

(2)快进力矩 T_{KJ} 的计算。

$$T_{KJ} = T_u + T_f = 0.088 + 0.021 = 0.11\text{N} \cdot \text{m}$$

(3)工进力矩 T_{GJ} 的计算。

$$T_{GJ} = T_c + T_f = 0.42 + 0.016 = 0.44\text{N} \cdot \text{m}$$

8.1.7.5 驱动电动机型号的选择

(1)选择驱动电动机的型号。根据以上计算，选择国产 130BF001 型反应式步进电动机为驱动电机，主要技术参数如下：相数 5；步距角 0.75°/1.5°；最大静转矩 9.3N · m；转动惯量 4.6kg · cm²；最高空载启动频率 3000Hz；运行频率 16000Hz；分配方式五相十拍；重量 92kg。

(2)确定最大静转矩 T_s。机械传动系统空载启动力矩 T_q 与所需的步进电动机的最大静转矩 T_{s1} 的关系为:

$$\frac{T_q}{T_{s1}}=0.951$$

$$T_{s1}=\frac{T_q}{0.951}=\frac{7.85}{0.951}=8.25\text{N}\cdot\text{m}$$

机械传动系统空载启动力矩 T_q 与所需的步进电动机的最大静转矩 T_{s2} 的关系为:

$$T_{s2}=\frac{T_{GJ}}{0.3}=\frac{0.44}{0.3}=1.47\text{N}\cdot\text{m}$$

取 T_{s1} 和 T_{s2} 中的较大者为所需的步进电动机的最大静转矩 T_s,即 $T_s=8.25\text{N}\cdot\text{m}$。本电动机的最大静转矩为 9.31N · m,大于 $T_s=8.25\text{N}\cdot\text{m}$,可以在规定的时间里正常启动,故满足要求。

(3)惯量匹配验算。为了使机械传动系统的惯量达到较合理的匹配,系统的负载惯量 J_d 与伺服电动机的惯量 J_m 之比一般应满足:

$$0.25\leqslant\frac{J_d}{J_m}\leqslant1$$

因为 $\frac{J_d}{J_m}=\frac{2.8}{4.6}=0.61$,在 0.25 ~ 1 之间,故满足惯量匹配要求。

8.1.8 机械传动系统的动态分析

8.1.8.1 丝杠-工作台纵振系统的最低固有频率 ω_{nc} 的计算

滚珠丝杠副的综合拉压刚度 $K_0=K_{min}=144\times10^6\text{N/m}$,机床执行部件的质量和滚珠丝杠副的质量分别为 m、m_s,机床执行部件的质量和滚珠丝杠副的等效质量为 $m_d=m+\frac{1}{3}m_s$,已知 $m=61.22\text{kg}$,则:

$$m_s=\frac{\pi}{4}\times2.5^2\times58.5\times7.8\times10^{-3}=2.24\text{kg}$$

$$m_d=m+\frac{1}{3}m_s=61.22+\frac{1}{3}\times2.24=61.97\text{kg}$$

$$\omega_{nc}=\sqrt{\frac{K_0}{m_d}}=\sqrt{\frac{144\times10^6}{61.97}}=1524\text{rad/s}$$

8.1.8.2 扭振系统的最低扭振固有频率 ω_{nt} 的计算

折算到滚珠丝杠轴上的系统总当量转动惯量:

$$J_s=J_i=(4.6+2.8)\times5=37\text{kg}\cdot\text{cm}^2=0.0037\text{kg}\cdot\text{m}^2$$

已知丝杠的扭转刚度 $K_s=K_\phi=4724.22\text{N}\cdot\text{m/rad}$,则:

$$\omega_{nt}=\sqrt{\frac{K_s}{J_s}}=\sqrt{\frac{4724.22}{0.0037}}=1130\text{rad/s}$$

由以上计算可知,丝杠-工作台纵振系统的最低固有频率 $\omega_{nc}=1524\text{rad/s}$,扭振系统的

最低扭振固有频率 $\omega_{nt}=1130\text{rad/s}$，都比较高。一般按 $\omega_n=300\text{rad/s}$ 的要求来设计机械传动系统的刚度，故满足要求。

8.1.9 机械传动系统的误差分析与计算

(1)计算机械传动系统的反向死区 Δ。

已知进给传动系统综合拉压刚度的最小值 $K_{min}=144\times10^6\text{N/m}$，导轨的静摩擦力 $F_0=520\text{N}$，则：

$$\Delta=2\delta_u=\frac{2F_0}{K_{min}}\times10^3=\frac{2\times520}{144\times10^6}\times10^3=7.22\times10^{-3}\text{mm}$$

即 $\Delta=7.22\mu\text{m}<\frac{1}{2}\times$重复定位精度 $=8\mu\text{m}$，故满足要求。

(2)计算机械传动系统由综合拉压刚度变化引起的定位误差 δ_{Kmax}。

$$\delta_{Kmax}=F_0\left(\frac{1}{K_{min}}-\frac{1}{K_{max}}\right)\times10^3$$

$$=520\times\left(\frac{1}{144\times10^6}-\frac{1}{227\times10^6}\right)\times10^3=1.32\times10^{-3}\text{mm}$$

即 $\delta_{Kmax}=1.32\mu\text{m}<\frac{1}{4}\times$定位精度 $=6\mu\text{m}$，故满足要求。

(3)计算滚珠丝杠因扭转变形产生的误差。

1)计算由转矩引起的滚珠丝杠副的变形量 θ。已知负载力矩 $T=T_{KJ}=110\text{N}\cdot\text{m}$，由如图 8-2 所示的转矩作用点之间的距离 $L_2=387\text{mm}$，丝杠底径 $d_2=21.9\text{mm}$，则：

$$\theta=7.21\times10^{-2}\times\frac{TL_2}{d_2^4}=7.21\times10^{-2}\times\frac{110\times387}{21.9^4}=0.013^\circ$$

2)由该扭转变形 θ 引起的轴向移动滞后量 δ 将影响工作台的定位精度，δ 的计算为：

$$\delta=L_0\times\frac{\theta}{360}=6\times\frac{0.013}{360}=0.0002=0.2\mu\text{m}$$

8.1.10 确定滚珠丝杠副的精度等级和规格型号

8.1.10.1 确定滚珠丝杠副的精度等级

本进给传动系统采用开环控制系统，应满足下列要求：

$$e_P+V_{300P}\leqslant0.8\times(\text{定位精度}-\delta_{Kmax}-\delta)=0.8\times(40-1.32-0.2)=30.78\mu\text{m}$$

$$e_P+V_{uP}\leqslant0.8\times(\text{定位精度}-\delta_{Kmax}-\delta)=30.78\mu\text{m}$$

取滚珠丝杠副的精度等级为 3 级，查表得 $V_{300P}=12\mu\text{m}$，当螺纹长度为 400mm 时，查表得 $e_P=13\mu\text{m}$，$V_{uP}=12\mu\text{m}$。

$$e_P+V_{300P}=13+12=25\mu\text{m}<30.78\mu\text{m}$$

$$e_P+V_{uP}=13+12=25\mu\text{m}<30.78\mu\text{m}$$

故满足设计要求。

8.1.10.2 确定滚珠丝杠副的规格型号

滚珠丝杠副的规格型号为：FFZL2506-3-P3/585×400，其具体参数如下：公称直径与导程:25mm、6mm;螺纹长度:400mm;丝杠长度:585mm;类型与精度:P类,3级精度。

8.2 项目二 汽车尾灯控制设计

8.2.1 设计任务

在实验室PLC控制板上设计一个汽车尾灯控制程序。

8.2.2 设计要求

汽车尾部左右两侧各有3个转向灯(用发光管模拟),要求:

(1)汽车正常行驶时,尾灯全部熄灭。

(2)当汽车右转弯时,右侧3个转向灯按右顺序点亮。

(3)当汽车左转弯时,左侧3个转向灯按左顺序点亮。

(4)刹车时,所有转向灯同时闪烁。

(5)选择控制方案,完成对确定方案的程序设计,编写梯形图。

8.2.3 设计

汽车尾灯是汽车的一个重要部件,在交通安全中扮演着重要的角色。本次设计的是简易汽车尾灯,实现较简单的逻辑功能,重点是通过本次设计过程,掌握实际工程设计方法。

X2代表汽车左转按钮,X3代表汽车右转按钮,X4表示刹车,Y1、Y2、Y3是左转向灯,Y4、Y5、Y6是右转向灯,当汽车左转时,左转向灯顺序点亮,如果左转又刹车则左转向灯闪烁;当汽车右转时,右转向灯顺序点亮,如果右转又刹车则右转向灯闪烁;直线行车刹车则所有转向灯同时闪烁。图8-3所示为汽车尾灯控制梯形图。

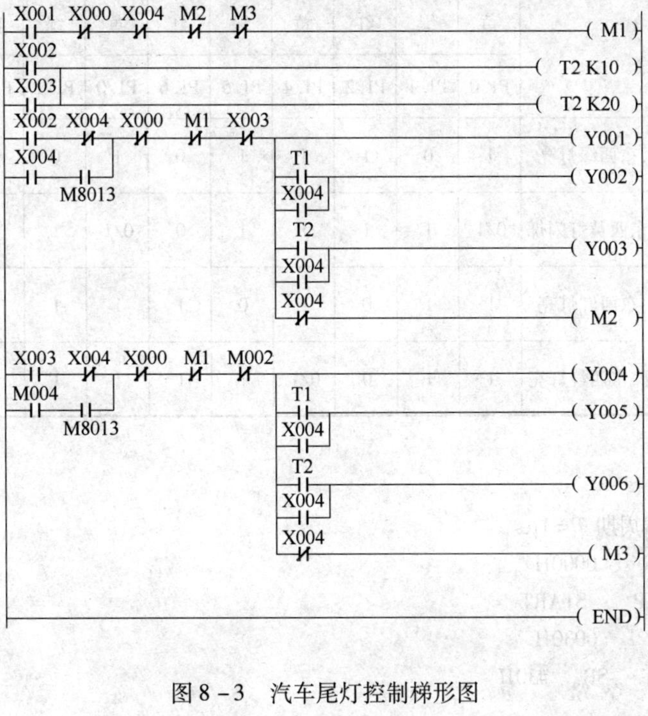

图8-3 汽车尾灯控制梯形图

8.3　项目三　交通信号灯控制系统的设计

8.3.1　设计任务

在实验室单片机控制台上设计一个交通信号灯控制。

8.3.2　设计要求

设计要求如下：

(1)要求东西方向(主干道)车道和南北方向(主干道)车道两条交叉道路上的车辆交替运行,时间可设置修改。

(2)在绿灯转为红灯前,要求黄灯闪烁,才能变换运行车道,闪烁次数可以修改。

(3)黄灯要求秒闪烁。

8.3.3　设计

东西路口的绿灯亮,南北路口的红灯亮,东西路口方向通车,程序设计5s,时间可调;延时5s后,东西路口的绿灯熄灭,黄灯开始秒闪烁5次,次数可调;然后东西路口的红灯亮,而同时南北路口的绿灯亮,南北路口方向开始通车,程序设计5s,时间可调;延时5s后,南北路口的绿灯熄灭,黄灯开始秒闪烁5次,次数可调;完成一个周期,再循环。程序运行状态如表8-1所示,图8-4所示为实验台接线图,图8-5所示为交通信号灯模拟控制系统设计程序流程图。

表8-1　程序运行状态表(其中0代表灯亮,1代表灯熄)

状态		东			南			西			北		
		黄	绿	红	黄	绿	红	黄	绿	红	黄	绿	红
		P1.0	P1.1	P1.2	P1.4	P1.5	P1.6	P1.0	P1.1	P1.2	P1.4	P1.5	P1.6
该四个工作状态按次序将重复出现	南北红灯亮,东西绿灯亮	1	0	1	1	1	0	1	0	1	1	1	0
	南北红灯亮,东西黄灯闪烁	0/1	1	1	1	1	0	0/1	1	1	1	1	0
	南北绿灯亮,东西红灯亮	1	1	0	1	0	1	1	1	0	1	0	1
	南北黄灯闪烁,东西红灯亮	1	1	0	0/1	1	1	1	1	0	0/1	1	1

8.3.4　程序设计

设单片机的机器周期 $T=1\mu s$

```
        ORG     0000H
        AJMP    START
        ORG     0030H
START:MOV     SP,   #30H
```

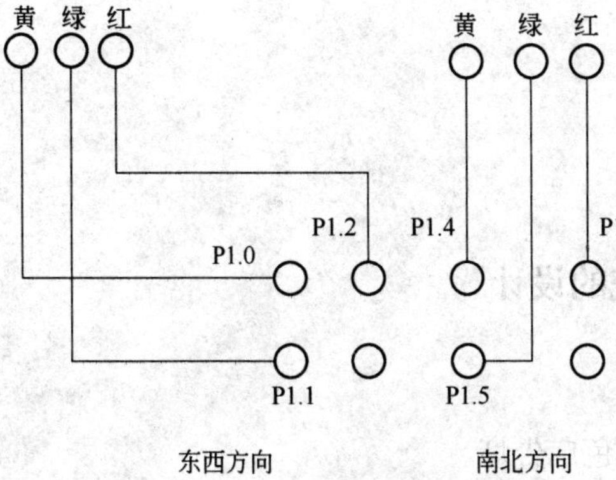

图 8-4 实验台接线图

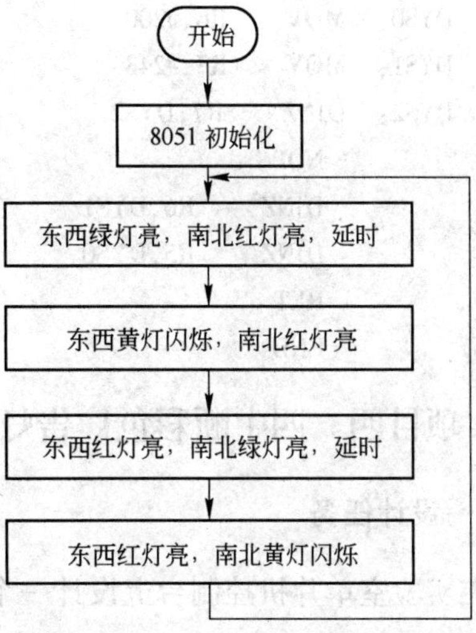

图 8-5 交通信号灯模拟控制系统设计程序流程图

```
DONGXI:MOV    P1,#0BDH
       MOV    A,#10              ;东西绿灯亮,南北红灯亮 5s
 LOOP1:LCALL  DELAY
       DEC    A
       JNZ    LOOP1
       MOV    A,  #5             ;黄灯秒闪烁 5 次
       CPL    P1.1               ;绿灯灭
YELLOW1:CLR   P1.0               ;黄灯亮
       LCALL  DELAY
       SETB   P1.0               ;黄灯灭
       LCALL  DELAY
       DEC    A
       JNZ    YELLOW1
NANBEI:MOV    P1,  #0BDH
       MOV    A,  #10            ;东西红灯亮,南北绿灯亮 5s
 LOOP2:LCALL  DELAY
       DEC    A
       JNZ    LOOP2
       MOV    A,  #5             ;黄灯秒闪烁 5 次
       CPL    P1.5               ;绿灯灭
YELLOW2:CLR   P1.4               ;黄灯亮
       LCALL  DELAY
       SETB   P1.4               ;黄灯灭
       LCALL  DELAY
       DEC    A
       JNZ    YELLOW2
       SJMP   DONGXI
 DELAY:MOV    R5,  #5            ;0.5s 延时
```

```
DYS0:  MOV   R6,#200
DYS1:  MOV   R7,#248
DYS2:  DJNZ  R7,DYS2
       NOP
       DJNZ  R6,DYS1
       DJNZ  R5,DYS0
       RET
       END
```

8.4　项目四　四中断彩色广告灯控制系统的设计

8.4.1　设计任务

在实验室单片机控制台上设计一个四中断彩色广告灯。

8.4.2　设计要求

四中断的亮灯形式,“0”亮灯,“X”灭灯。

(1)T_0 亮灯:(T0 方式 1 定时)

0XXXXXX0→X0XXXX0X→XX0XX0XX→XXX00XXX→0XXXXXX0→…反复循环

(2)INT_0 亮灯:(外部中断 0)

XXXXX0X0→XXXX0000→XXXX0X0X→XXX0000X→XXX0X0XX→XX0000XX→

→XX0X0XXX→X0000XXX→X0X0XXXX→0000XXXX→0X0XXXXX→000XXXX0

→X0XXXXX0→00XXXX00→0XXXXX0X→0XXXX000→XXXXX0X0→

XXXX0000

(3)INT_1 亮灯:(外部中断 1)

XXXX0000→0000XXXX→XXXX0000→…循环 3 次

(4)T_1 亮灯:(T1 方式 2 计数)

00000000→XXXXXXXX→…循环 3 次

T_0 亮灯为低级定时中断;T_1 亮灯为计数高级中断;INT_0 亮灯、INT_1 亮灯为低级中断。

8.4.3　接线图设计

P1 口与发光二极管接线图设计如图 8-6 所示。

8.4.4　源程序设计

```
ORG    0000H
LJMP   MAIN
ORG    0003H
LJMP   INT_0;            ;P3.2 开关
ORG    000BH
LJMP   T_0;
ORG    0013H
```

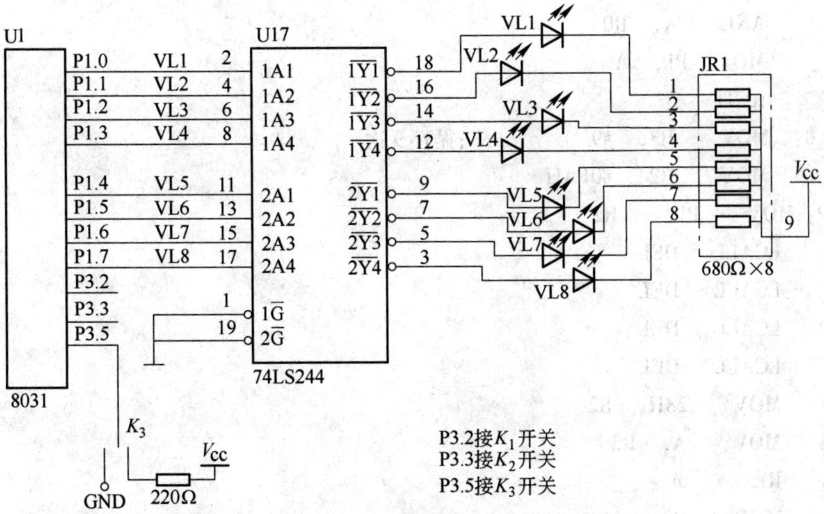

图 8-6 P1 口与发光二极管接线图

```
        LJMP    INT_1;          ;P3.3 开关
        ORG     001BH
        LJMP    T_1;            ;P3.5 开关
        ORG     0030H
MAIN:   MOV   TMOD,#61H         ;T_0 定时模式方式 1;T_1 计数模式方式 2
        MOV   TH0,   #63H       ;T_0、T_1 写入定时/计数初值
        MOV   TL0,   #0C0H
        MOV   TH1,   #0FFH
        MOV   TL1,   #0FFH
        MOV   LP,    #08H       ;T_1 设为高级中断
        MOV   IE,    #08FH
        MOV   R7,    #00H
        SETB  IT0,              ;外部中断 0、1 设边沿触发方式
        SETB  IT1,
        SETB  TR0,
        SETB  TR1,
        MOV   R0,    #7FH
        MOV   R1,    #0FEH
        MOV   P1,    #7EH
        LJMP   $
T_0:    MOV   TH0,   #63H       ;重新写入计数初值
        MOV   TL0,   #0C0H
        MOV    A,      R0
        RR     A
        MOV   R0,   A
        MOV   A,    R1
        RL     A
```

```
            MOV   R1,  A
            ANL    A,  R0
            MOV   P1,  A
            RETI
INT_0:  MOV     R3,  #9              ;循环9次
        MOV     R2,  #0FAH
LOOP: MOV     P1,    R2
        LCALL   DEL
        LCALL   DEL
        LCALL   DEL
        LCALL   DEL
        MOV     28H,  R2
        MOV     A,  R2
        RL      A
        MOV     R2,  A
        ANL     A,  28H
        MOV     P1,  A
        LCALL    DEL
        LCALL    DEL
        LCALL    DEL
        LCALL    DEL
        DJNZ     R3, LOOP
        RETI
INT_1: MOV      R3,  #3              ;循环3次
LOOP1: MOV      P1,  #0F0H
        LCALL     DEL
        LCALL     DEL
        LCALL     DEL
        LCALL     DEL
        MOV       P1,  #0FH
        LCALL     DEL
        LCALL     DEL
        LCALL     DEL
        LCALL     DEL
        DJNZ      R3, LOOP1
        RETI
INT_1: MOV      R3,  #3              ;循环3次
        MOV      A,  R7
        CPL       A
LOOP2: MOV     P1,  A                ;灭灯
        LCALL   DEL
        LCALL   DEL
        LCALL   DEL
```

```
         LCALL   DEL
         MOV     P1,  #00H        ;亮灯
         LCALL   DEL
         LCALL   DEL
         LCALL   DEL
         LCALL   DEL
         DJNZ    R3,LOOP2
         RETI
   DEL:  MOV     R5,  #0FFH
    A2:  MOV     R6,  #80H
    A1:  AJNZ    R6,  A1
         AJNZ    R5,  A2
         RETI
         END
```

8.5 项目五 控制系统的设计药物配制

8.5.1 设计任务

将三种不同的药物加热,按一定比例混合,搅拌均匀后送出。

8.5.2 设计要求

在启动之前容器是空的,各阀门关闭,加热器未加热,液位传感器关闭,各输入泵及搅拌电动机均未动作。

(1)按下启动操作按钮后。

1)A、B、C 三种不同药物同时向 1 号、2 号、3 号容器加药(Y000、Y001、Y002 工作),直到到达高限位。

2)只有在 1 号、2 号、3 号三容器都加满时,Y000、Y001、Y002 才停止工作,才能同时打开三个加热器(Y003、Y004、Y005 工作),加热 10s。

3)10s 后,自动关闭加热器,同时打开 Y006 向 4 号容器放 A 药物,直到到达中低限位,接着 Y007 工作,加 B 药物,到达中间限位后,加 C 药物,Y010 工作,到达高限位后停止。

4)药物加满后,搅拌机正转,并计时。

5)搅拌机正转 10s 后停止,停 10s 后搅拌机再反转 10s。

6)搅拌机反转 10s 后停。

7)等搅拌机完全停止后,搅拌好的药物从 4 号容器中放出,到达 4 号容器最低下限位(即空)为止。

(2)停止操作。

无论在什么时候按下停止操作按钮,控制系统都要走到最后一步才能停止,防止药物浪费,更为了防止因药物的残留而引起的化学反应。

药物配制工作原理如图 8-7 所示。

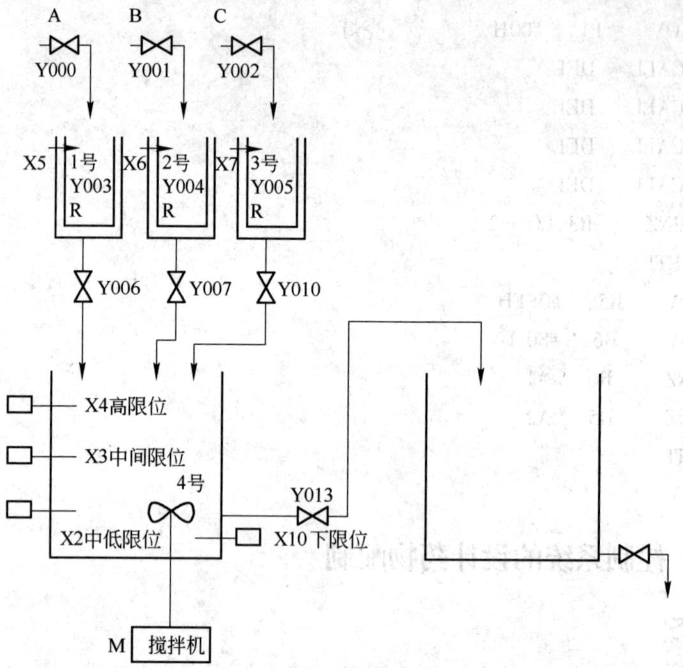

图 8－7　药物配制工作原理

8.5.3　设计

(1)初始状态。

1)启动前容器全部为空。

2)泵 Y000、Y001、Y002、Y003、Y004、Y005、Y006、Y007、Y010、Y011、Y012、Y013 全部关闭。

3)1 号、2 号、3 号容器的加热器 R 关闭。

4)搅拌机 M 关闭。

(2)启动条件。

1)输入泵 A(或 B、C)的工作条件:进料阀已打开;加热时间到后出料阀打开;输入泵电动机的驱动无故障;紧急停止未动作。

2)搅拌电动机的工作条件:搅拌桶未空;药物到达 4 号容器的高限位开关;搅拌电动机的驱动无故障;紧急停止未动作。

3)排放电磁阀的工作条件:搅拌电动机停止工作;未到下限开关;紧急停止未动作。

8.5.4　流程图

流程图如图 8－8 所示。

8.5.5　编程元件 I/O 地址分配

地址分配如表 8－2 所示。

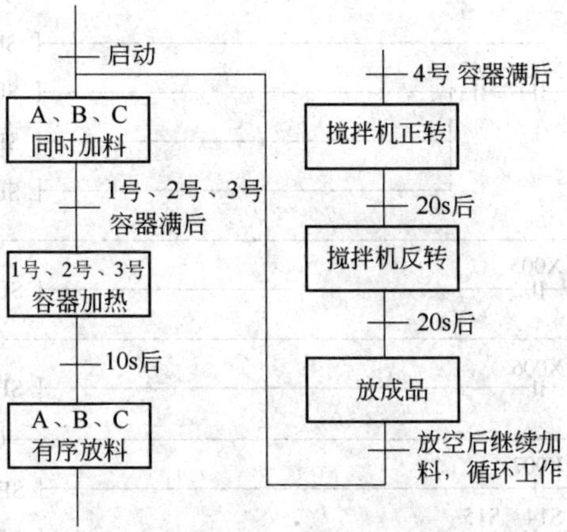

图8-8 药物配制流程图

表8-2 I/O地址分配表

输入继电器	输出继电器	输入继电器	输出继电器
启动 X000	泵A加料 Y000	4号中下限位 X002	泵A放料 Y006
停止 X001	泵B加料 Y001	4号中间限位 X003	泵B放料 Y007
1号上限位 X005	泵C加料 Y002	4号高限位 X004	泵C放料 Y010
2号上限位 X006	泵A加料 Y003		搅拌机M Y011(正转)
3号上限位 X007	泵B加料 Y004		搅拌机M Y012(反转)
4号下限位 X010	泵C加料 Y005		成品放料 Y013

8.5.6 控制程序设计

根据系统的控制要求,采用合适的方法来设计PLC程序。程序要以满足系统控制要求为主线,逐一编写实现各控制功能或各子任务的程序,逐步完善系统指定的功能。除此之外,程序通常还应包括以下内容:

(1)初始化程序。在PLC上电后,一般都要做一些初始化的操作,为启动做必要的预备,避免系统发生误动作。初始化程序的主要内容有:对某些数据区、计数器等进行清零,对某些数据区所需数据进行恢复,对某些继电器进行置位或复位,对某些初始状态进行显示等。

(2)检测、故障诊断和显示等程序。这些程序相对独立,一般在程序设计基本完成时再添加。

(3)保护和连锁程序。保护和连锁是程序中不可缺少的部分,必须认真加以考虑,它可以避免由于非法操作而引起的控制逻辑混乱。

梯形图设计如图8-9所示。

8.5.7 物料混合过程模拟操作时应注意的问题

上机操作时,因为没有现场设备,只有通过PLC面板上的开关进行模拟操作,而且

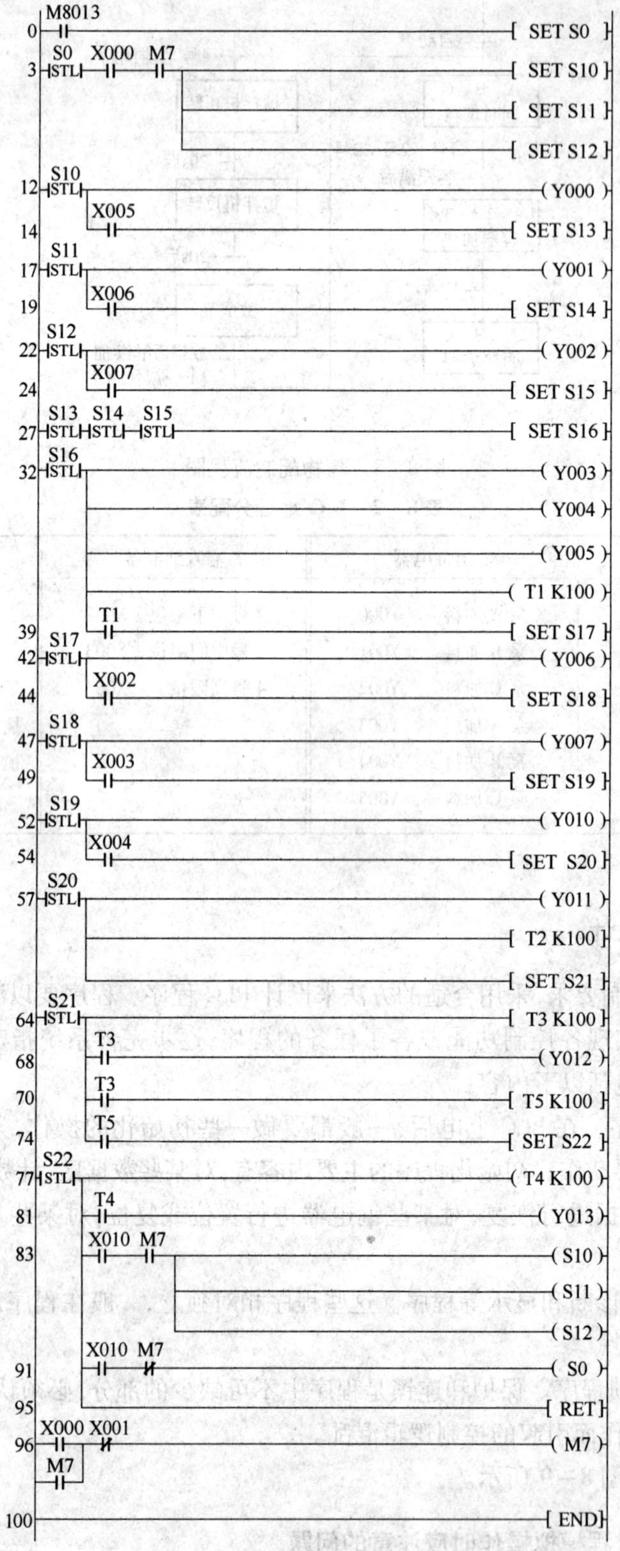

图 8－9　药物配制梯形图设计

是人为拨动几个限位开关,很容易将开关拨错,使输出继电器产生误动作,PLC 会发出轻微的“吱吱”声,但在工厂中,限位开关都是在碰到药物后自动动作,不太会发生上述现象。

不管模拟还是现场操作,在按下停止开关后,都要走到最后一步,这样做不仅是为了避免药物的浪费,更是为了防止残留药物发生化学反应。

8.6 项目六 数据采集系统设计

数据采集是机电一体化系统中最普遍的应用需求。数据采集的对象可以是温度、压力、流量等各种物理量。数据采集系统可以是复杂控制系统的一部分,也可以是配备显示(或打印)输出的独立系统(或仪表)。

8.6.1 模拟输入通道的组成

模拟输入通道的一般构成如图 8－10 所示。

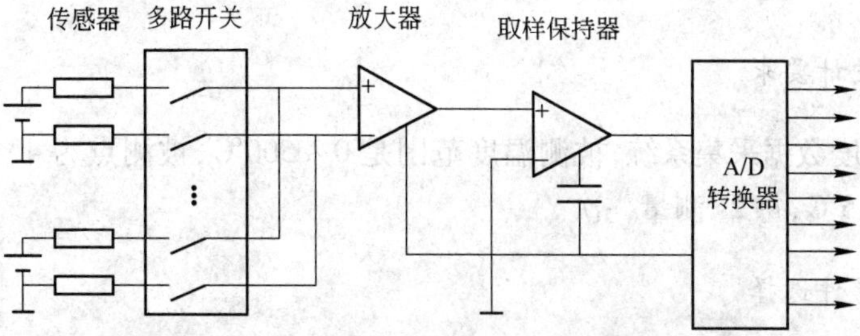

图 8－10 模拟输入通道的一般构成

8.6.1.1 传感器

传感器把被测的物理量(如温度、压力等)作为输入参数,转换为电量(电流、电压、电阻等)输出。因物理量性质和测量范围的不同,传感器的工作机理和结构也不同。通常传感器输出的电信号是模拟信号(已有许多新型传感器采用数字量输出),当信号的数值符合 A/D 转换器的输入等级时,可以不用放大器放大;当信号的数值不符合 A/D 转换器的输入等级时,就需要放大器放大。

8.6.1.2 多路开关

多路开关的作用是利用一个 A/D 转换器进行多路模拟量的转换。利用多路开关轮流切换各被测回路与 A/D 转换器间的通路,以达到分时享用 A/D 转换器的目的。常用的多路开关有 CD4051/CD4052 和 AD7501/AD7502 等。

8.6.1.3 放大器

放大器通常采用集成运算放大器,常用的集成运算放大器有 OP－07、5G7650 等。在环境条件较差时,可以采用数据放大器(也称为精密测量放大器)或传感器接口专用模块。

8.6.1.4 采样/保持器

采样/保持器具有采样和保持两个状态。在采样状态时,电路的输出跟随输入模拟信号变化;在保持状态时,电路的输出保持着前一次采样结束前瞬间的模拟量值。使用采样/保持器的目的是使 A/D 转换器转换期间输入的模拟量数值不变,从而提高 A/D 转换的精度。常用采样/保持器芯片有 LE398、AD582 等。

当输入信号的变化比 A/D 转换器的转换时间慢得多时,可以不用采样/保持器。

8.6.1.5 A/D 转换器

A/D 转换器的主要指标是分辨率。A/D 转换器的位数与其分辨率有直接的关系,8 位的 A/D 转换器可以对满量程的 1/256 进行分辨。A/D 转换器的另一重要指标是转换时间。选择 A/D 转换器时必须满足采样分辨率和速度的要求。

8.6.2 设计示例

8.6.2.1 设计要求

设计一个温度数据采集系统,被测温度范围是 0 ~ 500℃,被测点为 4 个。要求测量的温度分辨率为 0.5℃,每 2s 测量一次。

8.6.2.2 器件选择

传感器选用镍铬 - 镍硅热电偶,分度号为 K。当温度为 500℃ 时,热电动势为 20.64mV。满量程为 500℃,对于 0.5℃ 的分辨要求,A/D 转换器要具有 0.5/500 = 1/1000 的分辨能力。8 位的 A/D 转换器的分辨能力为 1/256,10 位的 A/D 转换器的分辨能力为 1/1024。常用的 5G14433 具有 1/2048 的分辨率。

每 2s 对 4 点进行一次巡回检测时,每点取样时间为 2s/4 = 0.5s,即 1s 取样 2 次。对于 MC14433,当外接电阻 R_C 为 300Ω 时,时钟频率为 147kHz,每秒转换约 9 次。

另外,还需要将热电偶输出的 20.64mV 的信号放大到 MC14433 的输入电压为 2V,放大器的增益为 2000/20.64 = 96.9。

为了提高放大器的抑制共模干扰的能力,多路开关选用差动多路转换器 CD4052。

由于温度信号变化缓慢,可不用采样/保持器。

8.6.2.3 硬件电路

数据采集系统的模拟输入通道电路如图 8 - 11 所示。

图中未画出显示及输出部分电路,可参见有关资料。数据放大器可以选用单片高性能数据放大器芯片,也可以采用普通运算放大器组合而成。

8.6.2.4 软件流程

软件流程如图 8 - 12 所示。

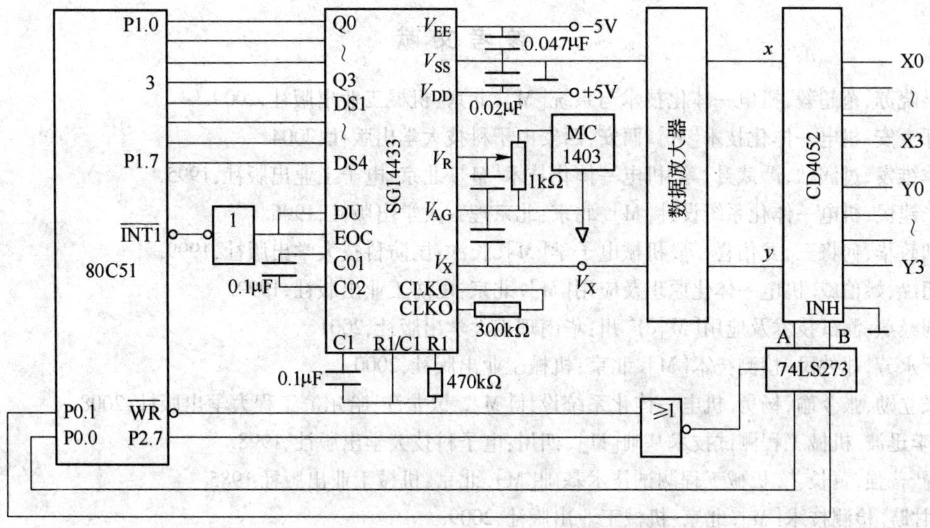

图 8－11　数据采集系统的模拟输入通道电路图

图 8－12　软件流程图

思考与练习

8－1　结合项目一，说明进给传动链线路，并说明进给传动链线路中各有哪些部件？

8－2　认真研究项目一，你认为再增加哪些内容就形成完整的“普通车床机械系统的数控化改造”？

参考文献

[1] 吴晓苏,范超毅. 机电一体化技术与系统[M]. 北京:机械工业出版社,2009.
[2] 邱士安. 机电一体化技术[M]. 西安:西安电子科技大学出版社,2004.
[3] 季维发,过润秋,严武升,等. 机电一体化技术[M]. 北京:电子工业出版社,1995.
[4] 张建民. 机电一体化系统设计[M]. 北京:北京理工大学出版社,1996.
[5] 刘政华,何将三,龙佑喜,等. 机械电子学[M]. 长沙:国防科技大学出版社,1999.
[6] 胡泓,姚伯威. 机电一体化原理及应用[M]. 北京:国防工业出版社,1999.
[7] 刘经燕. 测试技术及应用[M]. 广州:华南理工大学出版社,2001.
[8] 于永芳,郑仲民. 检测技术[M]. 北京:机械工业出版社,2000.
[9] 张立勋,张今瑜,杨勇. 机电一体化系统设计[M]. 黑龙江:哈尔滨工程大学出版社,2008.
[10] 李迅波. 机械工程测试技术基础[M]. 四川:电子科技大学出版社,1998.
[11] 严普强,黄长艺. 机械工程测试技术基础[M]. 北京:机械工业出版社 1985.
[12] 甘晓. 检测技术[M]. 北京:机械工业出版社,2009.
[13] 李华. MCS - 51 系列单片机实用接口技术[M]. 北京:北京航空航天大学出版社,1993.
[14] 吴晓苏. 数控原理与系统[M]. 北京:机械工业出版社,2008.
[15] 范超毅,赵天婵,吴斌方. 数控技术课程设计[M]. 武汉:华中科技大学出版社,2007.
[16] 吴道悌. 非电量电测技术[M]. 西安:西安交通大学出版社,2001.
[17] 黄继昌,徐巧鱼,张海贵,等. 传感器工作原理及应用实例[M]. 北京:人民邮电出版社.
[18] 陶宝祺,王妮. 电阻应变式传感器[M]. 北京:国防工业出版社,1998.
[19] 乔凤华,杨诗洪. 石灰回转窑 PLC 控制系统[M]. 天津市博业自控技术有限公司,2008.

冶金工业出版社部分图书推荐

书　名	作　者	定价(元)
机械振动学(第2版)(本科教材)	闻邦椿　主编	28.00
机电一体化技术基础与产品设计(第2版)(本科教材)	刘　杰　主编	46.00
机器人技术基础(第2版)(本科教材)	宋伟刚　等编	35.00
机械电子工程实验教程(本科教材)	宋伟刚　主编	29.00
现代机械设计方法(第2版)(本科教材)	臧　勇　主编	36.00
机械优化设计方法(第4版)(本科教材)	陈立周　主编	42.00
机械可靠性设计(本科教材)	孟宪铎　主编	25.00
机械故障诊断基础(本科教材)	廖伯瑜　主编	25.80
机械工程实验综合教程(本科教材)	常秀辉　主编	32.00
轧钢机械(第3版)(本科教材)	邹家祥　主编	49.00
炼铁机械(第2版)(本科教材)	严允进　主编	38.00
炼钢机械(第2版)(本科教材)	罗振才　主编	32.00
冶金设备(第2版)(本科教材)	朱　云　主编	56.00
冶金设备及自动化(本科教材)	王立萍　等编	29.00
电液比例控制技术(本科教材)	宋锦春　编著	48.00
电液比例与伺服控制(本科教材)	杨征瑞　等编	36.00
环保机械设备设计(本科教材)	江　晶　编著	45.00
污水处理技术与设备(本科教材)	江　晶　编著	35.00
真空镀膜技术与设备(本科教材)	张以忱　主编	40.00
机械制造工艺与实施(高职高专教材)	胡运林　主编	39.00
液压气动技术与实践(高职高专教材)	胡运林　主编	39.00
机械工程材料(高职高专教材)	于　钧　主编	32.00
通用机械设备(第2版)(高职高专教材)	张庭祥　主编	26.00
高炉炼铁设备(高职高专教材)	王宏启　等编	36.00
采掘机械(高职高专教材)	苑忠国　主编	38.00
矿冶液压设备使用与维护(高职高专教材)	苑忠国　主编	27.00
液压元件性能测试技术与试验方法	湛丛昌　等著	30.00
液压可靠性与故障诊断(第2版)	湛丛昌　等著	49.00